"十四五"职业教育国家规划教材

高等职业教育新形态一体化教材

Chemical Equipments

化工设备使用与维护

（第三版）

主编　马秉骞

中国教育出版传媒集团

高等教育出版社·北京

HUAGONG SHEBEI SHIYONG YU WEIHU

内容提要

本书是“十四五”职业教育国家规划教材。全书共12章，包括：化工设备概述、压力容器基础、换热设备的使用与维护、塔设备的使用与维护、反应设备的使用与维护、管式加热炉的使用与维护、管道与阀门的使用与维护、储存设备的使用与维护、泵的使用与维护、压缩机的使用与维护、其他化工设备介绍及化工设备的运行管理等内容。书中部分知识点的动画和视频资源可通过扫描二维码观看。

本书以高等职业院校石油化工类专业学生就业的主流岗位（化工操作工、维修工）为出发点，采取“倒推”的方法抽提出全书的内容和编排体系。全书紧扣“化工设备使用与维护”这个名称，紧密联系生产实际，内容精练实用，表述通俗易懂。每章均配有本章知识框图及思考与练习。

本书可作为高职高专院校化工技术类专业及相关专业的教材，也可作为五年制高等职业教育、成人教育化工及相关专业的教材，还可作为石油化工企业岗前培训教材及从事化工技术工作人员的参考用书。

图书在版编目(CIP)数据

化工设备使用与维护/马秉骞主编. --3版. --北京：高等教育出版社，2019.9（2024.7重印）

ISBN 978-7-04-052525-0

Ⅰ. ①化… Ⅱ. ①马… Ⅲ. ①化工设备-使用方法-高等职业教育-教材②化工设备-维修-高等职业教育-教材 Ⅳ. ①TQ050.7

中国版本图书馆CIP数据核字(2019)第181784号

策划编辑 董淑静　责任编辑 董淑静　封面设计 姜　磊　版式设计 童　丹
插图绘制 于　博　责任校对 胡美萍　责任印制 刁　毅

出版发行 高等教育出版社
社　　址 北京市西城区德外大街4号
邮政编码 100120
印　　刷 北京玥实印刷有限公司
开　　本 787mm×1092mm 1/16
印　　张 21.5
字　　数 500千字
购书热线 010-58581118
咨询电话 400-810-0598
网　　址 http://www.hep.edu.cn
　　　　 http://www.hep.com.cn
网上订购 http://www.hepmall.com.cn
　　　　 http://www.hepmall.com
　　　　 http://www.hepmall.cn
版　　次 2007年4月第1版
　　　　 2019年9月第3版
印　　次 2024年7月第7次印刷
定　　价 46.00元

物 料 号 52525-A0

二维码资源总览

资源标题	对应章	对应页码
固定管板式换热器	3	60
浮头式换热器	3	61
浮头式换热器的结构	3	61
U形管式换热器	3	62
U形管式换热器工作原理	3	62
弓形折流板流体流动	3	67
圆盘、圆环折流板流体流动	3	67
螺旋板式换热器	3	73
板翅式换热器工作原理	3	76
套管式换热器工作原理	3	79
板式塔结构	4	89
填料塔结构	4	89
泡罩塔盘操作	4	90
泡罩塔盘介绍	4	90
浮阀型式	4	92
浮阀塔盘工作状态	4	92
筛板塔	4	92
浮舌塔盘	4	93
丝网除沫器	4	98
拉西环填料塔正常操作	4	101
金属鲍尔环	4	102
矩鞍形填料	4	102
金属矩鞍环	4	102
阶梯环	4	102
规整填料	4	103
液体分布器	4	104

续表

资源标题	对应章	对应页码
喷射式分布器	4	104
槽型分布器	4	105
液体再分布器	4	107
截锥式液体再分布器	4	107
填料支承装置	4	108
釜式反应器	5	119
常见的几种搅拌器	5	120
固定床反应器	5	125
轴向绝热式固定床反应器	5	125
径向固定床反应器	5	125
多段绝热式固定床反应器	5	126
列管式固定床反应器	5	126
乙烯氧氯化流化床反应器	5	128
丙烯腈流化床	5	130
加热炉	6	142
立式炉(底烧横管式)	6	143
常见的阀门	7	182
闸阀	7	182
截止阀	7	183
蝶阀	7	184
旋塞阀	7	184
球阀	7	184
升降式止回阀	7	185
旋启式止回阀	7	185
离心泵介绍	9	215
离心泵的结构	9	215
叶轮	9	215
单级单吸式离心泵的结构	9	216
离心泵的工作原理	9	217
多级离心泵	9	217
离心泵的汽蚀	9	224

续表

资源标题	对应章	对应页码
往复泵工作原理	9	233
双动往复泵	9	235
齿轮泵	9	235
齿轮泵工作原理	9	235
往复式压缩机	10	241
深层过滤	11	265
板框式压滤机	11	267
板框式压滤机的过滤和洗涤	11	268
转鼓式真空过滤机	11	269
三足式离心机	11	273
罗茨鼓风机	11	279
三足罗茨鼓风机	11	279
弹簧式安全阀	12	299

第三版前言

本书根据高等职业教育培养高端技能型人才的特点，按照化工技术类专业对化工设备类课程的教学要求，突出了“以应用为目的，以能力培养为目标”的教育教学理念，以高等职业院校石油化工类专业学生就业的主流岗位（化工操作工、维修工）为出发点，采取“倒推”的方法抽提出全书的内容和编排体系。全书紧扣“化工设备使用与维护”这个名称，紧密联系生产实际，内容精练实用，表述通俗易懂。教材自2007年第一版出版以来，又经过2013年再版修订，深受各院校师生的欢迎。

随着化工生产技术的发展，化工设备的技术和使用、维护、管理水平在不断提升，相关的标准和技术规范也发生了较大变化。为此，在征求各方意见的基础上，对第二版教材进行修订。本次修订以党的二十大精神为指引，将国家有关安全生产、质量保证、环境保护的制度引入教材，并通过实际案例分析，警示并培养学生的安全意识、质量意识、环保意识和工作责任心；将与化工生产、产品储运、设备使用等环节相关的法律法规和技术规范贯穿教材，培养学生遵规守纪、自觉自律的优良品质；从设备使用维护保养的各个细节出发，注重培养学生做事执着专注、精益求精、追求卓越的职业品格。

本次修订具体内容主要有以下几个方面：一是根据最新的国家标准和技术规范，如《固定式压力容器安全技术检查规程》（TSG 21—2016）、《热交换器》（GB/T 151—2014）等，对全书所涉及的内容进行了修改；二是对部分内容包括图表，重新进行了编写和修改；三是在“化工设备的运行管理”一章中，增加了“维护保养、岗位操作制度”方面的内容；四是对附录中的“化工设备使用与维护课程参考教学大纲”做了小的调整；五是修正了第二版教材在编写、编辑及印刷中个别小的疏漏。

本书由兰州石化职业技术学院马秉骞任主编。第一章、第二章、第三章、第九章、第十章、第十二章及附录由马秉骞编写；第四章由兰州石化职业技术学院伍家卫编写；第五章、第六章及第十一章的第一、二、三节由兰州石化职业技术学院吴笛编写；第十一章的第四节由中国石油兰州石化公司卢世忠编写；第七章、第八章由中国石油兰州石化公司李箐编写。全书统稿工作由马秉骞完成。

本书在编写和修订中，参阅了一些相关的国家标准和技术规范、近几年出版的相近内容的教材和参考书，主要参考文献列于书后。在此，对相关作者及所有对本书的出版给予支持和帮助的同志，表示衷心的感谢。

由于编者水平所限，虽经努力但不妥之处在所难免，请广大读者批评指正。

编　者

2023年6月

第一版前言

本书是根据最新高等职业教育化工技术类专业人才培养目标以及化工设备课程的具体教学要求而编写的。

本书从高等职业教育的特点出发，力求突出“以应用为目的，以能力培养为目标”的教育理念，体现“以必需、够用为度”的原则。对教学内容精心选择、合理安排，注重工程应用和实际操作。

全书内容分为11章，包括化工设备概述、压力容器基础、换热设备的使用与维护、塔类设备的使用与维护、反应设备的使用与维护、管式加热炉的使用与维护、管道与阀门的使用与维护、泵的使用与维护、压缩机的使用与维护、其他化工设备介绍及化工设备的运行管理等内容。

本书由兰州石化职业技术学院马秉骞担任主编，并编写第一章、第二章、第九章、第十一章及附录；伍家卫编写第三章、第四章、第五章、第六章、第七章、第十章；张苏编写第八章。全书统稿工作由马秉骞完成。

本书承蒙兰州理工大学俞树荣教授主审。俞教授对本书的初稿进行了详细的审阅，提出了很好的修改意见；参加审稿的承德石油高等专科学校曹克广教授、南京化工职业技术学院丁志平副教授等，也提出了诸多宝贵的意见。本书在编写过程中参阅了一些相关的标准、规范以及近几年出版的相近内容的教材和书目。在此，对俞教授及全体审稿人员、相关作者及所有对本书的出版给予支持和帮助的同志表示衷心的感谢。

由于编者水平所限，书中疏漏甚至错误在所难免，请广大读者批评指正。

编　者

2007年1月

目　录

第一章　化工设备概述 …… 1
第一节　化工设备的应用与分类 …… 3
第二节　化工设备常用材料 …… 7
第三节　化工设备的腐蚀与防护 …… 15
思考与练习 …… 18
第二章　压力容器基础 …… 19
第一节　压力容器的类型及规范介绍 …… 21
第二节　压力容器的设计计算 …… 26
第三节　压力容器的主要零部件 …… 37
思考与练习 …… 51
第三章　换热设备的使用与维护 …… 53
第一节　换热设备的工作过程及类型 …… 55
第二节　换热设备的结构 …… 60
第三节　换热设备的使用与维护 …… 81
思考与练习 …… 84
第四章　塔设备的使用与维护 …… 85
第一节　塔设备的工作过程及类型 …… 87
第二节　塔设备的结构 …… 89
第三节　塔设备的使用与维护 …… 109
思考与练习 …… 113
第五章　反应设备的使用与维护 …… 115
第一节　反应设备的工作过程及类型 …… 117
第二节　反应器的结构及特点 …… 118
第三节　反应设备的使用与维护 …… 130
思考与练习 …… 135
第六章　管式加热炉的使用与维护 …… 137
第一节　管式加热炉的工作过程及类型 …… 139
第二节　管式加热炉的结构 …… 146
第三节　管式加热炉的使用与维护 …… 154
思考与练习 …… 163
第七章　管道与阀门的使用与维护 …… 165
第一节　化工管道的使用与维护 …… 167
第二节　阀门 …… 178
思考与练习 …… 191
第八章　储存设备的使用与维护 …… 193
第一节　储存设备的类型及应用 …… 195
第二节　立式储罐 …… 196
第三节　其他类型的储罐 …… 206
思考与练习 …… 212
第九章　泵的使用与维护 …… 213
第一节　离心泵的结构与工作原理 …… 215
第二节　离心泵的性能 …… 218
第三节　离心泵的汽蚀与安装高度 …… 224
第四节　离心泵的使用与维护 …… 227
第五节　其他类型的泵 …… 233
思考与练习 …… 237
第十章　压缩机的使用与维护 …… 239

第一节　压缩机的类型 …………… 241
第二节　活塞式压缩机 …………… 243
第三节　离心式压缩机 …………… 255
思考与练习 ………………………… 261
第十一章　其他化工设备介绍 ………… 263
第一节　过滤机 …………………… 265
第二节　离心机 …………………… 271
第三节　风机 ……………………… 277
第四节　工业汽轮机 ……………… 280
思考与练习 ………………………… 294
第十二章　化工设备的运行管理 ……… 295
第一节　压力容器的安全附件…… 297
第二节　压力容器的安全使用…… 305
第三节　典型化工设备常见的事故及案例 ……………… 311
第四节　化工设备运行管理制度 ………………………… 319
思考与练习 ………………………… 323
附录　化工设备使用与维护课程参考教学大纲 ………………………… 325
参考文献 ………………………………… 329

第一章 化工设备概述

知识目标

- 了解化工设备的类型及其在石油化工生产中的应用。
- 掌握化工设备常用金属材料的性能及应用。
- 了解化工设备常见的腐蚀类型及防护措施。

能力目标

- 能够根据化工设备的不同使用条件，对照钢材的标准进行选材。

化工生产是以气体、液体、粉体等流动性物料为原料，经过各种工艺过程的加工得到不同类型产品的过程工业，而各种工艺过程都是通过不同的设备来实现的，化工厂的各种生产装置也都是由不同类型的设备所构成的。本章主要介绍化工设备的种类、构造及应用，化工生产对化工设备的要求，化工设备常用金属材料的性能及选用，化工设备常见的腐蚀类型及防护措施等内容。

知识框图

- 化工设备概述
  - 化工设备的类型
    - 工艺设备：流体输送设备、加热设备、换热设备、传质设备、反应设备、储存设备
    - 转动设备：各种泵、压缩机、风机、离心机、阀门管线、其他
  - 对化工设备的要求
    - 工艺要求：介质、压力、温度
    - 安全要求：强度、刚度、密封性、耐腐蚀性
    - 经济适用：在满足工艺要求和安全运行的前提下做到经济适用
  - 化工设备常用材料
    - 力学性能：强度指标、塑性指标、冲击韧性指标、硬度指标
    - 金属材料：普通碳钢、优质碳钢、低合金钢、合金钢、铸铁
    - 非金属材料：化工陶瓷、化工搪瓷、工程塑料
  - 化工设备的腐蚀与防护
    - 腐蚀类型：化学腐蚀、电化学腐蚀；均匀腐蚀、缝隙腐蚀、晶间腐蚀、应力腐蚀
    - 防腐措施：降低介质的腐蚀性、采用耐腐蚀材料、电化学保护

第一节　化工设备的应用与分类

一、化工设备在化工生产中的应用

化工生产企业的各种装置都是由不同类型的设备所构成的，石油、化工产品也都是按照一定的工艺过程，利用与之相配套的化工设备生产出来的。例如，管式炉乙烷裂解制乙烯装置，要用到裂解炉、离心式压缩机、各种塔器、换热设备及废热锅炉等设备；炼油厂的加氢裂化装置，要用到加热炉、反应器、分馏塔、氢气压缩机、高压分离器、高压泵、缓冲罐及空气冷却器等设备。典型的炼油、化工生产装置所需的主要化工设备如表 1-1 所示。

表 1-1　典型的炼油、化工生产装置所需的主要化工设备

序号	生产装置名称	所需的主要化工设备
1	常减压	加热炉、分馏塔、换热器、空气冷却器、电脱盐罐、各种泵
2	催化裂化	加热炉、反应器、沉降器、再生器、旋风分离器、分馏塔、空气冷却器、离心式鼓风机、各种泵、各类容器、滑阀、换热器
3	催化重整	加热炉、分馏塔、反应器、抽提塔、各种换热器、各种泵、空气压缩机、各类容器
4	溶剂脱沥青	加热炉、抽提塔、蒸发器、丙烷压缩机、各种泵、换热器
5	润滑油脱蜡	加热炉、各类塔器、转鼓式真空过滤机、套管结晶器、离心式空气压缩机、各种泵、换热器
6	合成氨	加热炉、反应器、分馏塔、压缩机、换热设备、各种泵
7	丁烯氧化脱氢生产丁二烯	反应器、各种塔器、蒸发器、空气压缩机、混合器、废热锅炉、各种泵
8	乙烯催化水合生产乙醇	加热炉、反应器、压缩机、分馏塔、洗涤塔、各种泵

从表 1-1 可见，化工生产离不开化工设备，化工设备是化工生产必不可少的物质技术基础，是生产力的主要因素之一，是化工产品质量保证体系的重要组成部分。化工设备性能的优劣及使用者对其掌握的熟练程度，将直接关系到化工生产的正常进行，并对整个装置的产品质量、生产能力、消耗定额，以及“三废”处理和环境保护等各方面都有重大的影响。不同的化工工艺对化工设备提出了不同的要求，而设计合理、质量优良的新型高效化工设备又会促使产品质量和产量的提高及消耗的降低，甚至使原来难以实现的生产工艺成为现实，生产出许多新的产品。例如，大型压缩机和超高压容器的研制成功，使人造金刚石的构想变为现实，使高压聚合反应得以实现。化工设备不仅用于化工和炼油生产中，而且在轻工、医药、食品、冶金、能源、交通等工业部门也有着广泛的应用。由此可见，化工设备与人们的生活有着密切的关系，对国民经济的发展起着十分重要的作用。

二、化工设备的类型

化工生产条件苛刻，技术含量高，生产原理多样，所用设备种类多。各种工艺装置的任务不同，所采用的设备也不尽相同。按化工设备在生产中的作用可将其归纳为流体输送设备、加热设备、换热设备、传质设备、反应设备及储存设备等几种类型。

1. 流体输送设备

流体输送设备是将原料、成品及半成品，包括水和空气等各种液体和气体从一个设备输送到另一个设备，或者使其压力升高以满足化工工艺的要求，包括各种泵、压缩机、鼓风机及与其相配套的管线和阀门等。这类设备的一个共同特点是它们都可用于许多场合，不仅限于化工或炼油生产，因此也称其为通用设备。

在炼油厂、化工厂中，机泵、阀门和管线的用量是很大的。例如，在炼油生产的常减压装置中，泵的投资约占总投资的 5%，催化裂化装置中的“三机”(增压鼓风机、气体压缩机、主风机)的投资占总投资的 7%～8%，加氢裂化装置中机泵的动力消耗相当于整个装置能耗的 60%。一个工艺装置所需的阀门数以千计，管线的总长可达上万米。所以，常把流体输送设备喻为炼油厂、化工厂的“动脉”。

2. 加热设备

加热设备是将原料加热到一定的温度，使其汽化或为其进行反应提供足够的热量。在石油化工生产中常用的加热设备是管式加热炉，它是一种火力加热设备，按其结构特征有圆筒炉、立式炉及斜顶炉等，其中应用较多的是圆筒炉。管式加热炉是乙烯生产、氢气和合成氨制备等工艺过程中，进行裂解或转化反应的心脏设备，它支配着整个工厂或装置的产品质量、收率、能耗及操作周期等。石油化工生产中所用的管式加热炉不同于其他工业中所用的一般加热炉，它是利用燃料在炉膛内燃烧时产生的高温火焰与烟气作为热源，加热在炉管中高速流动的物料，使其在管内进行化学反应，或达到后续工艺过程所需求的温度。

3. 换热设备

换热设备是将热量从高温流体传给低温流体，以达到加热、冷凝、冷却的目的，并从中回收热量，节约燃料。换热设备的种类很多，按其使用目的划分有加热器、换热器、冷却器、冷凝器及再沸器等，按换热方式可分为直接混合式、蓄热式和间壁式。在石油化工生产中，应用最多的是各种间壁式换热设备。换热设备的投资也是很大的，在化工厂的建设中，换热设备的投资一般占总投资的 10%～20%，在炼油厂中换热设备的投资占全部工艺设备总投资的 35%～40%。换热设备在动力、原子能、冶金、轻工、制药、食品、交通及家电等工业部门也有着广泛的应用。

4. 传质设备

传质设备是利用物料之间某些物理性质，如沸点、密度、溶解度等的不同，将处于混合状态的物质(气态或液态)中的某些组分分离出来。在进行分离的过程中物料之间发生的主要是质量的传递，故称其为传质设备。这类设备就其外形而言，大多为细而高的塔状，所以通常也叫做塔设备。如精馏塔、吸收塔、解吸塔、萃取塔等。按结构组成塔设备可分为板式塔和填料塔，其中板式塔应用较多。在炼油、化工生产装置中，塔设备的投资占整个工艺设备投资的 25%～30%。需要说明一点，有些设备外形呈塔状，但工作原理是反应或换热，如合成氨生产中的合成塔及化工厂常见的凉水塔等。

5. 反应设备

反应设备的作用是完成一定的化学和物理反应，其中化学反应是起主导和决定作用的，物理反应是辅助的或伴生的。反应设备在石油化工生产中的应用也是很多的，如苯乙烯、乙烯、高压聚乙烯、聚丙烯、合成橡胶、合成氨、苯胺染料和油漆颜料等工艺过程，都要用到反应设备。在炼油生产中，如催化裂化、催化重整、加氢裂化、加氢精制等装置，都采用不同类型的反应设备。反应设备的种类很多，有的已标准化，如夹套式搅拌反应器，这种反应器在化工生产中应用较多，在炼油生产中使用的反应设备大多数是根据不同装置的具体特点和工艺要求而设计制作的专用工艺设备。

6. 储存设备

储存设备是用来盛装生产用的原料气、液体、液化气等物料的设备。这类设备属于结构相对比较简单的容器类设备，所以又称为储存容器或储罐，按其结构特征有立式储罐、卧式储罐及球形储罐等。球形储罐用于储存石油气及各种液化气，大型卧式储罐用于储存压力不太高的液化气和液体，小型的卧式储罐和立式储罐主要作为中间产品罐和各种计量、冷凝罐用。在炼油厂的储运系统中用量最多的是大型的立式储油罐，按其罐顶的构造可分为拱顶油罐、外浮顶油罐和内浮顶油罐等。

在上述各种设备中，有些设备是依靠自身某些零部件的运转进行工作的，如各种泵、压缩机、风机等，称为“转动设备”，习惯上也叫做“动设备”或“机器”；有些设备工作时其零部件之间没有或很少有相对运动，而是依靠特定的机械结构及工艺等条件，让物料通过设备时“自动”完成工作任务，如各种塔设备、换热设备、反应设备、加热设备等，称为“工艺设备”，习惯上也叫做“静设备”或“设备”。几种典型的化工工艺设备如图 1－1 所示。对于在化工和炼油企业工作的机械人员或设备管理人员而言，有必要分清某设备是动设备还是静设备，但对于非机械人员或一般的工作人员来说，往往将化工和炼油生产中所用到的全部设备统称为“化工设备”。本书是供化工工艺类专业学生用的，主要是从使用和维护的角度来认识设备的，所以本书中所说的“化工设备”是广义的，包括转动设备和工艺设备。

三、化工生产对化工设备的要求

化工生产过程复杂，工艺条件苛刻，介质大多易燃、易爆、有毒、腐蚀性强，加之生产装置大型化、生产过程具有连续性和自动化程度高等特点，因此要求化工设备既能满足工艺过程的要求，又能安全可靠地运行，同时还应具有较高的技术经济指标及便于操作和维护的特点。

1. 工艺性能要求

化工设备是为化工工艺服务的，所以设备从结构类型和性能特点上应能在指定的生产条件下完成指定的生产任务。首先，应达到工艺指标，如反应设备中的反应速率、换热设备的传热量、塔设备的传质效率、储存设备的储存量等。其次，还应有较高的生产效率和较低的资源消耗，化工设备的生产效率是用单位时间内、单位体积所完成的生产任务来衡量的，如换热设备在单位时间内、单位传热面积上的传热量，反应设备在单位时间、单位容积内的产品数量等。资源消耗是指生产单位质量或体积产品所需的原料、燃料、电能等。

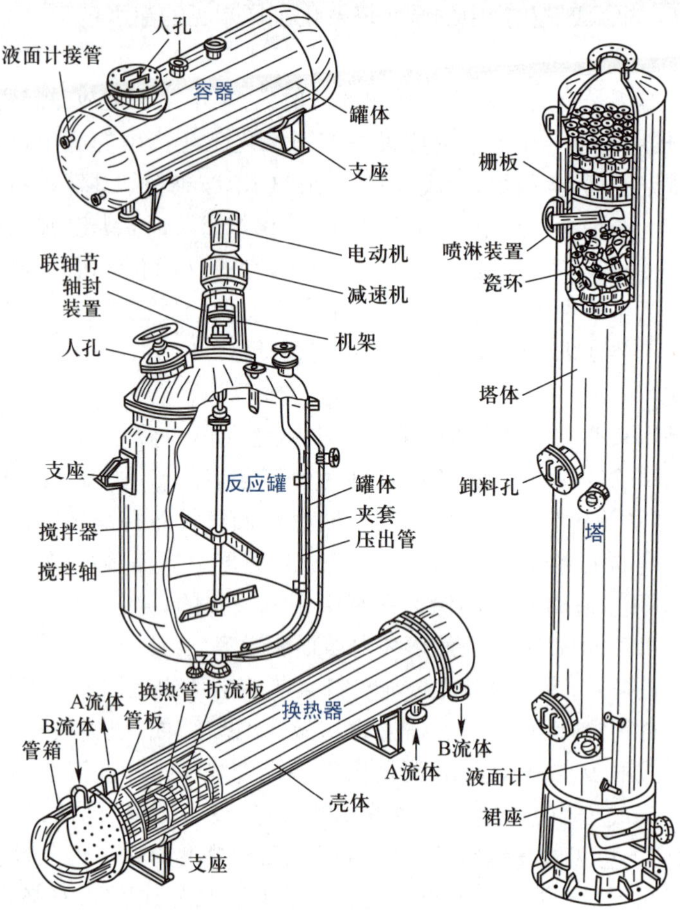

图 1－1　几种典型的化工工艺设备

2. 安全性能要求

化工生产的特点要求化工设备必须有足够的安全性。国内外生产实践表明，化工设备发生事故相当频繁，而且事故的危害性极大。为了保证其安全可靠的运行，防止事故的发生，化工设备必须具有足够的强度和刚度（稳定性），良好的韧性、耐腐蚀性和可靠的密封性。

设备的强度是指在载荷作用下抵抗变形和破坏的能力，所以化工设备及其零部件要有足够的强度，以保证安全运行。设备是由一定的材料构成的，其安全性与材料的性能密切相关，在相同条件下，提高材料的强度可以减小尺寸，减轻质量，降低成本。但是如果过分追求高强度，不仅使材料和制造成本增加，而且高强度的材料一般而言其韧性（指材料在断裂前吸收变形能量的能力）是相对比较差的。化工设备，特别是工艺设备由于制造时的焊接等原因，不可避免地存在裂纹、夹渣、气孔等缺陷，加之使用中产生的疲劳及应力腐蚀等，这就要求制造设备的材料要有良好的韧性。所以，选材时要注意材料的综合性能。

刚度（稳定性）是指设备在载荷作用下抵抗变形和保持自身原有形状的能力。刚度与设备结构及尺寸有关，与金属材料的种类关系不大，强度足够的设备其刚度不一定满足要求。刚度不足也是化工设备失效的主要形式之一，如在法兰连接中，若法兰刚度不足而发生过度的变形，将会导致密封失效而泄漏；承受外压的设备若刚度不足，将会失去原有形状而丧失工作能力。

化工设备必须有可靠的密封性，否则易燃、易爆、有毒介质泄漏出来，不仅使生产和设备本身受到损失，而且威胁操作人员的生命安全、污染环境，甚至引起爆炸，造成极其严重的后果。耐腐蚀性也是保证化工设备安全运行的一个基本要求，化工生产中的酸、碱、盐腐蚀性很强，其他许多介质也都有不同程度的腐蚀性，腐蚀不仅会减薄设备壁厚，而且有可能改变材料的组织和性能，所以要选择合适的耐腐蚀材料或采取相应的防腐蚀措施，以提高设备的使用寿命和运行的安全性。

3. 使用和经济性能要求

在满足工艺要求和安全可靠运行的前提下，要尽量做到适用和经济合理。要求设备结构合理，制造简单，成本低廉，运输与安装方便，操作、控制及维护简便，基本建设投资和日常维护、操作费用低，以获得较好的综合经济效益。

第二节　化工设备常用材料

一、金属材料的力学性能

材料在外力作用下，在变形和强度方面所表现出来的性能称为材料的力学性能。金属材料的力学性能是材料固有的特性，它与材料的化学成分、冶炼方式、加工和热处理方法及使用条件等因素有关。金属材料的力学性能是通过各种力学试验得到的，如拉伸、压缩、弯曲、冲击、疲劳、硬度等试验。

（一）材料的弹性和刚度

拉伸试验是确定材料性能的基本试验，试验时所用的标准试件如图 1-2 所示。图中 L 为标距，用来测量变形的工作长度，F 为拉力，d 为试件中部等径部分的直径。试件受到外力（轴向拉力 F）作用后其内部各部分之间产生了相互作用力，称为内力。垂直于单位横截面积上的内力称为正应力，用 σ 表示。试件受到外力作用后其原始尺寸或形状发生了变化，这种变化称为变形，变形的量与原始尺寸的比值称为应变，用 ε 表示。现以 $\sigma=F/S_0$（S_0 为试件的原始截面积）为纵坐标，$\varepsilon=\Delta L/L$（ΔL 为拉伸时的变形量）为横坐标得出低碳钢（因为低碳钢应用较为广泛，而且拉伸试验中所表现出来的力学性能也最具有代表性和典型性）拉伸时的 $\sigma-\varepsilon$ 曲线，如图 1-3 所示。

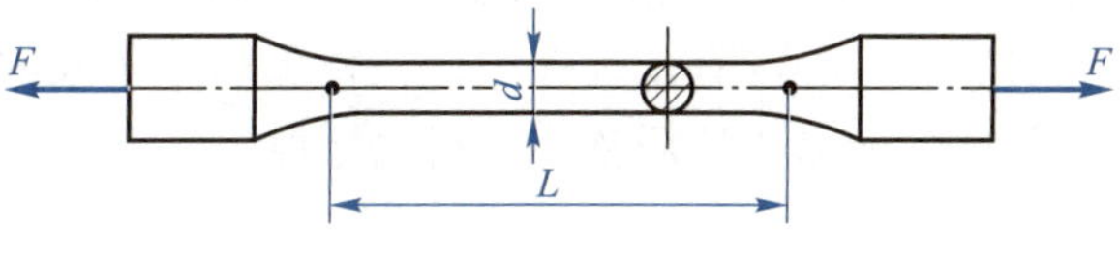

图 1-2　拉伸标准试件

由图 1-3 可见，在拉伸的初始阶段，σ 与 ε 的关系为直线 OA，A 点所对应的应力称为比例极限，用 R_p 表示。这表明当应力不超过比例极限时，应力和应变成正比，OA 为正比阶段，材料服从弹性定律，即胡克定律，$\sigma=E\varepsilon$。在 OA 阶段，如果消除外力所发生的变形也随之消失，试件恢复到原状。直线 OA 的斜率 $\tan\alpha=E$，很显然比例极限是材料的应力和应变呈正比关系的应力极限值。因此胡克定律只适用于应力 σ 不超过比例极限 R_p 的范围。$E=\sigma/\varepsilon$，称为材料的弹性模量，它反映了材料抵抗弹性变形的能力，即刚度。E 值越大，材料的刚度也就越大，越不容易发生弹性变形。E 值越小，材料的弹性越好，越容易发生弹性变形。几种材料在常温(室温)下的弹性模量如表 1-2 所示。

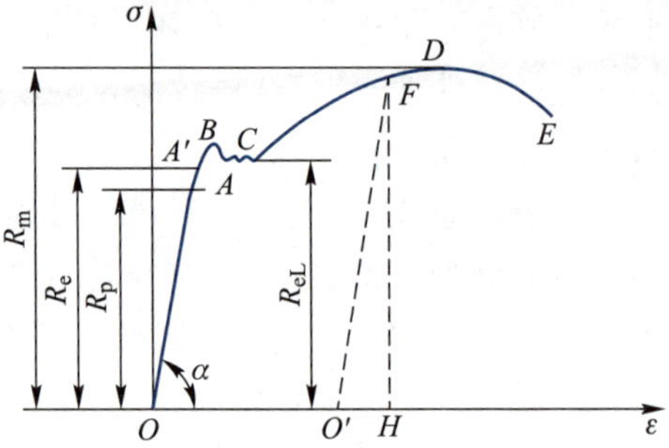

图 1-3　低碳钢拉伸时的 $\sigma-\varepsilon$ 曲线

表 1-2　几种材料在常温(室温)下的弹性模量

材料	$E/(10^4\ \mathrm{MPa})$	材料	$E/(10^4\ \mathrm{MPa})$
金刚石	102	铝及铝合金	7.0～8.1
硬质合金	41～55	木材(纵向)	0.9～1.7
钢	20～21.4	尼龙	0.2～0.4
铸铁	17.3～19.4	橡胶	0.001～0.01
铜及铜合金	10.5～15.3	聚氯乙烯	0.000 3～0.001

超过比例极限以后，从 A 点到 A' 点，σ 与 ε 不再为直线关系，稍有弯曲，说明应力与应变不再符合胡克定律，但变形仍是弹性的。这时如果消除外力，变形也随之消失，试件也能恢复到原状。试件在外力作用下，发生了变形，而当外力消除以后变形也随之消失，试件恢复到原来的形状，不会产生永久性的变形，这种性质称为材料的弹性。A' 点所对应的应力称为弹性极限，用 R_e 表示，OA' 为材料的弹性阶段。比例极限和弹性极限是两个不同的概念，但是在 $\sigma-\varepsilon$ 曲线上两点相距很近，故工程上并不严格区分。因此也可以认为，当应力不超过弹性极限时应力与应变成正比关系，即材料符合胡克定律。

(二) 材料的强度和塑性

强度是指材料抵抗塑性变形和断裂的能力。如果试件在外力作用下发生了变形，但并未断裂，当外力消除后，变形也没有完全消失而是有一部分被永久性地保留了下来，试件也并没有恢复到它原来的形状，没有恢复而被永久性保留了下来的那一部分变形称为塑性变形，材料能够产生塑性变形的性质称为材料的塑性。

1. 强度指标

如图 1-3 所示，当应力超过弹性极限后，在应力变化不大的情况下应变却增加很快，在$\sigma-\varepsilon$曲线上出现了一段接近水平线的小锯齿形线段。这种应力变化不大而应变显著增加的现象称为材料的屈服。BC 为屈服阶段，此阶段所对应的最低应力称为屈服强度，用 R_{eL} 表示。当应力达到屈服点时，材料会出现明显的塑性变形，R_{eL} 越大，材料越不容易发生塑性变形，所以 R_{eL} 是材料抵抗塑性变形能力的体现，是衡量材料强度的重要指标之一。过了屈服阶段以后，材料又恢复了抵抗变形的能力，这种现象称为材料的强化。CD 为强化阶段，D 点所对应的应力称为抗拉强度，用 R_m 表示。抗拉强度是材料在断裂前所能承受的最大应力，R_m 越大，材料越不容易断裂，所以 R_m 是衡量材料强度的又一重要指标。

工程上把 $\frac{R_{eL}}{R_m}$ 称为屈强比。屈强比越小的材料，即使发生了较大的塑性变形，也不至于立刻断裂。但若屈强比过小，则材料强度的有效利用率太低。有一部分金属材料在做拉伸试验时，并不像低碳钢那样有明显的屈服现象，这时通常以产生 0.2% 的塑性应变时的应力作为屈服应力，称为名义屈服强度或条件屈服强度，用 $R_{eL0.2}$ 表示。

2. 塑性指标

由于抗拉强度是材料在断裂前所能承受的最大应力，所以在图 1-3 中过 D 点以后，塑性变形急剧增加，试件出现颈缩现象直至 E 点被拉断。出现颈缩现象后，使试件继续伸长所需的拉力也相应减小，用试件的原始横截面积 S_o 算出的应力 σ 也随之下降，所以曲线 DE 呈下垂之势。

试件被拉断后，弹性变形消失，塑性变形保留了下来。试件标距伸长量与原始标距的百分比称为材料的断后伸长率，用 A 表示。

$$A=\frac{L_1-L}{L}\times 100\% \tag{1-1}$$

式中 L_1——拉断试件对接后测出的标距长度，mm；

L——试件的原始标距，mm。

试件拉断后颈缩处横截面积的最大缩减量与原始横截面积的百分比称为材料的断面收缩率，用 Z 表示。

$$Z=\frac{S_o-S_u}{S_o}\times 100\% \tag{1-2}$$

式中 S_o——试件的原始横截面积，mm^2；

S_u——试件断口处的横截面积，mm^2。

A 和 Z 都是衡量材料塑性性能的指标，其值越大，说明材料在断裂前产生的塑性变形越大，材料的塑性越好。当试件的标距 L 是其直径 d 的 5 倍时，断后伸长率用 A_5 表示；当 L 是 d 的 10 倍时，断后伸长率就用 A_{10} 表示。

3. 冷作硬化

如果将试件拉伸到强化阶段的某点，如图 1-3 中的 F 点，停止加载而逐渐卸载至零。此时，应力和应变则沿着几乎与 OA 平行的直线 FO' 回到 O' 点，这说明材料在卸载过程中应力与应变呈线性关系。F 点所对应的总应变是 OH，其中 $O'H$ 是恢复了的弹性应变，OO' 是保留下来的塑性应变。卸载后短期内重新加载，则应力和应变将沿着 $O'F$ 返回 F 点，以后仍沿曲线 FDE 变化，直至拉断。可见再次加载时，材料在 F 点以前的变形是弹性的，过 F 点以后才出现塑性变形，这种现象称为材料的冷作硬化。冷作硬化提高了材料在弹性阶段的承载能力，但降低了材料的塑性。

（三）材料的硬度

材料抵抗他物压入或划痕的能力称为硬度。硬度可以通过硬度试验进行测定，根据测定方法的不同，有布氏硬度、洛氏硬度和维氏硬度，常用的表示符号分别是 HBS、HRC 及 HV。硬度是表征材料性能的一个综合物理量，通常材料的硬度越高，其耐磨性越好。

（四）材料的冲击韧性

材料抵抗冲击载荷的能力称为冲击韧性。对承受动载荷作用的零部件除要求具备足够的强度、塑性和硬度外，还应有足够的冲击韧性。材料的冲击韧性大小反映了材料在断裂前吸收变形能量的多少，常用的冲击韧性指标是冲击功，用 A_{KV} 表示，其值可通过常温下的冲击试验测得，单位面积上的冲击吸收功称为冲击韧度，用 α_K 表示。

（五）温度对材料力学性能的影响

一般而言，随着温度的升高，钢材的强度下降，塑性提高。材料在高温情况下，如碳钢在 400℃以上，低合金钢在 450℃以上，不锈钢在 550℃以上，应该考虑蠕变的问题。蠕变是指材料在高温下，受某一固定应力的作用，随着时间的延续所发生的缓慢而连续不断的塑性变形的现象。材料在高温下抵抗塑性变形能力的指标称为蠕变极限，用 R_n^t 表示；在高温下抵抗断裂能力的指标称为持久强度，用 R_D^t 表示。R_n^t 和 R_D^t 的值与材料、温度及允许的蠕变速度和持续而不断裂的时间有关。如在石油化工中常规定，某种材料在某温度下，经过 10^5 h 其蠕变变形量不超过 1%时所对应的应力值称为这种材料在该温度、该蠕变速度条件下的蠕变极限；在某温度下经过 10^5 h 断裂时所对应的应力值称为这种材料在该温度、该持续时间内的持久强度。在低温情况下，如−20℃以下，材料的强度提高而塑性和冲击韧性降低，使材料产生冷脆性。

二、化工设备常用的金属材料

1. 碳钢

工业上使用的金属材料大多是由金属与金属、金属与非金属熔合在一起的合金。以铁为主，碳的质量分数小于 2.11%并含有少量的锰、硅、硫、磷等元素的合金称为碳钢，按国家标准的规定称其为非合金钢。

碳的质量分数≤0.25%时称为低碳钢，这种钢强度较低，但塑性好、焊接性能好，在化工设备中广泛应用。碳的质量分数在 0.25%～0.60%时称为中碳钢，这种钢强度、硬度高，塑性、冲击韧性稍差，焊接性较差，不适宜制造化工工艺设备的壳体，多用于制造传动设备的零件。碳的质量分数≥0.60%时称为高碳钢，这种钢强度、硬度很高，塑性差，焊接性差，常用来制造弹簧、刃具及钢丝绳等。

碳钢中硫的存在会使钢产生热脆性，磷的存在会使钢产生冷脆性，因此一般认为硫和磷是碳钢的有害元素，硫和磷的质量分数越小，碳钢的品质越好。当碳钢中硫和磷的质量分数大于 0.035%。且不超过 0.045%时称为普通碳钢，硫和磷的质量分数大于 0.025%且不超过 0.035%时称为优质碳钢，硫和磷的质量分数不超过 0.025%时称为高级优质碳钢。化工设备中常用的普通碳钢的力学性能及应用如表 1－3 所示，部分优质碳钢的力学性能及应用如表 1－4 所示。

表 1-3 普通碳钢的力学性能及应用

钢号	质量等级	R_{eL}/MPa	R_m/MPa	A_5/%	力学性能及应用
Q195	—	195	315	33	用于制作承受载荷不大的金属结构件、铆钉、垫圈、地脚螺栓、冲压件及焊接件等
Q215	A,B	215	335	31	
Q235	A,B C,D	235	375	26	有良好的强度、塑性和焊接性,用于制作一般的金属结构件、钢筋、型钢、螺栓、螺母、轴、非受压容器。B、C 在限定条件下可制作压力容器的壳体
Q255	A,B	255	410	24	强度较高,用于制作承受中等载荷的零件,如键、销、转轴、拉杆及链轮等
Q275	—	275	490	20	

表 1-4 部分优质碳钢的力学性能及应用

钢号	R_m/MPa	R_{eL}/MPa	A_5/%	Z/%	力学性能及应用
10	335	205	31	55	强度、硬度低,塑性、冲击韧性高,冷塑性、加工性和焊接性优良,切削加工性欠佳
20	410	245	25	55	
40	570	335	19	45	综合力学性能好,热塑性、加工性和切削性较差,冷变形能力和焊接性中等,多在调质或正火下使用,45 号钢应用最广
45	600	355	16	40	
60	670	400	12	35	强度、硬度高,耐磨性、弹性好,切削性中等,焊接性不佳,可做弹簧、钢丝绳等
65	695	410	10	30	
60Mn	695	410	11	35	淬透性和强度较高,可用于制造截面尺寸较大的零件,65Mn 常用
65Mn	735	430	9	30	

表 1-3 中 Q235—B 和 Q235—C 在限定条件下可用其制作压力容器的壳体。Q235—B 和Q235—C的使用温度都为 0~300℃,用作压力容器壳体时厚度不超过 16 mm,容器的设计压力不得超过 1.6 MPa,不得用于毒性程度为高度或极度危害介质的压力容器。用于其他受压元件时 Q235—B 的厚度不大于 30 mm,Q235—C 的厚度不大于 40 mm。

2. 合金钢

合金钢是在低碳钢的基础上,加入了一定量的合金元素而得到的。常加的元素有锰、钼、铌、钒、钛、镍、铬、硅、硼、钨、铝等。当合金元素总质量分数≤5%(一般不超过3%)时称为低合金钢。低合金结构钢的牌号由"碳的平均质量分数的万分数+元素符号+该元素平均质量分数的百分数"表示,当钢中某合金元素的平均质量分数不超过1.5%时,牌号中只标出元素符号而不标明质量分数;当钢中某合金元素的平均质量分数大于 1.5%而不超过 2.5%时,在该元素后只标整数 2;以此类推。如 09Mn2V 表示碳的平均质量分数为 0.09%,锰的质量分数为 1.4%~1.8%,钒的平均质量分数在 1.5%以下(0.04%~0.1%)。化工设备常用低合金钢的性能如表 1-5 和表 1-6 所示。

表 1-5 锅炉和压力容器用钢板(GB/T 713—2014)

钢号	使用状态	厚度/mm	使用温度/℃	说明
Q245R	热轧、控轧正火	3～150	−20～475	① Q245R 是标准中唯一的碳素钢，相当于旧牌号的 20R，具有优良的压力加工和焊接性。但强度偏低，在压力高、厚度大时不宜采用 ② Q345R 相当于旧牌号的 16MnR，加入了少量的 Mn 和 Si 使其强度大大提高，且由于合金元素少因而仍有良好的焊接性 ③ Q370R 相当于旧牌号的 15MnNbR，与 Q345R 相比，仅增添了很少的 Nb 就使其强度提高了 25 MPa ④ 18MnMoNbR 和 13MnNiMoR，均加入强化元素 Mo，其强度较高。但因合金元素较多，其焊接性较差 ⑤ 15CrMoR 由于有 Cr 和 Mo，提高了钢的耐热性，同时还有优良的抗氢腐蚀性，但焊接性变差，易产生冷裂纹和再热裂纹
Q345R	热轧、控轧正火	3～200	−20～475	
Q370R	正火	10～60	−20～350	
18MnMoNbR	正火加回火	30～100	−10～475	
13MnNiMoR	正火加回火	30～150	−20～400	
15CrMoR	正火加回火	6～150	−20～550	

表 1-6 低温压力容器用低合金钢(GB/T 3531—2014)

钢号	使用状态	厚度/mm	使用温度/℃	最低冲击试验温度/℃
16MnDR	正火	6～36	−40～350	−40
		36～100	−30～350	−30
15MnNiDR	正火，正火加回火	6～60	−45～100	−45
09Mn2VDR	正火，正火加回火	6～36	−50～100	−50
09MnNiDR	正火，正火加回火	6～60	−70～350	−70
07MnNiCrMoVDR	调质	16～50	−40～350	−40

不锈钢是化工设备中使用较多的一种合金钢，其牌号由“碳的平均质量分数的千分数＋元素符号＋该元素平均质量分数的百分数”表示，如 1Cr13 的碳的平均质量分数为 0.10％，铬的平均质量分数为 13％。当碳的质量分数为 0.03％～0.10％时，用 0 表示，碳的质量分数≤0.03％时，用 00 表示。如 0Cr18Ni10Ti 表示碳的平均质量分数为 0.03％～0.10％，00Cr19Ni10 表示碳的平均质量分数≤0.03％。化工设备常用不锈钢的耐腐蚀性及应用如表 1-7 所示。

表 1-7 不锈钢的耐腐蚀性及应用

钢号	耐腐蚀性	应用举例
0Cr13	耐水蒸气、碳酸氢铵及 500℃以下含硫石油等介质的腐蚀	制作设备衬里、内部元件垫片等
1Cr13	在 30℃以下的弱腐蚀性介质中有良好的耐腐蚀性，在淡水、蒸汽和潮湿的大气中有足够的耐腐蚀性	在 450℃以下可制作法兰、汽轮机的叶片、螺栓和螺母等零件
1Cr17	对氧化性酸(如一定的温度和浓度的硝酸)有良好的耐腐蚀性	制作腐蚀性不强的防污染设备、家庭用品、家用电器部件
00Cr18Ni8	对氧化性酸有较强的耐腐蚀性，对碱液及大部分有机酸也有一定的耐腐蚀性，有一定的耐晶间腐蚀的能力	制作食品设备、化工设备、输酸管道及容器等
00Cr18Ni10	耐硝酸、大部分有机酸和无机酸的水溶液及碱的腐蚀，能耐晶间腐蚀	制作硝酸、维尼龙及制药等工业设备和管道
0Cr17Ni12Mo2	在海水和其他介质中耐腐蚀性比 0Cr18Ni9Ti 好，主要用作耐小孔腐蚀，高温下有较高的强度	制作锅炉过热器、蒸汽管道、高温耐腐蚀螺栓等
1Cr18Ni9Ti	在不同温度和浓度的各种强腐蚀性介质中有较好的耐腐蚀性	广泛用于制作耐酸设备、管道及衬里等

3. 铸铁

铸铁是碳的质量分数＞2.11％的铁碳合金，工业上常用的铸铁碳的质量分数一般在 2.5％～4.5％，而锰、硅、硫及磷的质量分数都比钢中的高。有时为了改善其性能，还可加入铬、铜、铝等元素，得到合金铸铁。根据碳在铸铁中的存在形式有白口铸铁、灰口铸铁和麻口铸铁之分，其中灰口铸铁应用较多。在灰口铸铁中碳大多以石墨的形式存在，断口呈灰色，根据石墨的存在形式又可将灰口铸铁分为普通灰铸铁、球墨铸铁、可锻铸铁和蠕墨铸铁。

铸铁具有良好的铸造性、减振性、耐磨性和切削加工性，而且生产工艺简单、成本低，在化工设备，特别是转动设备中有着广泛的应用。灰铸铁可用于制造机器的底座、带轮、不太重要的齿轮、阀体、管线附件、飞轮、汽缸体、轴承座等，也可用来制造使用温度在 －15～250℃的常压容器，但不能用于储存剧毒或易燃的物料。灰铸铁的牌号由“HT＋数字”表示，其中“HT”是“灰铁”两字的汉语拼音字头，数字表示最低抗拉强度。如 HT200，是指最小抗拉强度为 200 MPa 的灰铸铁。球墨铸铁可用于制造曲轴、连杆、摇臂、齿轮、缸体、阀体、法兰等。球墨铸铁的牌号由“QT＋两组数字”表示，其中“QT”是“球铁”两字的汉语拼音字头，前一组数字表示最低抗拉强度，后一组数字表示最小断后伸长率。如 QT450－10，是指最小抗拉强度为 450 MPa、最小断后伸长率为 10％的球墨铸铁。

三、非金属材料

介质腐蚀性强是石油化工生产的特点之一，所以一些具有优良耐腐蚀性的非金属材料在石油化工生产中得到了广泛的应用。非金属材料既可单独作结构材料，又能作金属设备的保护衬里和涂层，也可作设备的密封材料和保温材料。化工设备中常用的非金属材料有化工陶瓷、化工搪瓷、工程塑料等。

1. 化工陶瓷

化工陶瓷是以天然硅酸盐矿物为原料，经粉碎、压制成形和高温焙烧而成的。它具有耐磨、耐腐蚀性好，耐高温和抗氧化能力强等优点，但脆性大，热稳定性较差。化工陶瓷除了氢氟酸和含氟的其他介质及热浓磷酸和碱液外，几乎能耐所有化学介质(如热浓硝酸、硫酸等)的腐蚀，大多用作设备的耐酸衬里，也可用其制造塔器、容器、管道、泵及化工生产设备和腐蚀介质的输送设备。

2. 化工搪瓷

化工搪瓷是将含硅较高的瓷釉涂敷在金属的表面，经 900℃左右的高温烧制，使瓷釉紧紧附着在金属胎的表面与其形成一个整体。化工搪瓷具有优良的耐腐蚀性能，除了氢氟酸、热磷酸和强碱外，能耐各种浓度的酸、盐类及弱碱的腐蚀。目前，我国已用化工搪瓷制作反应釜、储罐、换热器、蒸发器、塔器和阀门等设备。化工搪瓷具有金属的力学性能，但搪瓷层较脆，易碎裂，而且不能用火焰直接加热。

3. 工程塑料

工程塑料是以高分子合成树脂为基本原料，在一定的温度下塑制成形，并在常温下能保持其形状不变的高聚物。工程塑料具有密度小、电绝缘性好、耐腐蚀、耐磨等特点，工程塑料的品种繁多、应用广泛，化工行业中常用塑料的性能及应用如表 1-8 所示。

表 1-8　化工行业中常用工程塑料的性能及应用

名称	性能	应用
硬聚氯乙烯	能耐稀硝酸、稀硫酸、盐酸、碱、盐等的腐蚀，使用温度为−15～60℃，但在四氢呋喃和环己酮中会迅速溶解	可制作容器、塔、储槽、泵、通风机、管道、管件、阀门等
聚乙烯塑料	电绝缘性、防水性、化学稳定性好，室温下，除了硝酸外，能抗各种酸、碱、盐的腐蚀，可在100℃以内使用	可制作管道、管件、阀门等
耐酸酚醛塑料	有较好的耐腐蚀性和耐热性，能耐多种酸、盐和有机溶剂的腐蚀，使用温度为−30～130℃	可制作容器、塔、储槽、搅拌器、泵、管道、阀门等
聚四氟乙烯	有很好的绝缘性和耐腐蚀性，能耐大多数强酸、强碱、强氧化剂及溶液的腐蚀，使用温度为−180～250℃	可制作填料、垫圈、密封圈、泵、管道、阀门等

拓展阅读：

纳米科学技术与纳米材料

第三节　化工设备的腐蚀与防护

一、腐蚀的概念及类型

材料与其周围的环境发生作用而遭受破坏的现象称为腐蚀。按腐蚀的机理可分为化学腐蚀和电化学腐蚀；按腐蚀破坏的特征可分为均匀腐蚀、缝隙腐蚀、晶间腐蚀和应力腐蚀等。

（一）按腐蚀的机理分类

1. 化学腐蚀

金属与干燥的气体或非电解质溶液发生化学作用而引起的腐蚀称为化学腐蚀。如管式加热炉的炉管在高温作用下的氧化，金属设备在苯、含硫石油、乙醇等非电解质溶液中的腐蚀，金属钠在氯化氢气体中的腐蚀等都属于化学腐蚀。化学腐蚀的特点是在反应过程中只有氧化还原反应，没有电流产生，而且温度和腐蚀介质的浓度越高，腐蚀的速率就越快。化学腐蚀后在金属表面形成了一层氧化膜（腐蚀产物），若这层氧化膜在腐蚀介质中是稳定的，又能完整而牢固地附着在金属表面，就可以阻止外部介质与金属继续发生化学反应，从而起到保护金属的作用。

2. 电化学腐蚀

金属与电解质溶液发生电化学作用而引起的腐蚀称为电化学腐蚀。如金属在酸、碱、盐溶液，土壤、海水中的腐蚀等都属于电化学腐蚀。石油化工生产中的腐蚀破坏绝大部分是由电化学腐蚀引起的。

电化学腐蚀是由金属发生腐蚀电池的作用而引起的，腐蚀过程中有电流产生。构成腐蚀电池的条件，一是要有电位差，二是要有电解质，三是要有连续传递电子的回路。石油化工生产中的介质绝大多数都是电解质。不同的金属处于同一种介质中构成电偶腐蚀电池，如设备上的螺栓、螺母、焊接材料等和设备主体的连接。同一金属处于不同浓度的电解质中构成浓差腐蚀电池，如缝隙腐蚀。同一金属其表面由于化学成分不均匀、组织结构不均匀、物理状态不均匀等电化学不均匀性构成微观腐蚀电池，如金属中存在杂质、设备在制造过程中的变形和应力集中等。

在腐蚀电池中，电极电位较负的一端称为阳极，电极电位较正的一端称为阴极。在电化学腐蚀过程中，阳极发生氧化反应，阳极金属失去电子，以离子的形式进入溶液，阳极金属被腐蚀。阴极发生还原反应，由溶液中能接受电子的物质（氢离子、氧及氧化性的离子等）得到来自阳极的电子而被还原。阳极反应和阴极反应是两个互为依存的电化学反应过程，这种反应不断地进行，阳极金属就不断地被腐蚀。

（二）按腐蚀破坏的特征分类

1. 均匀腐蚀

腐蚀沿金属表面均匀进行，腐蚀的结果使设备壁厚减薄。如碳钢在强酸、强碱中的腐蚀就属于此类。这种腐蚀的危害性不大，可以通过在设计时增加设备的壁厚来保证设备具有一定的寿命。

2. 缝隙腐蚀

在腐蚀性介质中，若金属与金属或与非金属之间存在很小的缝隙，则缝隙内的介质处于滞流状态，使缝内的材料产生腐蚀。如法兰的连接面之间、螺母或铆钉的底面、焊缝的气孔内及锈层的缝隙间、未进行贴胀的换热管与管板孔之间的间隙等。几乎所有的介质、所有的金属都会产生缝隙腐蚀，其中不锈钢和铝在含有氯化物的中性介质中最易发生缝隙腐蚀，一般介质温度越高，越容易引起缝隙腐蚀。

3. 晶间腐蚀

大多数的金属都是由晶粒组成的，晶粒与晶粒之间的边界称为晶界。腐蚀主要沿着晶界或晶界的邻近区域发生，而晶粒本身的腐蚀很轻微，这种腐蚀称为晶间腐蚀。发生了晶间腐蚀的材料，晶粒之间的结合力大大降低，甚至可使材料的机械强度完全丧失，虽然表面上看起来材料完整无损，但在力量稍大的敲击下便成碎块。由于晶间腐蚀不易被发现，所以容易造成设备的突然破坏，危害性很大。不锈钢、铝合金、镍基合金都对晶间腐蚀敏感性很高，而奥氏体不锈钢又是制造化工设备的常用材料，因此对它的晶间腐蚀问题应予以足够的重视。

4. 应力腐蚀

应力腐蚀是金属材料在拉应力和特定的介质共同作用下所遭受的一种破坏形式。金属发生应力腐蚀时，大部分表面并未遭受腐蚀，只是在局部区域出现一些由表及里的细裂纹，这些裂纹可能是穿过晶粒的，也可能是沿晶界延伸的，裂纹的主干是与最大拉应力垂直的。随着裂纹的扩展，材料的受力截面减小，应力增加，最后导致机械断裂。导致产生应力腐蚀的拉应力可以是设备在使用过程中所承受的各种应力，也可以是设备在制造过程中的残余应力，如焊接应力、变形应力、装配应力等。并不是金属材料在所有介质中都会发生应力腐蚀，只有金属材料和介质形成了某种组合时，应力腐蚀才会发生。常见的能产生应力腐蚀的一些金属材料与介质的组合如表 1 - 9 所示。

表 1 - 9　产生应力腐蚀的一些金属材料与介质的组合

金属材料	腐蚀介质
碳钢和低合金钢	NaOH 溶液、硝酸盐溶液、含 H_2S 和 HCl 的溶液、42%$MgCl_2$ 溶液、海水、海洋大气、工业大气、NH_4Cl 溶液等
奥氏体不锈钢	氯化物溶液、NH_3 气和溶液、NaOH、KOH、H_2SO_4 + $CuSO_4$ 浓缩锅炉水、海水、海洋大气等
铜和铜合金	含氨蒸气、汞盐溶液、湿 H_2S、含 SO_2 大气、水蒸气等
镍和镍合金	NaOH 水溶液
铝合金	熔融 NaCl、NaCl 水溶液、海水、水蒸气、含 SO_2 大气等

二、常用的防腐措施

无论哪种类型的腐蚀都对设备有一定的损害，所以在实际使用设备的过程中，应根据腐蚀的不同类型，采取合理有效的防腐方法，以达到保护设备的目的。常用的防腐蚀措施有降低介质的腐蚀性、采用耐腐蚀材料、电化学保护等。

1. 降低介质的腐蚀性

在腐蚀性介质中加入某种物质，可缓解介质对设备的腐蚀。如在原油加工时先通过脱盐、脱水，注碱、注水、注铵、注缓蚀剂等方法进行预处理，以降低原油对设备的腐蚀作用。

2. 采用耐腐蚀材料

根据设备所接触介质的特性，选用能够耐受这种介质的材料制作设备。如选择不锈钢，用耐腐蚀材料对设备进行衬里，在设备的表面涂敷一层耐腐蚀材料，或在设备的表面镀一层耐腐蚀材料等方法。

3. 电化学保护

对发生电化学腐蚀的场合，利用电化学腐蚀的原理，通过改变金属在电解质溶液中的电极电位，达到防止电化学腐蚀的目的。有阴极保护和阳极保护两种方法，其中阴极保护使用历史长，技术成熟，使用广泛。

阴极保护是将被保护的金属作为腐蚀电池的阴极，从而使其免遭腐蚀的方法。具体有牺牲阳极保护法和外加电流保护法两种。牺牲阳极保护法是将被保护的金属与另一电极电位较低的金属连接起来，形成一个腐蚀电池，使被保护的金属作为腐蚀电池的阴极免遭腐蚀，而电极电位较低的金属作为腐蚀电池的阳极而被腐蚀。外加电流保护法是将被保护的金属与直流电源的阴极相连，而将另一金属片与直流电源的阳极相连，并与被保护的金属隔绝，从而起到防腐的作用。化工设备中使用的阴极保护实例如表 1-10 所示。

表 1-10　阴极保护实例

被保护设备	介质条件	保护措施	保护效果
不锈钢冷却蛇管	11%的 Na_2SO_3 水溶液	石墨作为辅助阳极，保护电流密度 80 mA/m^2	无保护时，使用 2～3 个月腐蚀穿孔；有保护时，使用 5 年以上
不锈钢制化工设备	100℃稀 H_2SO_4 和有机酸的混合液	阳极：高硅铸铁，保护电流密度 0.12～0.15 A/m^2	原来一年内焊缝处出现晶间腐蚀，阴极保护后可以防止腐蚀
碳钢制碱液蒸发锅	100～115℃，23%～40% NaOH 溶液	阳极：无缝钢管，下端装有 ϕ1 200 mm环形圈，集中保护下部焊缝，保护电流密度 3 A/m^2，电位-5 V	保护前 40～50 天后焊缝处产生应力腐蚀破裂，保护后 2 年多未发现破裂
浓缩槽的加热铜管	$ZnCl_2$、NH_4Cl 溶液	阳极：铅	保护前铜腐蚀引起产品污染，保护后防止了铜的腐蚀，提高了产品质量
铜制蛇管	110℃，54%～70% $ZnCl_2$ 溶液	牺牲阳极保护(阳极：锌)	使用寿命由原来的 6 个月延长至 1 年

续表

被保护设备	介质条件	保护措施	保护效果
铅管	$BaCl_2$ 和 $ZnCl_2$ 溶液	牺牲阳极保护(阳极:锌)	延长设备寿命 2 年
衬镍的结晶器	100℃的卤化物	牺牲阳极保护(阳极:镁)	解决了镍腐蚀影响产品质量的问题

思考与练习

1. 化工设备有哪些常用类型?各自的作用是什么?

2. 化工设备怎样才能做到安全可靠的运行?

3. 什么是材料的强度、刚度、弹性、塑性、冲击韧性、硬度?分别写出其性能指标。

4. 写出普通碳钢、优质碳钢、低合金钢、合金钢、铸铁各两个常用牌号,并说明其化学成分和主要的性能指标。

5. 举例说明化学腐蚀、电化学腐蚀、均匀腐蚀、缝隙腐蚀、晶间腐蚀、应力腐蚀,并说明其各自的特点。

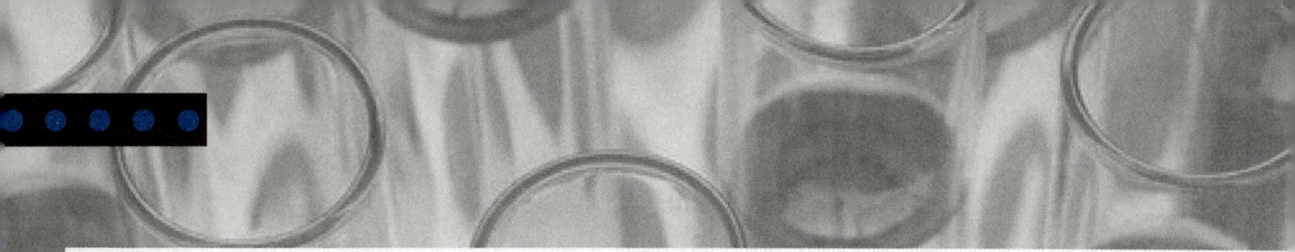

第二章　压力容器基础

知识目标

- 了解压力容器的类型及主要的标准规范。
- 理解压力容器设计参数的含义。
- 掌握压力容器强度计算的方法。
- 掌握压力容器主要零部件的构造。

能力目标

- 能够根据工艺条件，对压力容器进行强度计算，特别是校核计算。

虽然换热器、塔器、反应器、储罐等不同类型的化工工艺设备的构造不同，用途各异，但就其外形而言，都是含有压力介质的容器，从设计的角度分析都属于压力容器的范畴。所以对各类化工工艺设备共性的内容均在“压力容器”的名称下予以介绍。本章主要介绍压力容器的类型和标准规范、设计参数及强度计算的方法、主要零部件的构造和选用等内容。

知识框图

- 压力容器基础
  - 压力容器的类型及规范
    - 容器类型：按用途：反应、换热、分离、储存容器；按压力：低、中、高和超高压容器；按TSG 21—2016《固定式压力容器安全技术监察规程》：Ⅰ、Ⅱ、Ⅲ类容器。还可按壁厚、形状、安装方式等分类
    - 容器规范：GB 150—2011《压力容器》、GB/T 151—2014《热交换器》、TSG 21—2016《固定式压力容器安全技术监察规程》、《压力容器使用登记管理规则》等
  - 压力容器的设计计算
    - 强度计算：
      - 圆筒设计计算：$\delta=\dfrac{p_c D_i}{2[\sigma]^t\phi-p_c}$
      - 圆筒校核计算：$p_c\leqslant[p_w]=\dfrac{2[\sigma]^t\phi\delta_e}{D_i+\delta_e}$
    - 压力试验：新制造和大检修后的容器及其他应当做压力试验的容器应进行压力试验，一般用水作为试压介质，不宜做水压试验的可做气压试验
  - 压力容器的主要零部件
    - 法兰：按法兰标准选用压力容器法兰和管法兰，法兰主要参数：*PN*、*DN*
    - 开孔补强：开孔使容器整体强度削弱，孔边产生应力集中。补强形式有补强圈补强、厚壁接管补强、整锻件补强
    - 支座：鞍式支座、裙式支座、耳式支座、支承式支座、腿式支座
    - 人孔：常压人孔、回转盖板式人孔、水平吊盖人孔、垂直吊盖人孔

第一节　压力容器的类型及规范介绍

一、压力容器的类型

压力容器是指压力和容积达到一定的数值、容器所处的工作温度使其内部介质呈气态的密闭容器。按 TSG 21—2016《固定式压力容器安全技术监察规程》的规定，安装在固定位置使用且同时具备下列条件的容器就称为固定式压力容器。

(1) 工作压力大于等于 0.1 MPa(不含液柱静压力)。

(2) 容积大于或等于 0.03 m^3 且内直径(非圆形截面指截面内边界最大几何尺寸)大于或等于 150 mm。

(3) 介质为气体、液化气体或最高工作温度高于等于标准沸点的液体。

压力容器一旦发生事故后果是很严重的，世界上许多国家都把压力容器作为一种特殊的设备，由专门的机构实施安全监督，制定专门的法规和标准予以管理。对压力容器进行分类是为了便于了解不同类型容器的结构特点和适用场合，做到合理使用和规范管理。

(一) 按工艺用途分类

根据工艺用途可将压力容器分为反应容器、换热容器、分离(传质)容器和储存容器。

(1) 反应容器　反应容器主要用于完成介质的化学和物理反应过程，如反应釜、分解塔、聚合釜、合成塔、煤气发生炉等。

(2) 换热容器　换热容器主要用于完成介质的热量交换过程，如热交换器、冷却器、冷凝器、蒸发器、冷却塔等。

(3) 分离(传质)容器　分离(传质)容器主要用于完成流体的压力平衡和气体净化分离等过程，如分离器、过滤器、洗涤器、干燥塔、汽提塔、乙烯精馏塔等。

(4) 储存容器　储存容器主要用于盛装气体、液体、液化气体等介质，如液化气储罐、液氨储罐、球罐、槽车等。

(二) 按设计压力高低分类

压力容器按照承压方式有内压容器和外压容器。当容器内壁所承受的压力高于其外壁所承受的压力时称为内压容器，反之为外压容器。内压容器按设计压力的高低又可分为 4 个压力等级。

(1) 低压容器　$0.1\ \mathrm{MPa} \leqslant p < 1.6\ \mathrm{MPa}$。

(2) 中压容器　$1.6\ \mathrm{MPa} \leqslant p < 10.0\ \mathrm{MPa}$。

(3) 高压容器　$10.0\ \mathrm{MPa} \leqslant p < 100\ \mathrm{MPa}$。

(4) 超高压容器　$p \geqslant 100\ \mathrm{MPa}$。

(三) 按安全技术监察规程的要求分类

以上几种分类方法，都只考虑了压力容器的某个方面，并不能全面准确地反映容器的整体技术和安全状态。为了在技术管理和监督监察上区别对待不同安全要求的压力容器，特种设备安全技术规范，TSG 21—2016《固定式压力容器安全技术监察规程》中，按照容器的压力等级、容积大小、介质的危害程度将压力容器分为Ⅰ、Ⅱ、Ⅲ类。其中第Ⅲ

类压力容器最为重要，要求也最严格。这种分类方法对从事压力容器的设计、制造、安装、使用、维护及管理人员而言更为重要。

1. 介质的分组

压力容器的介质分为以下两组，包括气体、液化气体或者最高工作温度高于或者等于标准沸点的液体。

(1) 第一组介质　毒性程度为极度危害、高度危害的化学介质，易爆介质，液化气体。

(2) 第二组介质　除第一组以外的介质。

2. 介质的危害性

介质的危害性是指压力容器在生产过程中因事故致使介质与人体大量接触，发生爆炸或者因经常泄漏引起职业性慢性危害的严重程度，用介质毒性程度和爆炸危害程度表示。

(1) 综合考虑急性毒性、最高容许浓度和职业性慢性危害等因素。极度危害最高容许浓度小于 0.1 mg/m^3，高度危害最高容许浓度为 0.1～1.0 mg/m^3，中度危害最高容许浓度为1.0～10.0 mg/m^3，轻度危害最高容许浓度大于或者等于 10.0 mg/m^3。

(2) 易爆介质是指气体或者液体的蒸气、薄雾与空气混合形成的爆炸混合物，并且其爆炸下限小于 10%，或者爆炸上限和爆炸下限的差值大于或者等于 20%的介质。

(3) 具体介质毒性危害程度和爆炸危险程度，按照 HG/T 20660—2017《压力容器中化学介质毒性危害和爆炸危险程度分类标准》确定。HG/T 20660—2017 没有规定的，由压力容器设计单位参照 GBZ 230—2010《职业性接触毒物危害程度分级》的原则，决定介质组别。

3. 压力容器类别划分的方法

先根据介质特性选择分类图，对第一组介质选择图 2-1，对第二组介质选择图 2-2，再根据设计压力 p(单位 MPa)和容积 V(单位 L)，标出坐标点，确定容器类别。

对多腔压力容器，按 TSG 21—2016《固定式压力容器安全技术监察规程》中 A1.3.2 的要求确定。

同时满足以下条件的压力容器称为简单压力容器，简单压力容器统一划分为第Ⅰ类压力容器。

(1) 压力容器由筒体和平盖、凸形封头(不包括球冠形封头)，或者由两个凸形封头组成。

(2) 筒体、封头及接管等主要受压元件的材料为碳素钢、奥氏体不锈钢或 Q345R。

(3) 设计压力小于或等于 1.6 MPa。

(4) 容积小于或等于 1 m^3。

(5) 工作压力与容积的乘积小于或等于 1 MPa · m^3。

(6) 介质为空气、氮气、二氧化碳、惰性气体、医用蒸馏水蒸发而成的蒸汽或上述气(汽)体的混合气体；允许介质中含有不足以改变介质特性的油等成分，并且不影响介质与材料的相容性。

(7) 设计温度大于或等于－20℃，最高工作温度小于或等于 150℃。

(8) 非直接受火焰加热的焊接压力容器(当内直径小于或等于 550 mm 时允许采用平盖螺栓连接)。

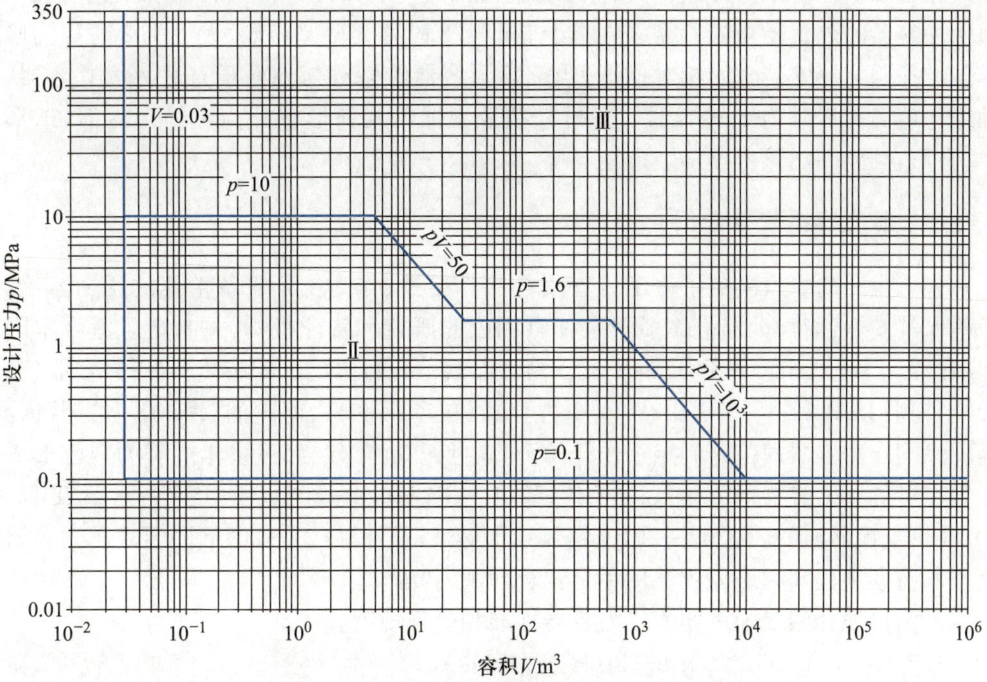

图 2-1　压力容器分类图——第一组介质

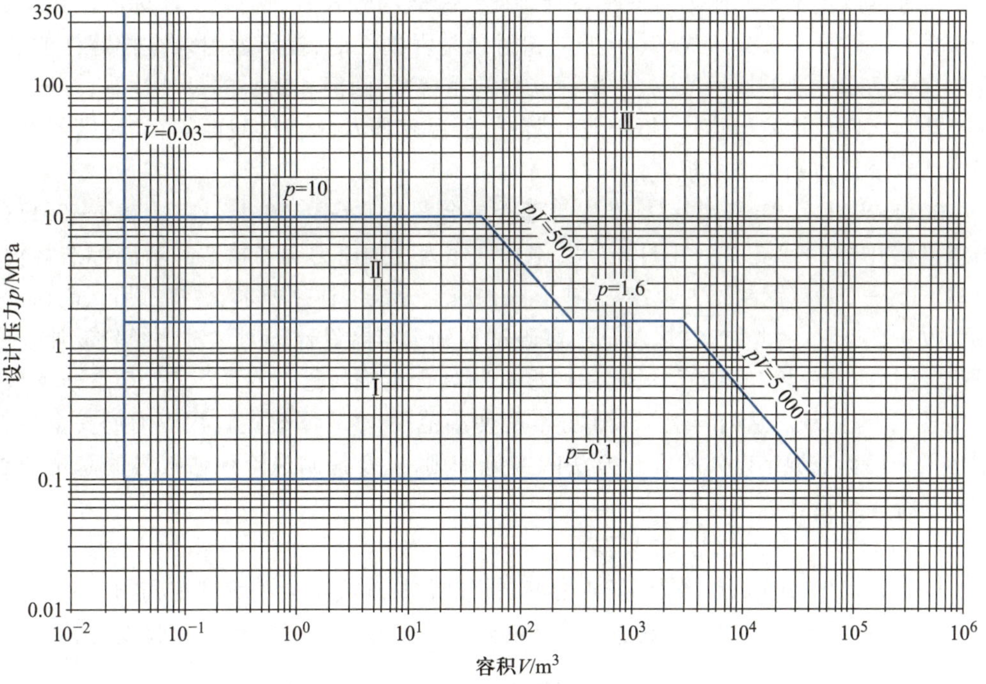

图 2-2　压力容器分类图——第二组介质

除了以上几种分类方法外，按照容器的相对壁厚将其分为薄壁容器和厚壁容器。当圆筒形容器的外直径与内直径之比小于等于1.2时称为薄壁容器，大于1.2时称为厚壁容器。按照容器安装时的相对位置，当圆筒形容器的轴线与地面垂直时为立式容器，当轴线与地面平行时为卧式容器。还可以按照容器的几何形状分为圆筒形容器、球形容器、锥形容器、椭圆形容器及矩形容器等。

二、压力容器规范介绍

化工生产的特点决定了化工设备安全的重要性，作为化工设备主体的压力容器，为了确保其安全运行，世界上许多国家都有相应的研究和管理机构，并制定了适合本国的标准规范。如美国的《ASME锅炉及压力容器规范》、日本的JIS B 8270《压力容器(基础标准)》和JIS B 8271～JIS B 8285《压力容器(单项标准)》、德国的《AD压力容器标准》等。我国压力容器规范的制定工作开始于20世纪50年代，经过多年的努力现已形成了较为完善的压力容器规范体系，如GB 150.1～GB 150.4—2011《压力容器》、GB/T 151—2014《热交换器》、GB 12337—2010《钢制球形储罐》及TSG 21—2016《固定式压力容器安全技术监察规程》和《压力容器使用登记管理规则》等。

下面简要介绍我国主要的压力容器标准和管理规范。

1. GB 150.1～GB 150.4—2011《压力容器》

1998年，我国颁布了压力容器方面一部最重要的国家标准GB 150—1998《钢制压力容器》，由全国压力容器标准化技术委员会编制，国家技术监督局颁布实施。

该标准规定了钢制压力容器在设计、制造、检验与验收方面的要求。标准由正文、附录和提示性附录三部分组成，其中正文和附录是强制性的，提示性附录是推荐性的。主要内容包括本标准的适用范围、引用标准和常用材料，圆筒和封头的设计计算，容器的开孔及补强、制造、检验与验收，超压泄放装置，低温容器及非圆形截面的容器，密封结构、焊接结构及其他相关技术规定。

2011年11月21日，国家标准化管理委员会发布了GB 150.1～GB 150.4—2011《压力容器》，并于2012年3月1日开始实施。其作为我国压力容器建造的基础标准替代了原GB 150—1998《钢制压力容器》。在形式构成上分成了通用要求、材料、设计、制造检验和验收4个部分，并增加了“以验证性爆破试验确定容器设计压力”“对比经验设计方法”“局部结构应力分析和评定”“风险评估报告”“高合金钢号近似对照”“Q235系列钢板的使用规定”等附录。从内容上扩大了标准的使用范围，修订了确定许用应力的安全系数，增加了采用标准规定以外的设计方法的实施细则，以及编制风险评估报告的基本要求、钢带错绕筒体设计等内容。

2. GB/T 151—2014《热交换器》

GB/T 151—2014是全国锅炉压力容器标准化技术委员会负责制定和归口的热交换器标准，用以规范在中国境内建造和使用的热交换器设计、制造、检验和验收的相关技术要求。

该标准由正文和附录两部分组成。正文包括总论(范围、规范性引用文件、术语和定义、通用要求)，材料，结构设计，设计计算，制造、检验与验收，安装、操作和维护等；附录包括1个规范性附录和12个资料性附录。由于该标准没有必要、也不可能囊括适用范围内管壳式热交换器建造中的所有技术细节，所以，该标准不能作为具体管壳式热交换器建造的技术手册，在满足法规所规定的基本安全要求的前提下，也不禁止标准中没有特别提及的技术内容。

该标准替代 GB 151—1999《管壳式换热器》。与 GB 151—1999 相比：修改了标准名称、扩大了标准适用范围、提出了热交换器的通用要求、规定了其他结构型式的热交换器所依据的标准等。引用了 GB 150.1～GB 150.4—2011《压力容器》、GB/T 8890—2007《热交换器用铜合金无缝管》、GB/T 28713.1～GB/T 28713.3—2012《管壳式换热器用强化传热元件》等诸多技术文件(由于变化大、涉及内容多，这里不再细述)。

3. TSG 21—2016《固定式压力容器安全技术监察规程》

从前面介绍的几个标准可见，我国压力容器方面的标准基本上是以设计为主体内容的，但实践表明，保证压力容器的安全可靠运行仅靠设计和制造方面的标准和规范是远远不够的。为此我国在 1981 年由原国家劳动总局颁发了《压力容器安全监察规程》，经过 1990 年及以后的修订并更名，于 1999 年颁布了当时新版的《压力容器安全技术监察规程》。

该规程是压力容器安全管理的一个技术法规，同时也是政府对压力容器实施技术监督和管理的依据。由法定的压力容器安全监察机构，根据压力容器产品所使用的标准及技术规范来控制和监督压力容器设计、制造及检验等各个环节。

根据《特种设备安全监察条例》的有关规定，国家质量监督检验检疫总局批准颁布了新的压力容器安全监察规程 TSG 21—2016《固定式压力容器安全技术监察规程》，于 2016 年 10 月 1 日起实施。本规程规定了固定式压力容器的设计、制造、安装、修理、改造、检验、使用等环节的强制性基本安全要求，其适用对象为纳入《特种设备安全监察条例》适用范围的在中华人民共和国境内使用及制造的固定式压力容器。

《固定式压力容器安全技术监察规程》在广泛调研和论证的基础上，充分考虑了原《压力容器安全技术监察规程》行之有效的安全监察与管理模式，明确了监察范围，容器类别的划分更为科学；对材料复验、焊接试板、无损检测等内容进行了合理调整；提出了基本安全要求，调整了安全系数，纳入了风险评估技术，体现了节能减排的思想；进一步加强了压力容器的安全监察与管理，突出了企业安全主体责任。

2013 年 7 月，国家质量监督检验检疫总局特种设备安全监察局，下达了制定新的《固定式压力容器安全技术监察规程》的立项任务，要求以原有的《固定式压力容器安全技术监察规程》(TSG R0004—2009)、《非金属压力容器安全技术监察规程》(TSG R0001—2004)、《超高压容器安全技术监察规程》(TSG R0002—2005)、《简单压力容器安全技术监察规程》(TSG R0003—2007)、《压力容器使用管理规则》(TSG R5002—2013)、《压力容器定期检验规则》(TSG R7001—2013)、《压力容器监督检验规则》(TSG R7004—2013)七个规范为基础，形成关于固定式压力容器的综合规范(也称《大容规》)。经过两年多的努力，于 2016 年 2 月 22 日新制定的《固定式压力容器安全技术监察规程》(TSG 21—2016)，由国家质量监督检验检疫总局批准颁布。

《固定式压力容器安全技术监察规程》(TSG 21—2016)制定的基本原则如下：

(1) 以原有的压力容器七个规范为基础，进行合并及逻辑关系上的理顺，统一并且进一步明确基本安全要求，形成关于固定式压力容器的综合规范。

(2) 根据特种设备目录，调整适用范围，统一固定式压力容器的分类。

(3) 根据行政许可改革的情况，调整各环节有关的行政许可要求。

(4) 整理国家质量监督检验检疫总局近年来针对压力容器安全监察的有关文件，汇总《固定式压力容器安全技术监察规程》宣贯、实施中存在的具体问题，收集网上咨询意见，增补相应内容，重点解决当前存在的突出问题。

(5) 扩展材料范围，重点解决铸钢、铸铁压力容器材料技术要求(安全系数、化学成分、力学性能和适用范围)，增加非焊接瓶式容器高强钢材料技术要求。

(6) 按照固定式压力容器各环节分章进行描述，每个环节的边界尽可能清晰，明确相应的主体责任(如明确耐压试验介质、压力、温度，无损检测方法、比例，热处理等技术要求由设计者提出并且放到相应设计章节)。

(7) 理顺法规与标准的关系，整合、凝练固定式压力容器基本安全要求，将一些详细的技术内容放到相应的产品标准中去规定。

第二节　压力容器的设计计算

一、容器的强度计算

压力容器的强度计算包括设计计算和校核计算。由已知的工艺条件，如压力、温度、介质等，设计一台新容器所进行的计算称为设计计算。对现有的容器改变使用条件，或进行安全性能的检验所进行的计算称为校核计算。

(一) 圆筒和球壳的强度计算

1. 设计计算

圆筒形容器：
$$\delta=\frac{p_c D_i}{2[\sigma]^t\phi-p_c} \tag{2-1}$$

球形容器：
$$\delta=\frac{p_c D_i}{4[\sigma]^t\phi-p_c} \tag{2-2}$$

式中　δ——容器的计算厚度，mm；

p_c——容器的计算压力，MPa；

D_i——容器的内直径，mm；

$[\sigma]^t$——容器材料在设计温度下的许用应力，MPa；

ϕ——容器的焊接接头系数。

2. 校核计算

圆筒形容器：
$$p_c\leqslant[p_w]=\frac{2[\sigma]^t\phi\delta_e}{D_i+\delta_e} \tag{2-3}$$

球形容器：
$$p_c\leqslant[p_w]=\frac{4[\sigma]^t\phi\delta_e}{D_i+\delta_e} \tag{2-4}$$

式中　$[p_w]$——容器的最大允许工作压力，MPa；

δ_e——容器的有效厚度，$\delta_e=\delta_n-C$；

δ_n——容器的名义厚度,mm;

C——容器的厚度附加量,$C=C_1+C_2$;

C_1——钢板或钢管的厚度负偏差,mm;

C_2——腐蚀裕量,mm。

(二) 封头的强度计算

封头是压力容器的重要组成部分,常用的有半球形封头、椭圆形封头、碟形封头、锥形封头和平封头。其中,平封头根据需要有多种形式,其结构都比较简单,但与其他类型的封头相比,在同等条件下,满足强度要求的厚度却很大,故在中低压容器中应用不多;锥形封头主要用于不同直径圆筒的过渡连接、介质中含有固体颗粒或黏度较大时容器下部的出料口等。工程上应用较多的是半球形封头、椭圆形封头和碟形封头,以椭圆形封头最常用。

1. 椭圆形封头

如图 2-3 所示,椭圆形封头是由半个椭球壳和一段高度为 h 的直边部分所组成。直边高度 h 的大小按封头直径和厚度不同有25 mm、40 mm 和 50 mm 3 种,直边部分的作用是使椭圆壳和圆筒的连接边缘与封头和圆筒焊接连接的接头错开,避免边缘应力(互相连接的两部分由于变形不协调、互相约束而在连接处产生的附加应力)与热应力(由于焊接在焊接接头处产生的附加应力)叠加的现象,改善封头和圆筒连接处的受力状况。

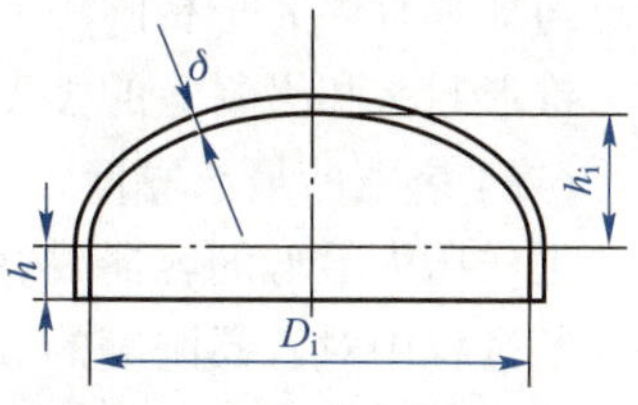

图 2-3　椭圆形封头

当椭圆形封头的 $\frac{D_i}{2h_i}=2$ 时,称为标准椭圆形封头。理论分析表明,标准椭圆形封头应力分布均匀,在同等条件下与圆筒有大致相同的厚度,便于焊接连接,经济合理,所以 GB 150 推荐采用标准椭圆形封头。椭圆形封头的强度按式(2-5)和式(2-6)计算。

设计计算:

$$\delta=\frac{Kp_cD_i}{2[\sigma]^t\phi-0.5p_c} \tag{2-5}$$

校核计算:

$$p_c\leqslant[p_w]=\frac{2[\sigma]^t\phi\delta_e}{KD_i+0.5\delta_e} \tag{2-6}$$

式中　K——椭圆形封头的形状系数,可查 GB 150,标准椭圆形封头 $K=1.00$。

其他符号的意义与圆筒相同。

2. 碟形封头

如图 2-4 所示,碟形封头是由半径为 R_i 的部分球面、高度为 h 的直边部分及连接以上两部分的半径为 r 的过渡区所组成。R_i/r 越大,则封头的深度越浅,制造方便,但边缘应力也就越大。GB 150 中推荐取 $R_i=0.9D_i$,$r=0.17D_i$(也可以认为是标准碟形封头),这时球面部分的壁厚与圆筒相近,封头的深度也不大,便于制造。在碟形封头中直边部分的作用和取法与椭圆形封头相同。碟形封头的强度按式(2-7)和式(2-8)计算。

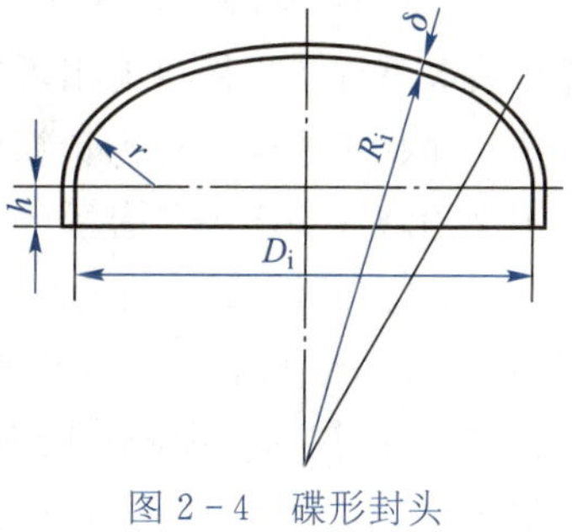

图 2-4　碟形封头

设计计算：

$$\delta=\frac{Mp_cR_i}{2[\sigma]^t\phi-0.5p_c} \tag{2-7}$$

校核计算：

$$p_c\leqslant[p_w]=\frac{2[\sigma]^t\phi\delta_e}{MR_i+0.5\delta_e} \tag{2-8}$$

式中　R_i——碟形封头球面部分内半径，mm；

M——碟形封头的形状系数，可查 GB 150，标准碟形封头 $M=1.33$。

其他符号的意义与椭圆形封头相同。

按 GB 150 的规定，标准椭圆形封头和标准碟形封头的有效厚度 δ_e 不得小于封头内直径 D_i 的 0.15%。

半球形封头为半个球壳，与其他形式的封头相比应力分布均匀，但由于深度较大，当直径较小时制造困难，因此中小直径的压力容器很少采用半球形封头。对大直径的半球形封头，先在制造现场分瓣冲压，然后再运送到安装现场进行拼焊。半球形封头的强度计算与球形容器完全相同。

锥形封头和平封头的强度计算相对都比较复杂，具体方法可查阅 GB 150。

（三）容器的最小厚度

工作压力很低的容器，按强度公式计算的厚度往往是很小的，不能满足在制造、运输和安装过程中对容器刚度的要求，因此 GB 150 中对圆筒形容器加工成形后不包括腐蚀裕量的最小厚度作了如下限制。

（1）碳素钢、低合金钢制容器，δ_{min} 不小于 3 mm。

（2）高合金钢制容器，δ_{min} 不小于 2 mm。

（四）容器厚度的确定

容器厚度不仅要满足强度和刚度的要求，还要考虑腐蚀裕量及钢板的厚度规格，容器的名义厚度可按以下方法确定：

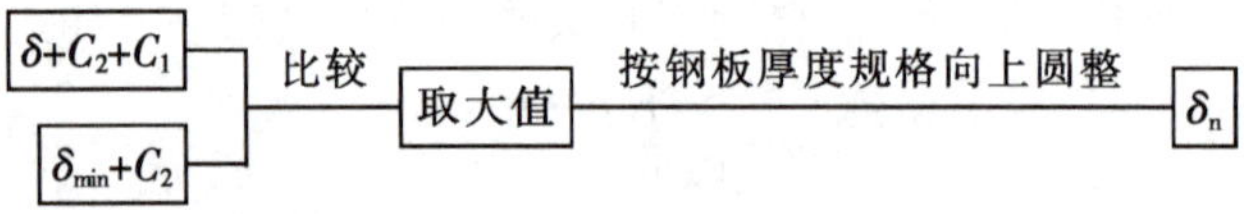

二、设计参数的确定

1. 设计压力

设计压力是指设定的容器顶部的最高压力，用 p 表示，设计压力应标在容器的铭牌上，与相应的设计温度一起作为设计载荷，其值不得低于工作压力。工作压力是指正常操作情况下容器顶部可能出现的最高压力，用 p_w 表示。在相应的设计温度下，用以确定容器元件厚度的压力称为计算压力，用 p_c 表示，计算压力等于设计压力加上容器工作时所承受的液注静压力。容器的设计压力可按以下方法确定。

（1）当容器上装有安全阀时，设计压力应大于等于安全阀的开启压力，取开启压力为(1.1～1.05)倍的工作压力。当容器上装有爆破片装置时，容器的设计压力与爆破片的形式、载荷的性质及爆破片的制造精度等因素有关，具体数值可按 GB 150 的有关规定进行确定。

(2) 当容器系统中装有安全控制装置，而单个容器上无安全控制装置且各个容器之间的压力降难以确定时，其设计压力可按表 2-1 确定。

表 2-1 设计压力

工作压力 p_w/MPa	设计压力 p/MPa	工作压力 p_w/MPa	设计压力 p/MPa
$p_w \leqslant 1.8$	$p_w + 0.18$	$4.0 < p_w \leqslant 8.0$	$p_w + 0.4$
$1.8 < p_w \leqslant 4.0$	$1.1\ p_w$	$p_w > 8.0$	$1.05\ p_w$

(3) 盛装液化气或混合液化石油气的容器，设计压力可按表 2-2 确定。

表 2-2 常见的盛装液化气或混合液化石油气容器的设计压力

容器类别		设计压力/MPa
液化气容器（无保冷设施）	液氨	2.16
	液氯	1.62
	丙烯	2.16
	丙烷	1.77
	正丁烷、异丁烷、正丁烯、异丁烯、丁二烯	0.79
混合液化石油气容器（无保冷设施）	1.62 MPa$< p_{50} \leqslant$1.94 MPa	以丙烯为相关组分，设计压力 2.16
	0.58 MPa$< p_{50} \leqslant$1.62 MPa	以丙烷为相关组分，设计压力 1.77
	$p_{50} \leqslant$0.58 MPa	以异丁烷为相关组分，设计压力 0.79

注：p_{50}为混合液化石油气 50℃时的饱和蒸气压，表中的 1.94 MPa、1.62 MPa、0.58 MPa 分别为丙烯、丙烷、异丁烷 50℃时的饱和蒸气压。

2. 设计温度

设计温度是指容器在正常工作情况下，设定的元件的金属温度（沿元件金属截面温度的平均值），用 t 表示。对于 0℃以上的金属温度，设计温度不得低于元件金属在工作状态下可能达到的最高温度。对于 0℃以下的金属温度，设计温度不得高于元件金属可能达到的最低温度。容器的设计温度可参照以下原则确定。

(1) 容器内介质被热载体或冷载体直接加热时，设计温度按表 2-3 确定。

表 2-3 设计温度

传热方式	设计温度 t(℃)	传热方式	设计温度 t(℃)
外加热	热载体的最高工作温度	内加热	被加热介质的最高工作温度
外冷却	冷载体的最低工作温度	内冷却	被冷却介质的最低工作温度

(2) 容器内壁与介质直接接触且有外保温时，设计温度按表 2-4 确定。

(3) 容器内介质用蒸汽直接加热或被内置加热元件（如加热盘管、电热元件等）间接加热时，其设计温度取被加热介质的最高工作温度。

表 2-4 设计温度

最高或最低工作温度 t_w①/℃	设计温度 t/℃	最高或最低工作温度 t_w①/℃	设计温度 t/℃
$t_w \leqslant -20$	t_w-10	$15<t_w\leqslant 350$	t_w+20
$-20<t_w\leqslant 15$	t_w-5(但最低仍为-20)	$t_w>350$	$t_w+(5\sim10)$②

注:① 当工作温度范围在 0℃以下时,考虑最低工作温度;当工作温度范围在 0℃以上时,考虑最高工作温度;当工作温度范围跨越 0℃时,按对容器不利的情况考虑。

② 当碳素钢容器的最高工作温度为 420℃以上,铬钼钢容器的最高工作温度为 450℃以上,不锈钢容器的最高工作温度为 550℃以上时,其设计温度不再增加裕量。

(4) 对液化气用压力容器当设计压力确定后,其设计温度就是与其对应的饱和蒸气的温度。

(5) 对储存用压力容器(包括液化气储罐),当壳体温度仅由大气环境条件确定时,其设计温度可取该地区历年来月平均气温的最低值,或据实计算。

3. 许用应力

许用应力是容器壳体、封头等受压元件所用材料的许用强度,它是由材料的各极限应力(R_{eL}、R_m、R_{eL}^t、R_n^t、R_D^t)除以相应的安全系数来确定的。安全系数是为了保证容器受压元件的强度有足够的安全储备量而设定的一个强度“保险”系数,它是可靠性和先进性相统一的系数,是考虑了材料的力学性能、载荷条件、设计计算方法、加工制造及使用等方面的不确定因素后确定的。各国标准规范中所规定的安全系数均与本国规范所采用的计算、选材、制造及检验方面的规定是相适应的。为了使用方便和取值统一,GB 150 中给出了常用材料在不同温度下的许用应力,可直接查用。常用钢板、钢管的许用应力如表 2-5 和表 2-6 所示。

4. 焊接接头系数

焊接制造的容器,在焊缝中可能存在着夹渣、气孔、裂纹及未焊透等缺陷,使焊缝及热影响区的强度受到削弱。为了补偿焊接时可能出现的焊接缺陷对容器强度的影响,引入了焊接接头系数,它是接头处材料的强度与母材强度之比,用 ϕ 表示。焊接接头系数的取值与接头的形式及对其进行无损检测的长度比例有关,由 GB 150 的规定可按下列方法确定。

(1) 当采用双面焊对接接头和相当于双面焊的全焊透对接接头时:

100%无损检测 $\phi=1.0$;

局部无损检测 $\phi=0.85$。

(2) 当采用单面焊对接接头(沿焊缝根部有紧贴基本金属的垫板)时:

100%无损检测 $\phi=0.90$;

局部无损检测 $\phi=0.80$。

5. 厚度附加量

容器的壁厚不仅要满足强度和刚度的要求,还要考虑钢材的厚度负偏差和介质对容器的腐蚀,所以在确定容器厚度时引入钢板或钢管的厚度负偏差 C_1 和腐蚀裕量 C_2,二者之和称为厚度附加量,用 C 表示。

表 2-5 碳素钢和低合金钢钢板许用应力

钢号	钢板标准	使用状态	厚度/mm	室温强度指标		在下列温度下的许用应力/MPa																注
				R_m/MPa	R_{eL}/MPa	≤20℃	100℃	150℃	200℃	250℃	300℃	350℃	400℃	425℃	450℃	475℃	500℃	525℃	550℃	575℃	600℃	
Q245R	GB 713—2014	热轧,控轧,正火	3~16	400	245	148	147	140	131	117	108	98	91	85	61	41						
			>16~36	400	235	148	140	133	124	111	102	93	86	84	61	41						
			>36~60	400	25	148	133	127	119	107	98	89	82	80	61	41						
			>60~100	390	205	137	123	117	109	98	90	82	75	73	61	41						
			>100~150	380	185	123	112	107	100	90	80	73	70	67	61	41						
Q345R	GB 713—2014	热轧,控轧,正火	3~16	510	345	189	189	189	183	167	153	143	125	93	66	43						
			>16~36	500	325	185	185	183	170	157	143	133	125	93	66	43						
			>36~60	490	315	181	181	173	160	147	133	123	117	93	66	43						
			>60~100	490	305	181	181	167	150	137	123	117	110	93	66	43						
			>100~150	480	285	178	173	160	147	133	120	113	107	93	66	43						
			>150~200	470	265	174	163	153	143	130	117	110	103	93	66	43						
Q370R	GB 713—2014	正火	10~16	530	370	196	196	196	196	190	180	170										
			>16~36	530	360	196	196	196	193	183	173	163										
			>36~60	520	340	193	193	193	180	170	160	150										
18MnMoNbR	GB 713—2014	正火加回火	30~60	570	400	211	211	211	211	211	211	211	207	195	177	117						
			>60~100	570	390	211	211	211	211	211	211	211	203	192	177	117						
13MnNiMoR	GB 713—2014	正火加回火	30~100	570	390	211	211	211	211	211	211	211	203									
			>100~150	570	380	211	211	211	211	211	211	211	200									
15CrMoR	GB 713—2014	正火加回火	6~60	450	295	167	167	167	160	150	140	133	126	122	119	117	88	58	37			
			>60~100	450	275	167	167	157	147	140	131	124	117	114	111	109	88	58	37			
			>100~150	440	255	163	157	147	140	133	123	117	110	107	104	102	88	58	37			
14Cr1MoR	GB 713—2014	正火加回火	6~100	520	310	193	187	180	170	163	153	147	140	135	130	123	80	54	33			
			>100~150	510	300	189	180	173	163	157	147	140	133	130	127	121	80	54	33			
12Cr2Mo1R	GB 713—2014	正火加回火	6~150	520	310	193	187	180	173	170	167	163	160	157	147	119	89	61	46	37		
12Cr1MoVR	GB 713—2014	正火加回火	6~60	440	245	163	150	140	133	127	117	111	105	103	100	98	95	82	59	41		
			>60~100	430	235	157	147	140	133	127	117	111	105	103	100	98	95	82	59	41		
12Cr2Mo1VR	—	正火加回火	30~120	590	415	219	219	219	219	219	219	219	219	219	193	163	134	104	72			①

续表

钢号	钢板标准	使用状态	厚度/mm	室温强度指标		在下列温度下的许用应力/MPa																注
				R_m/MPa	R_{eL}/MPa	≤20℃	100℃	150℃	200℃	250℃	300℃	350℃	400℃	425℃	450℃	475℃	500℃	525℃	550℃	575℃	600℃	
16MnDR	GB 3531—2014	正火，正火加回火	6～16	490	315	181	181	180	167	153	140	130										
			>16～36	470	295	174	174	167	157	143	130	120										
			>36～60	460	285	170	170	160	150	137	123	117										
			>60～100	450	275	167	167	157	147	133	120	113										
			>100～120	440	265	163	163	153	143	130	117	110										
15MnNiDR	GB 3531—2014	正火，正火加回火	6～16	490	325	181	181	181	173													
			>16～36	480	315	178	178	178	167													
			>36～60	470	305	174	174	173	160													
15MnNiNbDR	—	正火，正火加回火	10～16	530	370	196	196	196	196													
			>16～36	530	360	196	196	196	193													①
			>36～60	520	350	193	193	193	187													
09MnNiDR	GB 3531—2014	正火，正火加回火	6～16	440	300	163	163	163	160	153	147	137										
			>16～36	430	280	159	159	157	150	143	137	127										
			>36～60	430	270	159	159	150	143	137	130	120										
			>60～120	420	260	156	156	147	140	133	127	117										
08Ni3DR	—	正火，正火加回火，调质	6～60	490	320	181	181															①
			>60～100	480	300	178	178															
06Ni9DR	—	调质	6～30	680	560	252	252															①
			>30～40	680	550	252	252															
07MnMoVR	GB 19189—2011	调质	10～60	610	490	226	226	226	226													
07MnNiVDR	GB 19189—2011	调质	10～60	610	490	226	226	226	226													
07MnNiMoDR	GB 19189—2011	调质	10～50	610	490	226	226	226	226													
12MnNiVR	GB 19189—2011	调质	10～60	610	490	226	226	226	226													

注①：该钢板的技术要求见 GB 150.2—2011 附录 A。

表 2-6 碳素钢和低合金钢钢管许用应力

钢号	钢管标准	使用状态	壁厚/mm	室温强度指标		在下列温度下的许用应力/MPa																注
				R_m/MPa	R_{eL}/MPa	≤20℃	100℃	150℃	200℃	250℃	300℃	350℃	400℃	425℃	450℃	475℃	500℃	525℃	550℃	575℃	600℃	
10	GB/T 8163—2018	热轧	≤10	335	205	124	121	115	108	98	89	82	75	70	61	41						
20	GB/T 8163—2018	热轧	≤10	410	245	152	147	140	131	117	108	98	88	83	61	41						
Q345D	GB/T 8163—2018	正火	≤10	470	345	174	174	174	174	167	153	143	125	93	66	43						
10	GB 9948—2013	正火	≤16	335	205	124	121	115	108	98	89	82	75	70	61	41						
			>16～30	335	195	124	117	111	105	95	85	79	73	67	61	41						
20	GB 9948—2013	正火	≤16	410	245	152	147	140	131	117	108	98	88	83	61	41						
			>16～30	410	235	152	140	133	124	111	102	93	83	78	61	41						
20	GB 6479—2013	正火	≤16	410	245	152	147	140	131	117	108	98	88	83	61	41						
			>16～40	410	235	152	140	133	124	111	102	93	83	78	61	41						
16Mn	GB 6479—2013	正火	≤16	490	320	181	181	180	167	153	140	130	123	93	66	43						
			>16～40	490	310	181	181	173	160	147	133	123	117	93	66	43						
12CrMo	GB 9948—2013	正火加回火	≤16	410	205	137	121	115	108	101	95	88	82	80	79	771	74	50				
			>16～30	410	195	130	117	111	105	98	91	85	79	77	75	74	72	50				
15CrMo	GB 9948—2013	正火加回火	≤16	440	235	157	140	131	124	117	108	101	95	93	91	90	88	58	37			
			>16～30	440	225	150	133	124	117	111	103	97	91	89	87	86	85	58	37			
			>30～50	440	215	143	127	117	111	105	97	92	87	85	84	83	81	58	37			
12Cr2Mol	—	正火加回火	≤30	450	280	167	167	163	157	153	150	147	143	140	137	119	89	61	46	37		
1Cr5Mo	GB 9948—2013	退火	≤16	390	195	130	117	111	108	105	101	98	95	93	91	83	62	46	35	26	18	
			>16～30	390	185	123	111	105	101	98	95	91	88	86	85	82	62	46	35	26	18	
12Cr1MoVG	GB 5310—2013	正火加回火	≤30	470	255	170	153	143	133	127	117	111	105	103	100	98	95	82	59	41		
09MnD	—	正火	≤8	420	270	156	156	150	143	130	120	110										①
09MnNiD	—	正火	≤8	440	280	163	163	157	150	143	137	127										①
08Cr2AlMo	—	正火加回火	≤8	400	250	148	148	140	130	123	117											①
09CrCuSb	—	正火	≤8	390	245	144	144	137	127													①

注①：该钢管的技术要求见 GB 150.2—2011 附录 A。

钢板厚度负偏差按表 2-7 选取。

表 2-7 钢板厚度负偏差 单位:mm

名义厚度 δ_n	2.8~3.0	3.2~3.5	3.8~4.0	4.5~5.5	6~7	8~25	26~30	32~34	36~40	42~50	52~60
厚度负偏差 C_1	0.22	0.25	0.3	0.5	0.6	0.8	0.9	1.0	1.1	1.2	1.3

腐蚀裕量可根据介质的腐蚀性及容器的设计寿命来确定,对介质为压缩空气、水蒸气及液态水的碳素钢、低合金钢容器,腐蚀裕量不小于 1 mm。当资料不全难以具体确定时,可参考表 2-8 选取。

表 2-8 腐蚀裕量 单位:mm

容器类别	碳素钢、低合金钢	铬钼钢	不锈钢	备注	容器类别	碳素钢、低合金钢	铬钼钢	不锈钢	备注
塔器及反应器壳体	3	2	0		不可拆内件	3	1	0	包括双面
容器壳体	1.5	1	0		可拆内件	2	1	0	
换热器壳体	1.5	1	0		裙座	1	1	0	
热衬里容器壳体	1.5	1	0						

三、容器的压力试验

容器的压力试验是在超过设计压力的压力下,对容器进行试运行的过程。压力试验的目的是检查容器的宏观强度、焊缝的致密性及密封结构的可靠性,及时发现容器钢材、制造及检修过程中存在的缺陷,是对材料、设计、制造及检修等各环节的综合性检查。通过压力试验将容器的不安全因素在正式使用前充分暴露出来,防患于未然。所以压力试验是保证设备安全运行的重要措施,必须严格执行。对下列容器应进行压力试验。

(1) 新制造的容器。

(2) 改变使用条件,且超过原设计参数并经强度校核合格的容器。

(3) 停止使用两年后重新启用的容器。

(4) 使用单位从外单位拆来新安装的或本单位内部移装的容器。

(5) 用焊接方法修理改造、更换主要受压元件的容器。

(6) 需要更换衬里(重新更换衬里前)的容器。

(7) 使用单位对安全性能有怀疑的容器。

(一) 压力试验的方法及要求

压力试验有液压试验、气压试验和气液组合压力试验 3 种。一般情况都采用液压试验,因为液体的压缩性很小,所以液压试验比较安全。只有对不宜作为液压试验的容器才进行气压试验,如内衬耐火材料不易烘干的容器、生产时装有催化剂不允许有微量残液的反应器壳体等。对因承重等原因无法注满液体的容器可先注入液体,再注入气体,进行气液组合压力试验。

对需要进行热处理的容器,必须将所有焊接工作完成并经热处理后方可进行液压试验。如果试验不合格需要补焊或补焊后又经热处理的,必须重新进行压力试验。对剧毒介质和设计要求不允许有微量介质泄漏的容器，在进行液压试验后还要做气密性试验。

压力试验前容器各连接部位的紧固螺栓必须装配齐全、紧固妥当，必须用两个经校正的量程相等的压力表，并装在容器便于观察的部位。压力表的量程应在试验压力的2倍左右，不低于1.5倍或高于4倍的试验压力。

1. 液压试验

凡是在压力试验时不会导致发生危险的液体，在低于其沸点温度下都可作为液压试验的介质，一般用清洁水作为试压液体。液压试验的装置如图2-5所示，液压试验应按下列方法和要求进行。

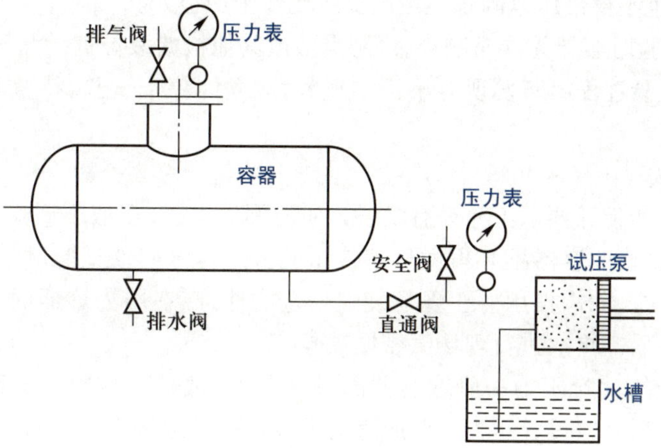

图2-5　液压试验的装置

(1) 液压试验时应先打开放空口，充液至放空口有液体溢出时，表明容器内空气已排尽，再关闭放空口的排气阀，试验过程中应保持容器表面干燥。待容器壁温与液体温度接近时开始缓慢升压至设计压力，确认无泄漏后继续升压到规定的试验压力，保压30 min，然后将压力降至规定试验压力的80%，并保持足够长的时间(一般不少于30 min)，以便对所有的焊接接头及连接部位进行检查，如发现有泄漏应进行标记，卸压修补后重新试压，直至合格为止。在保压期间不得采用连续加压的做法维持压力不变，也不得带压紧固螺栓或向受压元件施加外力。

(2) 液压试验时无渗漏、无可见的变形，试验过程中无异常的声响，对抗拉强度R_m>510 MPa的钢材，经表面无损检测抽查未发现裂纹即为合格。

(3) 试验温度应比容器器壁金属无延性转变温度高30℃。如果由于板厚等因素造成材料的无延性转变温度升高时，则需要相应提高试验液体的温度。

(4) 液压试验完毕后，应将液体排尽并用压缩空气将内部吹干。对奥氏体不锈钢制造的容器用水进行试验后，应采取措施除去水渍，防止氯离子腐蚀。无法达到这一要求时，应控制水中氯离子的含量不超过25 mg/L。

2. 气压试验

气体的可压缩性很大，因此气压试验比较危险，对高压容器和超高压容器不宜做气压试验。气压试验时必须有可靠的安全措施，该措施需试验单位技术总负责人批准，并经本单位安全部门现场检查监督。气压试验应按下列方法和要求进行。

(1) 气压试验所用气体应为干燥、清洁的空气、氮气或其他惰性气体。容器做定期检查时若其内有残留易燃气体存在将导致爆炸时，不得使用空气作为试验介质。试验温度与液压试验时要求相同。

(2) 气压试验时应缓慢升压至规定试验压力的10%且不超过0.05 MPa，保压5 min后对容器的所有焊接接头和连接部位进行初步泄漏检查，合格后继续缓慢升压至规定试验压力的50%，然后按每级为规定试验压力10%的级差逐步升到规定的试验压力。保压10 min后将压力降至规定试验压力的87%，并保压不少于30 min，进行全面的检查，如有泄漏则卸压修补后再按上述规定重新试验。在保压期间不得采用连续加压的做法维持压力不变，也不得带压紧固螺栓或向受压元件施加外力。

(3) 气压试验时容器无异常响声，经肥皂液或其他检漏液检查无漏气、无可见异常变形即为合格。试验过程中若发现有不正常现象，应立即停止试验，待查明原因后方可继续进行试验。

3. 气密性试验

对剧毒介质和设计要求不允许有微量介质泄漏的容器，在液压试验后还要做气密性试验，气压试验合格的容器不必再做气密性试验。进行气密性试验时，一般应将容器的安全附件装配齐全，如需投用前在现场装配安全附件，应在压力容器的质量证明书中注明装配安全附件后需再次进行现场气密性试验。

气密性试验的试验压力一般取容器的设计压力，试验时缓慢升压至规定的试验压力，保压10 min后降至设计压力。对所有的焊接接头及连接部位进行泄漏检查，对小型容器亦可浸入水中检查，如有泄漏则卸压修补后重新进行液压试验和气密性试验。

(二) 压力试验时容器的强度校核

压力试验是在高于工作压力的情况下进行的，所以在进行试验前应对容器在规定的试验压力下的强度进行理论校核，满足要求时才能进行压力试验的实际操作。

1. 试验压力的确定

试验压力是进行压力试验时规定容器应达到的压力，其值反映在容器顶部的压力表上。容器的试验压力按如下方法确定。

液压试验时试验压力为
$$p_T = \eta p \frac{[\sigma]}{[\sigma]^t} \tag{2-9}$$

气压试验时试验压力为
$$p_T = \eta p \frac{[\sigma]}{[\sigma]^t} \tag{2-10}$$

式中 p_T——容器的试验压力，MPa；

η——压力系数，对钢和有色金属制容器液压试验取1.25，气压试验取1.10，对铸铁容器液压试验取2.00；

p——容器的设计压力，MPa；

$[\sigma]$——容器元件材料在试验温度下的许用应力，MPa；

$[\sigma]^t$——容器元件材料在设计温度下的许用应力，MPa。

在确定试验压力时应注意以下几点。

(1) 容器铭牌上规定有最大允许工作压力时，公式中应以最大允许工作压力代替设计压力。

(2) 容器各元件(圆筒、封头、接管、法兰及紧固件等)所用材料不同时,应取各元件材料的$[\sigma]/[\sigma]^t$值中最小者。

(3) 立式容器(正常工作时容器轴线垂直地面)卧置(容器轴线处于水平位置)进行液压试验时,其试验压力按式(2-9)确定的值再加上容器立置时圆筒所承受的最大液柱静压力。容器的试验压力(液压试验时为立置和卧置两个压力值)应标在设计图纸上。

2. 压力试验前容器的应力校核

液压试验时圆筒的应力及应满足的条件为

$$\sigma_T=\frac{(p_T+p_L)(D_i+\delta_e)}{2\delta_e}\leqslant 0.9\phi R_{eL} \tag{2-11}$$

气压试验时圆筒的应力及应满足的条件为

$$\sigma_T=\frac{p_T(D_i+\delta_e)}{2\delta_e}\leqslant 0.8\phi R_{eL} \tag{2-12}$$

式中 σ_T——试验压力下圆筒的应力,MPa;

p_L——压力试验时圆筒承受的最大液柱静压力,MPa;

R_{eL}——圆筒材料在试验温度下的屈服强度(或0.2%屈服强度$R_{p0.2}$),MPa。

其他符号的意义与前面已介绍的相同。

第三节 压力容器的主要零部件

一、法兰连接

在石油化工生产中,由于工艺要求及为了设备制造、安装、检修的方便,设备上的接管与管道之间、管道与管道之间、某些设备的筒体与封头之间、筒体与筒体之间都需要采用可以拆卸的连接,常见的可拆连接有螺纹连接和法兰连接。由于法兰连接有较好的强度、刚度、密封性和耐腐蚀性,而且适用的尺寸范围较大,在设备和管道上都可使用,所以被广泛采用。

法兰连接是由一对法兰、一个垫片、数个螺栓和螺母组成,如图2-6所示。容器筒体与封头、筒体与筒体的连接所用的法兰称为压力容器法兰,管道与管道连接所用的法兰称为管法兰。法兰的外轮廓形状,除了最常见的圆形外,还有方形和椭圆形,如图2-7所示。方形法兰有利于把管子排列得整齐紧凑,椭圆形法兰多用在阀门和小直径的高压管上。

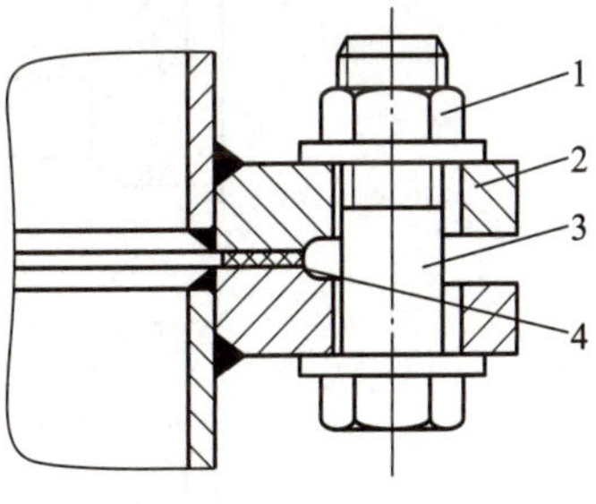

图2-6 法兰连接的组成

1—螺母;2—法兰;3—螺栓;4—垫片

(一) 法兰连接的密封

法兰连接的失效主要表现为泄漏,所以对法兰连接不仅要确保各零件有一定的强度,使其在工作条件下长期使用不被破坏,更重要的是要求在工作条件下,螺栓、法兰整个系统有足够的刚度,控制泄漏量在工艺和环境允许的范

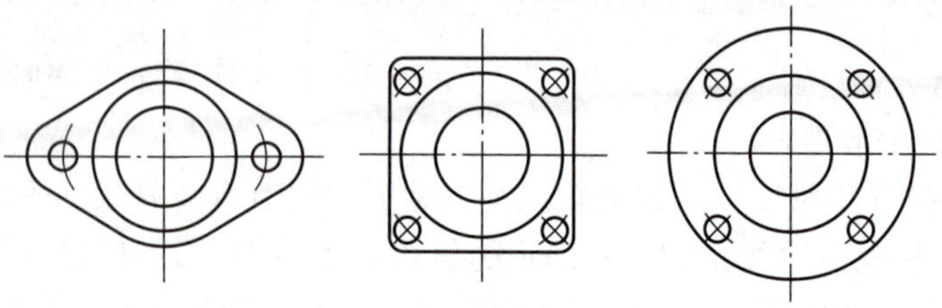

图 2-7　法兰的外轮廓形状

围内，即达到“密封不漏”。

流体在垫片处的泄漏有两种途径。一种是流体通过垫片材料本体的毛细管渗漏，称为“渗透泄漏”，它除了受介质的压力、温度、黏度、分子结构等流体状态的影响外，主要与垫片的结构和材质有关；另一种是流体沿着垫片与法兰的接触面泄漏，称为“界面泄漏”，其泄漏量的大小主要与界面的间隙有关，是法兰连接泄漏的主要形式。法兰连接的密封就是在螺栓压紧力的作用下，使垫片产生变形填满法兰密封面上凹凸不平的间隙，阻止流体沿界面泄漏，达到密封的目的。

（二）法兰的结构类型

1. 压力容器法兰的结构类型

标准压力容器法兰有甲型平焊法兰、乙型平焊法兰和长颈对焊法兰 3 种类型，其适用范围如表 2-9 所示。甲型平焊法兰是法兰盘直接与容器的筒体或封头焊接，法兰的刚度较小，容易变形，引起密封失效，所以适用于压力较低、筒体直径较小的情况，甲型平焊法兰适用温度为 −20～300℃；乙型平焊法兰是法兰盘先与一个厚度大于筒体壁厚的短节焊接，短节再与筒体或封头焊接，这样增加了法兰的刚度，因此适用于压力较高、筒体直径较大的场合，乙型平焊法兰适用温度为 −20～350℃；长颈对焊法兰用根部增厚且与法兰盘为一整体的颈取代了乙型平焊法兰中的短节，更有效地增大了法兰的刚度，适用的压力更高，长颈对焊法兰适用温度为 −70～450℃。

压力容器法兰的密封面有平面型、凹凸型和榫槽型 3 种类型，如图 2-8 所示。其中甲型平焊法兰只有平面型和凹凸型，乙型平焊法兰和长颈对焊法兰 3 种类型都有。

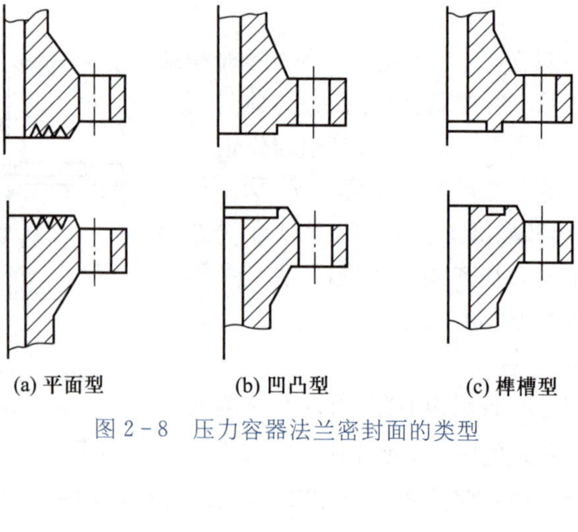

(a) 平面型　(b) 凹凸型　(c) 榫槽型

图 2-8　压力容器法兰密封面的类型

表 2-9　压力容器法兰的分类及系列参数

类型		平焊法兰										对焊法兰					
		甲型				乙型						长颈					
标准号		JB/T 4701—2012				JB/T 4702—2012						JB/T 4703—2012					
简图		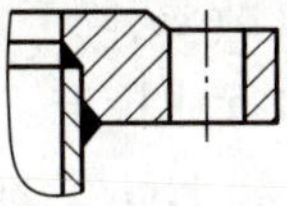				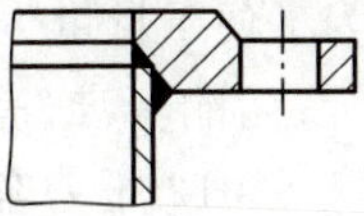						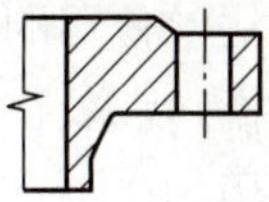					
公称压力 *PN*/MPa		0.25	0.6	1.0	1.6	0.25	0.6	1.0	1.6	2.5	4.0	0.6	1.0	1.6	2.5	4.0	6.4
公称直径 *DN*/mm	300																
	350	按 *PN*1.0															
	400																
	450																
	500																
	550	按 *PN*0.6															
	600																
	650																
	700																
	800																
	900																
	1 000																
	1 100																
	1 200																
	1 300																
	1 400																
	1 500																
	1 600																
	1 700																
	1 800																
	1 900																
	2 000																
	2 200					按 *PN*0.6											
	2 400																
	2 600																
	2 800																
	3 000																

2. 管法兰的结构类型

管法兰包括法兰盖,共有 7 种类型,如图 2-9 所示。其中以板式平焊、带颈平焊和带颈对焊最为常用。管法兰的密封面共有突面、凹凸面、榫槽面、全平面和环连接面 5 种类型,如图 2-10 所示。不同类型的管法兰的密封面型式及适用范围如表 2-10 和表 2-11 所示。

(三) 标准法兰的选用

法兰使用的面广、量大,为了便于批量生产,提高生产效率,降低成本,保证质量和便于互换,我国有关部门制定了法兰的标准,有国家标准和行业标准。在石油化工行业普遍使用的是 JB/T 4700～4707—2012 压力容器法兰标准和 HG/T 20592～20635—2009 钢制管法兰、垫片、紧固件相关标准。这里只介绍 HG/T 20592～20614(欧洲体系)。法兰作为一种标准件进行生产和使用,其中公称直径和公称压力是标准法兰的两个基本参数。

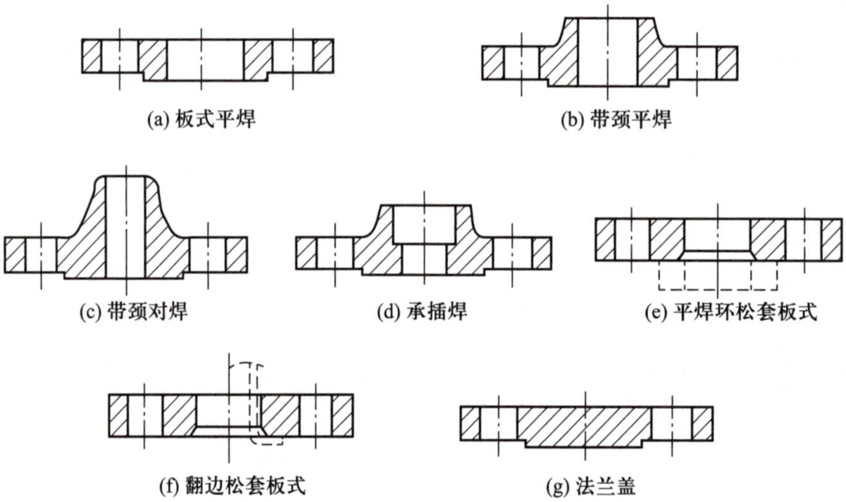

图 2-9　管法兰的类型

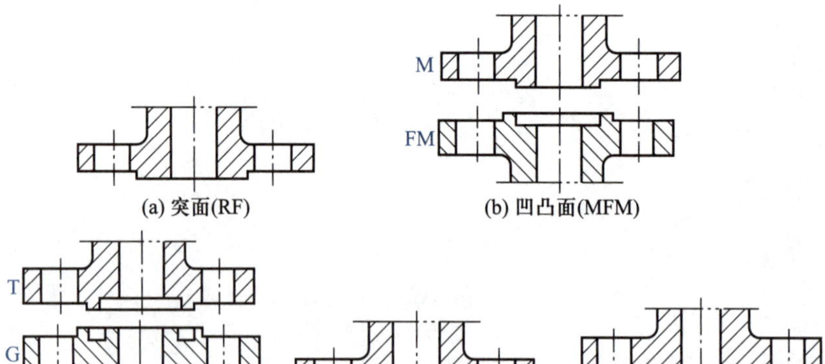

图 2-10　管法兰密封面型式

表 2-10 管法兰的类型与密封面型式

法兰类型	密封面型式	公称压力 PN/MPa
板式平焊法兰(PL)	突面(RF)	0.25～2.5
	全平面(FF)	0.25～1.6
带颈平焊法兰(SO)	突面(RF)	0.6～4.0
	凹凸面(MFM)	1.0～4.0
	榫槽面(TG)	1.0～4.0
	全平面(FF)	0.6～1.6
带颈对焊法兰(WN)	突面(RF)	1.0～25.0
	凹凸面(MFM)	1.0～16.0
	榫槽面(TG)	1.0～16.0
	环连接面(RJ)	6.3～25.0
	全平面(FF)	1.0～1.6
整体法兰(IF)	突面(RF)	0.6～25.0
	凹凸面(MFM)	1.0～16.0
	榫槽面(TG)	1.0～16.0
	环连接面(RJ)	6.3～25.0
	全平面(FF)	0.6～1.6
承插焊法兰(SW)	突面(RF)	1.0～10.0
	凹凸面(MFM)	1.0～10.0
	榫槽面(TG)	1.0～10.0
螺纹法兰(Th)	突面(RF)	0.6～4.0
	全平面(FF)	0.6～1.6
对焊环松套法兰(PJ/SE)	突面(RF)	0.6～4.0
平焊环松套法兰(PJ/RJ)	突面(RF)	0.6～1.6
	凹凸面(MFM)	1.0～1.6
	榫槽面(TG)	1.0～1.6
法兰盖(BL)	突面(RF)	0.25～25.0
	凹凸面(MFM)	1.0～16.0
	榫槽面(TG)	1.0～16.0
	环连接面(RJ)	6.3～25.0
	全平面(FF)	0.25～1.6
衬里法兰盖(BL(S))	突面(RF)	0.6～4.0
	凸面(M)	1.0～4.0
	榫面(T)	1.0～4.0

表 2-11　管法兰密封面型式与适用范围　　mm

密封面型式		代号	公称压力 PN/MPa									
			0.25	0.6	1.0	1.6	2.5	4.0	6.3	10.0	16.0	25.0
突面		RF①	DN10～2 000				DN10～1 200	DN10～600	DN10～400		DN10～300	
凹凸面		MFM	—		DN10～600				DN10～400		DN10～300	—
	凹面	FM										
	凸面	M										
榫槽面		TG	—		DN10～600				DN10～400		DN10～300	—
	榫面	T										
	槽面	G										
全平面		FF	DN10～600		DN10～2 000		—					
环连接面		RJ	—						DN15～400		DN15～300	

注：① $PN\leqslant 4.0$ MPa 的突面法兰采用非金属平垫片、聚四氟乙烯包覆垫和柔性石墨复合垫时，可车制密纹水线，密封面代号为 RF(A)。

1. 法兰的公称直径

公称直径是为了使用方便将容器及管子标准化以后的标准直径，用"DN"表示。压力容器法兰的公称直径是指与法兰相配套的容器或封头的公称直径，对于用钢板卷制的圆筒公称直径就是其内径，对于用无缝钢管制作的圆筒其公称直径指钢管的外径。管法兰的公称直径(为了与各类管件的叫法一致，也称为公称通径)是指与其相连接的管子的名义直径，也就是管件的公称通径，它既不是管子的内径，也不是管子的外径，而是接近内外径的某个整数。无缝钢管和化工厂常用的水、煤气输送钢管(是有缝管)的公称直径如表 2-12 和表 2-13 所示。

表 2-12　无缝钢管的公称直径　　单位：mm

公称直径 DN	80	100	125	150	175	200	225	250	300	350	400	450	500
外径 D_o	89	108	133	159	194	219	245	273	325	377	426	480	530
无缝钢管做筒体时的公称直径 DN				159		219		273	325	377	426		

表 2-13　水、煤气输送钢管的公称直径

公称直径 DN	mm	6	8	10	15	20	25	32	40	50	70	80	100	125	150
	in	$\frac{1}{8}$	$\frac{1}{4}$	$\frac{3}{8}$	$\frac{1}{2}$	$\frac{3}{4}$	1	$1\frac{1}{4}$	$1\frac{1}{2}$	2	$2\frac{1}{2}$	3	4	5	6
外径 D_o	mm	10	13.5	17	21.25	26.75	33.5	42.5	48	60	75.5	88.5	114	140	165

2. 法兰的公称压力

法兰的公称压力是指某种材料制造的法兰，在一定的温度下所能承受的最大工作压力，用"PN"表示，是法兰承载能力的标志。压力容器法兰的公称压力是指在规定的螺栓材料和垫片的基础上，用 Q345R 材料制造的法兰在 200℃时所允许的最大工作压力。如公称压力1.6 MPa 的压力容器法兰，就表明用 Q345R 材料制造的法兰在 200℃时所允许的最大工作压力为 1.6 MPa。同样是在 200℃，若所选法兰的材料比 Q345R 差，则最大

允许工作压力低于其公称压力。若所选法兰的材料优于 Q345R,则最大允许工作压力就高于其公称压力。同样是用 Q345R 材料制造的法兰,当使用温度高于 200℃时,则最大允许工作压力低于其公称压力。不同类型的压力容器法兰的公称压力与最大允许工作压力的关系(摘录)如表 2-14 和表 2-15 所示。

表 2-14　甲、乙型法兰的最大允许工作压力(摘录)　　单位:MPa

公称压力 *PN*	法兰材料		工作温度			
			−20～200℃	250℃	300℃	350℃
0.25	板材	Q235−B	0.16	0.15	0.14	0.13
		Q235−C	0.18	0.17	0.15	0.14
		Q245R	0.19	0.17	0.15	0.14
		Q345R	0.25	0.24	0.21	0.20
	锻件	20	0.19	0.17	0.15	0.14
		16Mn	0.26	0.24	0.22	0.21
		20MnMo	0.27	0.27	0.26	0.25
0.60	板材	Q235−B	0.40	0.36	0.33	0.30
		Q235−C	0.44	0.40	0.37	0.33
		Q245R	0.45	0.40	0.36	0.34
		Q345R	0.60	0.57	0.51	0.49
	锻件	20	0.45	0.40	0.36	0.34
		16Mn	0.61	0.59	0.53	0.50
		20MnMo	0.65	0.64	0.63	0.60

注:Q235 的工作温度下限为 0℃。

表 2-15　长颈法兰的最大允许工作压力(摘录)　　单位:MPa

公称压力 *PN*	法兰材料(锻件)	工作温度						备注
		−20～200℃	250℃	300℃	350℃	400℃	450℃	
1.60	20	1.16	1.05	0.94	0.88	0.81	0.72	
	16Mn	1.60	1.53	1.37	1.30	1.23	0.78	
	20MnMo	1.74	1.72	1.68	1.60	1.51	1.33	
	15CrMo	1.64	1.56	1.46	1.37	1.30	1.23	
	12Cr1MoV	1.49	1.41	1.30	1.23	1.16	1.13	
	12Cr2Mo1	1.74	1.67	1.60	1.49	1.41	1.33	
2.50	20	1.81	1.65	1.46	1.37	1.26	1.13	
	16Mn	2.50	2.39	2.15	2.04	1.93	1.22	
	20MnMo	2.92	2.86	2.82	2.73	2.58	2.45	*DN*<1 400 mm
	20MnMo	2.67	2.63	2.59	2.50	2.37	2.24	*DN*≥1 400 mm
	15CrMo	2.56	2.44	2.28	2.15	2.04	1.93	
	12Cr1MoV	2.33	2.20	2.04	1.93	1.81	1.76	
	12Cr2Mo1	2.67	2.61	2.50	2.33	2.20	2.09	

对于管法兰,当公称压力 *PN*≤4 MPa 时,公称压力指 20 号钢制造的法兰在 100℃时所允许的最高工作压力。当公称压力 *PN*≥6.3 MPa 时,公称压力指 Q345 钢制造的

法兰在 100℃时所允许的最高无冲击工作压力。当温度高于 100℃时,最高工作压力低于公称压力。但无论哪种材料的法兰,在任何温度下,其最高工作压力均不超过公称压力,这一点与压力容器法兰不同。

3. 法兰的选用

在工程应用中,除特殊工作参数和结构要求的法兰需要自行设计外,一般都是选用标准法兰,这既可以减少容器设计的计算量,也可增加法兰的互换性,降低成本,提高制造质量。因此合理地选用标准法兰是非常重要的。法兰的选用就是根据容器或管道的设计压力、设计温度及介质特性等条件,由法兰的标准来确定法兰的类型、材料、公称直径、公称压力、密封面的型式,垫片的类型、材料及螺栓和螺母的材料等。法兰的选用应遵照如下原则。

(1) 容器或管道的设计压力不超过所选法兰的最大允许工作压力或最高工作压力。

(2) 容器或管道的设计温度不超过所选法兰、垫片及螺栓、螺母的使用温度范围。

(3) 法兰的类型、密封面的型式、垫片及螺栓、螺母都要相互配套。

二、容器的开孔与补强

为了实现正常的操作和安装维修,需要在设备的筒体和封头上开设各种孔。如物料进出口接管孔,安装安全阀、压力表、液面计的开孔,为了容器内部零件的安装和检修方便所开的人孔、手孔等。

1. 开孔类型及对容器的影响

容器开孔以后,不仅削弱了容器的整体强度,而且由于设备结构的连续性被破坏,使孔边局部区域内的应力显著增加,其最大应力的值有时可达正常器壁应力的数倍,这种局部应力增大的现象称为应力集中。在开孔边缘除了应力集中现象外,开孔焊上接管后在接管上的其他外载荷及容器材质、制造缺陷等各种因素的综合作用下,开孔接管处往往会成为容器的破坏源。因此对容器开孔应予以足够的重视,采取适当的补强措施,以保证其具有足够的强度。

2. 对容器开孔的限制

容器开孔后在孔边产生了应力集中,而应力集中的程度取决于开孔的大小、容器的壁厚及直径等因素。若开孔很小且有接管,这时接管也可以使强度的削弱得以补偿。但若开孔过大,特别是薄壁容器,应力集中很严重,补强则较为困难。为此 GB 150—2011 对在容器上开孔作了如下限制。

(1) 当圆筒内径 $D_i \leqslant 1\ 500$ mm 时,开孔最大直径 $d \leqslant D_i/2$,且 $d \leqslant 520$ mm。当圆筒内径 $D_i > 1\ 500$ mm 时,开孔最大直径 $d \leqslant D_i/3$,且 $d \leqslant 1\ 000$ mm。

(2) 在凸形封头或球壳上开孔时,开孔最大直径 $d \leqslant D_i/2$。

(3) 在锥壳上开孔时,开孔最大直径 $d \leqslant D_i/3$,D_i 为开孔中心处锥壳内径。

(4) 在椭圆形或碟形封头的过渡区开孔时,孔的中心线宜垂直封头表面。

(5) 壳体开孔满足下列全部条件时,可不另行补强(不采取专门的补强措施)。

① 设计压力不超过 2.5 MPa。

② 两相邻开孔中心的间距(对曲面间距以弧长计算)应不小于两孔直径之和的 2 倍。

③ 开孔接管外径不超过 89 mm。

④ 开孔接管的最小壁厚满足表 2 - 16 的要求。

表 2-16 开孔接管的最小壁厚 单位:mm

接管外径	25	32	38	45	48	57	65	76	89
最小壁厚	3.5			4.0		5.0		6.0	

3. 补强结构

容器上开孔若不能满足以上可不另行补强的条件,就需要采取专门的补强措施。常用的补强结构有补强圈补强、厚壁接管补强和整锻件补强,具体结构如图 2-11 所示。

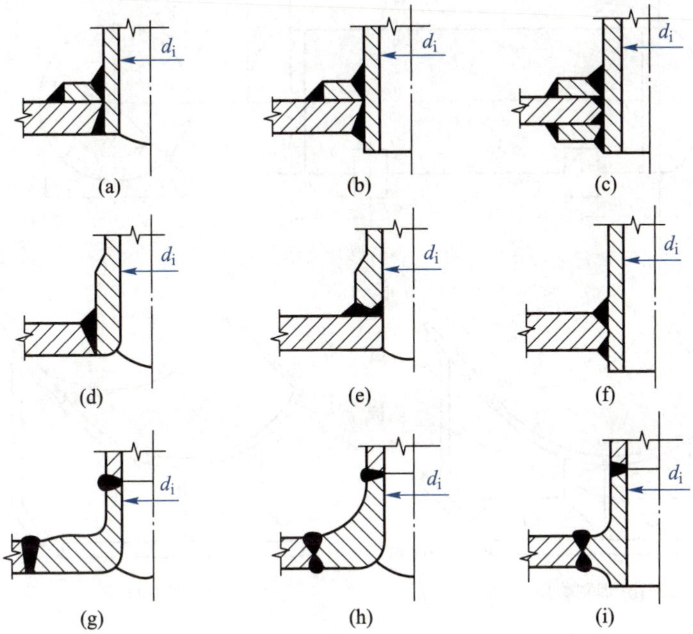

图 2-11 补强结构

补强圈补强又称为贴板补强,如图 2-11(a)、(b)、(c)所示,在接管处容器的内外壁上围绕着接管焊上一个圆环板,使容器局部壁厚增大,降低应力集中,起到补强的作用。补强圈补强结构简单、制造容易、价格低廉、使用经验成熟,在中低压容器上被广泛使用。但与厚壁接管补强和整锻件补强相比,由于补强金属不够集中,所以补强效果不够理想。

厚壁接管补强如图 2-11(d)、(e)、(f)所示,在开孔处焊上一个特意加厚的短管,这样可有效地降低开孔周围应力集中的程度,采用图 2-11(f)的插入式接管则补强效果更佳。

整锻件补强是在开孔处焊上一个特制的整体锻件,如图 2-11(g)、(h)、(i)所示,补强金属集中在应力最大的部位,采用对接焊且使接头远离应力集中区域,补强效果最好,但锻件加工复杂,所以只用在重要的设备上。

三、容器的支座

容器的支座的作用是支承设备,固定其位置。不同的容器可采用不同类型的支座,对大中型的卧式容器常用鞍式支座,大型的塔式容器常用裙式支座,小型容器常用的有支承式支座、耳式支座、腿式支座等。

1. 鞍式支座

鞍式支座有焊制和弯制两种结构型式。焊制鞍式支座由一块底板、一块腹板、若干个筋板，在大部分情况下还有一块垫板所组成。弯制鞍式支座底板和腹板是用同一块钢板弯制，有时也有筋板和垫板。当容器的公称直径大于 900 mm 时采用焊制鞍式支座。当公称直径在900 mm 以下时，可采用弯制鞍式支座，也可采用焊制鞍式支座。鞍式支座一般都有垫板，当容器的公称直径小于 900 mm 时也可不带垫板。

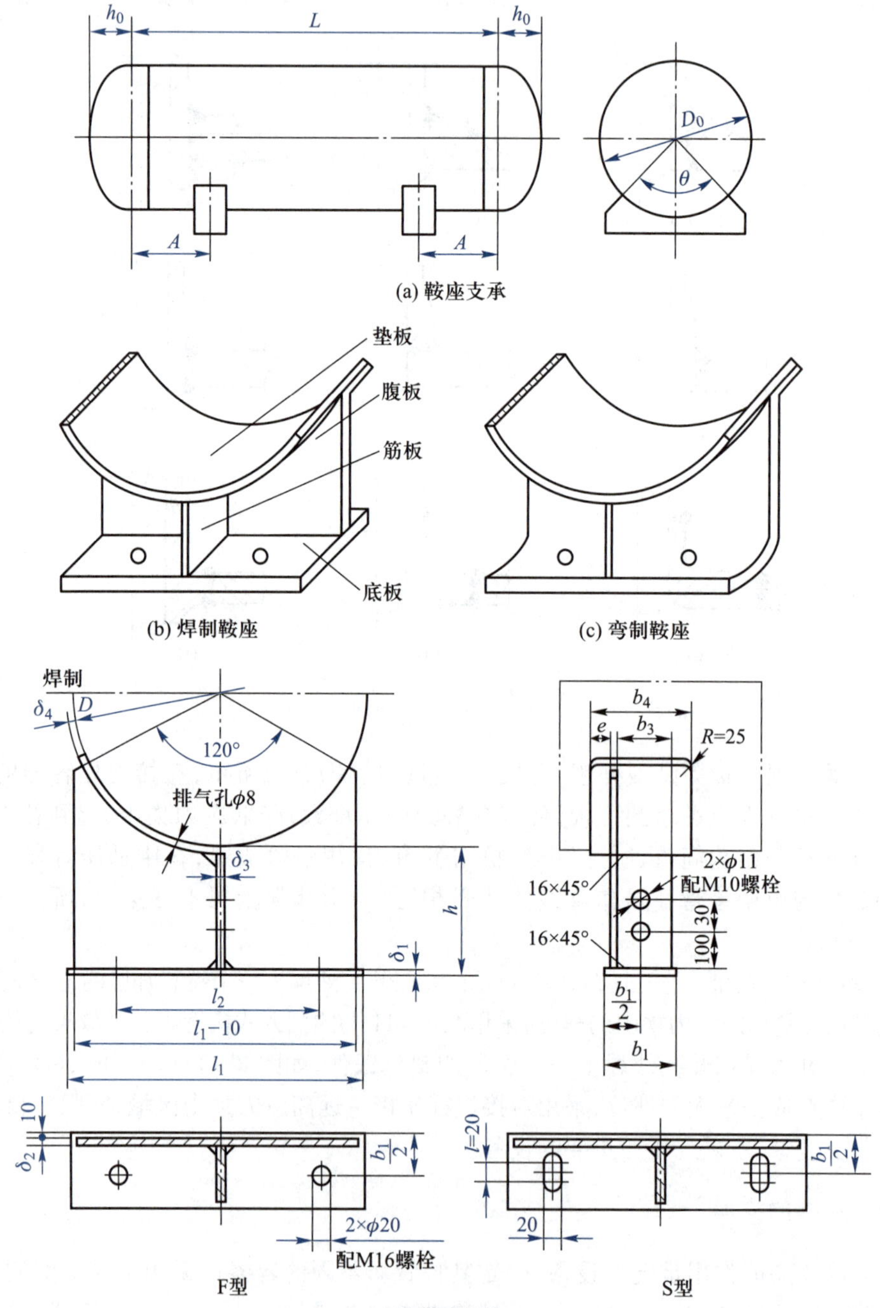

图 2-12 鞍式支座(长度单位:mm)

鞍式支座的结构及在卧式容器中的应用如图 2-12 所示,图(d)分别给出了带垫板(F 型)和不带垫板(S 型)的两种结构。一台卧式容器一般都是用两个鞍式支座来支承,为了使容器在壁温变化时能沿其轴线自由收缩,所以一个用固定式(F 型),另一个用滑动式(S 型)。固定式鞍座底板上的螺栓孔是圆形的,滑动式鞍座底板上的螺栓孔是长圆形的,其长度方向与筒体轴线方向一致。双鞍座支承的卧式容器必须是固定式鞍座和滑动式鞍座搭配使用,滑动式鞍座在安装时先将第一个螺母拧到底后退回一圈,再用第二个螺母锁紧。

2. 裙式支座

裙式支座的结构如图 2-13 所示,它由裙座体、引出孔、检查孔、基础环和螺栓座(筋板、盖板、垫板、地脚螺栓)等组成。当塔设备的直径较大时用圆筒形裙式支座。当塔径

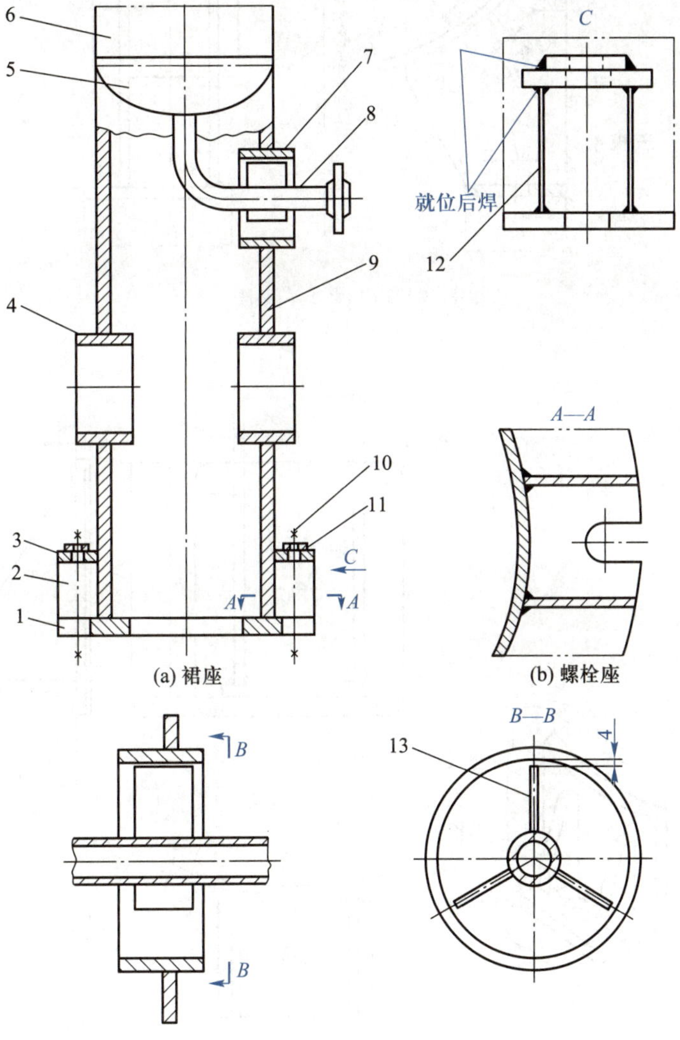

(a) 裙座　(b) 螺栓座　(c) 引出管

图 2-13　裙式支座

1—基础环;2—地脚螺栓座;3—盖板;4—检查孔;5—封头;6—塔体;7—引出孔;8—引出管;9—裙座体;10—地脚螺栓;11—垫板;12—筋板;13—支承板

较小且承载较大时，为了能配置较多的地脚螺栓和承载面积较大的基础环，则需要采用圆锥形裙式支座。

3. 其他类型的支座

除了以上介绍的鞍式支座和裙式支座外，小型卧式容器也可采用支承式支座，大直径的薄壁卧式容器及真空操作的卧式容器常采用圈式支座。对于小型立式容器可采用支承式支座、耳式支座和腿式支座，其结构如图 2-14～图 2-16 所示。

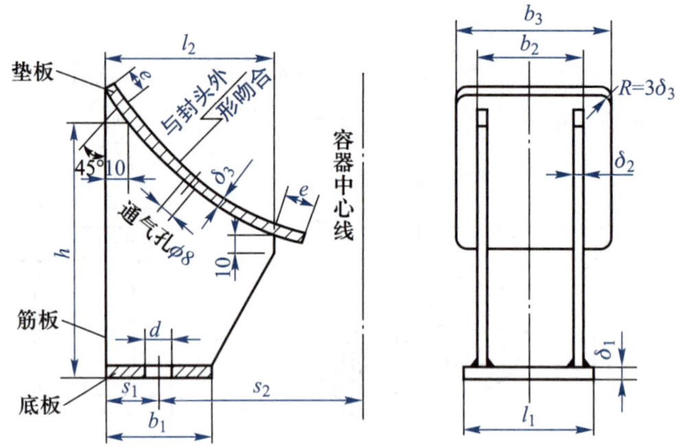

图 2-14　支承式支座

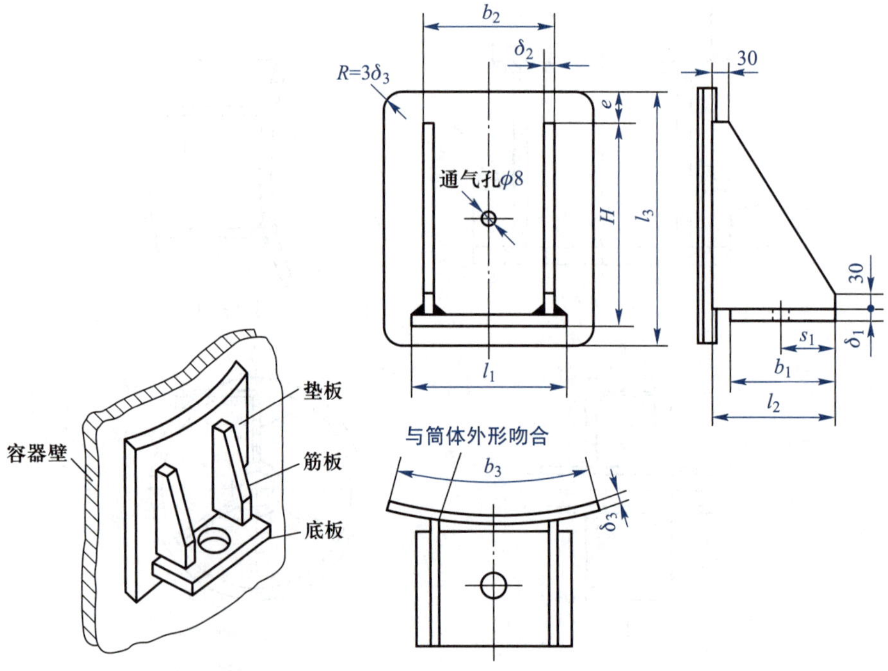

(a) 耳式支座组成　　(b) 耳式支座结构

图 2-15　耳式支座

四、人孔、手孔结构

为了设备内部构件的安装和检修方便，需要在设备上设置人孔或手孔。当容器的内径较小时设置手孔，当容器的内径大于 900 mm 时可考虑设置人孔。人孔的结构型式与设备的操作压力、介质特性及人孔盖的开启方式等有关，化工设备上常用的人孔结构如图 2-17～图 2-20 所示。

人孔和手孔都是标准件，石油化工行业常用的人孔、手孔标准是 HG/T 21514～21535—2014，它与管法兰标准 HG/T 20592～20635—2009 是相对应的，公称直径和公称压力是两个基本参数，标准人孔、手孔的选用方法和管法兰类似。常压人孔是最简单的一种人孔，用于常压设备上。对于受压容器，当人孔轴线与水平面平行时可选垂直吊盖人孔或回转盖人孔，当人孔轴线与水平面垂直时可选水平吊盖人孔或回转盖人孔。

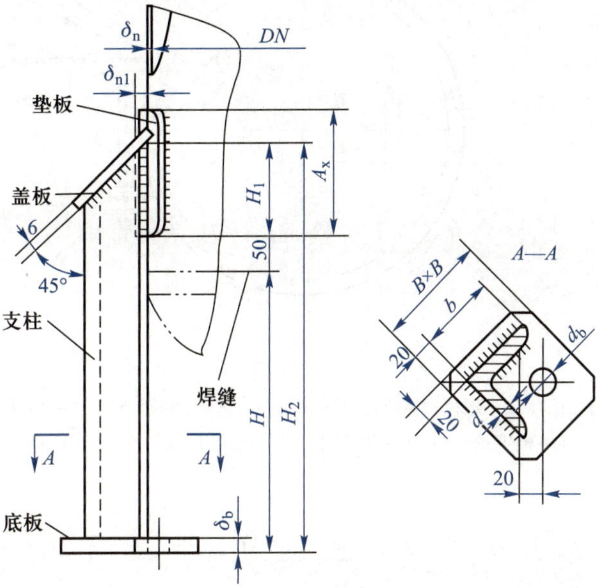

图 2-16　腿式支座

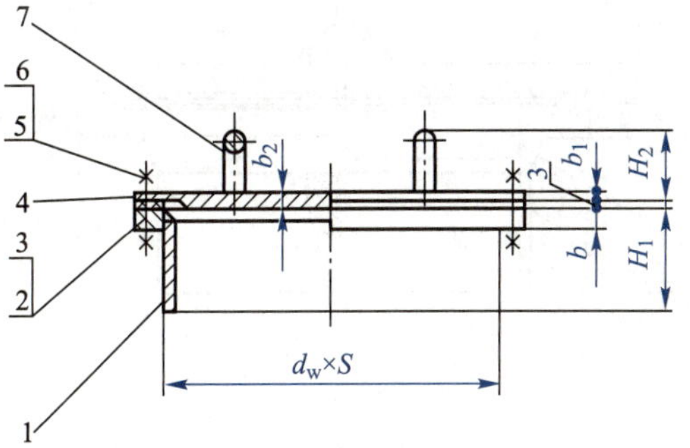

图 2-17　常压人孔

1—筒节；2—法兰；3—垫片；4—法兰盖；5—螺栓；6—螺母；7—把手

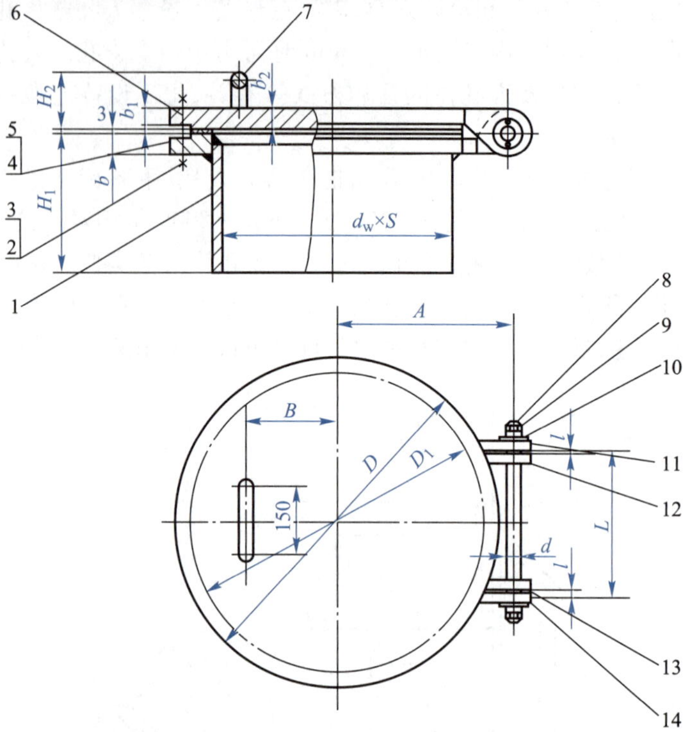

图 2-18　回转盖板式平焊人孔

1—筒节；2—螺栓；3—螺母；4—法兰；5—垫片；6—法兰盖；7—把手；
8—轴销；9—销；10—垫圈；11、14—盖轴耳；12、13—法兰轴耳

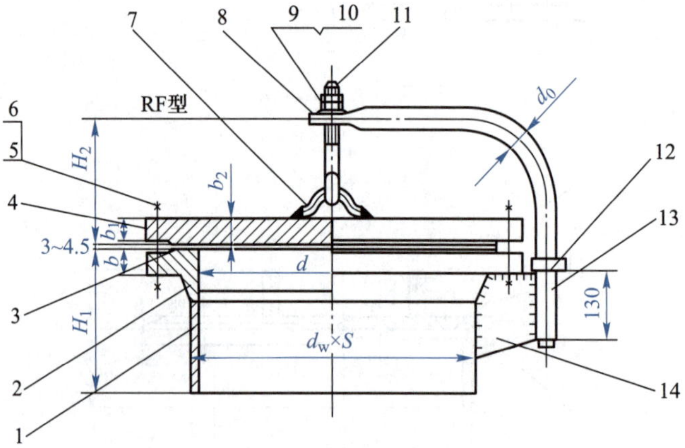

图 2-19　水平吊盖带颈对焊法兰人孔

1—筒节；2—法兰；3—垫片；4—法兰盖；5—螺栓；6—螺母；7—吊环；8—转臂；
9—垫圈；10—螺母；11—吊钩；12—环；13—无缝钢管；14—支承板

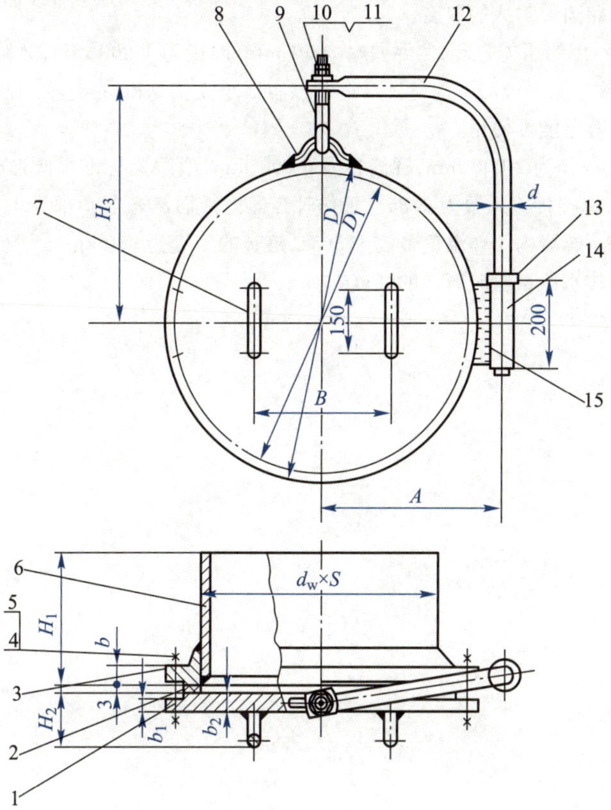

图 2-20　垂直吊盖带颈平焊法兰人孔

1—法兰盖;2—垫片; 3—法兰; 4—螺栓;5—螺母;6—筒节;7—把手;8—吊环;9—吊钩;
10—螺母;11—垫圈;12—转臂;13—环;14—无缝钢管;15—支承板

思考与练习

1. 为什么要对压力容器进行分类？不同的分类方法各有何意义？

2. 压力容器常用规范有哪些？GB 150—2011《压力容器》、TSG 21—2016《固定式压力容器安全技术监察规程》各包括哪些内容？

3. 解释 δ、δ_d、δ_e、δ_n、δ_{min}、p、p_w、p_c、p_T、t、C_1、C_2、ϕ 的含义。

4. 为什么要对压力容器进行压力试验？哪些容器需要进行压力试验？压力试验时满足什么条件即认为合格？

5. 压力容器法兰有哪几种？说明它们各自的特点及应用。

6. 压力容器法兰、管法兰的公称直径指的是什么？

7. 压力容器法兰、管法兰的公称压力是如何规定的？

8. 为什么要在容器上开孔？开孔后对容器有什么影响？

9. 在容器上开孔后常用的补强结构有哪几种？

10. 在容器上设置人孔、手孔的作用是什么？常见的人孔有哪几种？各适用何种场合？

11. 常见的容器支座有哪几种？各适用什么类型容器的支承？

12. 某化工厂有一座反应釜，内径为 1 600 mm，工作温度为 5～105℃，工作压力为 1.5 MPa，容器上装有安全阀，其开启压力为 1.6 MPa。釜体材料为 Q345R，采用双面对接焊，局部无损检测。试确定反应釜的圆筒和标准椭圆形封头的厚度。

13. 有一个长期不用的压力容器，实测壁厚为 10 mm，内径为 1 200 mm，材料为 Q235－B，纵焊缝为双面对接焊，是否做过无损检测不清楚。今欲用该容器承受 1 MPa 的内压，工作温度为 200℃，介质无腐蚀性。试判断该容器能否使用。

14. 某立式容器，内径为 2 000 mm，圆筒长为 6 000 mm，两端为标准椭圆形封头，材料为 Q245R，考虑腐蚀裕量 2 mm，焊接接头系数为 0.85。工作时容器内液面离容器顶部为 1 000 mm，液面上气体压力不超过 0.15 MPa，容器内工作温度最高为 50℃，液体的密度为 960 kg/m^3，随温度的变化很小。试确定容器的厚度并校核水压试验时容器的强度。

第三章　换热设备的使用与维护

知识目标

- 了解换热设备的工作过程及一般要求。
- 了解换热设备的类型。
- 掌握管壳式换热器的结构及特点。
- 了解换热设备的维护及清洗过程。

能力目标

- 能够根据工艺要求及换热设备的结构特点，正确选择、使用换热设备。

在炼油、化工生产中，绝大多数的工艺过程都有加热、冷却、汽化和冷凝的过程，这些过程总称为传热过程。传热过程需要通过一定的设备来完成，这些使传热过程得以实现的设备称为换热设备。本章主要介绍换热设备的工作过程、类型、结构、特点及使用与维护等内容。

知识框图

- 换热设备的使用与维护
  - 类型
    - 按用途：冷却器、冷凝器、加热器、换热器、再沸器、蒸气发生器、过热器及废热(或余热)锅炉
    - 按传热方式：间壁式、直接接触式、蓄热式
    - 各类换热设备的特点及应用、性能对比见表3-1和表3-2
  - 结构及特点
    - 管壳式换热器
      - 具有结构坚固、可承受较高压力、制造工艺成熟、适应性强及选材范围广的优点，但在传热效率、紧凑性及金属耗量上不如新型换热器。在化工生产中管壳式换热器应用最广
      - 在结构上有固定管板式、浮头式、U形管式及填料函式几种类型，其中因浮头式适用于冷热流体温差大、易清洗的特点而应用最广
      - 管程结构包括管板、管子、管板与管子连接、管子排列、管头与管箱等，而壳体和折流板共同组成壳程结构，其中折流板起到改变流体流向和支承管束的作用
    - 板面式换热器
      - 具有结构紧凑、传热系数大、不用管材、可用于较小温差等优点，但存在结构复杂、承受压力低、设备尺寸受限等缺点。有螺旋板式、板式、板翅式等结构型式，其中螺旋板式可进行严格逆流操作，有自清洁作用，但不便清洗、检修。板式清洗、检修方便，且面积可调整，但操作温度受垫片耐热性限制。而板翅式适应性强，可用于多种介质，结构轻巧、牢固，但流道小，不易检修、清洗
    - 空冷器
      - 空冷器以空气为冷却介质与流经管内的热流体换热，由管束、风机、构架和百叶窗等部件组成，按通风方式划分有送风式和抽吸式两类，按管束安装方式划分有斜顶式、水平式、立式和圆环式4种，与水冷器相比优缺点见表3-9和表3-10
    - 套管式换热器
      - 套管式换热器由传热管及同心外壳套管组成，具有结构简单，可逆流操作，可用于高温、高压，材质选择范围广的优点，但也有占地面积大、耗材多的缺点，一般仅用于换热面积小的场合
    - 热管换热器
      - 热管利用工质在壳体内的汽化、冷凝而将热量从一端传向另一端，按热管内冷凝液的回流方式可分为吸液芯式、重力式和离心式3种，多根热管组装在一个箱体中构成热管换热器
      - 具有导热性好、结构简单、无噪声、效率高、寿命长、适用温度范围宽等特点，与其他换热器的性能比较见表3-11
  - 使用与维护
    - 换热器要加强日常维护，定期进行检查、检修，而试压是换热器检修的重要内容，不同类型的换热器，其检修、试压顺序不同。
    - 常见的清洗方法有酸洗、机械清洗、高压水冲洗和海绵球清洗

第一节　换热设备的工作过程及类型

一、换热设备的工作过程

在炼油、化工生产工艺中，各种化学反应和各种化工过程，都有一定的温度要求，因此需要进行如下各种传热过程：反应物料的加热或冷却，产品的冷凝或冷却，反应热量的取出或供给，液体的蒸馏、汽化或稀溶液的蒸发，工业余热（废热）的回收和热能的综合利用等。换热设备是非常重要且被广泛应用的化工工艺设备。例如，在日产千吨的合成氨厂中，各种传热设备占全厂设备总台数的 40%左右，在炼油厂中换热设备的投资占全部工艺设备总投资的 35%～40%。在化工生产中，传热设备有时还作为其他设备的一个组成部分出现，如蒸馏塔的再沸器、氨合成炉中的内部换热器等。

（一）热量的传递方式

换热设备的工作过程就是热量的传递过程。热量传递的基本方式有三种，即传导传热、对流传热和辐射传热。

1. 传导传热

传导传热是热量从物体的高温部分沿物体本身传至低温部分的一种传热方式。如将一根金属棒的一端放入炉内加热，另一端也逐渐变热，直到整个金属棒的温度完全相同，就是传导传热的典型实例。在传导传热的过程中，物体高温部分的分子因振动而和相邻分子发生碰撞，并将一部分动能传给后者，这样依次进行就使热量由高温部分传至低温部分，但各分子间的相对位置并未发生变化。不同的物质其传递热量的能力不同，如金属就容易传热，称为热的良导体，常被用来制作各种换热元件。而陶瓷、木材、石棉及水泥等就不易传热，称为热的不良导体，常被当作保温材料使用。

2. 对流传热

对流传热是靠液体或气体的流动，也就是各分子团间相对位置的改变来传递热量的。如在一个盛满油品的容器底部加热，容器底部靠近热源的部分首先得到热量而使温度升高。随着具有较高温度的分子团上升和较低温度的分子团下移，并转移其所带的热量，直到整个容器中油品的温度完全相同时为止。对流传热与传导传热最显著的区别是通过物质分子间的流动改变其位置从而达到传递热量的目的，而传导传热物质并不发生流动，热量是沿物体传递的。故对流传热是流体间特有的传热方式，但在对流传热中也不可避免地伴随有传导传热。对流传热若只是由于温度不同造成分子间相互位置改变而传递热量称为自然对流，若不仅有温差且还有外力作用使流体加速混合传递热量称为强制对流。如上例中对容器中的油品进行加热是自然对流，若在加热的过程中同时搅拌油品则变为强制对流。由于炼油、化工生产中所处理的物料大多为液体或气体，所以对流传热更为重要。

3. 辐射传热

辐射传热是热能不借助任何传递介质，而是以电磁波的形式（称为辐射能）在空间传播，遇到另一物体时，辐射能被部分或全部吸收转变为热能。如太阳发射出辐射能，人在阳光下吸收了辐射能转变为热能，故感到温暖。人在火炉周围感到暖和，也是辐射传热。

辐射传热在工业生产中最直观的体现是管式加热炉的辐射室，这将在第六章管式加热炉的使用与维护中进行介绍。

在工业生产实际中，三种基本传热方式一般都不是单独存在的，往往是相互伴随、同时出现，只不过是有些情况下某一种或两种传热方式是主要的，而在另一些情况下则是另外一种或两种传热方式是主要的。在温度较低时以辐射方式传递的热量很少，只有在高温时才较为明显，如前面提到的加热炉辐射室的传热。

（二）换热设备的换热过程

现以间壁式换热器为例说明其换热过程。在间壁式换热设备中，主要是传导和对流两种传热方式。如图 3－1 所示，温度不同的两种流体被器壁隔开，温度为 t_1 的热流体以对流的方式将热量传给器壁的一侧，器壁以传导方式将热量从一侧传向另一侧，最后器壁的另一侧又以对流方式将热量传给温度为 t_2 的冷流体。即对流-传导-对流的传热过程。经理论分析，在此传热过程中，热流体传给冷流体的传热速率与传热面积、冷热流体的温差及传热系数成正比。因此增大传热面积、提高传热系数、增大冷热流体的温差都可提高传热速率。但在实际应用中温差是不能随意改变的，增大传热面积又会使设备的结构庞大，提高制造成本，而传热系数又与诸多因素有关。所以，在工程实际中应全面考虑各种因素，综合分析，设计出既能满足工艺要求，又结构紧凑，且成本低廉、效率高的换热设备。一般应从如下几方面考虑。

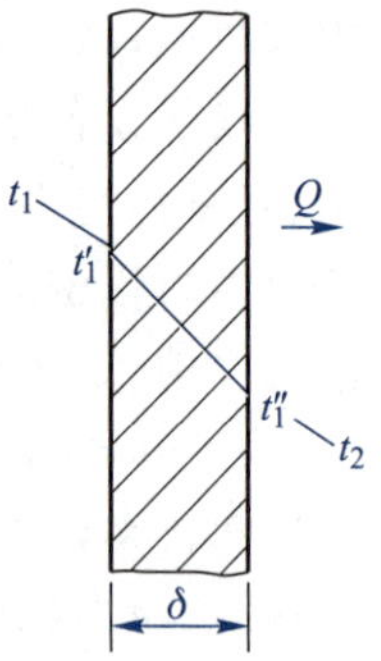

图 3－1　经过器壁的换热过程

（1）增加流体的流速，以增加流体的湍流程度来提高流体的传热系数，但增加流速会增加流体流过换热元件时的压力降，使泵、压缩机的负荷加大，能耗增加，故应综合考虑传热系数和压力降，选择适宜的流速。就流体本身而言，黏度越小则传热系数越大，液体的传热系数远大于气体的传热系数。另外，在冷凝或汽化时传热系数比无相变换热过程要高得多，这些都是设计、使用换热器时应注意的。

（2）尽量采用导热性能好的材料作为换热元件，如钢、铜、铝等金属材料，并且在强度和结构允许的情况下尽量使器壁薄一些。在使用过程中，器壁面上往往会沉淀结垢，如水垢、油垢、结焦等，这些污垢的传热系数很低，会大大降低设备的传热系数，所以换热设备要定期清扫除垢。

（3）流体的温度是由工艺条件确定的，所以两种流体的温差是不可随意增大的。但若使两种流体在设备中按逆流方式流动，则可使其平均温差大于顺流时的平均温差，以有利于热量的传递。

（4）可通过在管式换热器中采用翅片管、波纹管和小直径的换热管等方式来增大传热面积，在板片式换热器中由于传热表面是薄板，更易压制成各种形状，以增大传热面积和增加流体的湍流状态，提高传热效率。

二、换热设备的类型

随着炼油、化工工艺的改进，材料科学的发展及制造加工技术的提高，换热设备类型不断扩大，其分类方法众多，其中按用途和换热方式进行分类最为常见。

（一）按用途分类

化工生产中所用的各种换热设备因其功用不同，也相应地有不同的名称。

1. 冷却器

用水或其他冷却介质来冷却液体或气体。用空气冷却或冷凝工艺介质的称为空冷器。用低温的制冷剂，如冷盐水、氨、氟利昂等作为冷却介质的称为低温冷却器。

2. 冷凝器

用冷凝蒸气或混合蒸气来冷凝工艺介质。若蒸气经过时仅冷凝其中一部分，则称为部分冷凝器。若全部冷凝为液体后又进一步冷却为过冷的液体，则称为冷凝冷却器。若通入的蒸气温度高于饱和温度，则在冷凝之前，还经过一段冷却阶段，这就叫做冷却冷凝器。

3. 加热器

用蒸汽或其他高温载热体来加热工艺介质，以提高其温度。

4. 换热器

在两种不同的工艺介质之间进行显热交换，即在冷流体被加热的同时，热流体被冷却。

5. 再沸器

用蒸汽或其他高温介质将蒸馏塔底的物料加热至沸腾，以提供蒸馏时所需的热量。

6. 蒸气发生器

用燃料油或气的燃烧加热生产蒸气。若被加热汽化的是水，则也叫蒸汽发生器，即锅炉。若被加热的是其他液体，则统称为汽化器。

7. 过热器

将水蒸气或其他蒸气加热到饱和温度以上。

8. 废热（或余热）锅炉

凡是利用生产过程中的废热（或余热）来产生蒸气的统称为废热锅炉。

（二）按换热方式分类

换热设备根据热量传递方法的不同，可以分为间壁式、直接接触式和蓄热式三大类。

1. 间壁式换热器

温度不同的两种流体通过隔离流体的固体壁（器壁）面进行热量传递，两流体之间因有器壁分开，故互不接触，这是化工生产经常要求的条件，也是应用最广泛的一类。

2. 直接接触式换热器

直接接触式换热器又称为混合式换热器，冷流体和热流体在进入换热器后直接接触传递热量。这种方式对于工艺上允许两种流体可以混合的情况，是比较方便而有效的，如凉水塔、文氏管、喷射式冷凝器等。

3. 蓄热式换热器

蓄热式换热器又称为蓄热器，是一个充满蓄热体（如格子砖）的蓄热室，热容量很大。温度不同的两种流体先后交替地通过蓄热室，高温流体将热量传给蓄热体，然后蓄热体又将这部分热量传给随后进入的低温流体，从而实现间接的传热过程。这类换热器结构较为简单，可耐高温，常用于高温气体的冷却或废热回收，如回转式蓄热器。

在化工生产中应用最多的是各类间壁式换热器。在间壁式换热器中，由于传热过程不同，操作条件、流体性质、间壁材料及制造加工等因素，决定了换热器的结构类型也是多种多样的。

根据间壁的形状，间壁式换热器大体上分为管式和板面式两大类。

管式换热器有管壳式、套管式、蛇管式、螺旋管式等，板面式换热器有板式、螺旋板式、板翅式、板壳式等。各类换热设备的特点及应用如表 3－1 所示。

表 3－1　各类换热设备的特点及应用

传热设备的分类	间壁式	管式	管壳式	固定管板式	刚性结构	用于管壳温差较小的情况(一般≤50℃)，管间不能清洗
					带膨胀节	有一定的温度补偿能力，壳程只能承受较低的压力
				浮头式		管内外均能承受高压，可用于高温高压场合
				U 形管式		管内外均能承受高压，管内清洗及检修困难
				填料函式	外填料函	管间容易泄漏，不宜处理易挥发、易爆、易燃及压力较高的介质
					内填料函	密封性能差，只能用于压差较小的场合
			釜式			壳体上部有个蒸发空间用于再沸、蒸煮
			双套管式			结构比较复杂，主要用于高温高压场合或固定床反应器中
			套管式			能逆流操作，用于传热面积较小的冷却器、冷凝器或预热器
			蛇管式	沉浸式		主要用于管内流体的冷却、冷凝，或者管外流体的加热
				喷淋式		只用于管内流体的冷却或冷凝
		板面式	板式			拆洗方便，传热面积能调整，主要用于黏性较大的液体间换热
			螺旋板式			可进行严格的逆流操作，有自洁作用，可用于回收低温热能
			板翅式			结构十分紧凑，传热效果很好，流体阻力大，主要用于制氧
			伞板式			伞形传热板结构紧凑，拆洗方便，通道较小，易堵，要求流体干净
			板壳式			板束类似于管束，可抽出清洗检修，压力不能太高
	直接接触式					适用于允许换热流体之间直接接触的场合
	蓄热式					换热过程分两段交替进行，适用于从高温炉气中回收热量的场合

(三) 换热设备的性能对比及选择

1. 换热器的基本要求

(1) 热量能有效地从一种流体传递到另一种流体，即传热效率高，单位传热面积上能传递的热量多。在一定的热负荷下，即每小时要求传递热量一定时，传热效率(通常用传热系数表示)越高，需要的传热面积越小。

(2) 换热器的结构能适应所规定的工艺操作条件，运转安全可靠，密封性好，清洗、检修方便，流体阻力小。

(3) 要求价格便宜，维护容易，使用时间长。在化工生产中所使用的换热设备往往需要频繁的清洗和检修，停车的时间多，造成的经济损失有时会比更新换热器的代价更大。因此，如果换热器能够设计得合理，可以保证连续运转的时间长，同时能减少功率消耗，则换热器本身价格虽然略高一些，但总的经济核算也可能是有利的。

2. 换热器的性能对比及选择

换热设备的类型很多，各种类型都有它们特定的应用范围。在某一种场合下性能很好的换热器，如果换到另一种场合则可能传热效果和性能会有很大的改变。因此，针对具体情况正确地选择换热器的类型，是很重要和很复杂的工作。选型时需要考虑的因素是多方面的。

(1) 流体的性质对换热器类型的选择往往会产生重大影响，如流体的物理性质(比热、传热系数、黏度)、化学性质(腐蚀性、热敏性)、结垢情况及是否有磨蚀性颗粒等因素都对设备的选型有影响。例如，硝酸加热器，由流体的强腐蚀性决定了设备的结构和材料。对于热敏性大的液体，能否精确控制它在加热过程中的温度和停留时间往往就成为选型的主要前提。流体的洁净程度和是否易结垢，有时在选型上也起决定性的作用，如对于需要经常清洗换热面的物料就不能选用高效的板翅式或其他不可拆卸的结构。

(2) 换热介质的流量、操作温度、压力等参数在选型时也很重要。例如板式换热器虽然高效紧凑，性能很好，但是由于受结构和垫片性能的限制，当压力或温度稍高，或者流量很大时这种型式就不适用了。

(3) 随着生产技术的发展，各种换热器的适用范围也在不断地发展。如对于高温高压的换热过程，以前主要选用结构简单的蛇管式或套管式换热器。但由于其流体处理量小，价格高，不能适应现代大型化装置的需要，因此随着结构材料和制造工艺的发展，正在把管壳式换热器逐步推广到高温高压的场合下应用，目前国外这种换热器的最高使用压力为 84 MPa，温度达1 000℃。

换热设备的选型在很大程度上取决于生产实践的经验，各种换热器的性能比较如表 3-2 所示。

表 3-2　各种换热器的性能比较

换热器	允许最大操作压力 MPa	允许最高操作温度 ℃	单位体积传热面积 $(m^2\cdot m^{-3})$	传热系数 $[W\cdot(m^2\cdot K)^{-1}]$	结构是否可靠	传热面积是否便于调整	是否具有热补偿能力	清洗是否方便	检修是否方便	是否能用脆性材料制作
固定管板式	84	1 000～1 500	40～164	849～1 698	○	×	×	△	×	×
U 形管式	100	1 000～1 500	30～130	849～1 698	○	×	○	△	×	△
浮头式	84	1 000～1 500	35～150	849～1 698	△	×	○	○	○	△
板式	2.8	360	250～1 500	6 978	△	○	○	○	○	×

续表

换热器	允许最大操作压力 MPa	允许最高操作温度 ℃	单位体积传热面积 ($m^2 \cdot m^{-3}$)	传热系数 [$W \cdot (m^2 \cdot K)^{-1}$]	结构是否可靠	传热面积是否便于调整	是否具有热补偿能力	清洗是否方便	检修是否方便	是否能用脆性材料制作
螺旋板式	4	1 000	100	698～2 908	○	×	○	×	×	△
板翅式	5	−269～500	250～4 370	35～349 (气,气)	△	×	○	×	×	×
套管式	100	800	20		○	○	△	△	○	○
沉浸盘管式	100		15		○	×	○	△	○	○
喷淋式	10		16		△	○	○	○	○	○

注:○—好;△—尚可;×—不好。

第二节　换热设备的结构

一、管壳式换热器的结构类型及特点

管壳式换热器也称为列管式换热器,具有悠久的使用历史,虽然在传热效率、紧凑性及金属耗量等方面不如近年来出现的其他新型换热器,但其具有结构坚固、可承受较高的压力、制造工艺成熟、适应性强及选材范围广等优点,目前仍是化工生产中应用最广泛的一种间壁式换热器。按其结构特点有如下几种型式。

1. 固定管板式换热器

管壳式换热器主要由壳体、管束、管板、管箱及折流板等组成,管束和管板是刚性连接在一起的。固定管板是指管板和壳体之间也是刚性连接在一起的,相互之间无相对移动,具体结构如图 3-2 所示。这种换热器结构简单、制造方便、造价较低,在相同直径的壳体内可排列较多的换热管,而且每根换热管都可单独进行更换和管内清洗,但管外壁清洗较困难。当两种流体的温差较大时,会在壳壁和管壁中产生温差应力,一般当温差大于 50℃时就应考虑在壳体上设置膨胀节以减小或消除温差应力。

动画

固定管板式换热器

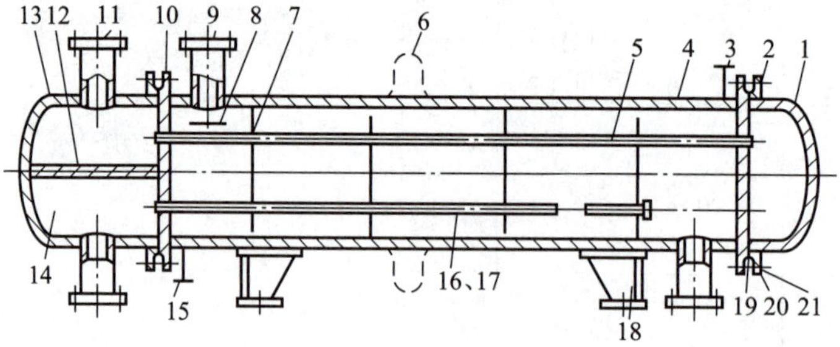

图 3-2　固定管板式换热器的结构

1— 封头;2—法兰;3—排气口;4—壳体;5—换热管;6—波形膨胀节;7—折流板(或支持板);8—防冲板;9—壳程接管;10—管板;11—管程接管;12—分程隔板;13—封头;14—管箱;15—排液口;16—定距管;17—拉杆;18—支座;19—垫片;20、21—螺栓、螺母

固定管板式换热器适用于壳程流体清洁、不易结垢、管程常需要清洗、冷热流体温差不太大的场合。

2. 浮头式换热器

浮头式换热器的一端管板是固定的，与壳体刚性连接，另一端管板是活动的，与壳体之间并不相连，其结构如图 3-3 所示。活动管板一侧总称为浮头，浮头的具体结构如图 3-4 所示。浮头式换热器的管束可从壳体中抽出，故管外壁清洗方便，管束可在壳体中自由伸缩，所以无温差应力，但结构复杂、造价高，浮头处若密封不严会造成两种流体混合且不易被察觉。

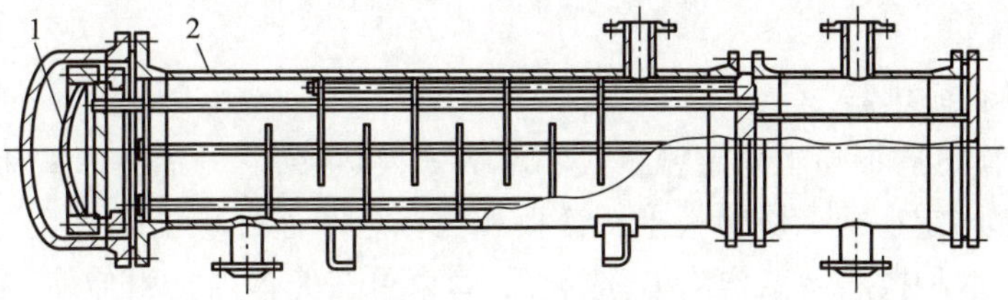

图 3-3　浮头式换热器

1—浮头；2—壳体

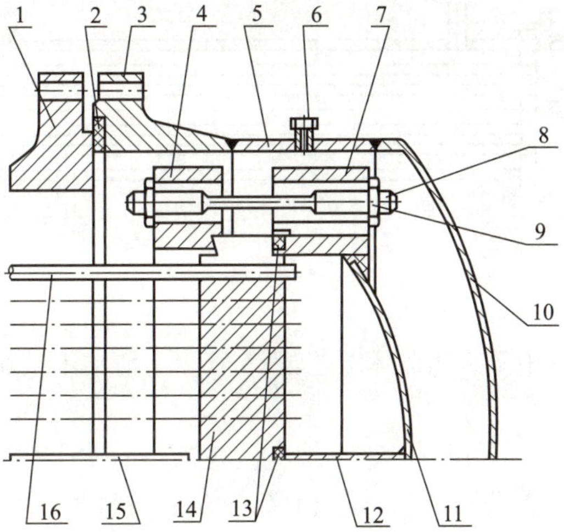

图 3-4　浮头的结构

1— 外头盖侧法兰；2—外头盖垫片；3—外头盖法兰；4—钩圈；5—短节；6—排气口或放液口；7—浮头法兰；8—双头螺柱；9—螺母；10—封头；11—无折边球面封头；12—分程隔板；13—垫片；14—浮头管板；15—挡管；16—换热管

浮头式换热器适用于冷热流体温差较大、介质易结垢常需要清洗的场合。在化工生产中使用的各类管壳式换热器中浮头式最多。

浮头式重沸器与浮头式换热器结构类似，如图 3-5 所示。壳体内上部空间是供壳程流体蒸发用的，所以也可将其称为带蒸发空间的浮头式换热器。

动画

浮头式换热器

动画

浮头式换热器的结构

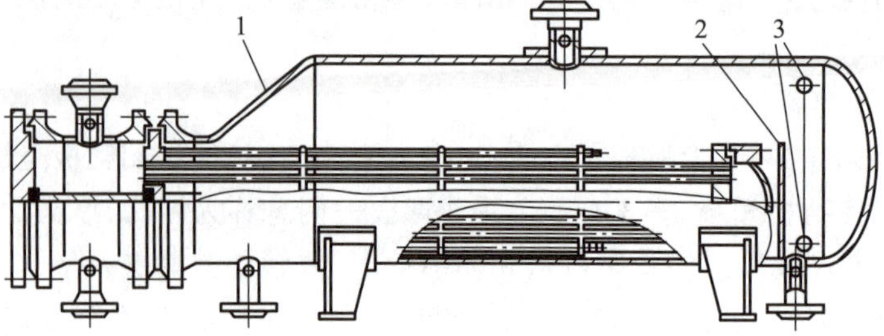

图 3-5 浮头式重沸器

1—偏心锥壳;2—堰板;3—液面计接口

3. U 形管式换热器

U 形管式换热器不同于固定管板式和浮头式换热器,它只有一块管板,换热管做成 U 字形,两端都固定在同一块管板上。管板和壳体之间通过螺栓固定在一起,其结构如图 3-6 所示。这种换热器结构简单,造价低,管束可在壳体内自由伸缩,无温差应力,也可将管束抽出清洗且还节省了一块管板。但 U 形管管内清洗困难且管子更换也不方便,由于 U 形弯管半径不能太小,故与其他管壳式换热器相比布管较少,结构不够紧凑。

动画

U 形管式换热器

动画

U 形管式换热器工作原理

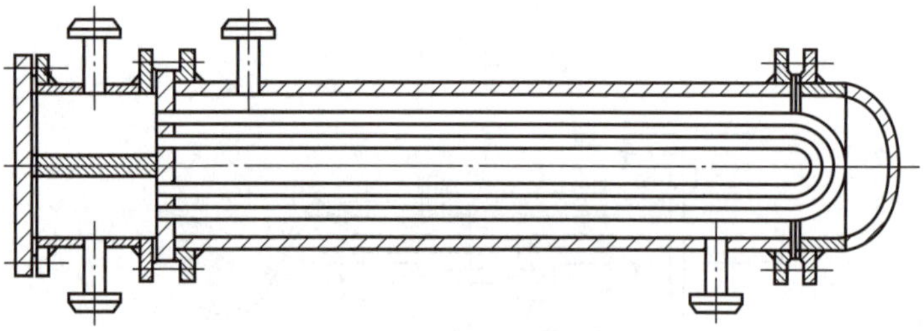

图 3-6 U 形管式换热器

U 形管式换热器适用于冷热流体温差较大,管内走清洁不结垢的高温、高压、腐蚀性较大的流体的场合。

4. 填料函式换热器

填料函式换热器与浮头式换热器很相似,只是浮动管板一端与壳体之间采用填料函密封,如图 3-7 所示。这种换热器管束也可自由伸缩,无温差应力,具有浮头式的优点且结构简单、制造方便、易于检修清洗,特别是对腐蚀严重、温差较大而经常要更换管束的冷却器,采用填料函式比浮头式和固定管板式更为优越。但由于填料密封性所限,不适用于壳程流体易挥发、易燃、易爆及有毒的情况。目前所使用的填料函式换热器直径大多在 700 mm 以下,大直径的用得很少,尤其在操作压力及温度较高的条件下更少采用。

填料函式换热器还有另一种形式,如图 3-8 所示,通常称为滑动管板式换热器,它是将填料安置在壳体内部,其性能特点与填料函式基本相同,但这种结构若在填料处发生泄漏,则造成两种流体混合且不易被发现,所以严禁用于两种流体混合后会造成严重事故或损失的场合。

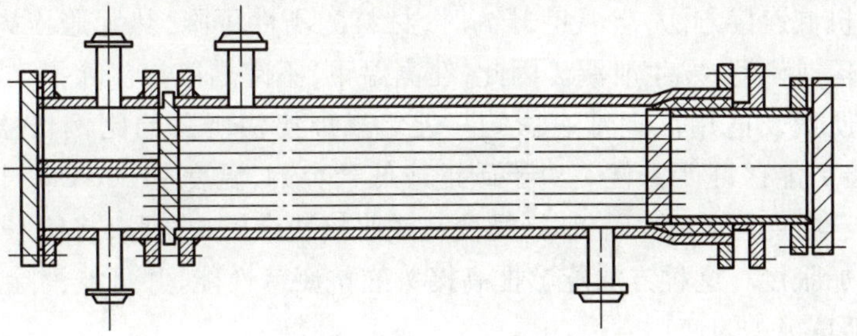

图 3-7　填料函式换热器

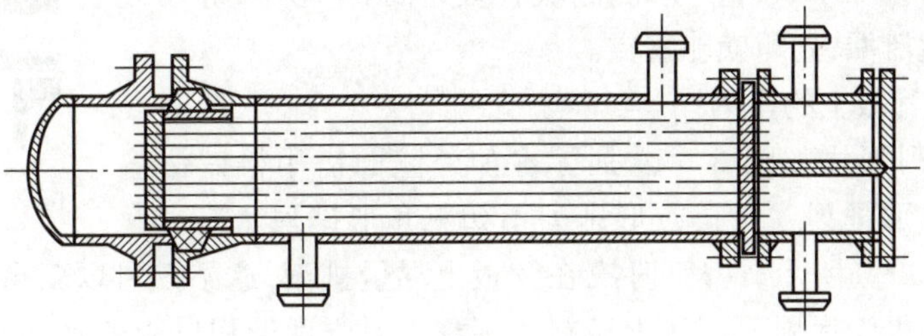

图 3-8　滑动管板式换热器

二、管壳式换热器管程结构

1. 管板

管板是换热器的主要部件之一。在现代高温高压大型换热器中，管板的质量可超过 20 t，厚度达 300 mm 以上。它在换热器制造成本中占有相当大的比例。在选择管板材料时，除要满足机械强度的要求以外，还必须考虑管内和管外流体的腐蚀性，以及管板与管子材料的电化学兼容性等问题。最常见的材料是碳钢和合金钢。但合金钢很贵，从经济上考虑，采用复合板或堆焊衬里是合适的。

2. 管子

对于化工厂和石油炼制厂的换热器，最常用的为 ϕ19 mm×2 mm 和 ϕ25 mm×2.5 mm 的管子。管长标准常用的有 1 500 mm、2 000 mm、3 000 mm、4 500 mm、6 000 mm 和 9 000 mm 等。

管子材料常用的为碳钢、低合金钢、不锈钢、铜、海军铜、铜镍合金、铝合金。此外一些非金属材料（如石墨、陶瓷等）亦有采用。在现代化工和石油工业中，高温、高压和腐蚀常常同时存在。在设计和制造换热器时，正确选用材料很重要，既要满足工艺条件要求，又要经济。目前一般认为在高温应用中，金属复合材料是发展方向，这样可以节省大量贵重金属。

3. 管板和管子的连接

管板和管子的连接是管壳式换热器制造中最主要的问题。连接方法基本上还是胀接和焊接。对于高温高压管子，常常焊、胀并用。目前手工胀管已逐渐被自动或半自动胀管设备代替。在大批量生产中，已采用双头和多头胀管器及整套设备，一台自动多头胀管器每小时可胀接 1 000 多根管子，效率很高。由于胀接是靠管子的变形来达到密封和压紧的一种机械连接方法，当温度升高时，材料的刚性下降，热膨胀应力也增大，可能会引起接头脱落或松动，发生泄漏。因此，在高温下，不宜用胀接。除操作温度外，压力、材质等对胀接质量及适用范围都有影响。近年来焊接法所占的比例日益增加，一般认为，焊接比胀接更能保证严密性。对于碳钢或低合金钢，温度在 300℃以上，大都采用焊接连接。因为当温度在 300℃以上时，蠕变造成胀接残余应力松弛，将使胀口失效。目前广泛采用焊接加胀接。这种方法能够提高接头的抗疲劳性能，并且能消除应力腐蚀和间隙腐蚀，从而延长接头的使用寿命。

如果必须防止管内或管外流体从接头处泄漏到另一处时，宜采用双管板结构，如图 3－9 所示。两块管板之间有一条窄缝通大气，若一旦发生泄漏，立即就能察觉。

图 3－9　双管板结构

4．管子在管板上的排列

管子的排列形式如图 3－10 所示。如外壁面需用机械法清洗，应采用正方形排列。但正方形排列不如三角形排列紧凑。管心距数值如表 3－3 所示。排管时应在管板上尽量排满，这不仅可以获得最大的传热面积，而且可以减少管束周围流体走短路的现象。对于两管程以上的换热器，管箱或封头内有分程隔板。分程隔板占去管板上的一部分面积，不能排管子，这将在壳程内形成一条通道，导致壳程部分流体穿流而过，不利于传热。常用的补救办法是在此通道处加假管。管程分程的原则是每程的管数应尽量相等。如图 3－11 所示为四管程换热器分程隔板的两种布置方式。应严防分程隔板处泄漏，否则，传热平均温差将下降。

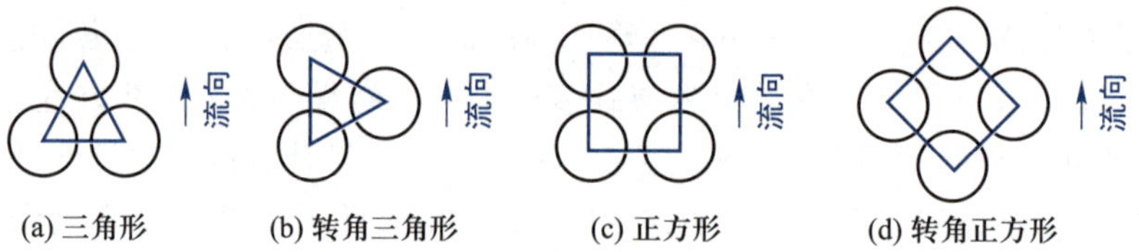

图 3－10　管子的排列形式示意图

表 3－3　管心距数值

管子外径/mm	管心距/mm
16	22
19	25
25	32
32	40
38	48

5．强化传热表面

如果管内、外的传热膜系数相差大，设法强化膜系数较低一侧的壁表面是很有效的。常用的方法有两种：一种方法是增大表面积，有各种各样的翅片管可选择，如横向的高翅片和低翅片管、纵向翅片管。不仅管外壁面有翅片，内壁面亦可有翅片。根据具体情况来选用合适的翅片管，如高翅片管大多用于空气冷却器。对于管壳式换热器，常用的是低翅片管(或称为螺纹管),它可增加外壁面积 2～5 倍(相对于同样管径的光管而言)。管子两端没有翅片,以便于管子和管板连接。翅片的外径应略小于无翅片部分,使管子能顺利地通过管板和支撑板或折流板上的管孔。另一种方法是提高传热系数。针对不同的传热机理,采取不同的措施。沟槽管用于冷凝。多孔表面用于沸腾。还有波纹管,不仅可以增大传热面积,而且可以提高湍流程度,从而提高膜系数。

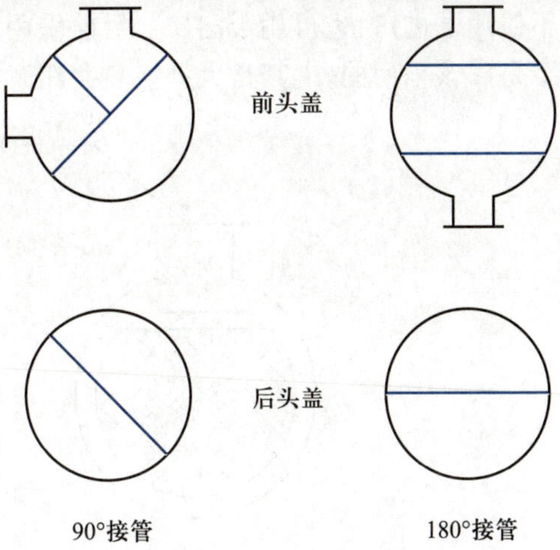

图 3-11　四管程换热器分程隔板布置

6. 封头和管箱

封头和管箱是换热器的主要部件,位于壳体两端,其作用是控制及分配管程流体。如管内流体有腐蚀性,封头或管箱所用的材料应与管子和管板相匹配。当壳体直径较小时,常采用封头(见表 3-8B),接管和封头可用法兰连接或用螺纹连接。封头与壳体之间则用螺栓连接。检查或清洗管子时,必须卸下封头。壳径较大的换热器,大多采用管箱(见表 3-8A)。管箱具有一个可卸盖板,因此在检查或清洗管子时,无须卸下管箱。这样,管箱上的接管可不受干扰。管箱维修方便,但价格较高。管箱与壳体用螺栓连接。管箱的结构、密封形式、法兰连接和管箱上的开孔等都是设计时应多加考虑的问题。这些部件的好坏,直接影响换热器的效率。在高压下,应尽量减小各种开口尺寸,以便采用较小尺寸的法兰连接。在高温下,还应尽可能地减少法兰连接。因为在高温下,特别是当温度超过 500℃时,材料的强度便急剧下降,结果会使连接的法兰和螺栓都要设计得十分粗大。

三、管壳式换热器壳程结构

1. 壳体

壳体有各种型式(见表 3-8),但基本上就是一个圆筒形状的容器,器壁上焊有接管,供壳程流体进入和排出之用。直径小于 400 mm 的壳体,通常用无缝钢管制成,大于 400 mm 时都用钢板卷焊而成。壳体的圆度很重要,圆度差的壳体,会使折流板与壳体之间的缝隙加宽,漏流增大,降低传热效率。

在壳程进口接管处常装有防冲板或称为缓冲板,以防止进口流体直接撞击管束上部的管排。这种撞击会侵蚀管子,并且会引起振动。如图 3-12 所示为两种进口接管和防冲板的布置。图 3-12(a)是普通接管,为了不使进口处局部阻力过大,必须抽出一些管子,传热面积因而略有减小。图 3-12(b)是一个扩大型接管,防冲板放在扩大部分,不影响管数。也有的采用导流筒装置,位于管束两端,它不仅能起防冲板作用,而且还可以改善两端的流体分布,提高传热效率。如图 3-13 所示为两种不同结构的导流筒,图 3-13(a)的结构比较简单,但要抽去一部分管子。图 3-13(b)是在壳体外焊有一段环状夹套,原来的壳体构成了夹套的内层。在它的壁面上,沿着圆周开有方形或长方形孔,孔的总面积远远大于进口接管的截面积。这种结构常作为蒸汽或其他气体进口的分布器,故又称为带状蒸汽分布器。这种结构型式,不用抽去管子,传热效率有所提高,但造价较高。导流筒不仅用于进口,也可用于出口。目前采用导流筒的换热器不多,但研究证明,在许多情况下是应该采用的,尤其是大型换热器在高流速条件下工作,将更显示出其优越性。

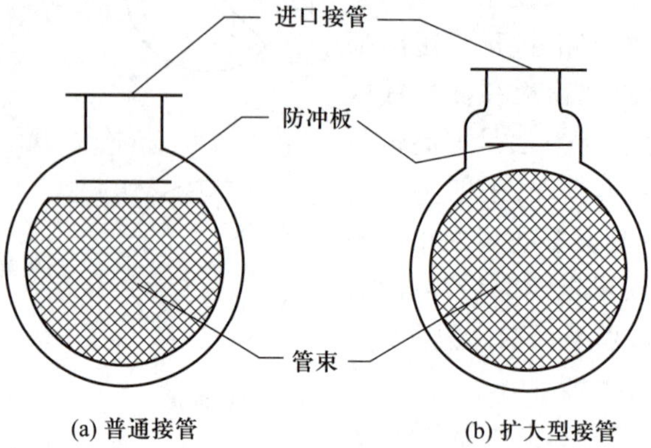

图 3-12　进口接管及防冲板的布置

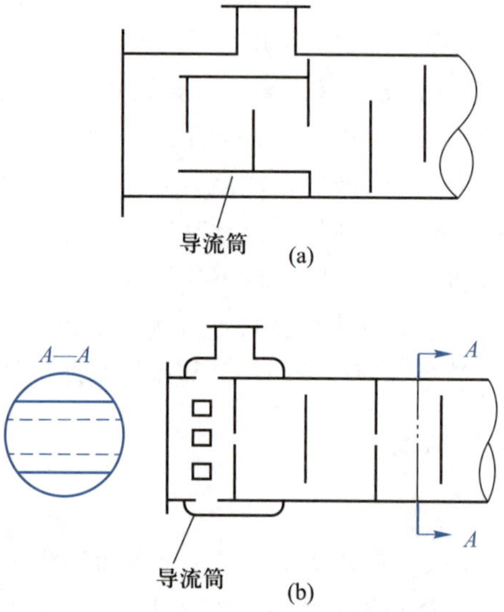

图 3-13　导流筒的结构示意图

2. 折流板

折流板的作用是引导壳程流体反复地改变方向做错流流动或其他形式的流动,并可调节折流板间距以获得适宜的流速,提高传热效率。另外,折流板还可起到支撑管束的作用。

(1) 纵向折流板　其目的是使壳程和管程流体达到完全逆流,提高平均温差。但由于密封困难,常常发生泄漏,不仅达不到原来的目的,甚至破坏操作。而且制造上也较复杂,故很少采用。

(2) 圆缺形(弓形)折流板　如图 3-14 所示,这是一种错流式折流板。缺口的大小用切除高度与壳内径的比值来表示。常用的缺口大小为 20%~25%。对于低压气体系统,为了尽量减小压力降,缺口大小常达 40%~45%。大多数换热器采用水平缺口的折流板,但它不适用于水平放置的冷凝器,因为不利于凝液的排放,也不适用于较脏的流体,因为脏物可能沉积在折流板之间,这时应采用垂直缺口。如图 3-15 所示为各种类型的折流板。其中最常用的是单缺口和双缺口折流板。当要求压力降特别低时，采用三缺口折流板或缺口无管式折流板较好。孔流式折流板及盘与环折流板已很少见。

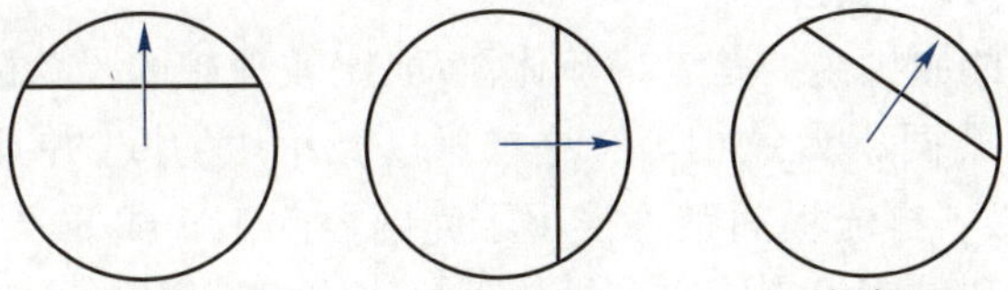

(a) 水平切口　(b) 垂直切口　(c) 转角切口

图 3-14　圆缺形(弓形)折流板缺口的方位示意图

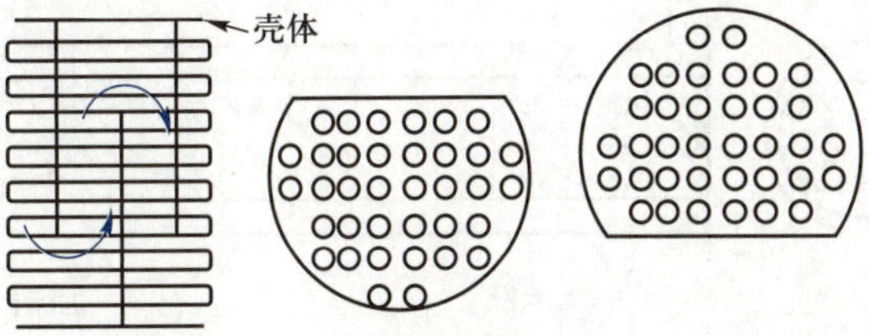

(a) 单缺口折流板

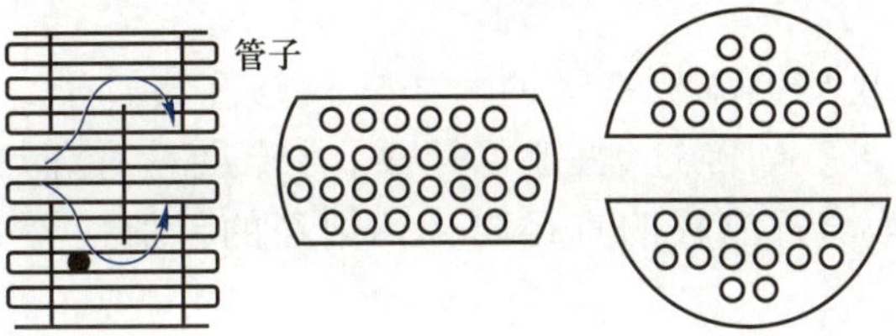

(b) 双缺口折流板

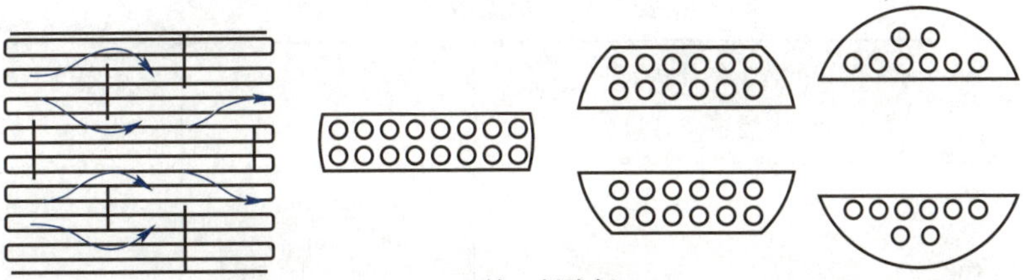

(c) 三缺口折流板

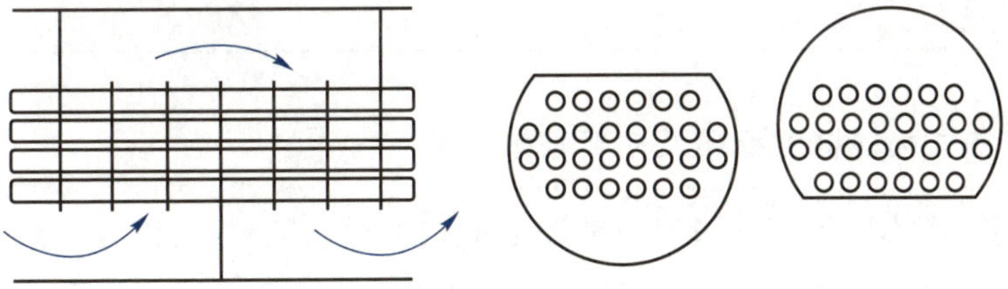

(d) 缺口无管式折流板

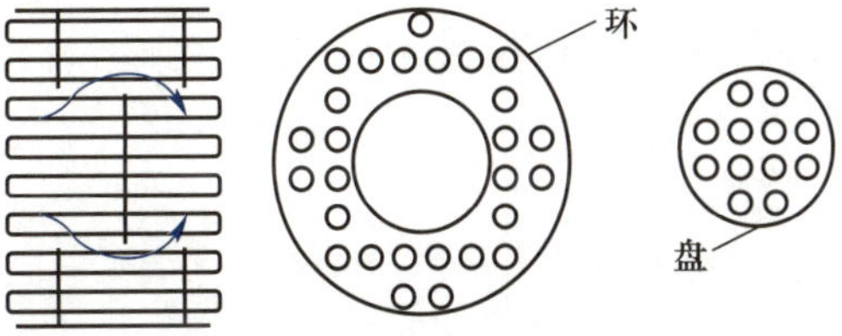

(e) 盘与环折流板

图 3-15　各种类型的折流板

动画

弓形折流板流体流动

动画

圆盘、圆环折流板流体流动

如图 3-16 所示为缺口无管式换热器示意图。由于缺口区不排管子，传热面积略有减小，但缺口无管时压力降很小，可以适当地提高流速，从而提高传热系数。另外，这种换热器具有很好的防振动的性能。

确定折流板间距的原则主要是考虑流体流动，比较理想的是使缺口的流通截面积和通过管束的错流流动截面积大致相等。这样可以减小压力降，并且避免或减小"静止"区，从而改善传热效果。折流板间距不得小于壳内径的 1/5 或 50 mm。另外，还应考虑振动问题。依靠拉杆和定距管来固定各折流板之间的相对位置。

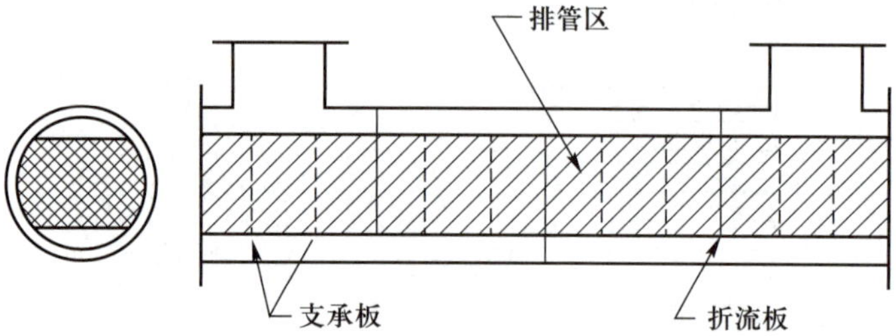

图 3-16 缺口无管式换热器

折流板上的管孔及折流板直径的大小应使管孔与管子之间及折流板与壳内壁之间的间隙合乎要求。间隙过大，泄漏严重，对传热不利，而且还会有振动的问题。间隙过小，安装困难。折流板的直径与壳体内径的差值应不大于表 3-4 中所列的数值。

表 3-4 折流板与壳体间隙 单位：mm

壳体公称直径	间隙(壳体内径减去折流板或支承板外径)	壳体公称直径	间隙(壳体内径减去折流板或支承板外径)
150～300	3.0	600～950	4.5
350～400	3.5	1 000～1 350	6.0
450～550	4.0	1 400～1 500	8.0

四、管壳式换热器的标准及主要技术参数

《热交换器》(GB/T 151—2014)是管壳式换热器设计、制造、检验、验收、安装和使用的主要依据。GB/T 28712.1～28712.4—2012《热交换器型式与基本参数》，对浮头式热交换器、固定管板式热交换器、U 形管式热交换器、立式热虹吸式重沸器的具体结构型式、基本参数及其组合都作了具体的规定(定型)。现节选部分内容列表介绍如下，见表 3-5～表 3-8。

表 3-5　浮头式换热器和冷却器基本参数(选自 GB/T 28712.1—2012)

		内导流换热器	冷凝器	外导流换热器
公称直径 DN/mm	钢管制圆筒	325　426	426	
	卷制圆筒	400　500　600　700　800　900　1 000 1 100　1 200　1 300　1 400 1 500　1 600　1 700　1 800		500　600　700 800　900　1 000
公称压力 PN/MPa	换热器:1.0　1.6　2.5　4.0　6.4 冷凝器:1.0　1.6　2.5　4.0			
换热管种类	光管和强化传热管			
管长 L/m	3　4.5　6　9			
换热管规格及排列形式	换热管外径×壁厚($d\times\delta_t$)		排列形式	管心距
	碳素钢、低合金钢	不锈钢		
	19×2	19×2	正三角形 正方形 正方形旋转 45°	25
	25×2.5	25×2		32
管程数 N	DN/mm	≤500	600～1 200	1 300～1 900
	N	2,4	2,4,6	4,6

	L/m	DN/mm	S							
折流板(支承板)间距 S/mm	3	≤700	100	150	200	—	—	—	—	—
	4.5	≤700	100	150	200	—	—	—	—	—
		800～1 200	—	150	200	250	300	—	450(或 480)	—
	6	400～1 100	—	150	200	250	300	350	450(或 480)	—
		1 200～1 800	—	—	200	250	300	350	450(或 480)	—
	9	1 200～1 800	—	—	—	—	300	350	450	600

注:表中没有选取铝及合金、铜及合金、钛及合金换热管的规格。

表 3-6　固定管板式换热器基本参数(选自 GB/T 28712.2—2012)

公称直径 DN/mm	钢管制圆筒	159　219　273　325　426				
	卷制圆筒	400　450　500　600　700　800　900　1 000　1 100 1 200　1 300　1 400　1 500　1 600　1 700　1 800 1 900　2 000　2 100　2 200　2 300　2 400				
公称压力 PN/MPa	0.25　0.60　1.00　1.60　2.50　4.00　6.40					
换热管长度 L/m	1.5　2.0　3.0　4.5　6.0　9.0　1.2					
换热管规格及排列形式	换热管外径×壁厚($d\times\delta_t$)				排列形式	管心距
	碳素钢、低合金钢、铝	不锈钢	铜	钛		
	25×2.5	25×2	25×2	25×1.5	正三角形	32
	19×2	19×2	19×2	19×1.25		25

管程数 *N*	*DN*/mm	159～219	273		325～500		600～2 400	
	N	1	1,2		1,2,4		1,2,4,6	
折流板(支承板)间距 *S*/mm	公称直径 *DN*/mm	管　长	折流板间距					
	≤500	≤3 000	100	200	300	450	600	—
		4 500～6 000	—					
	600～800	1 500～6 000	150	200	300	450	600	—
	900～1 300	≤6 000	—	200	300	450	600	—
		7 500,9 000		—				750
	1 400～1 600	6 000	—	—	300	450	600	750
		7 500,9 000			—			
	1 700～1 800	6 000～9 000	—	—	—	450	600	750
	1 900～2 400	6 000～12 000	—	—	—	450	600	750

表 3-7　固定管板式换热器基本参数组合(选自 GB/T 28712.2—2012)

公称直径 *DN*/mm	管程数	公称压力 *PN*/MPa	换热管长度 *L*/mm					
			1 500	2 000	3 000	4 500	6 000	9 000
159	1	1.60 2.50 4.00 6.40				—	—	—
219						—	—	—
273	1 2							—
325	1 2 4							—
400		0.60 1.00 1.60 2.50 4.00						—
450								—
500			—					—
600	1 2 4 6		—					—
700			—	—				—
800			—	—				—
900			—	—				
1 000			—	—				
1 100			—	—	—			
1 200			—	—	—			
1 300		0.25 0.60 1.00 1.60 2.50	—	—	—			
1 400			—	—	—	—		
1 500			—	—	—	—		
1 600			—	—	—	—		
1 700			—	—	—	—		
1 800			—	—	—	—		

注:表中没选取公称直径 1 900～2 400 mm 的参数组合。

表 3-8 管壳式换热器部件(GB/T 151—2014)

前端结构型式	
A	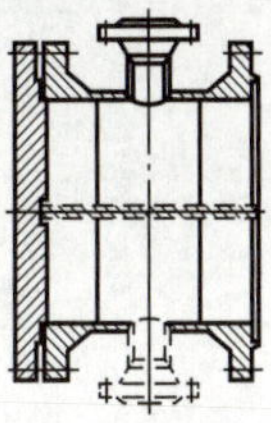 平盖管箱
B	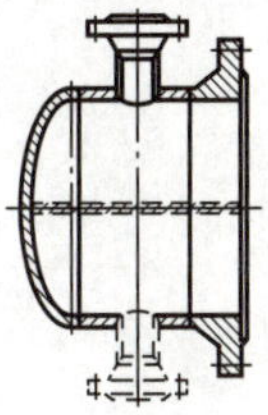 封头管箱
C	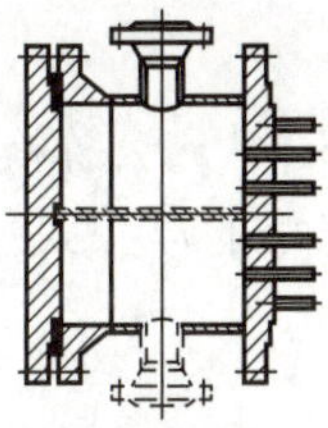 可拆管束与管板 制成一体的管箱
N	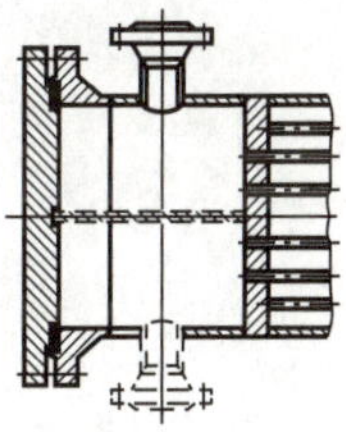 与固定管板制成一体的管箱
D	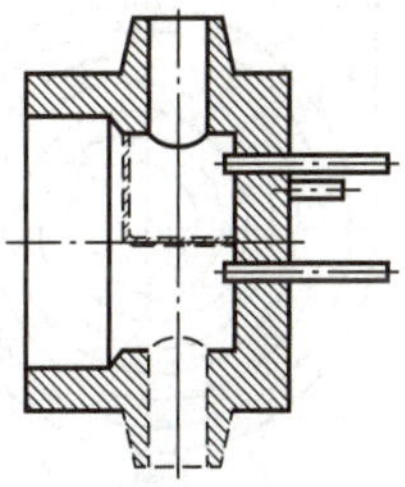 特殊高压管箱

壳体型式	
E	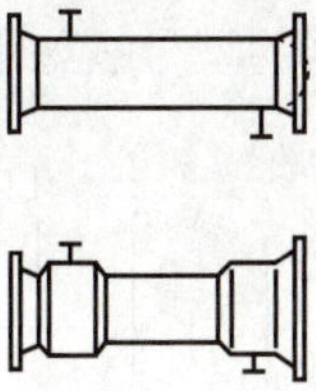 单程壳体
F	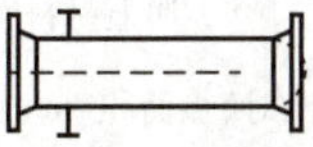 带纵向隔板的双程壳体
G	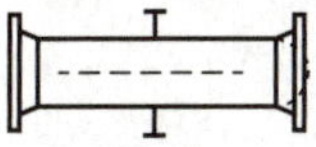 分流壳体
H	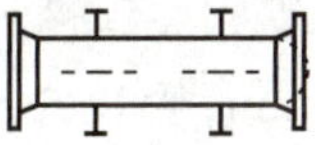 双分流壳体
J	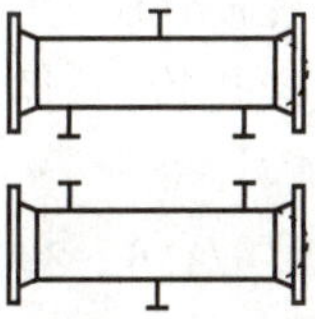 无隔板分流壳体
K	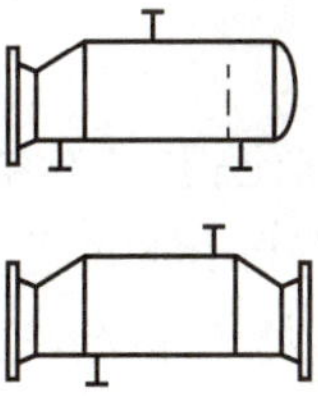 釜式重沸器壳体
X	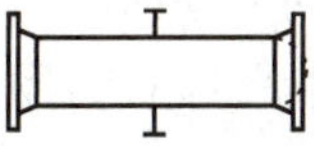 穿流壳体

后端结构型式	
L	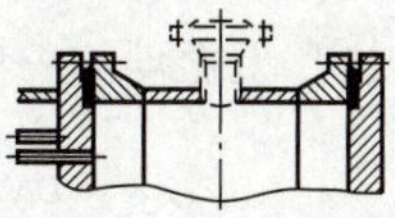 固定管板　与A相似的结构
M	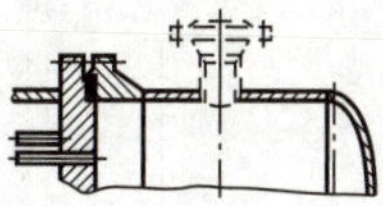 固定管板　与B相似的结构
N	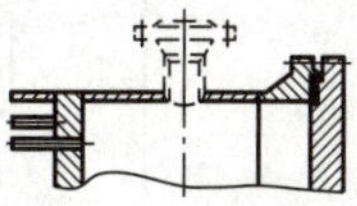 固定管板　与N相似的结构
P	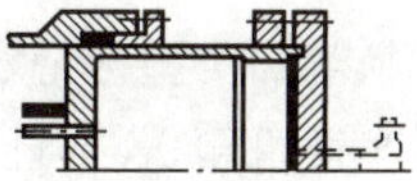 外填料函式浮头
S	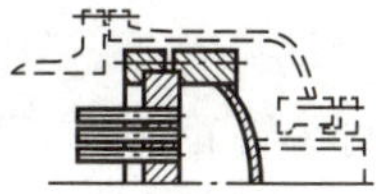 钩圈式浮头
T	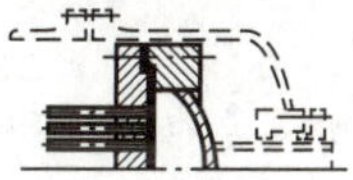 可抽式浮头
U	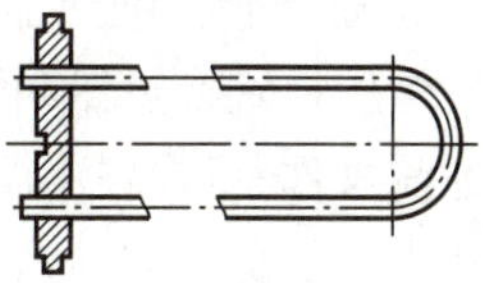 U形管束
W	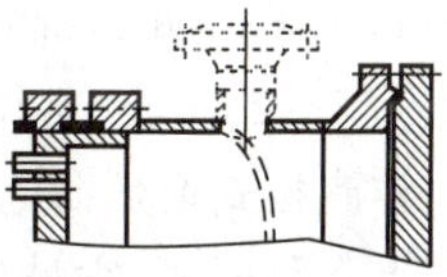 带套环填料函式浮头

3. 管壳式换热器的型号及标记

管壳式换热器的管束分为Ⅰ级和Ⅱ级。Ⅰ级的管束采用较高级冷拔换热管，适用于无相变传热和易产生振动的场合。Ⅱ级的管束采用普通级冷拔换热管，适用于重沸、冷凝传热和无振动的一般场合。换热器的型号按如下方式表示：

$$\underline{\times\times\times}\quad DN-\frac{p_t}{p_s}-A-\frac{LN}{d}-\frac{N_t}{N_s}\quad Ⅰ(或Ⅱ)$$

- Ⅰ(或Ⅱ)：Ⅰ级或Ⅱ级管束
- N_t/N_s：管/壳程数，单壳程时只写 N_t
- LN/d：LN——公称长度/m，d——换热管外径/mm；当采用Al、Cu、Ti等换热管时，应在 LN/d 后加上材料符号，如 LN/d Cu
- A：公称换热面积/m^2
- p_t/p_s：管/壳程设计压力/MPa，两者压力相等时只写 p_t
- DN：公称直径/mm，对釜式重沸器为：管箱内直径/圆筒内直径
- ×××：第一个字母表示前端管箱型式；第二个字母表示壳体型式；第三个字母表示后端结构型式（见表3-8）

换热器类型标记示例：

平盖管箱，公称直径500 mm，管程和壳程设计压力均为1.6 MPa，公称换热面积为54 m²，较高级冷拔换热管，外径25 mm，管长6 m，四管程单壳程的浮头式换热器，标记为

AES 500—1.6—54—6/25—4Ⅰ

封头管箱，公称直径700 mm，管程设计压力为2.5 MPa，壳程设计压力为1.6 MPa，公称换热面积为200 m²，较高级冷拔换热管，外径25 mm，管长9 m，四管程单壳程的固定管板式换热器，标记为

BEM 700—2.5/1.6—200—9/25—4Ⅰ

五、其他类型换热设备简介

（一）板面式换热器

1. 螺旋板式换热器

螺旋板式换热器和管壳式换热器比较，具有结构紧凑、不用管材、传热系数大、可完全逆流操作、可在较小温差下传热、有自身冲刷防污垢沉积等优点。但另一方面，它的阻力比较大，检修和清洗比较困难，操作的压力和尺寸大小也受到一定的限制。常见的直径为0.5～1.5 m，板高为0.2～1.5 m，板厚为2～4 mm，板间距为5～25 mm，常用材料为不锈钢和碳钢。

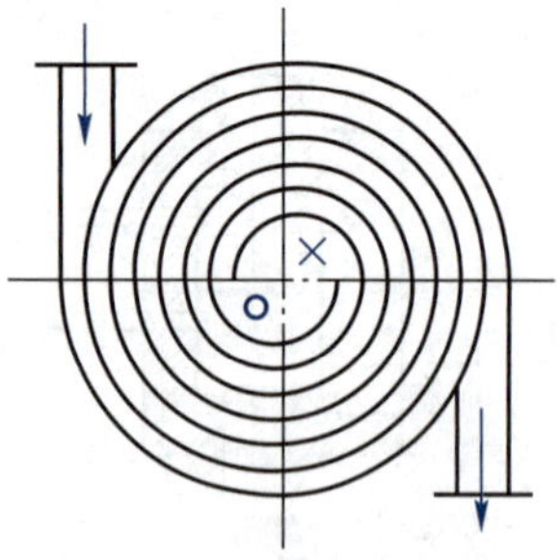
图3-17　螺旋板式换热器

螺旋板式换热器的结构是由两张平行的钢板在专用的卷床上卷制而成，它是具有一对螺旋通道的圆柱体，再加上顶盖和进出口接管而构成的。如图3-17所示，两种介质分

别在两个螺旋通道内做逆向流动，一种介质由一个螺旋通道的中心部分流向周边，而另一种介质则由另一个螺旋通道的周边进入，流向中心再排出，这样就形成完全逆流的操作。根据使用的条件，螺旋本体的两个端面可以全部焊死，通常称为Ⅰ型。由于两个通道的两个端面均焊死，其缺点是不能进行机械清洗或检修。如果将两个螺旋通道的一个端面交错地焊死，则两个通道均可进行清洗。但由于各有一端是敞开的，所以两端面需要加上可以拆卸的顶盖密封，这就是Ⅱ型。也有将螺旋体的一端全部焊死，而另一端有一个通道也是焊死的，仅留另一通道的端面是敞开的，可以清洗，这就是Ⅰ型和Ⅱ型两种结构的混合型，详见图 3－18。还有一种Ⅲ型的结构，如图 3－19 所示，只有一种介质是沿螺旋通道由中心流向周边，而另一介质是做轴向流动。Ⅲ型通常用作蒸馏塔顶的冷凝器，即蒸汽走轴向，而冷却介质则沿螺旋通道流动。

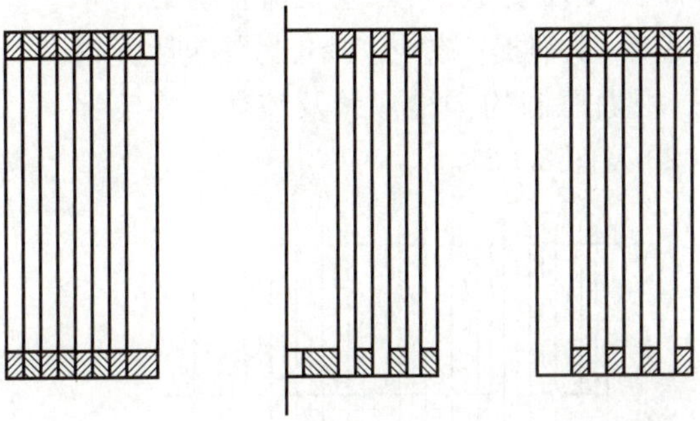

(a) Ⅰ型　　(b) Ⅱ型　　(c) 混合型

图 3－18　螺旋板式换热器的结构型式

动画

螺旋板式换热器

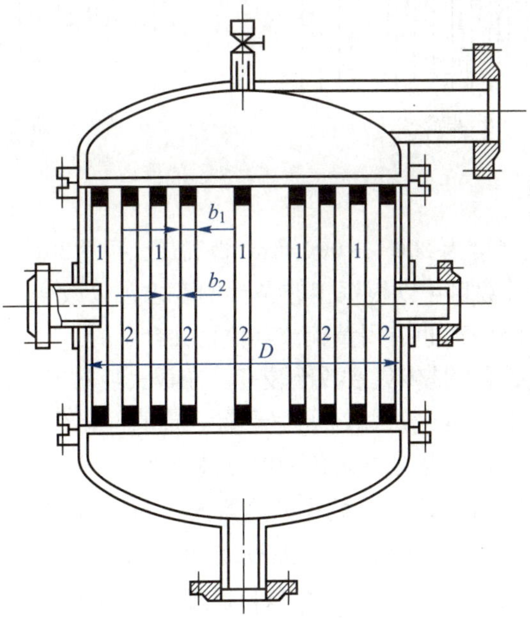

图 3－19　Ⅲ型螺旋板式换热器

为了保证两个螺旋通道的间隙维持一定，在螺旋通道内还有许多定距柱，它们是事先焊在待卷的钢板上，通常作正三角形排列。定距柱不仅能保证螺旋通道间隙一定，而且还承受操作压力，并在强化传热方面起着明显的作用，当然，也增加了通道中的流体阻力。

2. 板式换热器

板式换热器是由一组长方形的薄金属传热板片构成的，用框架将板片夹紧组装于支架上。两个相邻板片的边缘衬以垫片(各种橡胶或压缩石棉等制成)压紧。板片四角有圆孔，形成流体的通道。冷热流体交替地在板片两侧流过，通过板片进行换热。板片厚度为 0.5～3 mm，相当薄，所以传热阻力小，但刚度不够。通常将板片压制成各种槽形或波纹形的表面。这样既增强了板片的刚度，不致受压变形，同时也使流体流经不平的表面时，增强其湍流程度，从而提高传热效率，另外也比光滑板面的面积有所增加。板面压制的沟槽形状及流体在换热器中的流路分别见图 3-20 及图 3-21。

图 3-20　三角形波纹板

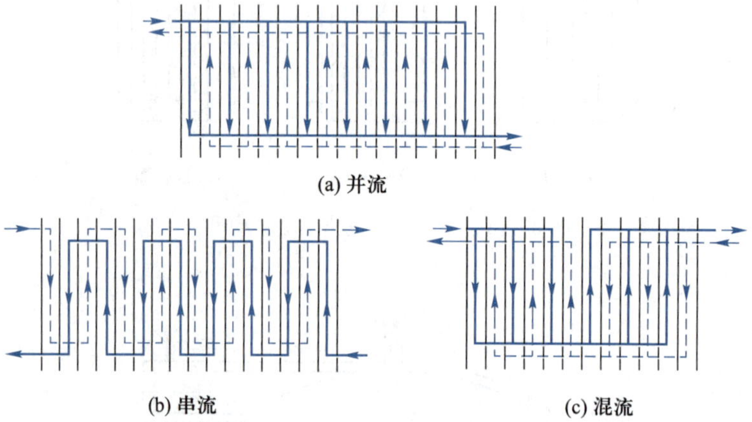

图 3-21　板式换热器的流路

板片尺寸，常见的宽度为 200～1 000 mm，板高最大可达2 000 mm，两板之间的距离通常为 4～6 mm。板片数目可以根据工艺条件的要求加以改变，或增多或减少，比较灵活。板片材料一般用不锈钢，也有用黄铜或其他耐蚀合金的。

板式换热器的主要优点是传热系数比较高。在板式换热器中，由于板面有沟槽或波纹形状，故在低流速下就可以形成湍流。由于有一定的冲刷作用，污垢热阻也较小。此外，结构紧凑，也是一个优点，每立方米体积内可具有 250 m^2 以上的传热面积，而列管换热器的传热面积则在 150 m^2 以内。板式换热器操作的灵活性大，可以同时进行几种不同的操作，只要在适当的位置上设置中间隔板，就可以使一台设备作为几台要求不同的换热器用。又根据工艺需要可以调节板片数目以增减传热面积，或者用调节流路长短的办法，以适应冷热流体流量和温度变化的要求。板式换热器的金属消耗量比较低，较之列管换热器约可减少一半。另外板片加工制造也比较容易，而且检修、清洗均很方便。当然，它也存在不少缺点，如操作压力比较低，一般在 1.5 MPa 以下，因为受垫圈材质的限制，压力高了，很易渗漏。同时受板片刚度的限制，压力不能太高。同样，由于受垫片的耐热性能限制，操作温度不能太高，如对合成橡胶垫圈而言，操作温度应低于 130℃，对压缩石棉垫圈而言，也不能超过 250℃。此外，板式换热器的处理量比较小，这是因为板间距仅仅几毫米，流通截面较小，而流速又不大。

3. 板翅式换热器

板翅式换热器是一种紧凑、轻巧而高效的换热设备，最初是在汽车、飞机等机动运输工具上被采用。这是由于普通圆管或翅片管无法解决气体与气体进行换热的设备小型化问题。

板翅式换热器具有如下特点。

(1) 传热效率高　在强制对流下的空气给热系数为 35～349 $W/(m^2 \cdot K)$，强制对流时油的给热系数为 116～1 745 $W/(m^2 \cdot K)$。

(2) 结构紧凑　普通管壳式换热器每立方米体积约有 160 m^2 的传热面积，而板翅式换热器可以达到 2 500 m^2。

(3) 轻巧而坚固　因为一般用铝合金制造，故质量轻而体积小。波形翅片作为主要传热表面时，又是两板支撑，故机械强度很高。例如，0.7 mm 厚的平隔板和 0.2 mm 厚的翅片所制成的板翅式换热器能承受的压力可以高达 4 MPa，但质量仅为管壳式换热器的 1/10 左右。

(4) 适应性强　可做气-气、气-液和液-液间的热交换，也可以用作冷凝器或蒸发器。操作时可以为逆流、并流、错流或错流和逆流的结合。另外，在板翅式换热器中可以走多种不同的介质。由于通常采用铝合金材料，故特别适用于低温或超低温的场合。

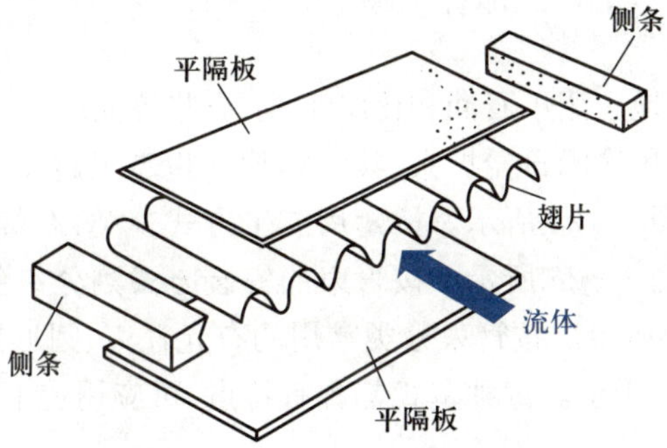

图 3-22　板翅片单元体的分解

动画
板翅式换热器工作原理

(5) 流道小，容易发生堵塞而增大压力降。一旦结垢，很难清洗。由于是用薄铝板制成，因而一旦发生腐蚀，就很容易造成内漏，而且不易找到漏洞所在，即便找到也不易修补。

板翅式换热器的结构型式很多，图 3-22 是其中一种，在两块平隔板之间放一个波纹板状的金属导热翅片，两边用侧条密封，构成单元体。对各个单元体进行不同的叠积和适当的排列，并用钎焊，构成牢固的组装件，称为芯部或板束。通常在板束顶部和底部各留一层起绝热作用的假翅片层。最后将带有流体进出口的集流箱钎焊到板束上，就组成了完整的板翅式换热器。常见的翅片形状如图 3-23所示。

翅片彩图

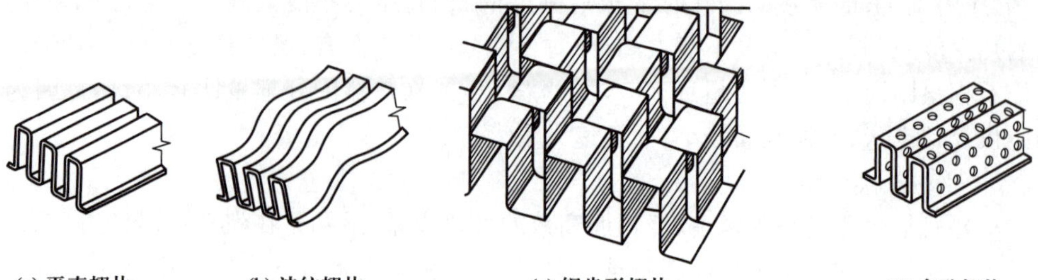

(a) 平直翅片　(b) 波纹翅片　(c) 锯齿形翅片　(d) 多孔翅片

图 3-23　常见的翅片形状

(二) 空冷器

1. 空冷器的结构型式

空冷器是空气冷却器的简称，它以空气作为冷却介质，对流经管内的热流体进行冷却或冷凝，主要由管束、风机、构架及百叶窗等部件组成，如图 3-24 所示。

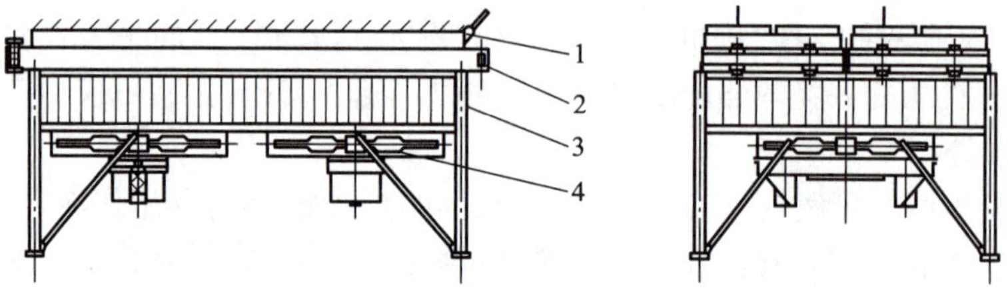

图 3-24　空冷器的结构

1—百叶窗；2—管束；3—构架；4—风机

空冷器目前已广泛地应用于石油和化学工业，有些炼油厂 90%以上的冷却负荷是由空冷器来完成的。随着用途的日益扩大，其结构型式也越来越多。按通风方式划分有送风式和抽吸式两类，如图 3-25 所示。按翅片加工方式分类，有缠绕式、镶嵌式、套接式、焊接式和整体式等，如图 3-26 所示。按管束的安装方式划分有斜顶式、水平式、立式及圆环式 4 种，如图 3-27所示。按管束分类常用的有光管束、圆形翅片圆管束和矩形翅片椭圆管束等，如图 3-28 所示。每种型式都各有特点，可应用在不同的场合。

2. 空冷器的优缺点

水是人们惯用的冷却介质，由于环境污染和水源短缺，现逐渐倾向于采用空冷。近年来新设计的空冷器，经济性能大为改善，可以与水冷器竞争。详细了解空冷器的优缺点，对选择合适的空冷器是必要的。空冷器的总传热系数取决于空气一侧，而空气侧的传热膜系数仅为 58 W/(m^2 · K)左右，水冷器的总传热系数要比空冷器的高 10～20 倍。另外空气比热容为 1 026 J/(kg · K)，只为水比热容的 1/4。因此，在同样的热负荷和温升时，空气量是水量的 4 倍，导致空冷器十分庞大。要使空冷器物料出口温度与水冷一样低也是比较困难的。有时为了满足工艺要求，经常在空冷器后加一台水冷器或直接采用增湿空冷器。另外，空冷器可以利用外延翅片增加传热面积，一般能扩大到光管的 20 倍，这就部分地补偿了传热系数低的影响。空冷与水冷相比的优缺点如表 3-9 和表 3-10 所示。

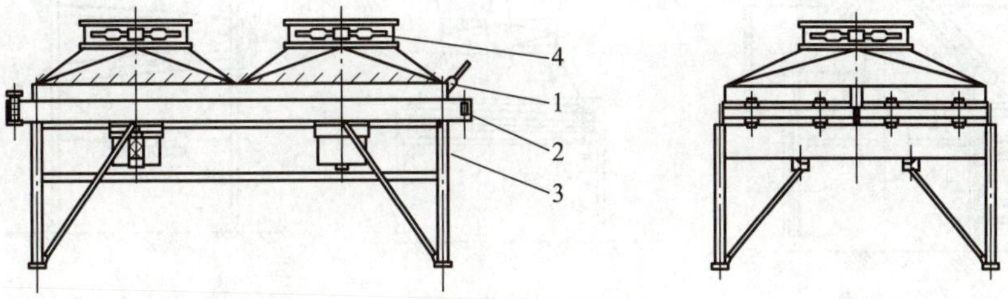

(a) 抽吸式

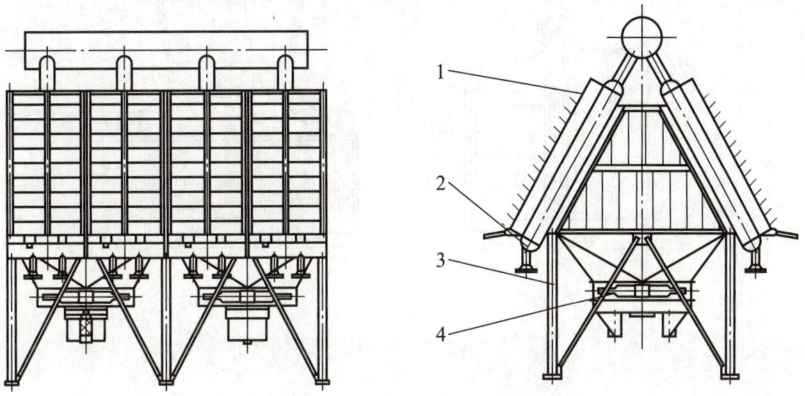

(b) 送风式

图 3-25　抽吸式和送风式空冷器

1—百叶窗;2—管束;3—构架;4—风机

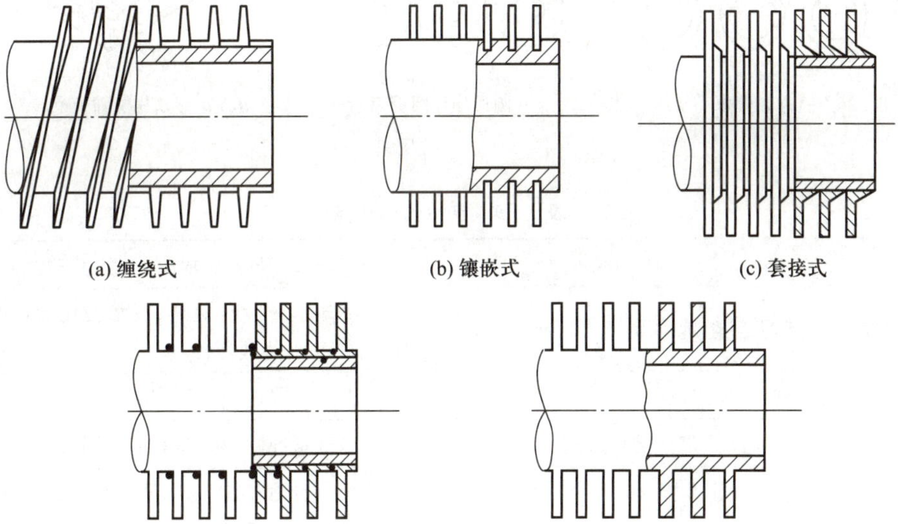

(a) 缠绕式　(b) 镶嵌式　(c) 套接式

(d) 焊接式　(e) 整体式

图 3-26　翅片的类型

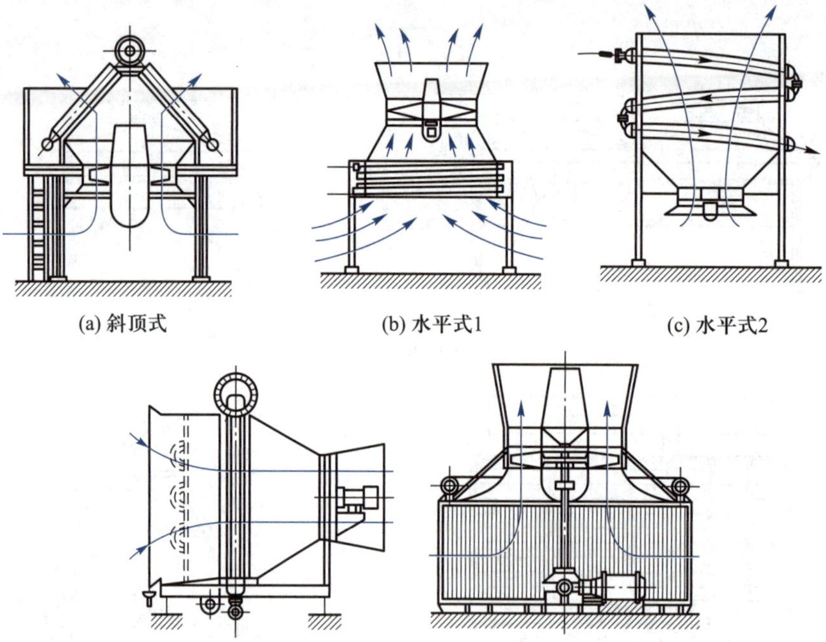

(a) 斜顶式　(b) 水平式1　(c) 水平式2

(d) 立式　(e) 圆环式

图 3-27　空冷器的结构型式

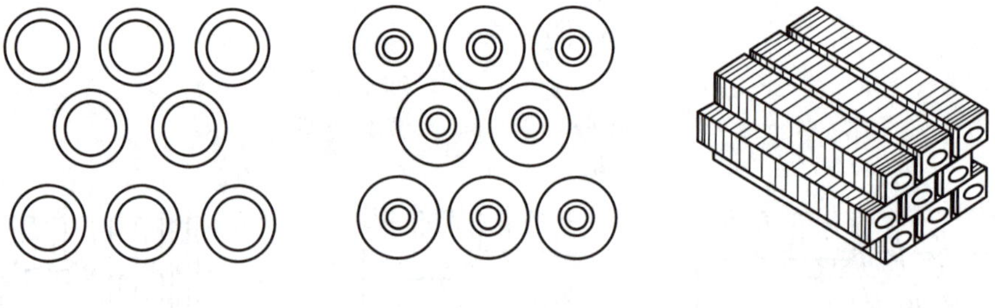

(a) 光管束　(b) 圆形翅片圆管束　(c) 矩形翅片椭圆管束

图 3-28　常用管束

表 3-9　空冷器的优点

空冷	水冷
1. 空气不计费用，且随地可取	1. 冷却水一般较短缺，取水费用大（包括打井、管线和水处理等）
2. 装置地点不受气源限制	2. 大型装置建设有时取决于水源
3. 空气没有腐蚀性，不需要防垢和清扫	3. 水有腐蚀性，易结垢，需定期清扫
4. 操作费用低，因为压力降低	4. 操作费用高，因为水循环系统和换热器压力降都较大
5. 对环境污染小	5. 水容易受污染
6. 空冷器的维修费用低，仅为水冷器的维修费用的 20%～30%	6. 水冷系统维修费用大，清扫时需停工

表 3-10　空冷器的缺点

空冷	水冷
1. 空气比热小,要求换热面积大	1. 面积较小,结构紧凑
2. 只能冷却到干球温度,热流体出口温度较高	2. 可冷却到湿球温度,出口温度比空气低 2～6℃
3. 风机有噪声和振动	3. 无噪声公害和振动
4. 受气候影响大	4. 不受或很少受气候影响
5. 安装时,要考虑周围其他设备或建筑物的影响,防止形成热环流	5. 水冷却器可以位于其他设备中间
6. 热流体出口温度波动较大,精确控制较困难	6. 可以精确控制热流体的出口温度
7. 设计时技巧性强	7. 设计方法比较成熟

(三) 套管式换热器

套管式换热器的基本传热单元由传热管和同心的外壳套管所组成,是最简单的管式换热器,如图 3-29 所示。根据传热面积的大小,可以用 U 形肘管把许多套管段串联起来。当载热体的流量很大时,可以把套管段用管箱并联起来。

(a) 光滑管

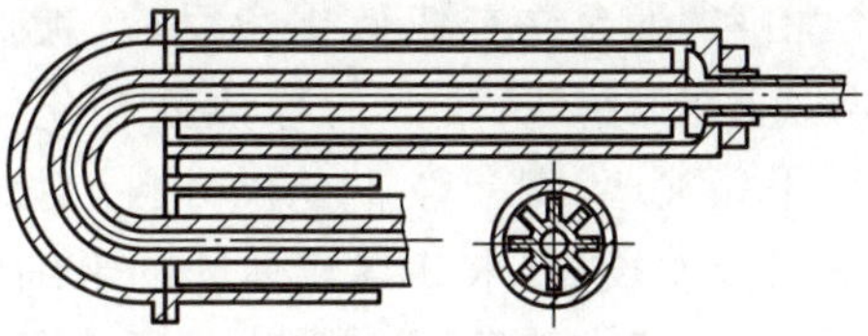

(b) 带有翅片的管子和可以拆卸的套管

图 3-29　套管式换热器

动画

套管式换热器工作原理

外套管可以直接焊在传热管上,如果管间需要清洗,或者内管材料不能焊接时,也可以用法兰或填料函来连接。这种换热器具有如下特点。

(1) 结构简单,传热面积可以自由调节。

(2) 适当地选择内、外管径,可以使流体获得理想的流速,传热系数高,并可保证逆流。

(3) 内外管直径都较小,可用于高温、高压场合。

(4) 传热面除了采用光滑管外,还可以采用翅片管,以强化管间的传热。

(5) 传热管可以采用耐蚀的高硅铁管、陶瓷管、玻璃管,以及不透性石墨管。

(6) 接头较多,容易发生泄漏,在传热面积较大时,占的空间较大,造价较高,一般仅适用于 10～20 m^2 以下的传热面积。

(四) 热管换热器

1. 热管的基本结构及工作原理

热管是一种新型高效的传热元件,其传热系数是金属良导体(银、铜、铝等)的 10^3～10^4 倍,有超导热体或亚超导热体之称。适用温度范围从 −200℃ 到 2 000℃。热管的基本结构如图3-30所示，在一根密闭的高度真空的金属管中，靠管内壁贴装某种毛细结构，通常称其为吸液芯，再装入某种工作物质(简称为工质)，即构成一个完整的热管。工作时，管的一端从热源吸收热量，使工质蒸发、汽化，蒸气经过输送段沿温度降的方向流动，在冷凝段遇冷表面冷凝并放出潜热，凝液(工质)通过其在毛细结构中表面张力的作用，返回蒸发段，如此往复循环使热量连续不断地从热端被传送到冷端。由于热量是靠工质的饱和蒸气流来传输的，从热管一端到另一端蒸气压力降很小，因此温差也很小，所以热管是近似于等温过程工作的，在极小的温差下具有极高的输热能力。

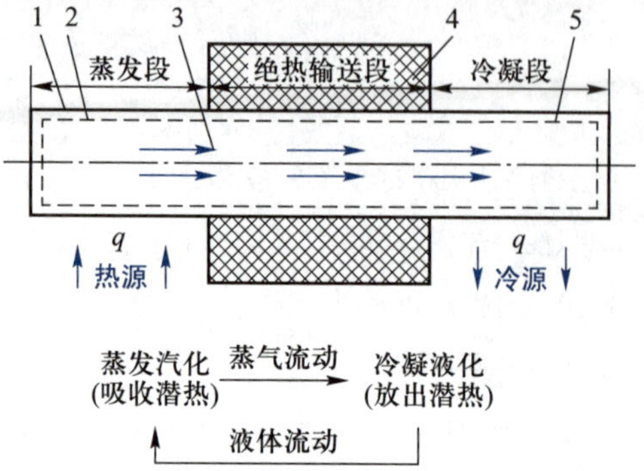

图3-30 热管的构造及工作循环

1—热管壳体；2—吸液芯；3—蒸气流；4—绝热层；5—液流

热管除了具有较高的导热性和等温性外，还具有结构简单、工作可靠、无噪声、不需特别维护、效率高(可达90%以上)、寿命长、适用温度范围宽等优点。

从热管的结构和工作原理看，其核心是管壳、吸液芯及工质。在这三者之间，必须化学相容，不允许有任何化学反应、彼此腐蚀或相互溶解的问题存在。管壳的材料应具有耐温、耐压、良好的导热性和化学稳定性，一般都采用金属材料，特殊需要时可采用如玻璃、陶瓷等非金属材料。吸液芯的作用是作为毛细“泵”，将冷凝段液体泵送回蒸发段，要求其与液体间的毛细压力足以克服管内的全部黏滞压力降和其他压力降，而能维持工质的自动循环。要有一定的机械强度、化学稳定性好、便于加工装配等。吸液芯的基本结构是由金属丝网卷制成多层圆筒形，紧贴于管子内壁，形成多孔性毛细结构。关于热管的工质，当工作温度较高时用液态金属，中低温时用水、酒精等。

按冷凝液的回流方式可将热管分为吸液芯式、重力式和离心式。如图3-30所示为吸液芯式热管，以上对热管的结构和工作原理的叙述也就是针对这种热管而言的。它是热管的基本形式，通常所说的热管也是指这类热管，由于冷凝液的回流是靠吸液芯的毛细作用而不依赖重力，故在失重情况下也能工作，这也是这类热管的一大特点。

重力式热管没有吸液芯，凝液靠重力回流到蒸发段，所以必须竖直安放且冷凝段处于蒸发段之上，如图3-31所示。离心式热管是利用离心力使凝液回流到蒸发段，也不需要吸液芯，如图3-32所示。蒸发段和冷凝段内径不同，直径较大的部分为蒸发段，液体在此受到的离心力最大，因而可使凝液沿管壁回流，完成工质的自动循环。这种热管往往是用一根空心轴或回转体的内腔作为其工作空间，将其抽真空加入工质密封即成，既方便又紧凑。

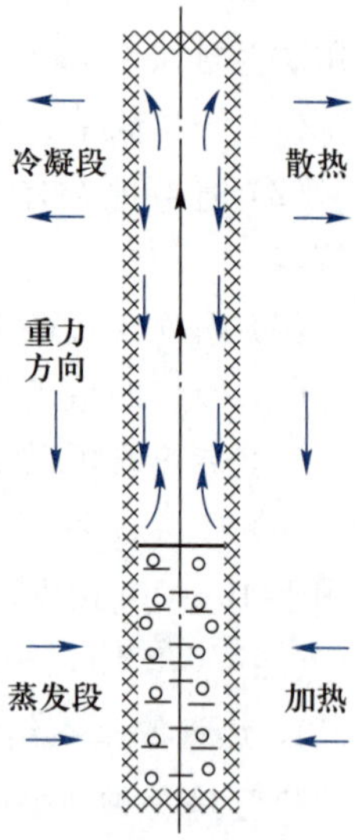

图3-31 重力式热管

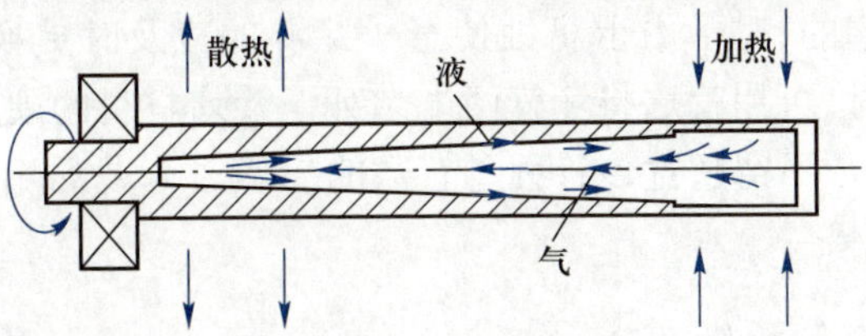

图 3-32 离心式热管

2. 热管换热器的使用范围

热管可作为换热元件单独使用,也可将很多根热管组装在一个箱体中构成热管换热器,可用于液-液、液-气、气-气间换热,常用在工业生产上的废热回收、空气调节等方面。热管换热器与其他换热器的性能比较见表 3-11。表中 R_N 称为各项特性相对评比数,其值为 0~5,最佳特性为 5,最差为 0。

表 3-11 热管换热器与其他换热器的性能比较

换热器类型	R_N							
	压力降	传热系数	维修	价格	辅助动力	交错污染	单位体积传热面积	总计
管壳式	2	4	3	3	5	5	2	24
板翅式	4	3	3	2	5	5	5	27
热管式	4	4	5	3	5	5	4	30

第三节 换热设备的使用与维护

在炼油、化工生产中,通过换热器的介质,有些含有焦炭及其他沉积物,有些具有腐蚀性,所以换热器使用一段时间后,会在换热管及壳体等过流部位积垢和形成锈蚀物,这样一方面降低了传热效率,另一方面使管子流通截面减小而流阻增大,甚至造成堵塞。介质腐蚀也会使管束、壳体及其他零件受损。另外,设备长期运转振动和受热不均匀,使管子胀接口及其他连接处也会发生泄漏。这些都会影响换热器的正常工作,甚至迫使装置停工,因此对换热器必须加强日常维护,定期进行检查、检修,以保证生产的正常进行。

一、换热器的日常维护

换热设备的运转周期应和生产装置的生产周期一致,为了保证换热设备的正常运转,满足生产装置的要求,除定期进行检查、检验外,日常的维护和修理也是不可缺少的。日常操作应特别注意防止温度、压力的波动,首先应保证压力稳定,绝不允许超压运行。在开停工进行扫线时最易出现泄漏问题,如浮头式换热器浮头处易发生泄漏,维修时应先打开浮头端外(大)封头从管程试压检查,有时会发现浮头螺栓不紧,这是由于螺栓长期受热产生了塑性变形所致。通常采取的措施是当管束水压试验合格后,再用蒸汽试压,当温度上升至 150~170℃时,可将螺栓再紧一次,这样浮头处密封性较好。换热器故障大多数是由管子引起的，对于由于腐蚀使管子穿孔的应及时更换，若只是个别管子损坏而更换又比较困难时，可用管堵将坏管两端堵死。管堵材料的硬度应不超过管子材料的硬度，堵死的管子总数不得超过该管程总管数的 10%。对易结垢的换热器应及时进行清洗，以免影响传热效果。

二、换热器的试压及检修顺序

试压是换热器检修的重要内容，不同类型的管壳式换热器，其试压的顺序也不尽相同。现以浮头式换热器为例说明其检修和试压的顺序。

(1) 准备吹扫工具→拆除浮头端外封头、管箱及法兰→拆除浮头端内封头→抽管束→检查、清扫。

(2) 准备垫片、盲板及试压机具→安装管束→安装管箱、安装假浮头(做临时封头用)、壳体法兰加盲板→向壳程注水→装配试压管线→试压(一)检查胀管口及换热管→拆假浮头、安装浮头端内封头及盲板盖。

(3) 管箱法兰加盲板→向管程注水、装配试压管线→试压(二)检查浮头端垫片及管束→安装浮头端外封头→向壳程注水→试压(三)检查壳体密封→拆除盲板、填写检修卡。

竞赛直击

试压(一)的目的是检查换热管是否有破裂，胀接口是否有渗漏。如管子有破裂，放压后将其堵塞或更换，如胀接口有渗漏，放压后进行补胀，但补胀的次数不得超过 3 次，否则应更换新管。各缺陷处理完毕后重新升压试验，直到合格为止。

试压(二)的目的是检查安装质量，主要是检查浮头端内封头垫片及管束，如发现垫片处渗漏应分析原因并妥善处理。

试压(三)则是设备整体试压，主要检查浮头端外封头的安装质量。

三、换热器的清洗

炼油、化工生产装置的换热设备经长时间运转后，由于介质的腐蚀、冲蚀、积垢、结焦等原因，使管子内外表面都有不同程度的结垢，甚至堵塞。所以在停工检修时必须进行彻底清洗，以恢复其传热效果。常用的清洗(扫)方法有风扫、水洗、气扫、化学清洗和机械清洗等。对一般轻微堵塞和结垢，可用风吹和简单工具(如用 $\phi 8 \sim 12$ mm 螺纹钢筋)穿通即可达到较好的效果。但对严重的结垢和堵塞，如冷凝器、冷却器，一般都是由于水质中含有大量的钙、镁离子，在通过管束时水在管子表面蒸发，钙和镁的沉淀物沉积在管壁上形成坚硬的垢层，严重时会将管束中的一程或局部堵死，用一般的方法难以奏效，则必须用化学或机械等清洗方法。

化学清洗是利用清洗剂与垢层起化学反应的方法来除去积垢，适用于形状较为复杂的构件的清洗，如 U 形管的清洗、管子之间的清洗。这种清洗方法的缺点是对金属有轻微的腐蚀损伤作用。机械清洗最简单的是用刮刀、旋转式钢丝刷除去坚硬的垢层、结焦或其他沉积物。在 20 世纪 70 年代，国外开始采用适应各种垢层的不同硬度的海绵球自动清洗设备，取得了较好的效果，也减轻了检修人员的劳动强度。下面介绍几种常见的清洗方法。

1. 酸洗法

酸洗法常用盐酸作为清洗剂，由于酸对钢材基体会产生腐蚀，所以酸洗溶液中需加入一定数量的缓蚀剂，以抑制酸对金属的腐蚀作用。酸洗法又分为浸泡法和循环法两种。浸泡法是将浓度为15%左右的酸液缓慢灌满容器，经过一段时间（一般为20 h以上）将酸液连同被清除掉的积垢一起倒出，这种方法简单，酸液耗量少，但效果差，需用的时间也较长。

循环法是利用酸泵使酸液强制通过换热器，并不断地进行循环。循环酸洗法的流程如图3-33所示，将冷凝器、冷却器管程出入口与酸泵和酸槽连接，在酸槽中配制6%～8%的酸液，用蒸汽管加热到50～60℃，并加入1%的缓蚀剂，即可按图3-33所示流程进行循环，一般需要10～12 h。循环时要经常测定酸的浓度，若浓度下降很快，说明结垢严重，应补充新酸保持浓度。如果经循环后酸液浓度下降很慢，返回的酸液中已不见或很少有悬浮状物时，一般认为清洗合格，然后再用清水冲洗至水呈中性为止。这种方法使酸液不断更新，加速了反应的进行，清洗效果好，但需要酸泵、酸槽及其他配套设施，成本较高。

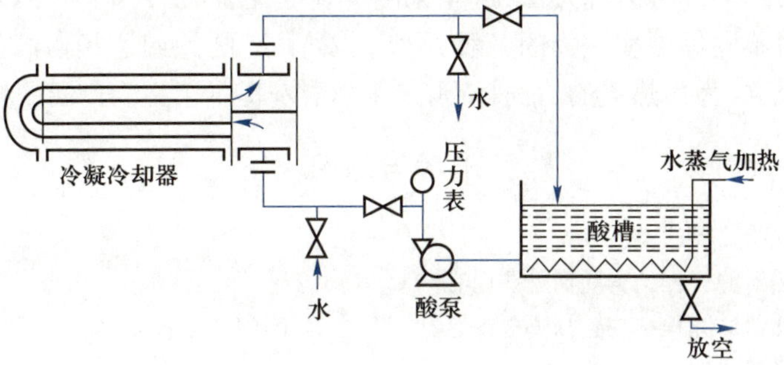

图3-33　换热器循环酸洗法的流程

2. 机械清洗法

对严重的结垢和堵塞，可用钻的方法疏通和清理。如在一般的钻头上焊一根ϕ12～14 mm的圆钢，圆钢上依钻头的旋向用10号镀锌铁丝绕成均匀的螺旋线，每间隔30～50 mm处焊在圆钢上，然后将圆钢一端伸入管子内，另一端用手电钻带动旋转，这样即可清除管内的结焦和积垢。若管内未被堵死，则可同时从另一端用细胶管向管内通水冲洗，效果更好。若管子全部被堵死，则可用管式冲击钻，如图3-34所示。用ϕ12～14 mm的钢管作为钻杆，操作时从同一端边钻边通水，使钻下的积垢被水带出，这种方法对较坚硬的结垢效果比较理想。

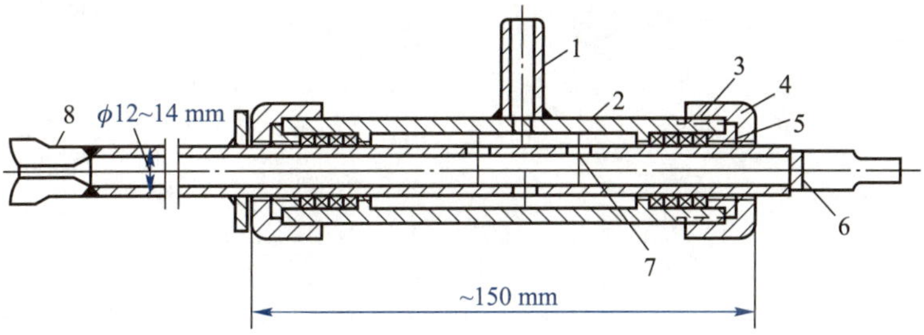

图3-34　管式冲击钻

1—进水管；2—外套管；3—填料；4—压盖螺母；5—填料压盖；6—钻杆；7—进水口；8—钻头

3. 高压水冲洗法

高压水冲洗法多用于结焦严重的管束的清洗，如催化油浆换热器。先人工用条状薄铁板插入管间上下移动，使管子之间有可进水的间隙，然后用高压泵(输出压力 10～20 MPa)向管束侧面喷射高压水流，即可清除管子外壁的积垢。当管间堵塞严重、结垢又较硬时，可在水中掺入细石英砂，以提高喷洗效果。如果条件许可，可先将管束整体放入油中浸泡，使黏着物松软和溶解，将结垢泡胀，更便于高压水冲洗。

4. 海绵球清洗法

这种方法是将较松软并富有弹性的海绵球塞入管内，使海绵球受到压缩而与管内壁接触，然后用人工或机械法使海绵球沿管壁移动，不断地摩擦管壁，达到消除积垢的目的。对不同的垢层可选择不同硬度的海绵球，对特殊的硬垢可采用带有“带状”金刚砂的海绵球。据资料介绍，我国采用这种方法清洗冷凝器取得了较好的效果。

以上是较常用的几种清洗方法，近年来随着化学工业的发展和技术水平的提高，试验配制出了针对不同垢层和污物的各种新型清洗剂，有的达到了相当高的水平，专业化的清洗公司的成立，为换热器的清洗，特别是化学清洗提供了更为广阔的发展空间。

思考与练习

1. 简述管壳式换热器的类型及特点。
2. 管壳式换热器的管程结构包括哪些内容?
3. 管壳式换热器的壳程结构包括哪些内容?
4. 简述板式换热器的特点。
5. 螺旋板式换热器有哪几种结构型式？简述其特点。
6. 简述空冷器的优缺点。
7. 简述套管式换热器的特点。
8. 简述热管工作原理及类别。
9. 列表比较固定管板式换热器与浮头式换热器的优缺点和适用场合。
10. 两种介质温差过大时为什么不能选用固定管板式换热器?
11. 什么情况下需要在固定管板式换热器的壳体上设置膨胀节，为什么?

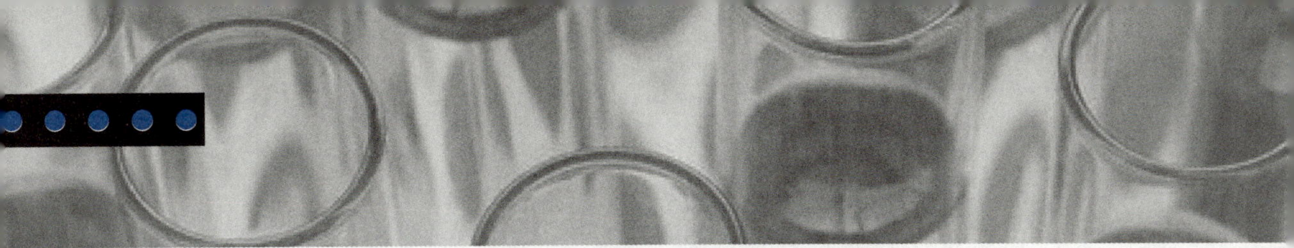

第四章　塔设备的使用与维护

知识目标

- 了解塔设备的工作过程及一般要求。
- 了解塔设备的分类。
- 掌握常见塔盘及填料的结构和特点。
- 了解塔内件的作用及构造。

能力目标

- 能够分析塔设备的常见故障并提出解决办法。

在炼油、化工、轻工及医药等工业生产中，气、液或液、液两相直接接触进行传质传热的过程是很多的，如精馏、吸收、萃取等，这些过程都是在一定的设备内完成的。由于过程中介质相互间主要发生的是质量的传递，所以也将实现这些过程的设备叫做传质设备，从外形上看这些设备都是竖直安装的圆筒形容器，高径比较大，形状如“塔”，故习惯上称其为塔设备。本章主要介绍塔设备的分类、结构、特点及使用与维护等内容。

知 识 框 图

- 塔设备的使用与维护
  - 类型
    - 按塔的总体结构划分:板式塔、填料塔
  - 结构及特点
    - 板式塔
      - 塔盘:鼓泡型塔盘(泡罩、浮阀、筛板等),气体鼓泡进入液层,气液接触时间长,分离效率高,但因气、液错流,气体分布不均;喷射型塔盘(舌形、浮舌等),气体近乎水平喷射进入液层,气、液接触时间短,效率不高,液面落差小,压力降低;无溢流装置塔盘(穿流筛板等),因无溢流装置,塔盘板利用率高,处理量大,另外不存在液面落差,板效率也较高,但因气、液两相逆流,操作不稳,弹性小。各塔盘的技术特点及性能比较见表 4-2
      - 塔内件包括塔盘板、除沫器、防涡器和滤焦器、进出口接管等
    - 填料塔
      - 填料:散装填料(拉西环、弧鞍形、鲍尔环、矩鞍环、阶梯环),其中拉西环和弧鞍形填料已很少采用,其余几种填料均有广泛的应用,材质可为金属、陶瓷或塑料等;规整填料(丝网、板波纹),具有压力降低、处理能力大和效率高的特点,在工业生产中应用越来越广;格栅填料,主要用于直接接触换热、洗涤等设备中
      - 塔内件包括液体分布器、液体再分布器、填料支承板等,液体分布器是分布塔顶回流液部件,在填料塔中占有重要地位,工业上的分布器类型主要有多孔管式、喷射式、升气管式和槽型 4 种,其性能对比见表 4-3
    - 板式塔与填料塔的对比:板式塔具有分离效率稳定、操作弹性大、适用于高压、适用于易结垢物系、适用于多进出料、易中间换热、易检查等优点,而填料塔具有低压力降、分离效率高、处理能力大、适用于真空、可用于间歇、易用耐腐材料制作等优点。具体见表 4-4
  - 使用与维护
    - 开、停工操作
      - 塔的开、停工应严格按一定的步骤进行,对于加压精馏,开工进料之前,要将塔压升至正常操作压力,最好采用进料中某一个或多个可凝组分来升压。同样,在停工降压之前,要将塔内液体排出。而对减压精馏,要在开工进料前将塔抽至所需真空,而在停工停真空之前关闭再沸器
    - 全回流操作
      - 全回流操作是开工及调整阶段最常用的操作方法,它可节省开工时间,避免不合格产品循环,除去系统中的水及塔内原有杂质等
    - 故障处理
      - 塔设备达不到设计指标统称为故障,故障诊断应从最简单、最明了处着手,并遵循一定的步骤

第一节　塔设备的工作过程及类型

一、塔设备的工作过程

塔设备为气、液或液、液两相进行充分接触创造了良好的条件，使两相有足够的接触时间、分离空间和传质传热的面积，从而达到相际间质量和热量传递的目的，实现工艺要求。下面以精馏过程为例说明其工作过程。

精馏是分离液体混合物的一种单元操作，分离的依据是各组分挥发能力的差异。精馏装置由精馏塔、塔顶冷凝器和塔底再沸器等构成，如图4－1所示。塔底再沸器供热使塔底存液部分汽化，蒸气沿塔高自下而上流过每层塔盘(也称为塔板)，使全塔处于沸腾状态。蒸气在塔顶冷凝器中冷凝，部分作为塔顶馏出液采出，部分作为回流液返回塔中，逐板下流。料液在精馏塔中部适当位置加入，其液相部分也逐板下流进入塔底再沸器，气相部分上升流经各塔盘至塔顶冷凝器。精馏塔中的料液加入板称为加料板，加料板以上的部分称为精馏段，加料板以下的部分称为提馏段。

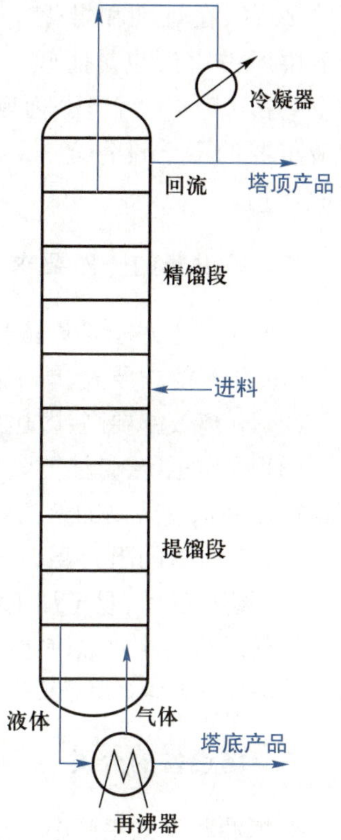

图4－1　精馏装置

在塔的精馏段，料液中的蒸气和提馏段来的气相一起与塔顶回流液逆流接触，液相中的易挥发组分汽化向气相转移，而气相中的难挥发组分则冷凝向液相转移。其结果是，随着气相的上升，其中易挥发组分的含量越来越高，塔顶所得的气相可以是相当纯净的易挥发物，而液相在其下降的过程中，难挥发组分的含量则越来越高，精馏段流下来的液体与料液中的液体合并一起流入塔的提馏段，与来自塔底再沸器的蒸气产生逆流接触，流入塔底的液相是相当纯净的难挥发物。由于塔底几乎是纯高沸点组分，其温度最高，顶部回流几乎是纯低沸点液体，塔顶温度最低，整个塔温由下向上逐步降低，低沸点组分的浓度则逐步升高。

根据相平衡原理，要想在塔顶得到易挥发组分纯度很高的产品，就要有易挥发组分纯度很高的液体引入塔顶，使之与上升的气相相接触。显然，此液体最方便的来源是将塔顶冷凝液的一部分引回塔顶，称为回流。回流液提供了塔中各塔盘必需的液流，也是建立各塔盘正常的浓度分布、温度分布和维持全塔正常操作所必需的。这样看起来是少采出了一些产品，但正由于此才能源源不断地生产出高纯度的产品。

同样，要想在塔底得到较纯的难挥发组分产品，就要有难挥发组分纯度很高的蒸气进入最低一层塔盘。显然，此蒸气最方便的来源是将最低一层塔盘下降的液体部分汽化得到。汽化所需的热量由塔底再沸器供给，汽化的蒸气保证全塔各塔盘处于沸点状态，并提供必需的上升气流。

综上所述，精馏是采用回流的工程手段，使混合液反复地进行部分汽化和部分冷凝，实现多次的易挥发组分和难挥发组分反向扩散的传质过程，从而使料液分离为高纯度产品。精馏塔提供了气、液两相接触传质的场所，是精馏装置的核心，塔底再沸器是提供塔底回流蒸气所必需的，而塔顶冷凝器则是为提供回流液而设置的。所以塔设备的性能对整个装置的产品质量、生产能力、消耗定额和环境保护等方面都有着重大的影响。

在化工和石油化工生产装置中，塔设备的投资费用约占全部工艺设备总投资费用的 25%，在炼油和煤化工生产装置中约占 35%。其所消耗的钢材量在各类工艺设备中所占比例也是比较高的，如年产 250 万吨常减压蒸馏装置中，塔设备耗用钢材量约占 45%，年产 30 万吨乙烯装置中约占 27%。可见塔设备是炼油、化工生产中最重要的工艺设备之一，它的设计、研究、使用对炼油、化工等工艺的发展起着重要的作用。

二、塔设备的一般要求

工业生产上对于塔设备具有一定的要求，概括起来有下列几个方面。

(1) 生产能力要大，即单位塔截面上单位时间内的物料处理量要大。

(2) 分离效率要高，即达到规定分离要求的塔高要低。

(3) 操作稳定，弹性要大，即允许气体和(或)液体负荷在一定的范围内变化，塔仍能正常操作并保持较高的分离效率。

(4) 对气体的阻力要小，这对于减压蒸馏尤为重要。

(5) 结构简单，易于加工制造，维修方便，耐腐蚀等。

任何塔设备都难以满足上述所有要求，因此必须了解各种塔设备的特点并结合具体的工艺要求，抓住主要矛盾以选择合适的塔型。

三、塔设备的分类

对炼油和化工生产中常用的塔型进行分类，便于掌握其共性。通常根据塔的总体结构可分为板式塔和填料塔两大类。

1. 板式塔

板式塔的结构如图 4-2 所示，在塔内设置一定数量的塔盘，气体以鼓泡或喷射形式穿过塔盘上的液层，气、液相相互接触并进行传质过程。气相与液相组成沿塔高呈阶梯式变化。板式塔中根据塔盘结构特点，又可分为泡罩塔、浮阀塔、筛板塔、舌形塔、浮动舌形塔和浮动喷射塔等多种类型，目前使用的塔型主要是浮阀塔和筛板塔。

2. 填料塔

填料塔的结构如图 4-3 所示，塔内设置一定高度的填料层，液体从塔顶沿填料表面呈薄膜状向下流动，气体则呈连续相由下向上流动，气、液相逆流接触并进行传质过程。气相和液相的组分沿塔高呈连续变化。常用的填料有拉西环、鲍尔环、矩鞍形填料、波纹填料和丝网填料等。

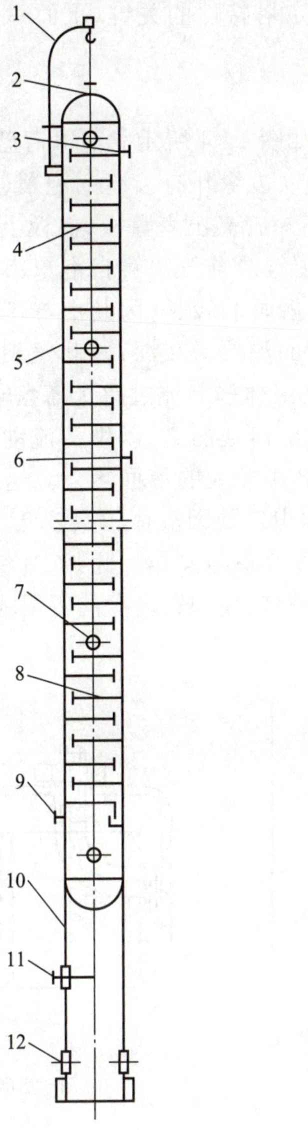

图 4-2　板式塔的结构

1—吊柱；2—气体出口；3—回流液入口；4—精馏段塔盘；5—壳体；6—料液进口；7—人孔；8—提馏段塔盘；9—气体入口；10—裙座；11—釜液出口；12—检查孔

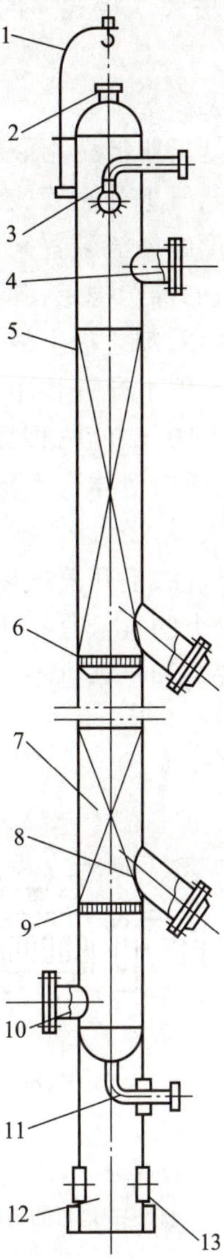

图 4-3　填料塔的结构

1—吊柱；2—气体出口；3—喷淋装置；4—人孔；5—壳体；6—液体再分配器；7—填料；8—卸填料人孔；9—支承装置；10—气体入口；11—液体出口；12—裙座；13—检查孔

动画
板式塔结构

动画
填料塔结构

第二节　塔设备的结构

一、板式塔

(一) 板式塔的结构

板式塔是炼油和化工生产中广泛采用的一种传质设备，板式塔的单位体积生产强度要比填料塔大。板式塔的塔盘结构是决定塔特性的关键，下面讨论常用塔盘的结构及特点。

1. 泡罩塔盘

泡罩塔盘是工业上应用最早的塔盘之一，如图 4－4 所示。泡罩塔盘结构上最主要的特点是设有蒸气上升短管，在升气短管上覆以边缘开有齿缝的泡罩，塔盘上的液层靠具有一定高度的溢流装置来保持。由于升气短管高出塔盘板，使板上的液体不会漏下，因此泡罩塔的操作稳定，弹性大。又由于蒸气经升气短管自泡罩齿缝鼓泡吹入液层，两相接触密切，加之板上液层较深，两相接触时间较长，因此泡罩塔盘的分离效率较高。但由于蒸气上升过程中路线曲折，板上的液层又较深，因此气相压力降大。又因为泡罩塔盘上的气、液两相是错流式接触，当液体横向流过整个塔盘时，要克服塔盘上的各种阻力，所以液体进入塔盘处的液面比出口处的高，以维持流动的推动力。当板上的液体量大、塔径大时，液体横过板面将产生较大的液面落差。这样在液体进口处因液体压头较高，上升蒸气量较小，而在液体出口处因液体压头较低，上升蒸气量较大，造成了塔盘上的气量分布不均，影响了分离效率与操作。此外，其结构复杂，造价较高，塔盘的安装和检修也不方便。由于这些缺点，使泡罩塔盘的应用范围大大缩小。

动画
泡罩塔盘操作

视频
泡罩塔盘介绍

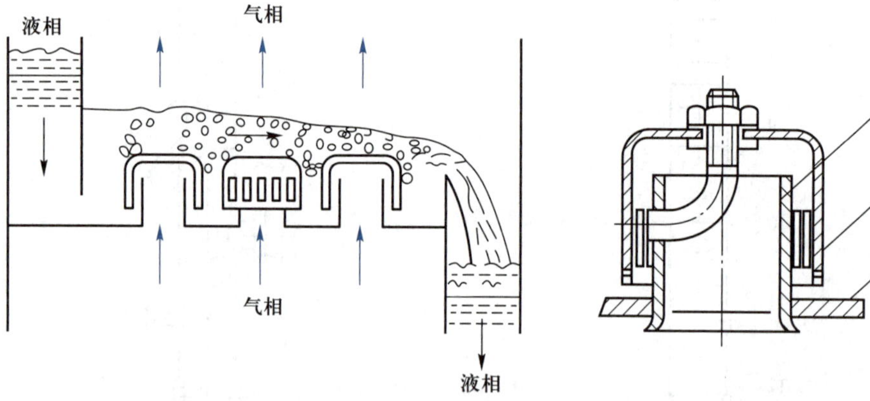

(a) 泡罩塔盘的操作状态　　(b) 圆形泡罩

图 4－4　泡罩塔盘

1—升气短管；2—泡罩；3—塔板

2. 浮阀塔盘

浮阀塔是 20 世纪 50 年代初发展起来的一种传质设备。它因具有生产能力大、结构简单、造价低、塔板效率高、操作弹性大等优点而得到广泛应用，成为炼油和化工生产中重要的传质设备。浮阀塔盘的情况与泡罩塔盘大体类同，只是用浮阀代替了升气短管和泡罩，操作时气流自下而上吹起浮阀，从浮阀周边水平地吹入塔盘上的液层，进行两相接触。液体则由上一层塔盘的降液管注入经进口堰均布，再横流过塔盘与气相接触传质后，经溢流堰入降液管，流入下面一层塔盘。浮阀是保证气、液接触的元件，其型式较多，有盘形、条形等。国内较多采用盘形浮阀，主要有 4 种型式：F－1 型、V－4 型、A 型和十字架型，它们的结构与特性如表 4－1 所示。

表 4-1 浮阀特性

型式	F−1 型(V−1 型)	V−4 型
简图	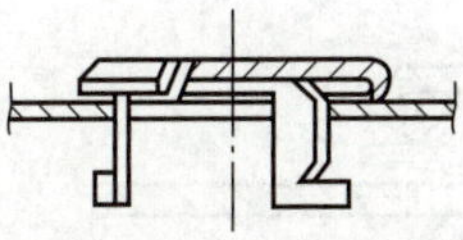	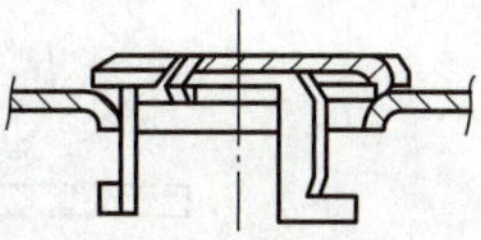
特点	1. 结构简单,制作方便,省料 2. 有轻阀(25 g)、重阀(33 g)两种,国内标准 JB 1118—81	1. 阀孔为文丘里型,阻力小,适宜于减压系统 2. 只有一种轻阀(25 g)
型式	A 型	十字架型
简图	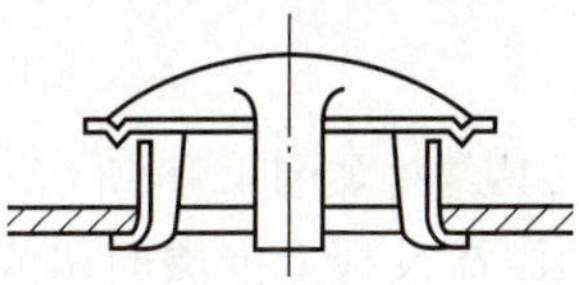	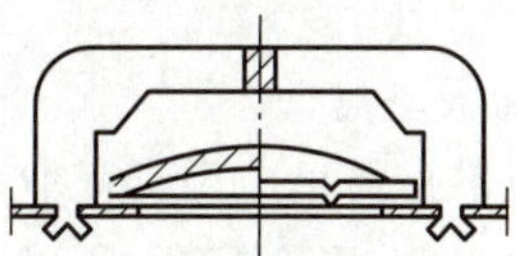
特点	性能及用途与 F−1 型基本相同	1. 性能与 F−1 型基本相同 2. 对于处理污垢或易聚合物料,可能较好 3. 制造与安装较复杂

F−1 型、V−4 型和 A 型浮阀上有 3 个支脚,用以保持浮阀的位置并起导向作用。十字架型浮阀则用四脚嵌在塔板上的十字架来固定阀片位置和进行导向。阀片的边缘上冲有 3 个凸部,F−1 型的凸高为 2.5 mm,它一方面使阀片不与塔板盖死,保持静开度,使低气速时仍能维持工作;另一方面,凸部有助于防止阀片与塔板锈牢或黏结。阀片按质量分为轻、重两种,阀的轻重对于效率及压力降有较大的影响。轻阀厚 1.5 mm,质量为 25 g,阀轻惯性小,振动频率高,关阀时滞后严重,在低气速下有严重漏液,宜用在处理量大并要求压力降小(如减压蒸馏)的场合。重阀厚 2 mm,质量为 33 g,它关闭迅速,需较高气速才能吹开,故可以减少漏液,增加效率,但压力降稍大一些,一般采用重阀。

盘式浮阀塔盘上的气、液两相接触状况如图 4-5 所示。气流在塔盘上以水平方向喷出,气、液两相接触时间较长,雾沫夹带量也比泡罩塔少。又加上气流流过拱形阀片时,迫使气流以略向下的方向吹入液层,而经过阀片的倾斜边缘使气、液两相接触处湍动加强,造成不断更新的气、液两相接触面,因此盘式浮阀塔盘的效率较高。因浮阀能随气体负荷的变化自动升降,气体隙缝速度能保持一个适宜的值,故可在较大的负荷范围内保持较高的分离效率。

综上所述,盘式浮阀塔具有如下特点。

(1) 处理量较大,比泡罩塔提高 20%~40%,这是因为气流水平喷出,减少了雾沫夹带,以及浮阀塔盘可以具有较大的开孔率的缘故。

(2) 操作弹性比泡罩塔要大。

(3) 分离效率较高,比泡罩塔高 15%左右。因为塔盘上没有复杂的障碍物,所以液面落差小,塔盘上的气流比较均匀。

(4) 压力降较低,因为气体通道比泡罩塔简单得多,因此可用于减压蒸馏。

(5) 塔盘的结构较简单,易于制造。

动画
浮阀型式

视频
浮阀塔盘工作状态

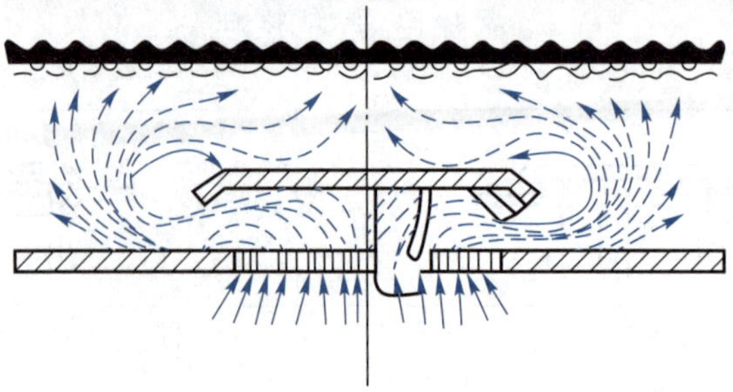

图 4-5　盘式浮阀塔盘上的气、液两相接触状况

(6) 浮阀塔不宜用于易结垢、结焦的介质系统，因结垢和结焦会妨碍浮阀起落的灵活性。

3. 筛板塔盘

筛板塔是最早应用于工业生产的塔设备之一，其结构如图 4-6 所示。塔盘上钻有均匀分布的小孔，形似筛孔，所以称为筛板。液体的溢流及板上液层的调节情况与上述泡罩、浮阀塔相同。工作时液体从上层塔盘的降液管流入，横向流过筛板后，越过溢流堰经降液管导入下层塔盘。降液管的下端浸没于次一层塔盘上的液层中，形成液封。蒸气经筛孔分散鼓泡通过液层，由于通过筛孔时的蒸气具有动能，塔盘上的液体不致从筛孔大量泄漏，在塔盘上形成的泡沫层是传质进行的主要区域。

动画
筛板塔

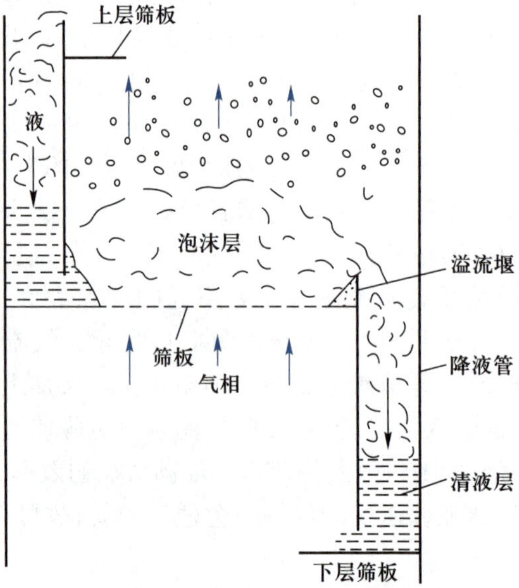

图 4-6　筛板塔的结构示意图

筛板塔盘的小孔直径是一个重要参数，直径小则气流分布较均匀，工作较稳定，但加工困难，容易堵塞。目前工业筛板塔常用孔径为 3～8 mm。筛板开孔的面积总和与开孔区面积之比称为开孔率，是另一个重要参数。在同样的空塔速度下，开孔率大则孔速小，易产生漏液，降低效率，但雾沫夹带也减少了。开孔率过小，塔盘阻力大，易造成大的雾沫夹带和液泛，限制塔的生产能力。通常开孔率在 5%～15%。筛孔一般按正三角形排列，孔间距与孔径之比通常为 2.5～5。

筛板塔具有如下特点。

(1) 结构简单,制造方便,便于检修,成本低。

(2) 塔盘压力降小。

(3) 处理量大,可比泡罩塔提高 20%~40%。

(4) 塔盘效率比泡罩塔盘提高 15%,但比浮阀塔盘稍低。

(5) 弹性较小,筛孔容易堵塞。

4. 舌形塔盘和浮舌塔盘

舌形塔盘是喷射式塔盘的一种,其结构如图 4-7 所示。其主要特点是塔盘板上冲有一系列舌孔,舌片与塔盘板呈一定的倾角。气流通过舌孔时,利用气体喷射作用,将液相分散成液滴和流束而进行传质,并推动液相通过塔盘。舌片与塔盘板的倾角一般有 18°、20°和 25° 三种,通常是 20°。舌孔常用 25 mm×25 mm 和 50 mm×50 mm 2 种。舌孔按三角形排列,一般不设溢流堰,只保留降液管。

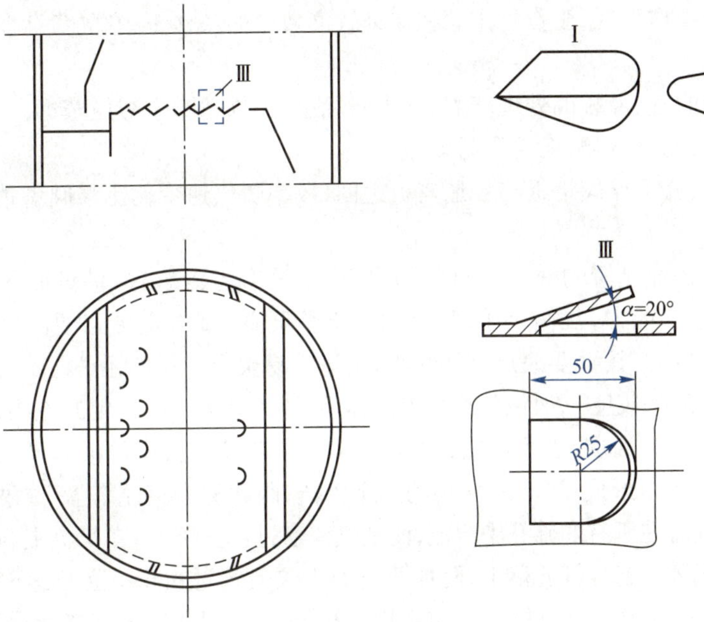

图 4-7　舌形塔盘的结构示意图

Ⅰ—三面切口舌片;Ⅱ—拱形舌片;Ⅲ—固定舌片的几何形状

动画

浮舌塔盘

由于在塔盘上冲了特殊的舌孔,当气体通过舌孔时,有一个推动液体流动的水平分力,从而加大了液体处理量,且不会产生较大的液面落差,塔盘上的液层也较薄,塔盘压力降小。由于气流呈倾斜方向喷出,有利于减少雾沫夹带。当舌孔气速较大时,会使液体喷射成液滴或流束,从而强化了两相间的接触传质,塔盘上的液体又无返混现象,故能达到较高的分离效率。但若气速较小,呈鼓泡状气流接触,效率就大大降低。另外,舌形塔盘结构简单,安装、检修方便,但操作弹性较小。

浮舌塔盘是结合浮阀塔和舌形塔的特点发展出来的一种塔盘,是将舌形塔的固定舌片改成浮动舌片而成,其结构如图 4-8 所示。与浮阀塔类似,随气体负荷改变,浮舌可以开关,调节气流通道面积,从而保证适宜的缝隙气速,强化气、液传质,减少或消除漏液。

当浮舌开启后，又与舌形塔盘相同，气、液两相并流，利用气相的喷射作用将液相分散进行传质。其工作状况兼有浮阀塔与喷射塔的特点。

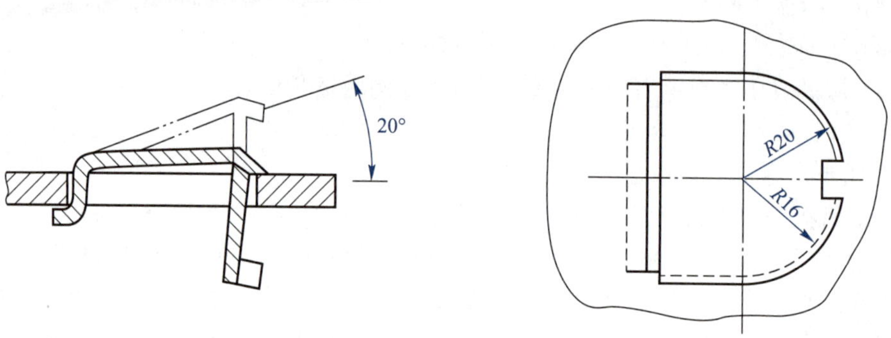

图 4-8　浮动舌片的结构示意图

(1) 具有大的操作弹性，工作稳定。在保证较高效率的条件下，它的负荷变化范围甚至可超过浮阀塔。

(2) 具有较大的气、液相的处理能力，压力降又小，特别适宜于减压蒸馏。

(3) 结构简单，制作方便，但舌片易损坏。

(4) 效率较高，介于浮阀塔板与舌形塔板之间，效率随气速变化比浮阀塔稍高。

5. 穿流塔盘

穿流塔盘是无溢流装置的筛板(或栅板)塔，由于没有溢流装置，塔盘面积的利用率高，利于提高塔的生产能力，且简化了塔盘结构，造价降低，制造也更方便。穿流塔盘的效率也较高，压力降小。其主要缺点是弹性小，不适宜易聚合生垢的系统。

工作时气体由孔缝中上升，对液体产生阻滞作用，在塔盘上造成一定的液层，气体鼓入此液层，形成泡沫层和雾滴层，进行传质过程。在塔盘上与蒸气接触的液体又不断地通过一些筛孔下落，在筛孔中形成了气、液两相的上下穿流，因此称为穿流塔盘(或淋降塔盘)。但气、液两相并非同时在所有的筛孔中穿流，而是气流通过部分筛孔，在塔盘上与液体形成泡沫层，液体则经另外一部分筛孔落下，而且气、液两相交互通过的孔缝位置是不断变化的。

为了提高塔的操作弹性，促进气、液两相均布和传质，还可用双孔径筛板(见图 4-9)和波纹筛板(见图 4-10)。双孔径筛板有集中型和混合型两种。集中型是四周安排大孔，中部为小孔。混合型则大小孔在板上均匀排列。小孔通过气体，大孔则同时通过气体和液体，因此液体从小孔向大孔流下，使大孔起溢流作用。这样就使塔盘有了错流塔盘的特性，延长了两相接触的时间。同时，比单孔筛板能在更低的气速下开始工作，因此扩大了工作范围。波纹筛板是由金属薄板先冲好孔(孔径一般为 4～8 mm)，再压成波纹状。波纹的深度因液体负荷量的不同而不同，负荷小的，在塔盘上滞留的液量少，液层较低，就选用浅的波纹。反之，液体负荷大选用深一些的波纹。为了促进液体均布，上、下塔板交错排列。在波纹筛板中由于波峰和波谷处的液层厚度不同，液相主要由波谷小孔下落，气相则经所有小孔鼓泡上升，进行传质。

6. 板式塔盘的比较

塔盘的结构能够影响气、液两相的液体力学状态和传质的性能。综上所述，塔盘可

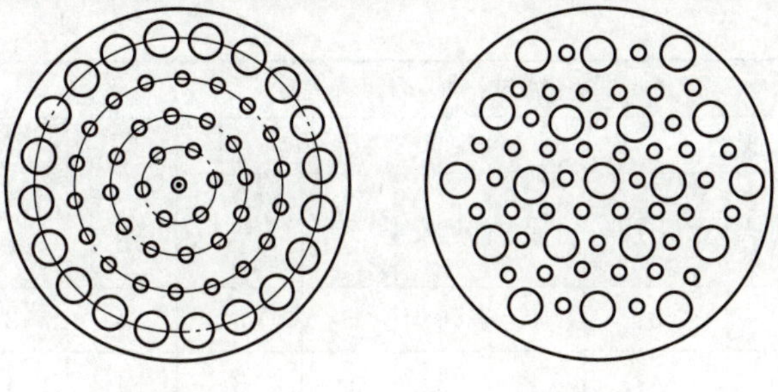

(a) 集中型　　(b) 混合型

图 4－9　双孔径筛板

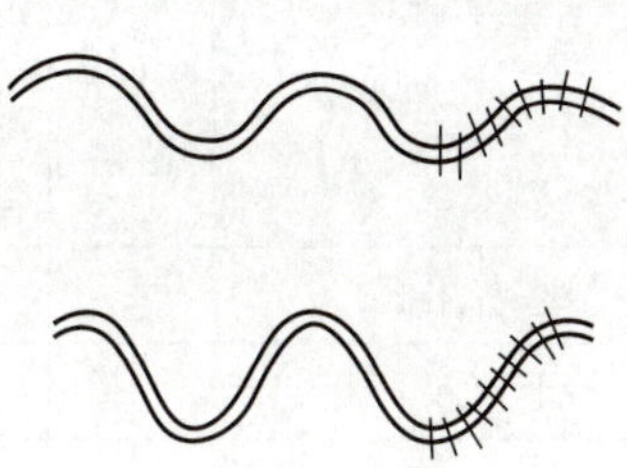

图 4－10　波纹筛板

归纳为三大类。

（1）鼓泡型塔盘（包括泡罩、浮阀、筛板等）　气、液两相接触是靠气体鼓泡进入液层，产生鼓泡、泡沫和雾滴区域，并主要在泡沫和雾滴区中完成传质。由于气、液两相接触时间长，因此分离效率高。但因气、液两相错流，液面降落大，气流分布不均。

（2）喷射型塔盘（包括舌形、浮舌等）　气、液两相接触靠气相近乎水平的喷射作用，使液相分散成液滴或流束，达到密切接触，进行传质。因气、液两相接触时间短，故效率不高。但由于气、液两相并流，靠气流推动液体，因而处理量大，生产能力高。且塔盘上液层薄，液面降落小，压力降也小。

（3）无溢流装置塔盘（包括穿流筛板、穿流栅板等）　由于没有溢流装置，塔盘板利用率高，处理量大。气、液两相逆流流动，不存在液面落差等问题，板效率也较高。但因两相逆流，工作不稳定，弹性小。

各种板式塔盘的性能比较如表 4－2 所示。

表 4－2　各种板式塔盘的性能比较

指标	塔盘结构									
	圆形泡罩塔	浮阀塔			筛板塔	穿流板塔			舌形塔	浮舌塔
		十字架型	条型	V(F)型		栅板	筛板	波纹板		
高气、液负荷适用性	2	4	4	4	4	4	4	4	4	4
低气、液负荷适用性	3	5	5	5	2	2	3	3	3	4
稳定工作范围大	4	5	5	5	3	1	1	2	3	5
压力降低	3	3	3	2	3	4	3	3	3	3
塔板间距小	3	4	4	4	4	5	5	4	4	4
分离效率高	4	5	4	5	4	4	4	4	3	4
设备单位体积产量大	2	4	4	4	4	4	4	4	4	4

续表

指标	塔盘结构									
	圆形泡罩塔	浮阀塔			筛板塔	穿流板塔			舌形塔	浮舌塔
		十字架型	条型	V(F)型		栅板	筛板	波纹板		
制造费用低	2	3	4	3	4	5	5	3	4	3
易于装卸	1	3	4	4	4	5	5	3	4	4
易于检查、清洗和维护	2	3	3	3	3	5	4	4	3	3
处理会结垢物料的可能性	3	3	2	2	1	4	3	4	2	2
开工和停工方便	4	4	5	4	2	2	3	3	3	5
加热和冷却的可能性	1	2	2	2	3	3	3	3	0	0
对腐蚀介质使用的可能性	1	2	2	2	3	4	4	2	2	2

说明:0—不合适;5—最好。

(二) 板式塔的内件

1. 塔盘构造

板式塔的塔盘型式虽多种多样,但就其整体构造而言,基本上都是由塔盘板、传质元件(浮阀、泡罩、舌片等)、溢流装置、连接件等构成。塔盘若只有一块塔盘板,则称为整块式塔盘,如图 4－11 所示。若是由两块以上塔盘板组成的,则称为分块式塔盘,如图4－12所示。一般在塔径 300～900 mm 时,采用整块式塔盘;塔径大于等于 800 mm 时,就可在塔内进行装拆作业,这时可选分块式塔盘。降液管有弓形和圆形两种,以弓形降液管较为常用,其结构如图4－13所示。

2. 除沫器

除沫器安装在塔顶,其作用是分离塔顶气体中夹带的液滴,保证塔顶馏出产品的质量。目前使用的除沫器有折板形、丝网形和旋流式,其中以丝网除沫器应用最为广泛,其结构如图4－14所示。将许多层丝网用栅板夹住,并用螺栓固定在支持圈上,对大直径的塔,丝网也可做成分块式。丝网用圆丝或扁丝编织而成,材料多用不锈钢、磷青铜、镀锌铁丝、聚四氟乙烯和尼龙等。

丝网除沫器具有比表面积大、质量轻、空隙大及使用方便、除沫效率高、压力降小等优点。它适用于清洁的气体,不宜用在液滴中含有固体物质或易析出固体物质的场合,如碱液、碳酸氢铵溶液等,以免液体蒸发后留下固体堵塞丝网。当雾沫中含有少量悬浮物时,应经常对其进行冲洗。丝网除沫器在安装时,其上下方都应留有适当的分离空间。

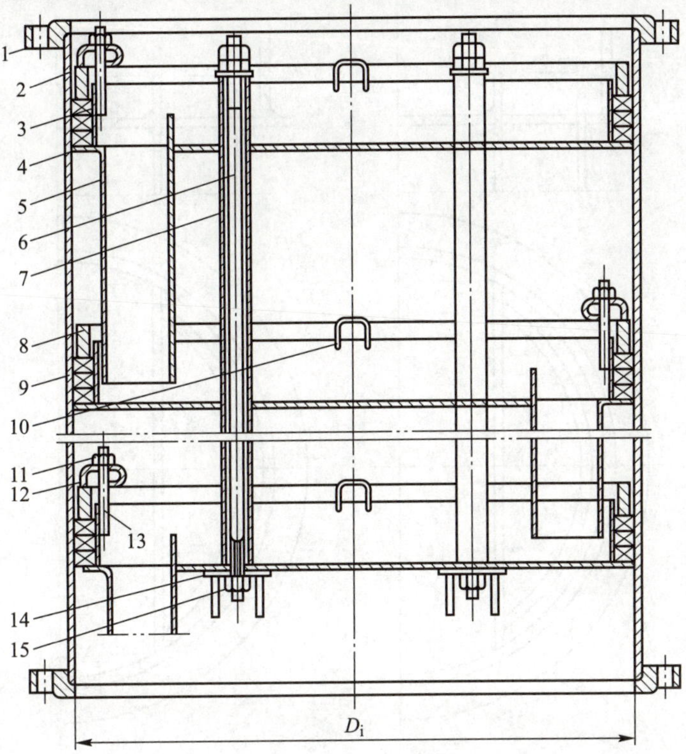

图 4－11　定距管式塔盘

1—法兰；2—塔体；3—塔盘圈；4—塔盘板；5—降液管；6—拉杆；7—定距管；8—压圈；9—填料；10—吊环；11—螺母；12—压板；13—螺柱；14—支座(焊在塔体内壁上)；15—螺母

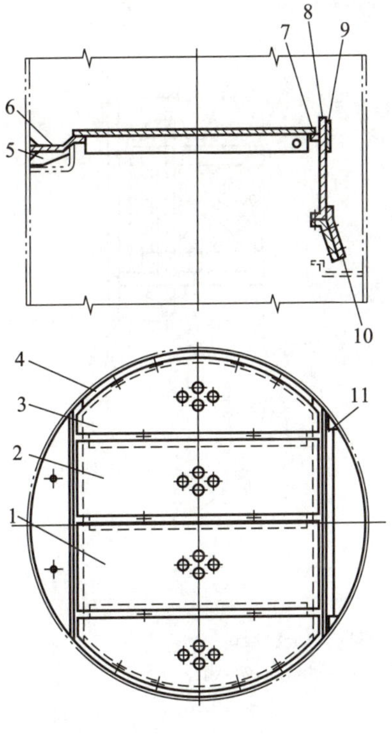

图 4－12　单溢流支持圈支承塔盘

1—通道板；2—矩形板；3—弓形板；4—支持圈；5—筋板；6—受液盘；7—支持板；8—固定降液板；9—可调堰板；10—可拆降液板；11—连接板

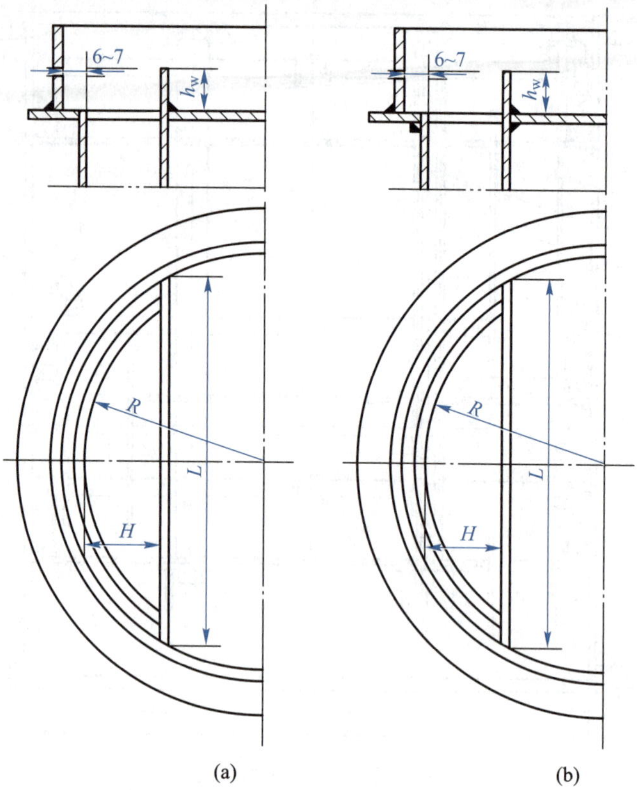

图 4-13　整块式塔盘的弓形降液管

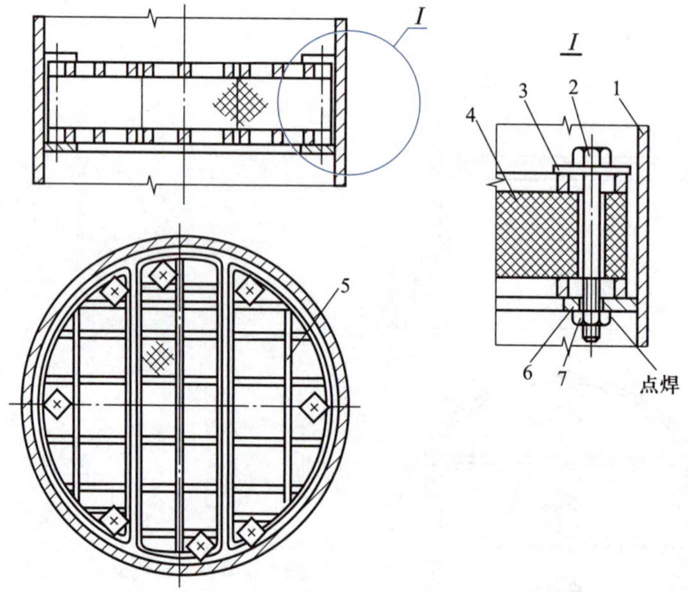

图 4-14　丝网除沫器

1—塔体；2—紧固螺栓；3—垫片；4—丝网；
5—栅板（上、下各一件做成分块）；6—支持圈；7—螺母

动画

丝网除沫器

3. 防涡器和滤焦器

塔底液体流出时,若带有旋涡则会将油气带入与塔底出口相连的泵内,使泵容易发生抽真空现象。为此,塔底大多装有防涡器,其结构如图 4 - 15 所示。图 4 - 15(a)所示的防涡器排液管伸入塔底内一定的高度,一般为 50 mm 以上,适用于稍有沉淀的物料,以防沉淀被吸入泵内。图 4 - 15(b)所示的防涡器排管口与塔底平齐,用于干净的物料。当排液管直径小于150 mm 时就用一块钢板插焊在管口,排液管直径大于 150 mm 时,可用十字形板插焊于管口,如图 4 - 15(c)、(d)所示。

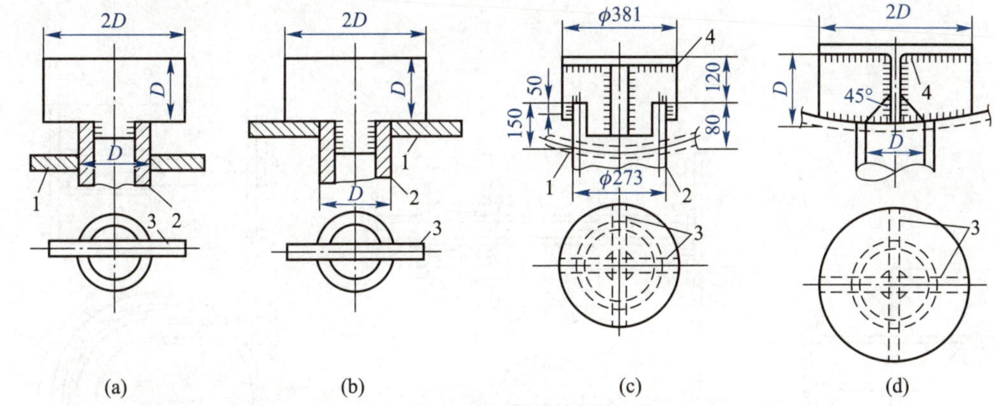

图 4 - 15　塔底防涡器(尺寸单位:mm)

1—塔底;2—出料管;3—立板;4—顶板

对减压塔、催化裂化分馏塔等,为了防止焦块进入塔底出口管被带入泵内,影响正常工作,都装有塔底滤焦器。常用滤焦器的结构如图 4 - 16 所示,就是一个带圆锥形帽的圆筒,筒壁上开有直径 10 mm的滤孔,孔间距为 25 mm。

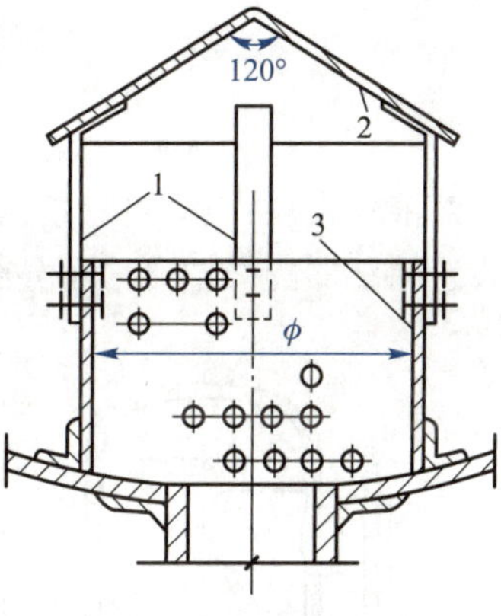

图 4 - 16　塔底滤焦器

1—支承;2—圆锥形顶;3—圆筒壁

4. 塔设备的进出口接管

塔设备上由于工艺、检测和安装、检修的需要,安装有各种接管,如物料进出口接管、人孔,测压、测温、取样及安装液面计等都需要接管。几种常见的物料进出口接管结构如图4 - 17至图 4 - 20 所示。

对液体进料,当塔径大于等于 800 mm,且物料较清洁时可用如图 4 - 17(a)所示的结构。当塔径小于 800 mm,或物料较脏、需经常清洗时宜采用如图 4 - 17(b)所示的结构。对气体分布要求不高、直径较小的塔,可采用如图 4 - 18(a)所示的简单进气管。为了避免进塔气体冲溅、夹带塔底的储液,进气管应安装在塔内最高液面之上一定的距离。当塔径较大、要求进气分布均匀时,宜采用如图 4 - 18(b)所示的横管结构,管上有 3 排出气小孔,孔径由工艺决定。若为气、液混合进料,为了使物料气、液充分分离,除将加料塔盘间距适当加大外,还应采用如图 4 - 19所示的切向进料管。

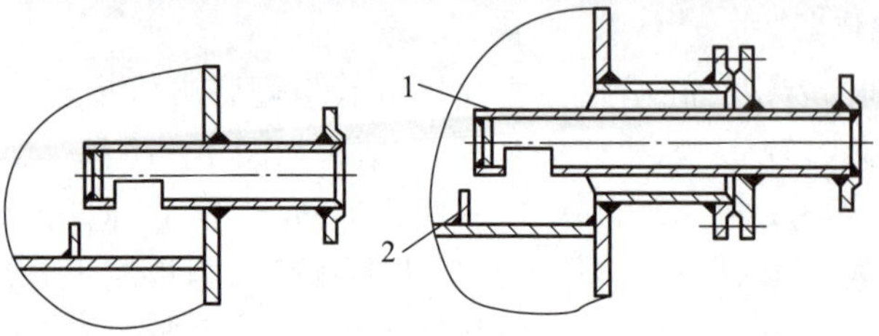

(a)　　(b)

图 4－17　液体进料(包括回流)管

1—进料口;2—进口堰

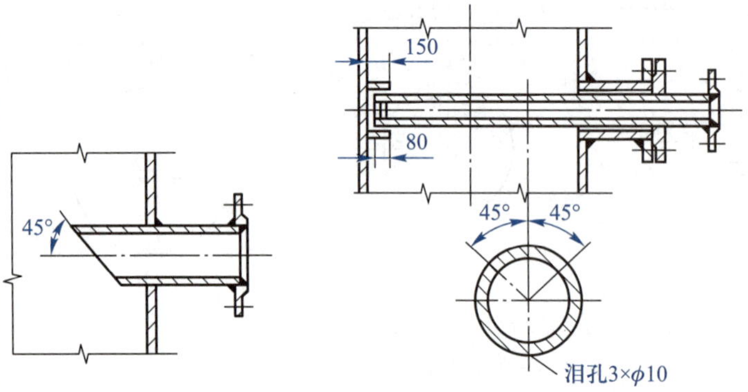

(a)　　(b)

图 4－18　气体进料管

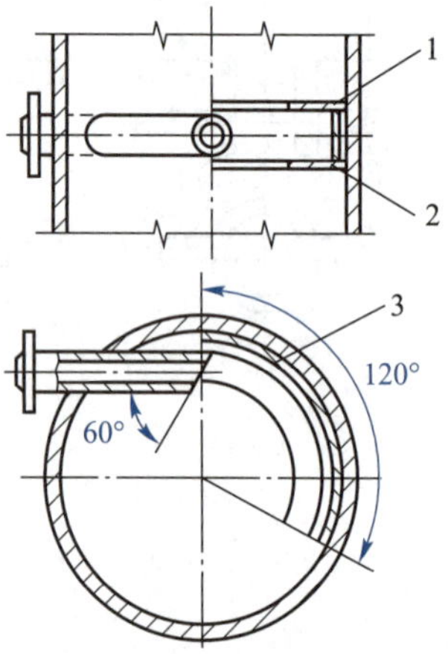

图 4－19　气、液混合进料管(也称切向进料管)

1—上挡板;2—下挡板;3—导向挡板

对液体出料接管,可直接从塔底引出裙座外。对气体出料管,为了减少雾沫夹带,在未设置除沫器的塔中可采用如图 4－20 所示的气体出口结构。

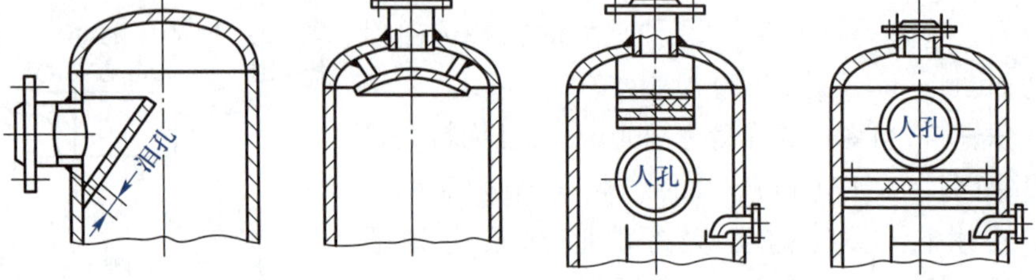

(a)　　(b)　　(c)　　(d)

图 4－20　气体出口管

二、填料塔

(一) 对填料的基本要求

填料是填料塔的主要构件,塔的特性主要由填料决定。工业生产对填料的基本要求如下。

(1) 传质分离效率高。填料的比表面积大,填料表面安排合理,填料表面润湿性好。

(2) 压力降小,气、液相通量大。

(3) 不易引起偏流和沟流。

(4) 具有良好的耐腐蚀性、较高的机械强度和一定的耐热性。

(5) 不被固体杂物堵塞,其表面不会结垢。一般来说,填料塔不适用于含固体杂物和易结垢的场合,但是有宽畅流道、孔隙率大的格栅填料可用于这类操作。

(6) 质量轻、价格低。

(二) 填料的类别

工业上填料的形式很多,总体上可分为散装填料、规整填料和格栅填料 3 类。

1. 散装填料

从散装填料的发展沿革看,它已经历了三代发展阶段。从 20 世纪初到 50 年代发展出了以拉西环和弧鞍形填料为代表的第一代填料,随后到 70 年代相继开发出了鲍尔环和矩鞍形填料为代表的第二代填料,从 70 年代起又开发出了金属矩鞍环、阶梯环等第三代填料。第一代填料是随后开发的各种填料的基础,但因其性能差,工业上现在几乎不再应用,第二代填料至今还在工业上广泛应用,而第三代填料因其具有更优良的性能,正在获得越来越广泛的应用。

(1) 拉西环[见图 4 - 21(a)]是直径和高度相等的环状实壁填料,是各种环形填料的基础,曾是工业上应用最广的填料。由于环的高径比大,其内表面和空间未得到充分利用,且在堆积时易形成线接触,床层均匀性差,易引起沟流和壁流,均布性能差,目前已被淘汰。

第一代填料彩图

(2) 弧鞍形填料[见图 4 - 21(b)]是敞开式填料,马鞍是它的原型,为各种鞍形填料的基础。它的流道比拉西环均匀,故气、液相均匀流动的性能优于拉西环,但因其结构对称,填料间易发生叠合,从而减少了有效传质面积,增大了阻力,目前工业上几乎不再应用。

视频

拉西环填料塔正常操作

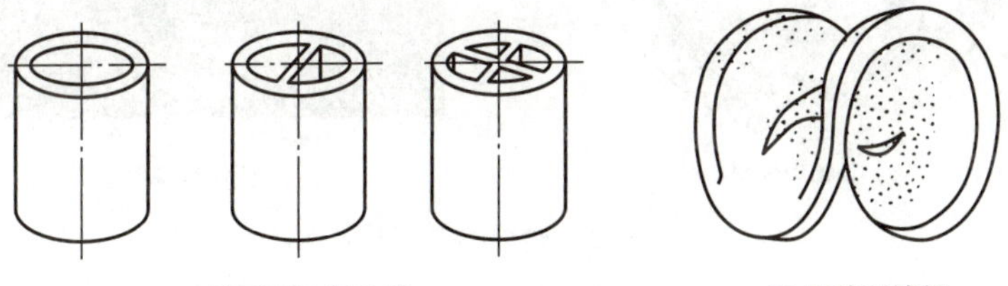

(a) 拉西环及衍生型　　(b) 弧鞍形填料

图 4 - 21　第一代填料

(3) 鲍尔环[见图 4 - 22(a)]一般为金属环,也可用陶瓷和塑料等制作,它是在拉西环的壁上开一层(ϕ25 mm 以下的环)或两层(ϕ50 mm 以上的环)长方形小窗而成。小窗舌片向环中心弯曲搭接,如开有两层小窗,则上、下两层开口错开。经如此改进后,填料具有更开放的空间,填料表面更易湿润,对气相流动阻力大为降低,气、液两相流动更趋均匀,因此其流体力学性能和传质性能得到明显改进。鲍尔环自从被德国巴斯夫(BASF)公司于 1948 年开发成功后,立即在工业中得到了广泛应用,逐步取代了拉西环。

第二代填料彩图

动画
金属鲍尔环

动画
矩鞍形填料

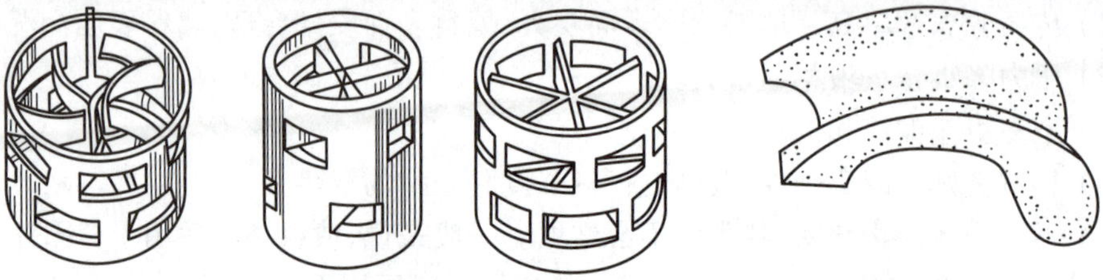

图 4-22　典型的第二代填料

(4) 矩鞍形填料[见图 4-22(b)]是针对弧鞍形填料易发生叠合的缺点改进而成的，其形状不再对称，流体力学性能和传质性能得到了显著提高，虽还不及鲍尔环，但其制造容易，得到了较广泛的应用。此环主要用陶瓷和塑料制作。

(5) 金属矩鞍环[见图 4-23(a)]又称为环矩鞍形填料，它结合了鲍尔环的孔隙大和矩鞍形填料流体均布性好的优点，表面分布较合理，其流体力学性能和传质性能又得到进一步的提高，是综合性能优良的散装填料，自 1997 年由美国诺顿(Norton)公司开发成功以后，已得到了广泛的应用。

(6) 阶梯环[见图 4-23(b)]与鲍尔环有些相似，但它的高径比仅为 1/3～1/2，金属和塑料制作的阶梯环一端具有喇叭口，更有利于避免线性接触，构成更均匀的床层，其性能优于鲍尔环。

动画
金属矩鞍环

动画
阶梯环

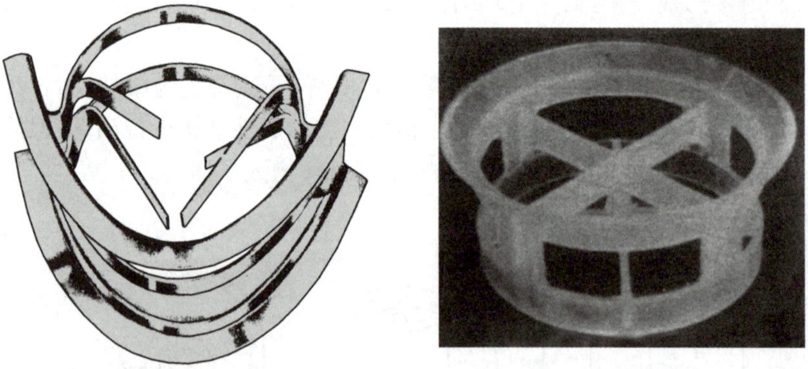

图 4-23　典型的第三代填料

上述各种散装填料均属于实体填料，另外还有一类网体填料，由丝网、多孔金属薄片或金属丝制作，具有很高的分离效率，但价格昂贵，仅用在实验室研究和小规模的同位素分离等，在此不做进一步讨论。

2. 规整填料

在散装填料发展的同时，多种规整填料也得到了研究和开发。第一种规整填料斯特曼(Stedman)填料于 1937 年出现，它由金属丝网做成，之后又出现了帕纳帕克(Panapak)填料等。但是，这些填料并未在工业中得到广泛的应用。直至 20 世纪 50 年代后期，古德洛(Goodloe)盘绕式丝网填料、苏尔采(Sulzer)波纹丝网填料相继开发，并成功开发了板波纹填料麦勒派克(Mellapak)后，因为规整填料压力降低、处理能力大和效率高的特点，再加上对填料塔广泛的研究，对于塔中气、液两相分布情况及其对效率的影响等有了深入的认识，同时相继开发出了分布性能优良的液体分布器等内件，使规整填料不再局限于应用在小塔，在大规模生产中得到越来越广泛的应用。

(1) 丝网规整填料　获得最广泛应用的是苏尔采丝网规整填料(见图 4-24)，它是由不锈钢或塑料等细丝编织成网，再压成波纹网片然后平行排列成圆盘状。网片上的波纹与轴线有一定的倾角(见图 4-25)，相邻两网片上的波纹倾角方向恰好相反，网片上通常开有小孔。一盘丝网填料高约 200 mm。当丝网填料充填到塔中时，上、下相邻盘间紧密贴合，并互相交错 90°，促使液体经过每盘后重新分布而趋于均匀。苏尔采丝网波纹填料有 AX 型、BX 型和 CY 型 3 种，它们的波纹倾角、波纹尺寸、比表面积和孔隙率均不同，其中 BX 型金属丝网填料应用最广。

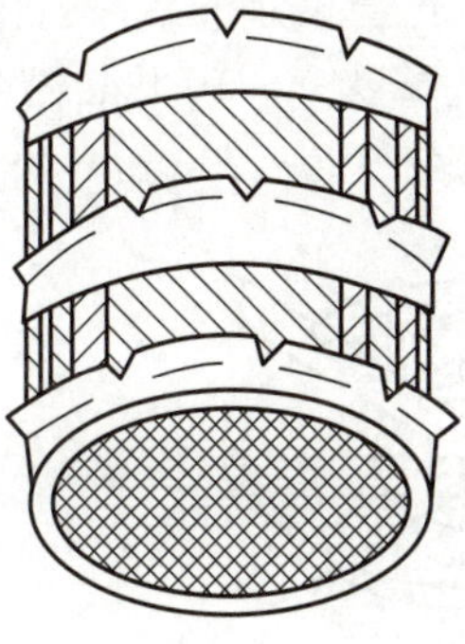

图 4-24　丝网规整填料

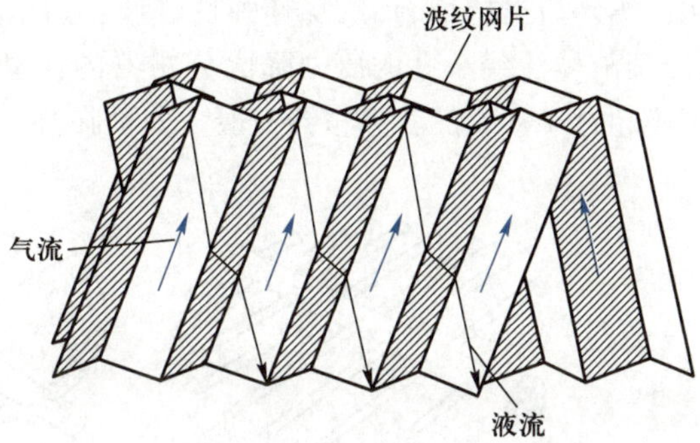

图 4-25　波纹网片示意图

丝网填料主要用在高真空精密精馏，就苏尔采 BX 型金属丝网填料而言，每米填料合 5～6 块理论板，每块理论板的压力降仅为 10～50 Pa，但价格昂贵，易堵塞。

(2) 板波纹规整填料　苏尔采公司开发的板波纹填料与其丝网波纹填料结构类似，只是用金属、塑料或陶瓷波纹板代替了波纹网片。苏尔采公司开发的金属和塑料板波纹填料的商业名称为麦勒派克。美国科克(Koch)公司购买此专利技术生产的填料称为弗莱克西派克(Flexipac)，共有 12 种型号，目前应用较广的为 125Y、250Y、350Y 和 500Y 4 种。陶瓷板波纹填料的商业名称为凯拉派克(Kerapak)。

板波纹规整填料的气体流道均匀有序，扩大和缩小引起的形体阻力很小，因此压力降很低。同时，填料具有较高的比表面积，为其高效性能奠定了基础。

3. 格栅填料

木质和塑料格栅长期以来用于凉水塔中，也用于分离程度低的吸收塔和蒸馏塔中。直至 20 世纪 60 年代，出现了新的格栅填料，随之开发出了多种形式。格栅填料的主要特点是有很大的敞开空间，从而具有高通量、低压力降和不易堵塞的特性，但分离效率较差。格利希(Glitsch)公司于 20 世纪 60 年代首先开发成功了名为格利希-C 的现代格栅填料。它由冲有 ϕ37.5 mm 孔的金属薄板弯成多重 V 形而成，一层格栅高约 37.5 mm，水平铺设在塔中，相邻层依次错开成 45°。格栅填料主要用在直接接触换热、洗涤等设备中，在料液中含有固体、污垢而易造成堵塞的吸收和蒸馏操作中也有应用。

(三) 填料塔内件

1. 液体分布器

液体分布器是分布塔顶回流液的部件，在填料塔设计、操作中占有重要的地位，液体分布合理与否直接影响填料塔的性能。工业上应用的分布器类型很多，应用较普遍的有以下 4 类。

(1) 多孔管式分布器　常用的形式有如图 4－26 所示的排管形和环形两种。这类分布器的淋液小孔开在管子下面，液体一般靠泵供给，属于压力型分布器。多孔管式分布器结构简单，制作、安装方便，造价低廉，仅适合于液体物料的分布，一般用于中、小型填料塔中，且液流量较低，不应超过 2.5 $m^3/(m^2 \cdot h)$。这类分布器对于蒸气流速高的场合很适合，可避免局部液泛，但不适合于含固体而易堵塞的场合，部分小孔堵塞后分布性能严重恶化。另外，这类分布器的操作弹性较低。为了保证多孔管式分布器各小孔流量的均匀性，应使液体流经小孔的压力降比分布器内流动的压力降大 5～10 倍，流经小孔的孔速建议不超过 1.8 m/s。分布器一般应安装在高于床层顶部 150～200 mm 处。

动画
液体分布器

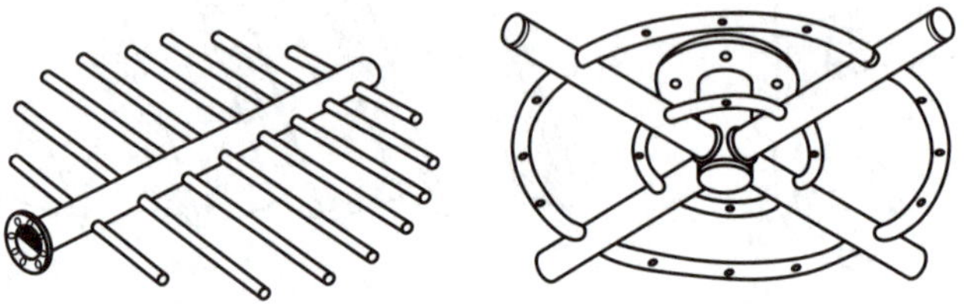

(a) 排管形　　(b) 环形

图 4－26　多孔管式分布器

动画
喷射式分布器

(2) 喷射式分布器　喷射式分布器属于压力式分布器的一种，其结构与管式分布器类似(见图 4－27)，但在淋液小孔处增设了喷射器。由于喷射器的作用，一个淋液点就能喷射到床层顶部较大的区域，故所需的淋液点密度可以减小。这种分布器的结构比较简单，制作和安装容易，造价较低廉，占用塔截面面积小，适合于气流量大的场合，但分布的均匀性较差，只能用于液体物料的分布，其操作弹性与多孔管式分布器相同。

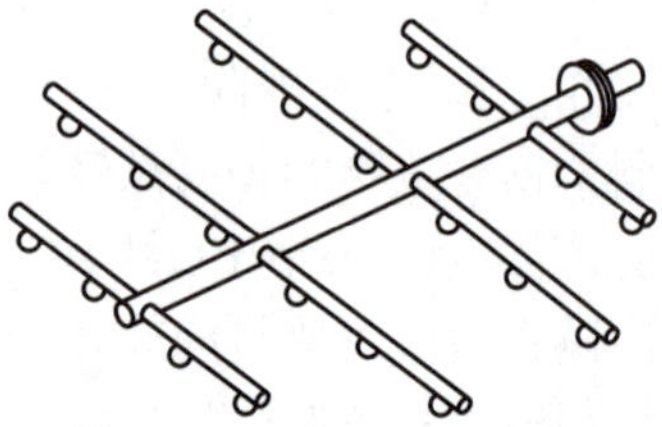

图 4－27　喷射式分布器

喷射式分布器主要用在直接换热塔及清洗塔中。喷射式分布器的安装位置一般距床层顶部 400～800 mm 处，喷嘴的压力降约为 0.2 MPa，每个喷嘴提供的喷淋面积为 0.5～1.0 m^2。为了得到比较均匀的分布，床层顶部各喷嘴的喷淋面积应相互重叠，一般认为约需 100%的重叠。喷嘴喷出的液滴一般较小，有 5%左右变成雾滴，因此在床顶往往需设置除雾器。

(3) 升气管式分布器　升气管式分布器如图 4－28 所示，又称为盘式分布器，多用于直径小于 3 m 的中、小型塔中。蒸气从升气管上升，液体经板面上开的小孔分布下流，为重力型分布器。升气管可以是图示的圆形管，也可用矩形管，但必须均匀布置，以免影响淋液小孔的均布。对于高纯度蒸馏升气管直径建议采用 60 mm 的，这样可达到高的淋液点密度。对于吸收和解吸操作，所需淋液点密度较低，可用直径为 150 mm 的升气管。

升气管面积大，不利于淋液的均匀分布。面积太小，蒸气流过的压力降过大，促使分布盘中的液位过高，需占用较大的塔空间。一般升气管总截面积占塔截面积的15%～45%。升气管的高度由分布器液位决定，按标准设计的多孔盘式分布器，升气管的高度通常为150 mm，改良型的分布器则为200～300 mm。设计合理的多孔盘式分布器可以得到较好的液体分布质量，操作弹性较大，液体负荷范围宽。多孔式盘式分布器小孔易堵塞，只适宜于清液分布。

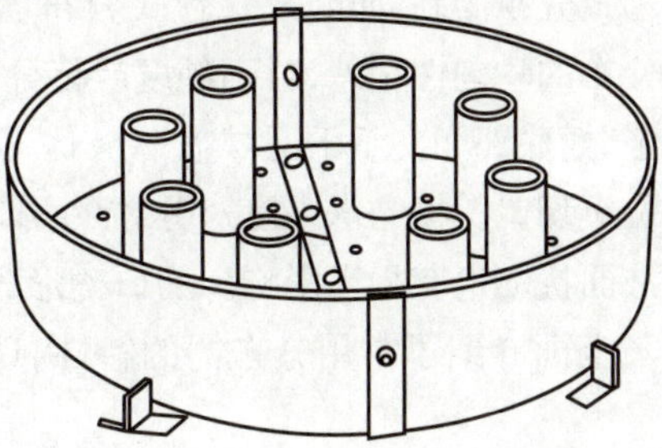

图 4 - 28　升气管式分布器

(4) 槽型分布器　槽型分布器如图 4 - 29 所示，它由一组平行的槽组成，槽宽为75～100 mm。在槽底部开有供淋液用小孔者称为多孔式，在槽侧边开有V形切口供液体溢流者称为切口式，还有侧壁开小孔淋液的，均为重力型分布器，多用于直径较大(>1.2 m)的塔中。其供蒸气流动的通道截面较大，对气流量大的塔很合适，适用于较大的液体负荷范围。多孔槽型分布器仅适用于清洁液体，堵塞、腐蚀或侵蚀对分布的均匀性会产生严重影响，这种分布器的液体分布的均匀性高，很适合于高纯度精馏塔，其操作弹性比多

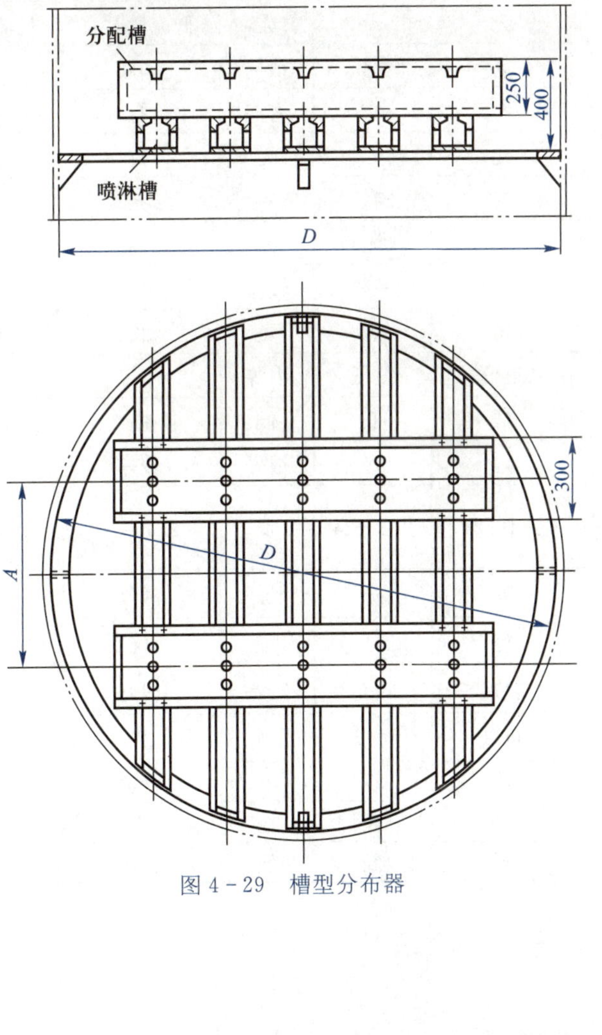

图 4 - 29　槽型分布器

动画

槽型分布器

孔管式分布器高，而比升气管式分布器低。切口式槽型分布器可以分布含固体的料液，但其分布的均匀性稍差，对高纯度严格分离的塔不太合适。为了提高淋液点密度及克服近塔壁区、槽底部和支承下区域喷淋液体不足的问题，可以在槽的底部和侧壁钻孔或加开一排低位小切口。槽的水平度对分布的均匀性的影响很大，尤其在小液体负荷时更为严重，槽中液面扰动也有相当影响。切口槽形分布器可以达到较高的操作弹性，特别是双排切口的。

上面介绍了常用分布器的特性，现将它们归纳于表 4－3 中，以便进行比较和选用。

表 4－3　液体分布器的特性

项目＼型式	多孔排管型	多孔环型	喷射式	多孔盘式	多孔槽型	切口槽型
推动力	压力	压力	压力	重力	重力	重力
制作材料	金属、塑料	金属、塑料	金属	金属、塑料、陶瓷	金属	金属、塑料、陶瓷
适用塔径/m	＞0.45	＞0.90	不限	不限，通常＜1.20	不限，通常＞1.20	不限，通常＞0.6
堵塞倾向	中等	中等	低，中等	严重	严重	低
易调水平否	很易	很易	很易	一般	一般	一般
水平度影响	无	无	无	低流量时有	低流量时有	有
易安装否	易	易	很易	一般	一般	一般
腐蚀影响	有	有	有些	有	有	无
液面扰动影响	无	无	无	有	有	有
雾沫夹带倾向	有	有	有	无	无	无
泄漏可能性	无	无	无	高	无	无
分布均匀性	一般	一般	较差	很好	很好	较差，一般
停留时间	短	短	短	长	中等	中等
所需空间高度	很低	很低	中等	中等	高	高
价格	低	低	低	高	高	中等
高气体负荷时	好	好	很好	较差	好	好
标准型液体负荷范围 [$m^3 \cdot (m^2 \cdot h)^{-1}$]	2.4～24	2.4～24	宽	2.4～72	2.4～170	2.4～120
高液体负荷时	好	好	很好	好	好	好
低液体负荷时	好	好	较差	好	很好	较差
用于高纯度精馏	较差	较差	较差	很好	很好	较差
用于传热	可以	可以	很好	好	好	好
用于气、液混合物分布	不	不	不	合适	不	不
质量	轻	轻	轻	重	一般	一般
操作弹性	低	低	低	较大	大	大

一般来说，压力型分布器具有结构简单、占用空间小和价格低的优点，但分布的质量较差，易产生雾沫夹带。在较高纯度分离的精馏塔中，一般采用重力型分布器。切口槽型的溢流分布器结构比较简单，但各淋液点的液量均匀性受水平度和扰动的影响大，难以达到均一，所以多孔式分布器在精馏塔中用得较广。

2. 液体再分布器

除了上述塔顶液体分布之外，液体的再分布也是填料塔的一个重要问题。人们往往会发现，在离填料顶面某个距离处，喷淋的液体便开始向塔壁偏流，然后沿塔壁淋下(这是因为塔壁处阻力小)，塔中心处填料得不到好的湿润，形成所谓“干锥体”的不正常现象，减少了气、液两相的有效接触面积。为此，常需安装液体再分布装置，使沿塔壁流下的液体进行重新分配。

工业上常用的液体再分布装置有三种类型。如图 4－30(a)所示为一种锥形再分布装置，使塔壁处的液体再导至塔的中央。对于小塔，锥形体上可不开孔，仅将下端边缘做成锯齿形即可。锥体与塔壁的夹角 α 一般为 35°～45°，锥体下口直径为塔径的 0.7～0.8 倍。如图 4－30(b)所示为一种槽型再分布装置，其上带有几根管子，将流入环形槽内的液体引向塔中心。如图4－30(c)所示为在填料层之间装配中间栏栅，其下再装液体分布器。

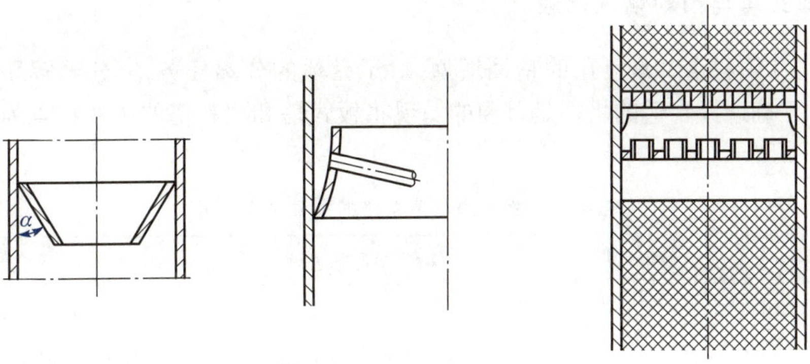

(a) (b) (c)

图 4－30 液体再分布装置

动画 液体再分布器

动画 截锥式液体再分布器

如前所述，为了避免形成“干锥体”现象，应按塔径选用填料尺寸，且填料层高度与塔径之比宜为 5～6，否则需要安装液体再分布装置，才能得到适当的液体再分布。近年来大直径填料塔得到广泛应用，关键也在于液体分布问题已得到了较好的解决。

3. 填料支承板

液泛往往在气体流道最小的塔截面上发生，填料层底部的支承板可能因此而引起液泛，特别是孔板支承板。选择填料支承板时应满足下列两个基本要求：一是自由截面不小于填料的空隙；二是强度上要足以支承填料的质量。用竖扁钢制成的栅板通常能满足这两个要求，如图4－31(a)所示，扁钢条之间的距离宜为 0.6～0.7 倍填料外径。当用栅板结构不能满足时，可采用如图 4－31(b)所示的升气管式支承板。气相走升气管齿缝，液相由小孔及齿缝底部溢流而下。这类支承板，当有足够的齿缝时，气相的自由截面可以超过整个塔的横截面，所以不会在此造成液泛。在直径较大的塔中，也可用较大的间距，上面先放一层整砌的十字隔板陶瓷环[图 4－31(c)]，然后再在上面乱堆填料。

另外，填料塔内件还包括液体出口及气体进、出口装置，其结构与板式塔相似。

动画
填料支承装置

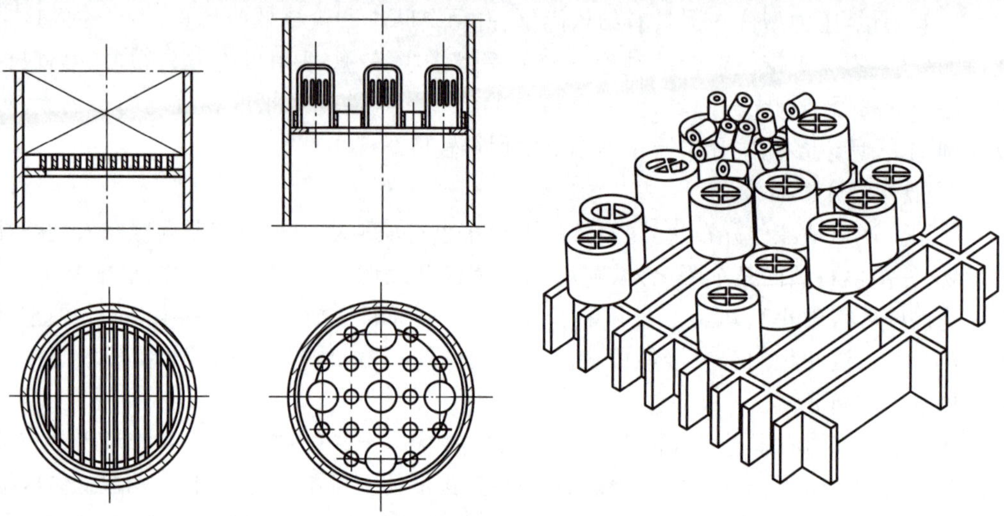

(a) 栅板　(b) 升气管式　(c) 十字隔板陶瓷环层

图 4－31　填料的支承板

三、板式塔与填料塔的比较

板式塔和填料塔都是常用的精馏塔型，对于具体的分离任务，充分理解和掌握各塔型的特点，正确选择合适的塔型是首要的。现将板式塔和填料塔的主要特点列表进行比较，如表4－4所示。

表 4－4　板式塔与填料塔的主要特点比较

项目	板式塔	填料塔	备注
理论板压力降	约 1 kPa	散装填料约 0.3 kPa，规整填料约 0.15 kPa	板式塔的开孔率低，板上又有一定高度的清液层，故压力降大。压力降小是填料塔的主要优点
分离效率	分离效率比较稳定，大塔效率会更高些	规整填料的 HETP 值比板式塔小，丝网的效率更高。新型散装填料与板式塔相当	填料塔效率受液体分布影响大，可靠性不如板式塔
处理能力与操作弹性	操作弹性大	规整填料处理能力比板式塔大	填料塔易在处理能力和效率间调整，填料塔的液体分布器弹性较小
高真空操作	因压力降大较难适应，尤其在高真空板数多的场合	压力降小的优点使其特别适用，高真空下应用规整填料会更佳	高真空填料塔的液体分布器要特别关注，且散装填料可能会达不到最小喷淋密度

续表

项目	板式塔	填料塔	备注
操作压力高	很合适，因有较高的效率，并且液量大也易处理	不少场合发现效率明显下降，尤其是规整填料，压力降小的优点几乎无意义，处理能力下降较大，一般认为 >2 MPa宜用板式塔	压力大，气相密度大，液量又大，易引起气相严重返混；压力大，温度高，表面张力小，填料塔中两相分离困难
腐蚀性物料	必须用耐腐蚀材料制作，往往比较困难或价格太高	用陶瓷一类耐腐蚀材料制作，较合适	
易结垢、堵塞物系	比较容易解决，清理也较容易	不适用	
易起泡沫物系	较难，塔径、塔高均需较大值	比较合适	填料塔的液体分布器需特别注意
大直径塔	很合适，造价低	填料费用上升很大，尤其是丝网规整填料，而且气、液分布均较难	减压大直径填料塔已有不少成功实例，此时因高效、高处理能力使塔体积减小
小直径塔	0.6 m以下较难制作	很合适	液体均布较易达到
间歇精馏	可以用	因持液量少而更合适	
多进料、抽侧线的方便性	比较容易实现	不太合适	对填料塔因每增一项均要增加一个再分布器，结构复杂而价高，不太合适
中间换热	易实现	较难实施	
塔的检查	容易	较困难，规整填料几乎不可能	

第三节　塔设备的使用与维护

一、塔的开工和停工

塔的开工、停工非常重要，必须予以重视。

（一）塔开工和停工的步骤

塔的开工通常按以下步骤进行。

（1）开工准备，包括塔及管线的吹扫、清洗、试漏，水一气操作试验，除水，物料试验等。

（2）清除塔内的有害物料，如氮气、水、油等。

（3）打开加热和冷却系统。

（4）进料。

（5）将塔加热或冷却至所需温度。

(6) 使塔达到需要的操作压力。

(7) 使塔达到所需的操作负荷。

塔的停工通常按以下步骤进行。

(1) 降低操作负荷。

(2) 关闭加热、冷却系统。

(3) 停止进料。

(4) 退出物料。

(5) 冷却或加热塔。

(6) 将塔压恢复至常压。

(7) 置换出塔内物料。

(8) 准备打开人孔。

(二) 不同塔的开工和停工

1. 加压塔的开、停工

对于加压精馏，开工最重要的步骤是进料之前，将塔压升至正常操作压力，最好采用进料中的某一可凝组分来升压。同样，加压精馏停工，应在降压之前将塔内液体排出。

加压液体若其温度高于常压沸点，闪蒸至常压，体积膨胀、温度降低，若温度低于所用金属的最低使用温度可使金属发生冷脆，闪蒸附近的温差大，还可以引起热应力使塔及内件变形、破坏。再者，闪蒸产生大量的气体，冲击作用使塔内件被破坏。

升压最好采用进料混合物中的一个或多个可凝组分。采用惰性气体升压，进料液体仍会发生闪蒸降温，直至再沸器液体与冷凝蒸气达到平衡。在此之前，闪蒸温度低于在操作压力下进料的沸点温度。如果只有惰性气体可用于升压，液体进料应尽量小，使进料组成的分压缓慢地在塔内建立起来，同时也使塔内原有的惰性气体缓慢地排出，塔压不至于增高。

加压精馏停工，降压之前应将塔内液体全部排出，特别是含有常压沸点低于 0℃的物料一定要排净，处理与前述一样。此外，常压沸点低于 0℃还可使塔下部水结冰，再沸器冷凝水结冰。

2. 减压塔的开、停工

对于减压精馏，最好是在进料前将塔抽至所需真空。抽真空之前进料、加热会导致釜温过高，产生热分解、聚合、结焦等现象，同样，应在停真空之前关闭再沸器。

(三) 全回流操作

开工及调整阶段最快、最简易的操作方法是全回流操作。全回流操作开工最好采用与进料组成相同的物料。塔本身、再沸器、冷凝器及回流系统均在全回流下建立稳定操作，正常操作液位也建立起来，仪表也投入使用。若塔内物料与进料组成相同，塔内温度梯度及各点采出产品浓度也建立起来。由于全回流操作不受上游物料的影响，较易达到平衡，产品较易达到要求，从而节省了开工时间。此外，全回流操作不采出产品，避免了不合格产品的循环，也节省了物料，全回流操作也可用来除去系统中的水及塔内其他原有杂质。

对于采用高回流比的难分离物系的精密精馏，开工及稳定时间往往很长，从几个小时到几天，采用全回流操作可避免大量不合格新产品的循环，加速平衡。对于这类操作，回流比大，进料变化对系统变化不灵敏，全回流达到要求后再进料不会破坏平衡，因此这类操作采用全回流操作开工最有利。对于回流比较小的物系，全回流操作与正常操作的差别较大，只有进料后才能达到平衡，采用全回流操作开工的意义不大。

全回流操作有两个主要缺点。一是物料停留时间长，可能引起或增加不需要的反应，如聚合、分解、结焦等，因此对于热敏性物料的精馏应尽量避免长时间的全回流操作。二是由于泄漏可能引起某一组分浓度提高从而引起不需要的化学反应或作用。泄漏使全回流操作变成了间歇精馏操作。例如，若泄漏发生在塔顶，重组分和中间馏分将会提高浓度，泄漏点不同可使不同的组分浓度提高，从而引发某些化学反应或作用，这类物系应避免采用全回流操作。

二、塔的常见故障诊断与处理

（一）塔的故障诊断步骤及处理

塔设备达不到设计指标统称为故障。塔的故障可由一个因素引起，也可能同时由多个因素引起。一旦出现故障，总是希望尽快找出故障原因，以提出解决问题的办法。故障诊断者应对塔及其附属设备的设计及有关方面的知识有较多的了解，了解得越多，故障诊断越容易。故障诊断应从最简单、最明显处着手，可遵循以下步骤。

(1) 若故障严重，涉及安全、环保或不能维持生产，应立即停车，分析、处理故障。

(2) 若故障不严重，应在尽量减少对安全、环境及效益损害的前提下继续运行。在运行过程中取得数据及一些特征现象，在不影响生产的前提下可做一些操作变动，以获取更多的数据和特征现象。如有可能还可进行全回流操作，为故障分析提供数据。

(3) 分析塔过去的操作数据，或与同类装置进行比较，从中找出异同点。若塔操作由好变坏，找出变化时间及变化前后的差异，从而找出原因。

(4) 故障诊断不要只限于塔本身，塔的上游装置及附属设备，如泵、换热器及管道等都应在分析范围内。

(5) 仪表读数及分析数据错误可能导致塔的不良操作。每当故障出现，首先应对仪表读数及分析数据进行交叉分析，特别要进行物料平衡、热量平衡及相平衡分析，以确定其准确性。

(6) 有些故障是由于设计不当引起的。对设计不当引起故障的检查应首先检查图纸，看是否有明显失误之处，分析此失误是否为发生故障的原因。其次，要进行流体力学核算，核算某处是否有超过界限操作的情况。此外，还需对实际操作传质过程进行模拟计算，检查实际传质效率的高低。

下面以填料塔为例，介绍部分常见的故障诊断与处理方法，如表 4-5 所示。

表 4-5 填料塔部分常见故障诊断与处理方法

原因	现象	处理方法
液体分布器分布不均匀 ① 设计不好 ② 分布器堵塞、腐蚀漏液 ③ 安装水平度差 ④ 超过操作弹性	塔的效率差，压力降与设计差异不大。通常可根据塔各段的分离效率确定哪个分布器分布不良。由于②及④引起的效率低，通常增加回流并不能使效率提高。由①、③及④引起的效率低，增加回流可使效率提高	① 改善设计，重新设计制作分布器 ② 清除堵塞，修补或更换分布器 ③ 重新安装，调水平 ④ 分布器增加开孔或减少开孔

续表

原因	现象	处理方法
气体分布不均，通常为塔釜气相入口无气体分布器	塔的效率低，压力降与设计差异不大。减少气相负荷或增加回流可明显改善分离效率。气相入口无分布器还会引起雾沫夹带，在高负荷操作时压力降大。有时达不到设计负荷	增设气体分布器
同一塔中选择多种填料，填料位置安装错误	达不到设计负荷，低负荷操作某段填料分离效率低。高负荷时，低负荷效率高的那段填料效率下降、压力降高	重新安装
填料安装不好 ① 散装填料填充太松，规整填料每块之间及与塔壁之间间隙大 ② 填料变形大，散装填料安装挤压太紧，陶瓷填料破碎多	由于①通常表现为效率低、阻力小，增加回流可使分离效率提高。 由于②通常表现为阻力大、操作上限低，降低操作负荷，分离效率可提高	按要求进行安装
填料被堵塞、结焦，塑料填料软化	阻力大，分离效率低，操作上限低	在塔内清洗或拆除塔外清洗，更换填料
填料支承开孔率低	达不到设计负荷，提前液泛，高负荷分离效率低，低负荷操作分离效率高	更换填料支承，采用开孔率足够高的支承
塔釜液位过高，淹没了气相入口，产生雾沫夹带	阻力大，分离效率下降，液泛	采用可靠的塔釜液位监控手段，若塔釜液位很高，应采用泵打出，不应试图将其快速蒸出，应保证再沸器加热平稳
再沸器加热效果不好 ① 热虹吸式再沸器循环量太小，可能由于堵塞、液位偏低、管道阻力大等原因 ② 加热介质一方有不凝气累积 ③ 加热介质冷凝液排放不畅	加热量低	① 清除堵塞，提高液位或降低再沸器 ② 排放不凝气 ③ 采取措施使冷凝液自由排放
塔顶冷凝器换热效果不好 ① 冷凝一方有不凝气累积 ② 冷却水一方结垢 ③ 冷却水流量小或温度偏高 ④ 冷凝液下流不畅	冷凝器换热量小	① 排放不凝气 ② 清除污垢 ③ 加大循环水流量 ④ 增大管径，使冷凝液排放通畅

续表

原因	现象	处理方法
进料以上温控点温度控制偏高	塔顶重组分含量偏高	改变温控点控制温度
塔顶产品采出少,物料不平衡	塔顶产品重组分含量小于设计值,塔釜产品中的轻组分含量偏高	增加塔顶产品采出量

(二) 故障处理实例

某塔用来分离轻烃混合物,操作压力为 2.41 MPa,塔中有 107 块多流程筛板。该塔自开车几个星期以来,处理量只能达到设计值的 65%。流量计校核证明其读数正确,表明问题确实存在。首先审阅了设计资料,表明塔板设计无误,设计流量处在合适的范围内,从其经验也表明这种设计是可行的。经审阅开车以来几个星期的操作数据,发现塔的压力降变化无规则,操作流量稍微变化即引起压力降 1~3 倍的变化。这是典型的液泛特征,其起因可能是以下几方面。

(1) 塔盘安装出错。

(2) 开车期间塔盘堵塞。

(3) 开车期间塔盘损坏。

(4) 料液中含水的影响,有可能生成固体水合物或引起泡沫问题。

在加装一台压差计后,同时测取两塔段的压力降,经压差数据分析发现,液泛从塔底部开始或接近塔底段开始。因此,在上述液泛的原因中可加上塔底部的设计或安装出错这一条,但该塔塔底无液位计,难以弄清真正的原因。此时如果决定停车,入塔检查塔底部及近塔底的几层塔盘,一方面引起停产损失,同时又因不清楚这部分的情况,也无法制订维修计划,将耽误修复时间。为了确定问题的原因,决定采用 γ 射线扫描和中子反向散射技术对塔底区域做进一步探测。γ 射线扫描证实了液泛从底部塔板开始向上发展。中子反向散射技术的探测结果表明,在未液泛正常操作时,塔底部液位高于预计值,随回流液量增加,底部液位逐渐升高直至超过再沸器的气、液混合物进口。显然,塔的液泛是从塔的最下面一层塔盘开始的。

至此塔中的液泛问题已全部弄清,提出了如下修改方案:为了克服塔底液位高于预计值,采用增大进出再沸器管道直径的办法。为了避免液位高过再沸器回料口,将塔底部两层塔盘拆除,稍微提高再沸器回料口的位置。事实证明,采用这套办法修改后,塔的处理能力超过了设计值。

拓展阅读:

一项分离新技术——超重力工程技术

思考与练习

1. 工业生产对塔设备的一般要求有哪些?
2. 简述常见塔盘的优缺点。
3. 简述板式塔的主要内件及作用。
4. 工业生产对填料有什么基本要求?

5. 简述常见填料的优缺点。

6. 工业生产上应用较多的液体分布器有哪些？简述其特点。

7. 简述设置液体再分布器的原因。

8. 简述开工操作采用全回流操作的利弊。

9. 简述塔设备故障诊断的基本步骤。

10. 填料塔中为什么要设置液体分配器？

11. 为什么要在塔内底部安装防涡器和滤焦器？

第五章 反应设备的使用与维护

知识目标

- 了解反应器的基本要求。
- 熟悉反应器的类型。
- 掌握常见反应器的结构及特点。

能力目标

- 能熟练操作、运行釜式及固定床反应器。

在工业生产过程中，为化学反应提供反应空间和反应条件的装置称为反应设备。反应设备是炼油、化工生产装置中的关键设备之一，其设计是否科学、合理，其运行是否安全、可靠，直接关系到整套装置的安全性和经济效益。反应设备内进行的过程既有物理过程又有化学过程，物理过程和化学过程相互渗透、相互影响，导致化学反应特性和反应结果不同，使反应过程复杂化。反应设备中对反应结果产生影响的主要物理过程是流体流动过程和传质传热过程。物理过程虽然不能改变化学反应的动力学规律，但它可以改变反应器内的操作条件（如温度和浓度的变化规律），最终导致反应效果发生变化，影响反应结果。只有综合考虑化学反应动力学、流体流动、传热和传质等诸多因素，才能做到对反应设备的正确选型、合理设计、有效使用和最佳控制。本章主要介绍反应设备的类型、结构、特点及操作等内容。

知识框图

- 反应设备的使用与维护
  - 类型
    - 按物料聚集状态：均相(气相、液相)、非均相(气–液、气–固、液–液、气–液–固)
    - 按反应器结构型式：釜式、管式、塔式、固定床、流化床
    - 按操作方法：间歇式、半间歇式、连续式
    - 按温度条件：等温、非等温
    - 按传热方式：绝热式、外热式、自热式
  - 结构及特点
    - 釜式反应器：釜式反应器由壳体、搅拌器、密封装置、换热装置等部分组成，主要用于液–液均相反应过程，也可用于气–液、液–液非均相反应过程。可用于间歇操作，又可单釜或多釜串联用于连续操作。具有温度压力范围宽、操作弹性大、易控制等特点
    - 管式反应器：管式反应器由单根连续或多根平行排列的管子组成，结构上分直管式、盘管式、多管式几种型式，主要用于气相、液相、气–液相连续反应过程。具有容积小、比表面积大、返混少、易控制、压力降较大等特点
    - 鼓泡塔反应器：鼓泡塔反应器中气体以鼓泡形式通过液层进行化学反应，常见的结构型式有空筒式、内置填料式、气体升液式等，广泛用于气–液相反应过程。具有结构简单、运行可靠、易于大型化、适用于加压及易防腐等优点，但不适用于密度不均一的液体
    - 固定床反应器：固定床反应器是流体通过不动的固体物料形成的床层进行化学反应的设备，按传热方式可分为绝热式(单段、多段)、换热式(对外换热、自身换热式)两类，尤其适合于气–固相催化反应过程。具有反应速率快、催化剂用量少、反应器体积小、易控制等特点
    - 流化床反应器：流化床反应器是利用流体原料使固体催化剂颗粒处于流化状态并进行化学反应的设备，结构上有单器与双器、圆筒形与圆锥形、自由床与限制床、单层与多层等型式，主要用于气–固非均相催化反应。具有温度均匀、便于换热、易于控制、便于大规模连续化生产等优点，但存在返混严重、催化剂磨损等缺点
  - 使用与维护
    - 釜式反应器的运行与操作：釜式聚合系统的开、停车步骤及正常操作，其中聚合温度的控制最为关键
    - 固定床反应器的运行与操作：
      - 固定床反应器的正常操作与控制
      - 催化剂再生：器内再生、器外再生

第一节　反应设备的工作过程及类型

一、反应设备的工作过程及作用

在炼油、化工生产过程中，在反应器中进行的不仅仅是单纯的化学反应过程，同时还存在着流体流动，物料传热、传质等物理传递过程。化学反应的机理、步骤和速率是根据化学动力学的规律进行的。如对于气-液反应，反应速率除与温度和浓度有关外，还与相界面的大小和相间的扩散速度有关。对于气-固相催化反应，无论在什么条件下进行，气相组分都必须先扩散到固体催化剂的表面上，再在催化剂表面进行化学反应。由于化学反应时原料的种类很多，反应过程也很复杂，对反应产物的要求也各不相同，因而，反应器的结构类型多种多样，尺寸大小不一，操作方式和操作条件也各不相同。如间歇式操作的反应器，原料是一次性加入的。而连续式操作的反应器，原料是连续加入的。不同结构型式和尺寸的反应器及不同的操作条件和方式，必将影响流体的流动状态和物料的传热、传质等传递过程。因此反应器的工作过程就是以化学动力学为基础的反应过程和以热量传递、质量传递、动量传递为基本内容的传递过程同时进行、相互作用、相互影响的复杂过程。

反应器的主要作用是提供反应场所，并维持一定的反应条件，使化学反应过程按预定的方向进行，得到合格的反应产物。一个设计合理、性能良好的反应器，应能满足如下几方面的要求。

(1) 满足化学动力学和传递过程的要求，做到反应速率快、选择性好、转化率高、目的产品多、副产物少。

(2) 能及时有效地输入或输出热量，维持系统的热量平衡，使反应过程在适宜的温度下进行。

(3) 有足够的机械强度和抗腐蚀能力，满足反应过程对压力的要求，保证设备经久耐用，生产安全可靠。

(4) 制造容易，安装、检修方便，操作调节灵活，生产周期长。

二、反应设备的类型

在炼油、化工生产中，化学反应的种类很多，操作条件差异很大，物料的聚集状态也各不相同，使用反应器的种类也多种多样。

1. 根据物料的聚集状态分类

根据物料的聚集状态可把反应器分为均相和非均相两种。前者又可分为气相反应器和液相反应器，反应物料均匀地混合或溶解成为单一的气相或液相，如石油裂解采用气相反应器，醋酸和乙醇的酯化反应采用液相反应器。非均相反应器又可分为气-液、气-固、液-液、液-固及气-液-固 5 种，化工生产中应用较多的是气-固和气-液两种。如乙烯直接氧化制环氧乙烷采用气-固相反应器，苯烃化制乙苯采用气-液相反应器。

反应器按聚集状态分类，其实质是按宏观动力学特征分类。同样聚集状态的反应有着相同的动力学规律，如均相反应的共同规律和特征是无相界面，反应速率只与温度和浓度等有关。而非均相反应的共同规律和特征是有相界面，反应速率不仅与温度和浓度有关，而且还与相界面大小和相间扩散速度有关。故以聚集状态分类可以阐明各种相态反应过程的动力学规律。

2. 根据反应器的结构型式分类

根据反应器的结构型式的特征，可以分为釜式、管式、塔式、固定床和流化床反应器等。釜式、管式反应器大多用于均相反应过程，塔式、固定床和流化床反应器大多用于非均相反应过程。

反应器按结构型式分类，其实质是按传递过程的特性分类。同类结构的反应器内，物料往往具有相同的流动、混合、传热和传质等特性，可以用同类传递过程的统一规律加以描述。

3. 根据操作方法分类

操作方法分为间歇式(或称为分批式)、半间歇式(或称为半连续式)和连续式 3 种。

间歇式操作是一次加入反应物料，在一定的反应条件下进行反应，在反应期间不加入或取出物料，经过一定的反应时间，当达到所要求的转化率时，取出全部产物进行后续处理，清洗反应器后再进行下一批的生产过程。其特点是在反应过程中，反应物和产物浓度均随时间变化，是不稳定过程。由于存在着加料、出料和清洗等非生产时间，因而设备利用率不高，劳动强度大，只适用于小批量、多品种生产，在染料及制药工业中广泛采用这种操作。

半间歇式操作是指一些物料分批加入、而另一些物料连续加入的生产过程，或者是加入一批物料用蒸馏的方法连续移走部分产品的生产过程。半间歇式操作也是一个不稳定过程。

连续式操作是连续加入反应物和取出产物，反应器内的温度和浓度均不随时间变化而变化，是一个稳定过程。连续操作设备利用率高，产品质量稳定，易于自动控制，适用于大规模生产。在炼油、化工生产中大多数采用连续式操作。

4. 根据温度条件和传热方式分类

根据温度条件反应器可分为等温和非等温两种，根据传热方式又可分为绝热式、外热式和自热式。由于化学反应对温度变化有相当大的敏感性，所以传热方式和温度控制是反应器设计和操作中的重要问题。

对于等温反应器，只需要考虑浓度变化的影响。但在工业生产中维持等温条件是相当困难的，因此只适用于热效应不大，或能及时输入或输出热量能够保证等温条件的反应过程。其他过程一般采用非等温式反应器，非等温式反应器因换热方式不同也有不同的型式。

反应设备的类型很多，其构造和适用条件也各不相同。在工业生产中，一个反应过程究竟采用哪种类型的反应器，并无严格的规定，应以满足工艺要求为主，综合考虑各种因素，以减少能量消耗、增加经济效益为原则而确定。

第二节　反应器的结构及特点

一、釜式反应器

釜式反应器又称为槽型、锅式反应器，它是各类反应器中结构较为简单且应用较广的一种，主要应用于液－液均相反应过程，在气-液、液-液非均相反应过程中也有应用。在化工生产中，既适用于间歇操作过程，又可单釜或多釜串联用于连续操作过程，但在间歇生产过程中应用最多。釜式反应器具有适用的温度和压力范围宽、适应性强、操作弹性大、连续操作时温度浓度容易控制、产品质量均一等特点。但用在较高转化率工艺要求时，需要较大的容积。通常在操作条件比较缓和的情况下操作，如常压、温度较低且低于物料沸点时，应用此类反应器最为普遍。

动画
釜式反应器

釜式搅拌反应器有立式容器中心搅拌、偏心搅拌、倾斜搅拌和卧式容器搅拌等类型。以立式容器中心搅拌最为典型，其基本结构如图 5－1 所示，主要包括反应器壳体、搅拌器、密封装置和换热装置等。釜式反应器壳体及搅拌器所用材料一般为碳钢，根据特殊需要，可在与反应物料接触部分衬有不锈钢、铅、橡胶、玻璃钢或搪瓷，个别情况也可衬贵重金属(如银等)。根据反应要求，壳体也可直接用铜、不锈钢制造。

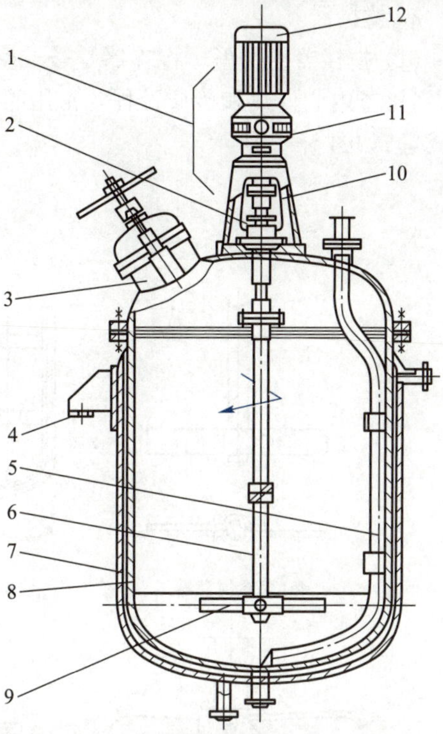

图 5－1　釜式反应器

1—传动装置；2—轴封；3—人孔；4—支座；5—压出管；6—搅拌轴；7—夹套；8—筒体；9—搅拌器；10—机架；11—减速机；12—机架

1. 壳体

釜式反应器壳体部分的结构包括筒体、底、盖(也称为封头)、手孔或人孔、视镜及各种工艺接管口等。

釜式反应器的筒体通常为一个圆柱形壳体，为反应提供空间。底、盖常用的形状有平面、碟形、椭圆形和球形封头，釜底也有锥形的。平面封头结构简单，容易制造，一般在釜体直径小、常压或压力不大的条件下操作时采用。碟形和椭圆形封头应用较多。球形封头多用于高压反应器。当反应后的物料需用分层法使其分离时可用锥形底。

手孔或人孔是为了检查设备内部空间及安装和拆卸设备内部构件而设置的。手孔的直径一般为 0.15～0.20 m，它的结构一般是在封头上接一根短管，并盖以盲板。当釜体直径较大时，可以根据需要开设人孔，人孔的形状有圆形和椭圆形两种。圆形人孔公称直径一般为 400 mm，椭圆形人孔的最小直径为 400 mm×300 mm。

釜式反应器的视镜主要是为了观察设备内部的物料反应及混合情况，其结构应满足有比较宽阔的视察范围。

工艺接管口主要用于进、出物料及安装温度、压力的测定装置。进料管或加料管应做成不使料液的液沫溅到釜壁上的形状，以避免由于料液沿反应釜内壁向下流动而引起釜壁局部腐蚀。

釜式反应器的所有人孔、手孔、视镜和工艺接管口，除出料管口外，一般都开在顶盖上。

2. 搅拌器

(1) 搅拌器的类型 搅拌器是釜式反应器的重要部件,其作用是加强物料的均匀混合,强化釜内的传热和传质过程。常用的搅拌器有桨式、框式、锚式、旋桨式、涡轮式和螺带式等,如图 5-2 所示。

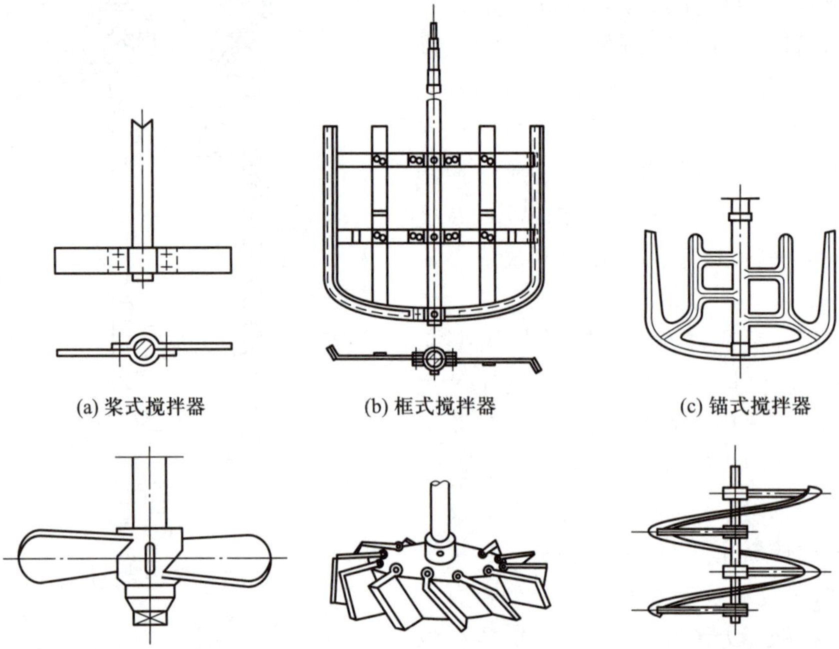

(a) 桨式搅拌器 (b) 框式搅拌器 (c) 锚式搅拌器

(d) 旋桨式搅拌器 (e) 涡轮式搅拌器 (f) 螺带式搅拌器

图 5-2 几种搅拌器的结构类型

动画

常见的几种搅拌器

桨式搅拌器由扁钢或角钢制成,是搅拌器中结构最简单的一种,由两块平桨叶组成,按桨叶的安装方式分为平直叶和折叶式两种。桨叶总长可取为釜体内径的 1/3～2/3,转速为15～80 r/min。因桨叶水平装设,故可造成水平液流,一般仅适用于不需要剧烈混合的过程。

框式搅拌器在水平桨之外增设垂直桨叶,形成一个框,可较好地搅拌液体。框的宽度可取釜内径的 2/3,转速为 15～80 r/min。

锚式搅拌器形状如锚,转动时几乎触及釜体的内壁,可及时刮除壁面沉积物,有利于传热。此种搅拌器适用于黏稠物料的搅拌,转速为 15～80 r/min。大多由铸铁制成,可允许造出特定的锚形。

以上 3 种搅拌器均属于低速搅拌器,具有结构简单、制造方便的特点。

旋桨式搅拌器系用 2～3 片推进式桨叶装于转轴上而成。由于转轴的高速旋转,桨叶搅动液体沿器壁和中心流动,上下形成激烈的循环运动。若将旋桨装在圆形导流筒中,循环运动更强。这种搅拌器广泛应用于黏度较低的液体搅拌,也可用来制备乳浊液和颗粒在 10% 以下的悬浮液。操作时所用的转速为 400～1 500 r/min,对于黏度 ≥0.5 Pa · s的液体,其转速应在 400 r/min 以下。当搅拌黏性液体及含有悬浮物或可形成泡沫的液体时,其转速应为 150～400 r/min。旋桨式搅拌器具有结构简单、制造方便、可在较小的功率消耗下得到高速旋转的优点,但在搅拌黏度达 0.4 Pa · s 以上的液体时,搅拌效率不高。

涡轮式搅拌器由一个或数个装置在直轴上的涡轮所构成。其操作形式类似于离心泵的翼轮，当涡轮旋转时，液体经由中心沿轴被吸入，在离心力作用下，沿叶轮间通道，由中心甩向涡轮边缘，并沿切线方向以高速甩出，造成剧烈的搅拌。这种搅拌器最适用于大量液体的连续搅拌操作，除稠厚的糨糊状物料外，几乎可应用于任何黏度液体的搅拌。这种搅拌器的缺点是生产成本较高。

以上几种搅拌器在炼油、化工和高聚物生产过程中应用较广，此外还有螺带式搅拌器、电磁式搅拌器和超声波式搅拌器等。在工业上可根据物料的性质、要求的物料混合程度及考虑能耗等因素选择适宜的搅拌器。在一般情况下，液体的黏度对搅拌的影响较大，所以可根据液体的黏度来选型。对低黏度均相液体混合，可选用任何形式的搅拌器。对非均相液体分散混合，选用旋桨式、涡轮式搅拌器为好。在有固体悬浮物存在，固液密度差较大时，选用涡轮式搅拌器；固液密度差较小时，选用桨式搅拌器。对于物料黏稠性很大的液体混合，可选用锚式搅拌器。对需要有更大搅拌强度或需使被搅拌液体做上、下翻腾运动的情况，可根据需要在反应器内装设横向或竖向挡板及导流筒等。

(2) 搅拌器的附件　在液体黏度较低、搅拌器转速较高时，容易产生旋涡，使搅拌效果不佳。为了改善流体在搅拌过程中的旋涡现象，通常可在反应器内设置挡板或导流筒以改善流体的流动状态。但设置了搅拌附件会增加流体的流动阻力，搅拌消耗的功率增大。

挡板一般是指固定在反应釜内壁上的长条形板，其作用是避免旋涡现象，增大被搅拌液体的湍流程度，将切向流动变为轴向和径向流动，强化反应器内液体的对流和扩散，改善搅拌效果。挡板宽度与筒体内径之比为 1/12～1/10。挡板的数目视釜体而定，当反应釜直径小于 1 m 时，可安装 2～4 块。当反应釜直径大于 1 m 时，可安装 4～6 块，一般为 4 块。挡板的安装方式如图 5－3 所示。一般情况下，挡板的上边缘可与静止的液面平齐，下边缘可至釜底。当流体黏度较小时，挡板可紧贴器壁。当流体中含有固体颗粒或液体黏度较大时，为了避免固体堆积和液体黏附，使挡板和器壁之间有一定的距离，也可将挡板与器壁倾斜安装，这种结构可避免固体物料堆积或黏液生成死角。

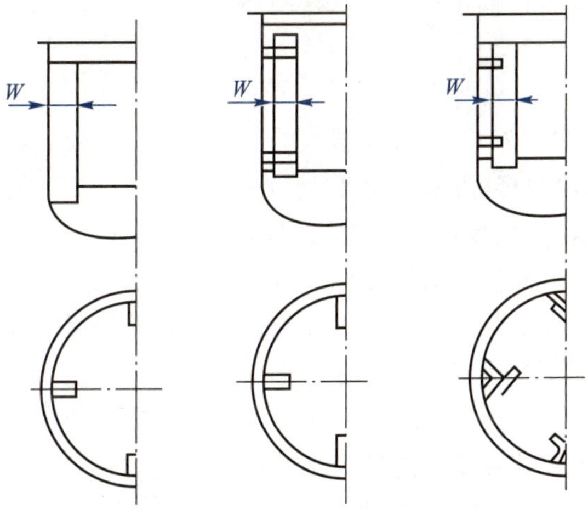

图 5－3　搅拌反应器的挡板结构

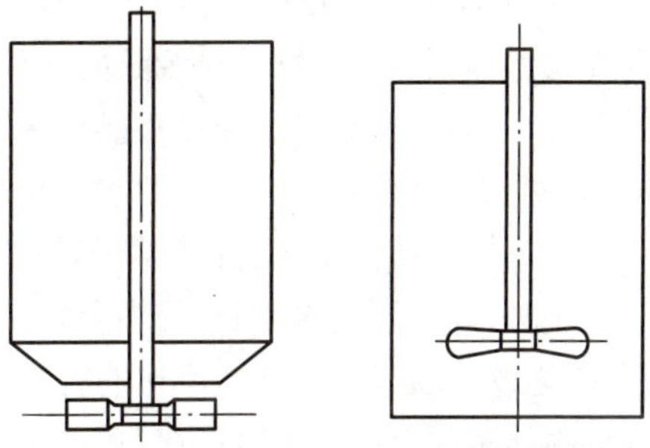

(a) 涡轮式搅拌器　　(b) 推进式搅拌器

图 5－4　导流筒示意图

无论搅拌器的类型如何，液体总是从各个方面流向搅拌器，在需要控制流型的速度和方向以确定某一特定流型时，可在反应器内设置导流筒。导流筒是一个上下开口的圆筒，安装在搅拌器的外面，常用于推进式和涡轮式搅拌器中，如图 5-4 所示。安装导流筒后，一方面提高了对液体的搅拌程度，加强了搅拌器对液体的直接机械剪切作用；另一方面，由于限定了液体的循环路径，确立了充分循环的流型，使搅拌器内所有的物料均能通过导流筒内的强烈混合区，减少了走短路的机会。

3. 密封装置

静止的搅拌釜封头和转动的搅拌轴之间设有密封装置，以防止釜内物料泄漏。轴封装置主要有填料密封和机械密封两种，其结构与离心泵的密封结构类似。填料密封结构简单，填料装卸方便，但使用寿命较短，难免微量泄漏。机械密封结构较复杂，但密封效果较好。

4. 换热装置

换热装置是反应过程中用来加热或冷却反应物料，维持反应温度条件的装置。其结构类型主要有夹套式、蛇管式、列管式和外部循环式等，也可直接用火焰或电感加热，如图 5-5 所示。

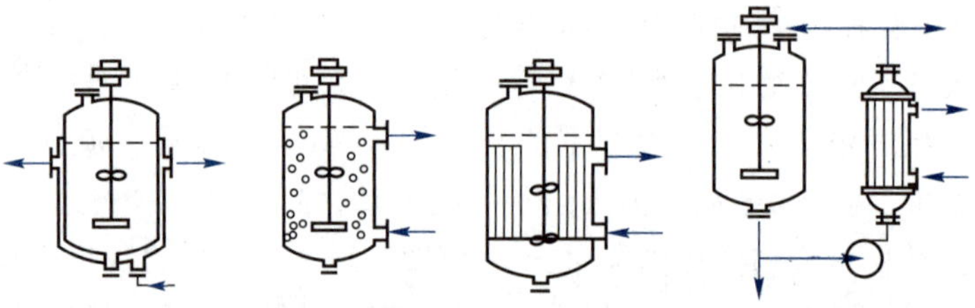

图 5-5 釜式反应器的换热装置

各种换热装置的选择主要考虑传热表面是否易结垢、所需传热面积的大小、传热介质的泄漏及传热介质的温度和压力等因素。一般在需要较大传热面积时常采用蛇管式或列管式换热装置。反应在沸腾下进行时，采用釜外回流冷凝器取走热量。在需要传热面积不大、传热介质压力又较低的情况下，常采用简单的夹套式换热器。

二、管式反应器

管式反应器是化工生产中应用较多的一种呈管状、长径比很大的连续操作反应器。其主要用于气相、液相、气-液相连续反应过程，由单根(直管或盘管)连续或多根平行排列的管子组成，一般设有套管或壳管式换热装置。操作时，物料自一端连续加入，在管中连续反应，从另一端连续流出，便达到了要求的转化率。此种反应器具有容积小、比表面积大、返混少、反应混合物连续性变化、且能承受较高的压力，反应器操作易于控制等优点。但当反应速率较慢时，则有所需管子长、压力降较大、动能消耗大等不足。随着化工生产越来越趋于大型化、连续化、自动化，连续操作的管式反应器在生产中使用越来越多，某些传统上一直使用间歇搅拌釜的高分子聚合反应，目前也开始改用连续操作的管式反应器。

管式反应器与釜式反应器相比在结构上差异较大，主要有直管式、盘管式和多管式等，如图 5-6 所示。

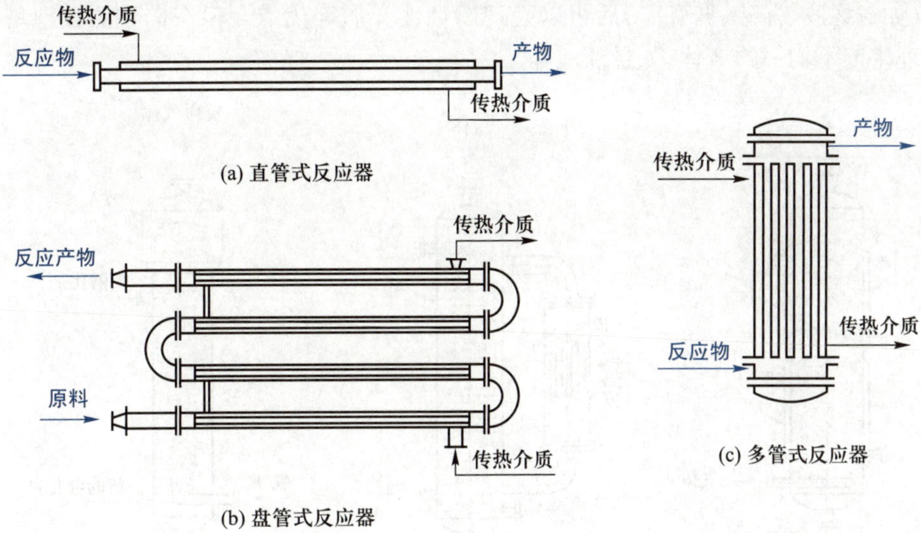

图 5-6　管式反应器的结构

单管(直管或盘管)式是最简单的一种反应器,因其传热面积较小,一般仅适用于热效应较小的反应过程,如环氧乙烷水解制乙二醇和乙烯高压聚合制聚乙烯等便使用这种反应器,管式裂解炉中的炉管亦属于盘管式反应器。多管式反应器的传热面积较大,可适用于热效应较大的均相反应过程。多管式反应器的反应管内还可充填固体颗粒,以提高流体湍动或促进非均一流体相的良好接触,并可用来储存热量以更好地控制反应器的温度,亦可适用于气-固、液-固非均相催化反应过程。

管式反应器的加热或冷却可采用套管传热、套筒传热、短路电流加热和烟道气加热等方式。套管一般由钢板焊接而成,它是套在反应器筒体外面能够形成密封空间的容器,套管内通入载热体进行传热。套筒传热是将一系列管束构成的管式反应器放置于套筒内进行传热。短路电流加热,将低电压、大电流的电源直接通到管壁上,使电能转变为热能。这种加热方法升温快,加热温度高,便于实现遥控和自控。短路电流加热已应用于邻硝基氯苯的氨化和乙酸热裂解制乙烯酮等管式反应器上。烟道气加热是利用气体或液体燃料燃烧产生的烟道气辐射直接加热管式反应器,可达数百摄氏度的高温,此法在石油化工中应用较多。

三、鼓泡塔反应器

气体以鼓泡形式通过液层进行化学反应的塔式反应器称为鼓泡塔反应器。它广泛用于气-液相反应过程。鼓泡塔反应器的基本结构是内盛液体的空心圆筒,底部装有气体分布器,壳外装有夹套或其他型式换热器或设有扩大段、液滴捕集器等,如图 5-7 所示。反应气体通过分布器上的小孔鼓泡而入,液体间歇或连续加入。连续加入的液体可以和气体并流或逆流,一般采用并流形式较多。气体在塔内为分散相,液体为连续相,液体返混程度较大。为了提高气体分散程度和减少液体轴向循环,可以在塔内安置水平多孔隔板。当吸收或反应过程热效应不大时,可采用夹套换热装置。当热效应较大时,可在塔内增设换热蛇管或采用塔外换热装置。也可以利用反应液蒸发的方法带走热量。简单的鼓泡塔具有结构简单、运行可靠、易于实现大型化、适宜于加压操作、在采取防腐措施(如衬橡胶、瓷砖、搪瓷等)后可以处理腐蚀性介质等优点。但在简单的鼓泡塔内不能处理密度不均一的液体,如悬浊液等。

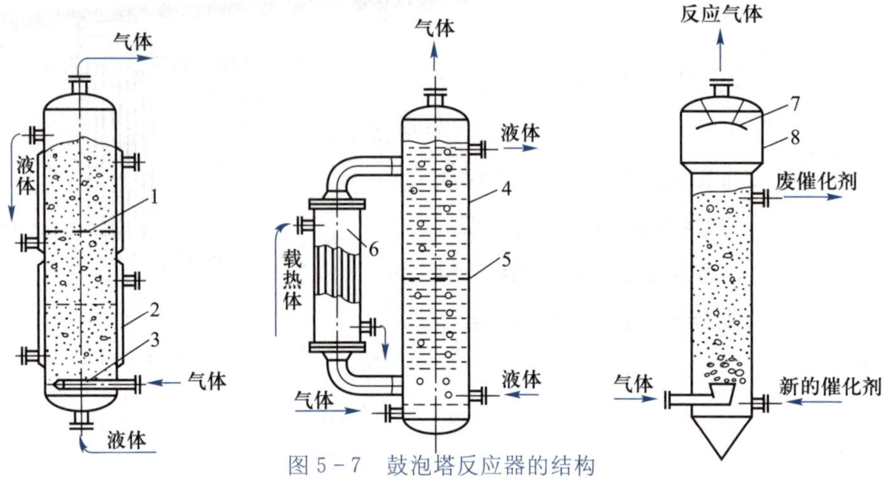

图 5-7 鼓泡塔反应器的结构

1—分布格板;2—夹套;3—气体分布器;4—塔体;
5—挡板;6—塔外换热器;7—液滴捕集器;8—扩大段

为了增加气、液相接触面积和减少返混,可在塔内的液体层中放置填料,这种塔称为填料鼓泡塔。它与一般的填料塔不同,一般的填料塔中的填料不浸泡在液体中,只是在填料表面形成液层,填料之间的空隙中是气体。而填料鼓泡塔中的填料浸没在液体中,填料间的空隙全是鼓泡液体。这种塔的大部分反应空间被惰性填料所占据,因而液体在反应器中的平均停留时间很短,虽有利于传质过程,但传质效率较低,故不如中间设有隔板的多段鼓泡塔效果好。

结构较为复杂的鼓泡塔是气体升液式鼓泡塔,如图 5-8 所示。这种鼓泡塔与简单的空床鼓泡塔的结构不同之处在于它的塔体内装有一根或几根气升管,它依靠气体分布器将气体输送到气升管的底部,在气升管中形成气、液混合物,此混合物的密度小于气升管外的液体的密度,因此引起气、液混合物向上流动,气升管外的液体向下流动,从而使液体在反应器内循环。因为气升管的操作像气体升液器,故有气体升液式鼓泡塔之称。在这种鼓泡塔中气流的搅动比简单鼓泡塔激烈得多,因此,它可以处理不均一的液体。如果把气升管做成夹套式,内通热载体或冷载体,即具有换热作用。

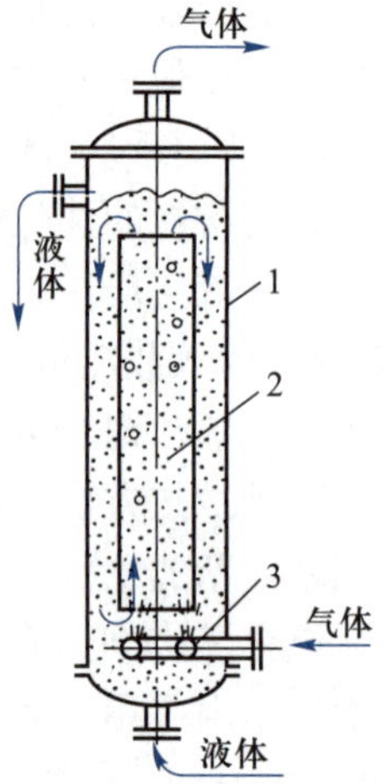

图 5-8 气体升液式鼓泡塔

1—筒体;2—气升管;
3—气体分布器

四、固定床反应器

流体通过由不动的催化剂构成的床层而进行化学反应的设备称为固定床反应器。该反应器尤其适合于气-固相催化反应过程。如石油加工中的催化裂化、重整、异构化和加氢精制等,有机化学中的环氧乙烷、苯乙烯、环已烷、氯乙烯及丙烯腈等的生产,用的都是固定床反应器。

固定床反应器的特点是除床层极薄和气体流速很低的特殊情况外，床层内气体的流动均可视为理想平推流流动，因而化学反应速率较快，为完成同样生产任务所需要的催化剂用量和反应器体积较小。流体通过床层的停留时间可以严格控制，温度分布可以适当调节，因而有利于提高化学反应的转化率和选择性。固定床内的催化剂不易磨损，可以较长时间连续使用。适宜于在高温高压条件下操作。

但是，由于固体催化剂在床层中静止不动，而且催化剂载体往往导热性能不良，气体流速又受压力降限制不能太大，因此固定床反应器的传热性能较差，温度控制较困难。尤其是对于放热反应，在换热式反应器的入口处反应物浓度较高时，则反应速率较快，放出的反应热量往往来不及移走，因而使反应物料温度升高，促使反应以更快的速率进行，从而放出更多的热量，导致反应物料的温度继续升高以致超过工艺允许的最高温度，甚至会失去控制，降低了反应的选择性、催化剂的活性和寿命。同时，设备的强度等性能也受到了严重的危害。此外，固定床反应器不能使用细粒催化剂，否则流体阻力增大，影响正常操作。

随着化工生产的发展，已出现多种型式的固定床反应器，以适应不同的传热要求和传热方式，主要分为绝热式和换热式两大类。

动画 固定床反应器

（一）绝热式固定床反应器

在反应过程中不与外界进行热量交换的反应器称为绝热式反应器，又分为单段绝热式和多段绝热式。

1. 单段绝热式固定床反应器

动画 轴向绝热式固定床反应器

单段绝热式固定床反应器一般为一个高径比不大的圆筒体，除在圆筒体下部装有栅板外，内部无其他构件，栅板上部均匀堆置催化剂。反应气体经预热到适当温度后，从圆筒体上部通入，经过气体预分布装置，均匀通过催化剂层进行反应，反应后的气体由下部引出，如图5－9所示。单段绝热式固定床反应器结构简单，造价低，反应器体积利用率较高。但只适用于反应热效应较小、反应温度允许波动范围较宽、单程转化率较低的反应过程，如乙苯脱氢制苯乙烯、乙烯水合制乙醇等。

动画 径向固定床反应器

对于热效应较大的反应，只要反应温度不是很敏感（即副反应不严重）或反应速率非常快的过程，有时也使用这种类型的反应器。例如，甲醇在银或铜作为催化剂的条件下用空气氧化制甲醛，虽然反应热很大，但因反应速率很快，则只需很薄的催化剂床层即可，如图 5－10 所示。

2. 多段绝热式固定床反应器

单段绝热式固定床反应器的缺点是整个反应过程没有换热或仅仅依靠床壁散热，当反应热效应较大，而反应速率较慢时，则不能仅设置一层催化剂，否则，其绝热升温（反应过程放出的热量完全用来提高系统内的温度，这个温度的提高称为绝热升温）必将使反应器内温度的变化超出允许范围。在这种情况下，应采用多段绝热式固定床反应器。

多段绝热式固定床反应器又分为中间换热式和冷激式。中间换热式固定床反应器是在段间装有换热器，其作用是将上一段的反应气冷却，同时利用此热量将未反应的气体预热或通入外来载体取出多余反应热。换热设备可以放在反应器外，如图 5－11(a)、(b)所示。如炼油生产中的重整就用四台反应器，每台之间有一台加热器把因吸热而降温的物料重新加热，以进入下一段去反应。也可放在反应器内，如图 5－11(c)所示。由

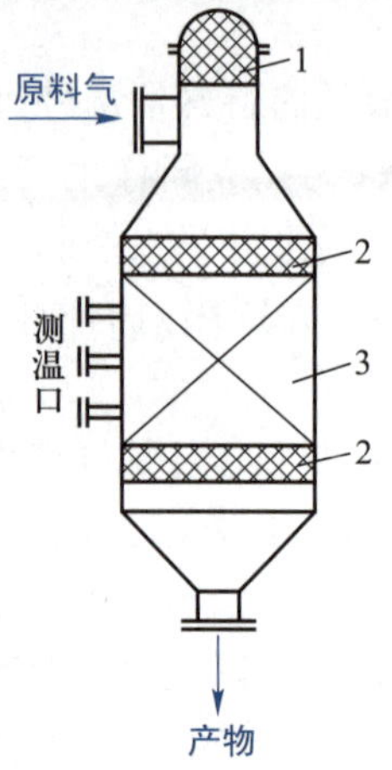

图 5-9　单段绝热式固定床反应器

1—矿渣棉；2—瓷环；3—催化剂

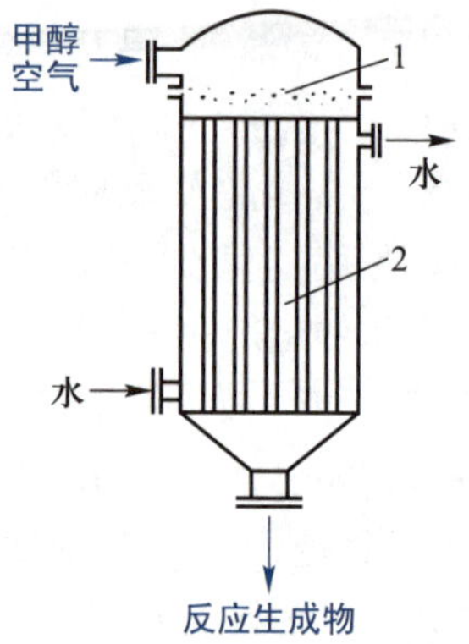

图 5-10　甲醇氧化用的薄层反应器

1—催化剂(层高约 20 cm)；2—冷却器

于这种换热装置效率不高，而且层间容积不能太大，因此只适用于换热量要求不太大的情况。冷激式多段绝热式固定床反应器又称为直接换热式反应器，它与间接换热式反应器不同。间接换热式反应器是用热交换器使冷、热流体通过管壁进行热交换，而冷激式则是用冷激气体直接与反应器内的气体混合，以降低反应温度，如图 5-11(d)、(e)所示。根据使用冷激气体的不同，又可分为原料气冷激式反应器和非原料气冷激式反应器。冷激式反应器结构简单，便于装卸催化剂，内无冷管，避免了由于少数冷管损坏而影响操作，特别适用于大型催化反应器。工业上高压操作的反应器如大型氨合成塔、一氧化碳和氢合成甲醇常采用冷激式反应器。

动画
多段绝热式固定床反应器

动画
列管式固定床反应器

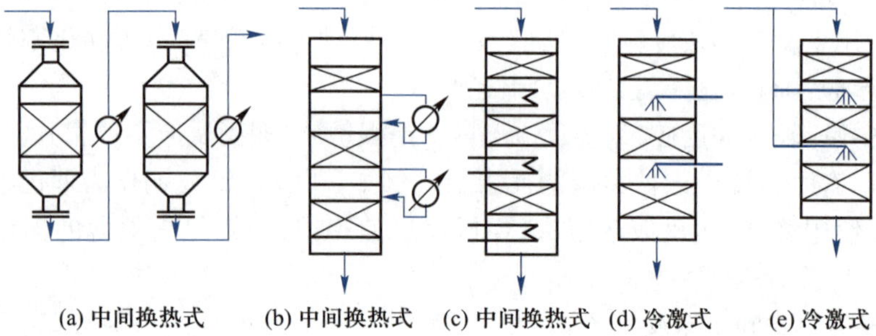

图 5-11　多段绝热式固定床反应器

(二) 换热式固定床反应器

当反应热效应较大时，为了维持适宜的温度条件，必须利用换热介质来移走或供给热量。按换热介质的不同，可分为对外换热式反应器和自身换热式反应器。

1. 对外换热式反应器

以各种热载体为换热介质的换热式反应器称为对外换热式(或外换热式)反应器。在化工生产中应用最多的是换热较好的列管式固定床反应器，通常在管内充填催化剂，管间通热载体，气体原料自上而下通过催化剂床层进行反应，而反应热由床层通过管壁与管外的热载体进行热交换。这种反应器既适用于放热反应，也适用于吸热反应。

列管式反应器的列管由导热系数较大的金属材料制成。列管管径的选择和反应热效应有关，为了使径向温度分布比较均匀，热效应越大，选用管径越小，但也不宜过小，过小流体阻力增加，一般取 20～50 mm 为宜。根据生产规模，列管数可多可少。

为了使气体在各管内分布均匀，以满足反应过程所需要的停留时间和温度条件，催化剂的装填十分重要，必须尽量做到装填均匀，力求各管阻力相等。为了减少流动压力降，催化剂粒径不宜过小，以防近壁处出现沟流，一般在 2～6 mm。

热载体的选用可根据反应的温度范围、热效应、操作状况及过程对温度波动的敏感性等确定。且它在反应条件下应具有较好的热稳定性和较大的热容，不生成沉积物，对设备无腐蚀，能长期使用，价廉易得等。常用的热载体主要有水、加压水(373～573 K)、导生液(联苯二苯醚混合物，473～623 K)、熔盐(如硝酸钠、硝酸钾和亚硝酸钠混合物，573～773 K)和烟道气(873～973 K)等。

列管式固定床反应器换热效果较好，催化剂层的温度较易控制，特别适用于以中间产物为目的的强放热复杂反应过程。又因反应器内物料流动近似于理想平推流，故反应速率快，选择性高。缺点是结构复杂，造价较高，且不宜在高压条件下操作。

2. 自身换热式反应器

在反应器内，换热介质为原料气，并通过管壁与反应物料进行换热以维持反应温度的反应器称为自身换热式(或称自热式)反应器。自身换热式固定床反应器只适用于热效应不大的放热反应以及高压条件下的反应过程，如用于合成氨和甲醇的生产。其优点是既能做到热量自给，又不需要另设高压换热设备，如图 5-12 所示。这种反应器的结构型式集反应与换热于一体，利用反应热对原料进行预热，实现了热量自给，从而使设备具有更紧凑与高效、热量利用率高、易实现自动控制等优点。

图 5-12　自热式固定床反应器

气固相固定床催化反应器除以上几种主要型式外，近年来又发展了径向反应器。它是为了提高催化剂的利用率而设计的，使采用细粒催化剂的同时并不增加气体的压力降。气体通过多孔的分气管做径向流动，由于气体流程缩短，虽使用较细颗粒催化剂而压力降却不大，因此节省了动力，但在此类反应器中，气体分布的均匀性却是很重要的。

在工业上选择固定床反应器时，应考虑以下条件：保证径向、轴向温度分布均匀，并使反应维持在最适宜的温度范围；催化剂装量充足，并能充分发挥作用；气体物料通过催化剂床层的阻力要小，并可加大空间速度以强化生产，满足工艺要求，提高产品收率等。此外，还要考虑设备结构简单、操作方便、安全可靠等因素。

五、流化床反应器

流体自下而上通过固体颗粒床层，当流体速度增加到一定的程度时，颗粒被流体托起做悬浮运动，这种现象叫做固体流态化。利用流态化技术进行化学反应的设备称为流化床反应器。它是气-固相催化反应常用的一种反应器。

(一) 流化床反应器的特点

在流化床反应器中，床层上的固体催化剂颗粒在气流的作用下剧烈搅动，上下沉浮，能像流体一样运动。它与固定床反应器相比有如下特点。

（1）由于流化床所用固体颗粒比固定床小得多，因而具有较大的比表面积，使流化床单位体积内气固相间接触面积很大，并且降低了内扩散阻力，增加了内表面的利用率，从而提高了相界面的传质、传热速度。又由于床层内气流与颗粒剧烈搅动混合，使床层温度分布均匀，避免了局部过热或局部反应不完全的现象，这对于某些强放热反应过程是十分重要的。

（2）由于流化床内的固体颗粒不断地冲刷换热器表面的激烈运动，促使壁面气膜变薄，使床面不断地更新，从而提高了床层对壁面的给热系数，因此所需换热器的传热面积较小。

（3）由于流化床中的固体颗粒有类似于流体的流动性，因此从床层中取出颗粒或向床层中加入新的颗粒都很方便，可使反应过程和再生过程实现连续化及自动控制。

（4）流化床内的气流和固体颗粒沿设备轴向混合（返混）很严重，使已反应的物质返回，稀释了参加反应的物质，致使反应速率降低。又由于气体部分成为大气泡通过床层使气固相接触不良，催化剂的利用率降低，气体在床层内的停留时间分布不均匀，因而增加了副反应，导致反应过程的转化率下降和选择性变差。

（5）由于固体颗粒间剧烈碰撞，造成催化剂磨损破碎，增加了催化剂的损失和防尘的困难。同时，由于固体颗粒的磨蚀作用，管子和容器的磨损也很严重。

由此可见，对于热效应很大的放热或吸热反应，要求有均匀的催化剂温度并需要精确控制温度的化学反应；催化剂使用寿命短，操作较短时间就要更换或活化的反应；某些可以在高浓度下比较安全操作的氧化反应等，都比较适用流化床反应器。对于要求高转化率的反应和要求催化剂床层温度分布的反应，一般不适于使用流化床反应器。

（二）流化床反应器的结构

流化床反应器的结构型式很多，一般有以下几种类型。

1. 按照固体颗粒是否循环分类

动画
乙烯氧氯化流化床反应器

按照固体颗粒是否循环分类，流化床可分为单器或称为非循环操作的流化床及双器或称为循环操作的流化床。单器流化床在工业上应用最为广泛，如乙烯氧氯化流化床反应器，其结构如图 5-13 所示，这类反应器多用于催化剂使用寿命较长的气固相催化反应过程。

双器流化床多用于催化剂使用寿命较短且容易再生的气固相催化反应过程，如石油炼制工业中的催化裂化装置，其结构型式如图 5-14 所示。

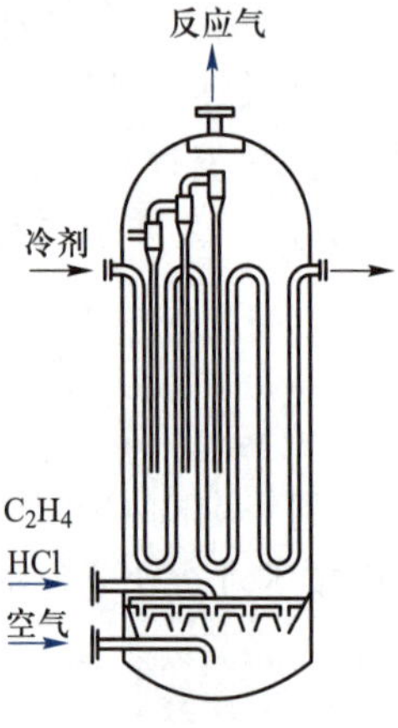

图 5-13　乙烯氧氯化流化床反应器

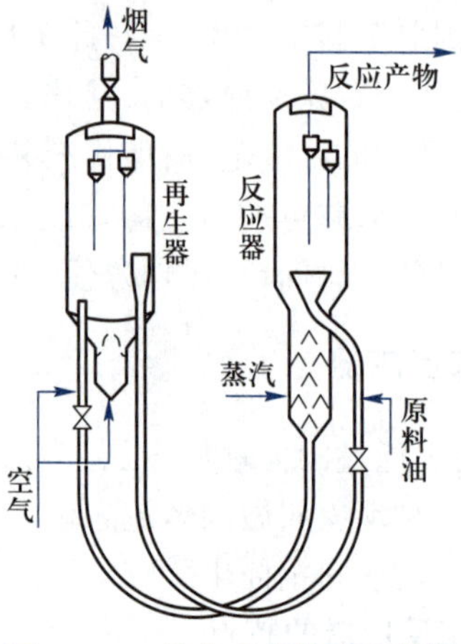

图 5-14　流化床催化裂化装置

在这类双器流化床中，催化剂在反应器和再生器之间的循环，是靠控制两器的密度差形成压差实现的。因为两器间实现了催化剂的定量定向流动，所以同时完成了催化反应和再生烧焦的连续操作过程。

2. 按照床层的外形分类

按照床层的外形分类，流化床可分为圆筒形和圆锥形流化床。以上皆为圆筒形流化床反应器，其结构简单，制造容易，设备容积利用率高，在设计和生产方面都积累了较丰富的经验，获得了广泛应用。

圆锥形流化床的结构型式如图 5-15 所示。这类流化床虽然结构比较复杂，制造比较困难，设备的利用率较低，但因其截面自下而上逐渐扩大，也具有很多优点。

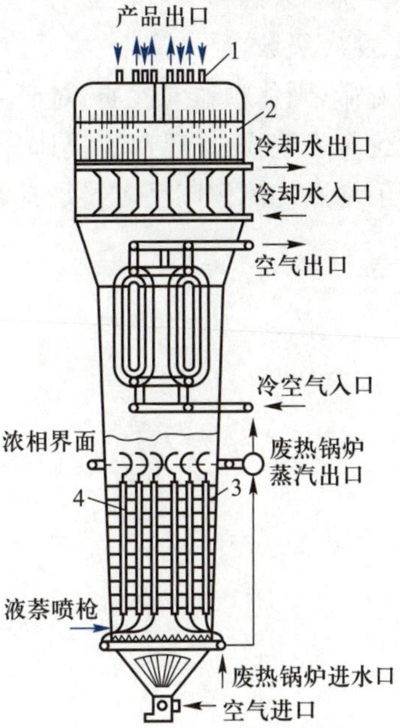

图 5-15 圆锥形流化床萘氧化反应器

1—防堵定期吹氮口；2—过滤管；3—挡网；4—废热锅炉管

(1) 适用于催化剂粒度分布较宽的体系。由于床层底部速度大，较大颗粒也能流化，防止了分布板上的阻塞现象。上部速度低，减少了气流对细粒的带出，提高了小颗粒催化剂的利用率，同时也减轻了气固分离设备的负荷。

(2) 由于底部速度大，增强了分布板的作用。床层底部的速度大，空隙率也增加了，使反应不至于过分集中在底部，并且加强了底部的传热过程，故可减少底部过热和烧结现象的发生。

(3) 适用于气体体积增大的反应过程。气泡在床层的上升过程中，随着静压的减小，体积相应增大。采用锥形床，选择一定的锥角，可适应这种气体体积增大的要求，使流化更趋平稳。

3. 按照床层中是否置有内部构件分类

按照床层中是否置有内部构件分类，流化床可分为自由床和限制床。床层中设置内部构件的称为限制床，反之称为自由床。设置内部构件的目的在于增进气固接触，减少气体返混，改善气体停留时间分布，提高床层的稳定性，从而使高床层和高流速操作成为可能。这些条件对于反应速率慢、级数高和副反应严重的气固相催化反应来说都是很重要的，因此许多流化床催化反应器都采用限制床，即采用挡网、挡板等作为内部构件。对于反应速率快、延长接触时间不致产生严重副反应，或对于产品要求不高的催化反应过程，则可采用自由床，如石油炼制工业的催化裂化反应器便是典型的一例。床层内设置的换热器在某种程度上也起到内部构件的作用，但习惯仍称为自由床。

4. 按照反应器内层数的多少分类

按照反应器内层数的多少分类，流化床可分为单层式和多层式流化床。对气固相催化反应主要是应用单层流化床。但在单层流化床中，气固相间不能进行逆相操作，反应的转化率较低，气固接触时间短，而且满足不了某些过程需要在不同的阶段控制不同反应温度的要求，这时可采用多层式流化床。用于石灰石焙烧的多层式流化床的结构如图 5-16所示。

在多层式流化床中，气流由下往上通过各段床层，流态化的固体颗粒则沿着溢流管从上往下依次“流过”各层分布板，其流型有如板式精馏塔，只是“流动”的是流态化的固体，而不是液体。

流化床结构型式的选择，应该根据工艺过程的特点来考虑。主要有化学反应的类型、反应级数、反应速率、副反应情况、反应热及反应对温度和压力条件的要求、催化剂使用寿命、固体颗粒的性质、对产品的要求及生产规模等。尽管流化床的结构型式很多，但无论什么型式，一般都由气体分布装置、内部构件、换热装置、气体分离装置等组成。生产丙烯腈的流化床反应器是有代表性的单器流化床反应器，其结构如图 5－17 所示。

动画
丙烯腈流化床

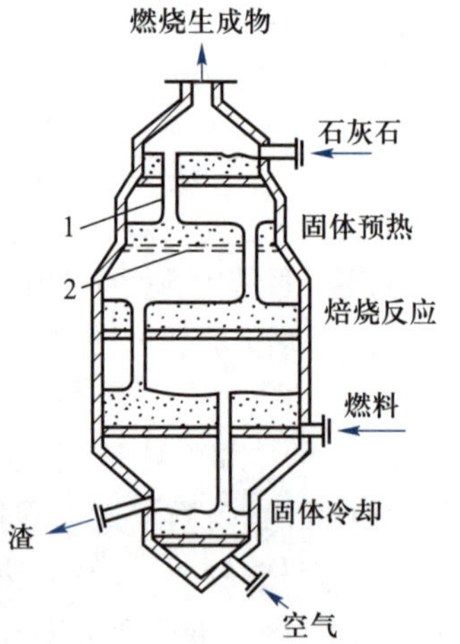

图 5－16　多层式流化床

1—溢流管；2—气固分布板

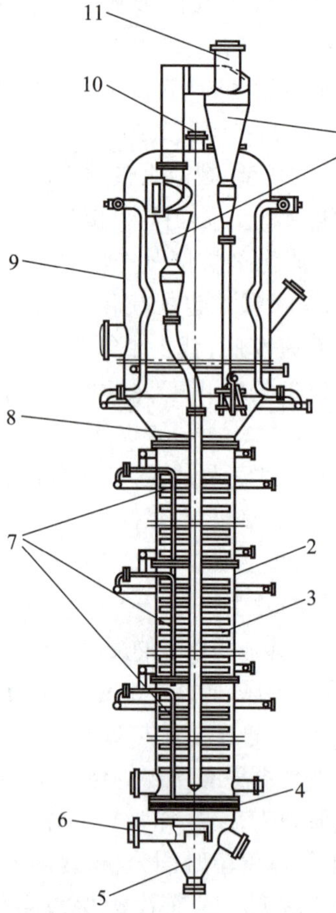

图 5－17　丙烯腈流化床反应器的结构示意图

1—旋风分离器；2—反应段；3—导向挡板；4—分布板；5—锥底；6—进料管；7—冷却管；8—料腿；9—扩大段；10—防爆板；11—反应气出口

第三节　反应设备的使用与维护

一、釜式反应器的运行与操作

如图 5－18 所示为生产高密度低压聚乙烯的搅拌釜聚合系统，这是目前典型的、在工业上应用最为广泛的聚合系统。下面简述其日常运行过程与操作要点。

(一) 开车

首先，通入氮气对聚合系统进行试漏、氮气置换。检查转动设备的润滑情况，投运冷却水、蒸汽、热水、氮气、工厂风、仪表风、润滑油、密封油等系统，投运仪表、电气、安全联锁系统，向聚合釜中加入溶剂或液态聚合单体，当釜内液体淹没最低一层搅拌叶后启动聚合釜搅拌器，继续向釜内加入溶剂或单体，直至达到正常料位为止。升温使釜温达到正常值，在升温的过程中，当温度达到某一规定值时，向釜内加催化剂、单体、溶剂、分子量调节剂等，同时控制聚合温度、压力、聚合釜料位等工艺指标，使之达到正常值。

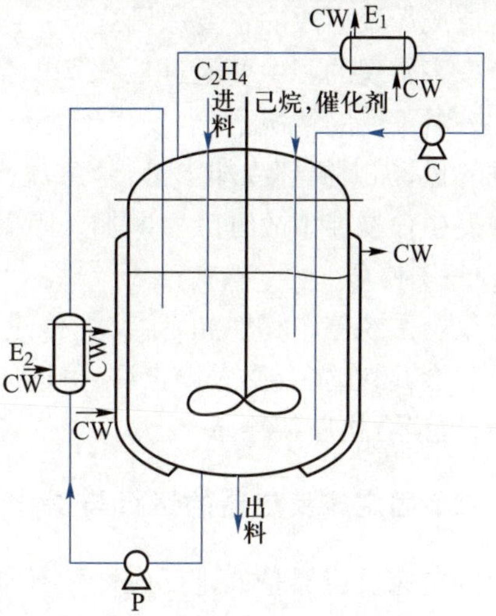

图 5-18　搅拌釜聚合系统示意图

(二) 聚合系统的操作

1. 温度控制

控制好聚合温度对于聚合系统操作是最关键的，控制聚合温度一般有如下 3 种方法。

(1) 通过夹套冷却水换热。

(2) 如图 5-18 所示，由循环风机 C、气相换热器 E_1、聚合釜组成气相外循环系统，通过气相换热器 E_1 能够调节循环气体的温度，并使其中的易冷凝气相冷凝，冷凝液流回聚合釜，从而达到控制聚合温度的目的。这种取热方法称为气相外循环取热。

(3) 如图 5-18 所示，由浆液循环泵 P、浆液换热器 E_2 和聚合釜组成浆液外循环系统，通过浆液换热器 E_2 能够调节循环浆液的温度，从而达到控制聚合温度的目的。这种取热方法称为浆液外循环取热。

究竟采用哪种取热方式，主要取决于聚合釜的容积及聚合单体、溶剂、聚合浆液的性质。大型聚合釜往往同时采用两种以上的取热方法。

2. 压力控制

在聚合温度恒定的情况下，聚合单体为气相时聚合釜的压力主要通过催化剂的加料量和聚合单体的加料量来控制。聚合单体为液相时聚合釜的压力主要取决于单体的蒸气分压，也就是聚合温度。在聚合釜气相中，不凝的惰性气体的含量过高是造成聚合釜压力超高的原因之一，此时需放火炬，以降低聚合釜的压力。

3. 料位控制

聚合釜的料位应该严格控制，一般控制在 70%左右，连续聚合时通过聚合浆液的出料速率来控制，且此时聚合釜必须有自动料位控制系统，以确保准确控制料位。如果料位控制得过低，聚合产率低，料位控制得过高甚至满釜，就会造成聚合浆液进入换热器、风机等设备中造成事故。

4. 浆液浓度的控制

控制聚合浆液的浓度也非常重要。若浆液过浓，则会造成搅拌器电动机电流过高，引起超负载跳闸、停转。这就会造成釜内聚合物结块，甚至引发飞温、爆聚事故，停止搅拌是造成爆聚事故的主要原因之一。控制浆液浓度主要是通过控制溶剂的加入量和聚合产率来实现的。主要通过催化剂的加入量来调节聚合产率的高低。在聚合温度和单体加入量不变的情况下,当发生聚合温度失控时,应立即停进催化剂、聚合单体,增加溶剂进料量,加大循环冷却水量,紧急放火炬泄压,向后系统排聚合浆液,并适时加入阻聚剂。发生停搅拌事故时应立即加入阻聚剂,并采取其他相应的措施。

(三) 停车

聚合系统停车程序如下:首先停进催化剂、单体,继续加入溶剂,维持聚合系统继续运行一会儿;在聚合反应停止后,停进所有物料,卸料,停搅拌器和其他运转设备,用氮气置换,置换合格后待检修。

二、固定床反应器的运行与操作

固定床反应器是催化反应过程最常用的反应器之一。下面以加氢裂化反应器为例,介绍固定床反应器的日常运行和操作要点。

(一) 正常操作及控制

1. 反应温度调控

对加氢裂化来说,催化剂床层温度是反应部分最重要的工艺参数。提高反应温度可使裂解反应速率加快,原料的裂解程度加深,生成油中的低沸点组分含量增加,气体产率增高。但反应温度的提高,使催化剂表面积炭结焦速度加快,影响使用寿命。所以,温度条件的选择一般受催化剂活化、操作温度限定值、产气分布等诸多因素的影响。通常在催化剂活性允许的条件下,采用尽可能低的反应温度。调控反应温度应注意以下几个方面。

(1) 控制反应器的入口温度　以加热炉式换热器提供热源的反应,要严格控制反应器入口物料的温度,即控制加热炉出口温度或换热器终温,这是装置重要的工艺指标。如果有两股以上物料同时进入反应器,则还可通过调节两股物料的比例,达到反应器入口温度恒定的要求。加氢裂化反应器就可以通过加大循环氢量或减少新鲜进料来降低反应器的入口温度。

(2) 控制反应床层间的急冷氢量　加氢裂化是急剧的放热反应。如热量不及时移走,将使催化剂温度升高。而催化剂床层温度的升高,又加速了反应的进行,如此循环,会使反应器的温度在短时间急剧升高,使反应失控,造成严重的操作事故。在正常的操作过程中,用调节急冷氢量来降低床层温度。

(3) 原料组成的变化会引起温度的变化　原料组成发生变化,在加氢条件下,反应热也会变化,从而会引起床层温度的变化。如原料中硫和氮的含量增加,床层温度会上升,原料中的杂质增多,床层温度一般也会上升。原料变重,温度升高。而原料的含水量增加,则床层温度会上下波动。

(4) 注意反应器初期与末期温度的调控　通常在开工初期,催化剂的活性较高,反应温度可低一些。随着开工时间的延续,催化剂活性有所下降,为了保证相对稳定的反应深度,可以在允许范围内适当提高反应温度。不同的介质和不同的催化剂活性,反应的初期温度有所不同。

(5) 反应温度的限制　不同的反应过程,对温度的限制是不一样的。加氢裂化反应器规定，反应器床层任何一点温度超过正常温度15℃时即停止进料，超过正常温度28℃时，则要采取紧急措施，启动高压放空系统。因为压力下降，反应剧烈程度减缓，使温度不至于进一步剧升，从而防止造成反应失控。

2. 反应压力调控

加氢裂化是在氢气存在下的高压反应。反应压力主要是氢气的分压。提高氢气的分压，可以促使加氢反应的进行，使烯烃和芳烃的加氢反应加快，脱硫、脱氮率提高，对胶质、沥青质的脱除有好处。反应压力的选择与处理的原料性质有关，原料中含有多环芳烃和杂质越多，则所需的反应压力越高。压力波动，对整个反应的影响较大。为了维持压力的恒定，在高压分离器上装有一套压力调节系统。

压力的选择除了考虑安全因素外，还受到高压系统的设备条件限制，不能随意改变。压力的调节应注意如下几个方面。

(1) 氢气压缩机的压力调节　加氢裂化的氢气压缩机分新氢压缩机和循环氢压缩机两种。新氢压缩机主要用来补充系统氢气压力，循环氢压缩机主要是保持系统压力和对整个系统压力的维持，依靠这两种压缩机的综合平衡。压力的调节主要依靠高压分离器的压力调节器来控制。

一般情况下，不要改变循环氢压缩机的出口压力，也不要随便改变高压分离器的压力调节器的给定值。如果压力升高，通常通过压缩机每一级的返回量来调节，必要时可通过增加排放量来调节。当压力降低时，一般是增加新氢的补充量。

(2) 反应温度的影响　反应温度升高，会导致裂化深度加大，耗氢量增加，压力下降。应注意调节反应温度。

(3) 原料变化的影响　原料改变，耗氢量变化，则装置压力及循环氢压缩机入口流量随之改变，应及时调整新氢气量。如果原料带水，系统压力会上升，系统压差增大。

(4) 其他因素的影响　如果高压分离器液面控制失灵，高分串压，这时高分压力下降，低分压力上升。如果高压系统设备泄漏，会造成压力下降。

3. 其他因素

(1) 氢油比　氢油比的大小或反应物循环量的大小直接关系到氢分压和油品的停留时间，并且还影响油品的汽化率。循环气量的增加可以保证系统有足够的氢分压，有利于加氢反应。此外，过剩的氢气有保护催化剂表面的作用，在一定的范围内可以防止油料在催化剂表面缩合结焦。同时，氢油比增加，可及时地将反应热从系统带走，有利于反应床层的热平衡，从而使反应器内温度容易控制平稳。

但过大的氢油比会使系统压力降增大，使油品和催化剂接触的时间缩短，导致反应深度下降，循环压缩机负荷增大，动力消耗增加。因此，选择适当的氢油比并在反应过程中保持恒定是非常重要的。一般氢油比是指循环氢气量/进料量，有体积比和质量比之分。

循环氢压缩机是最主要的设备之一，经常改变循环氢气量是不可能的，要求在整个操作周期应保持恒定。因此改变进料量，将会影响氢油比。所以操作原则是根据工艺条件，选择在最佳氢油比的范围内操作，一般不作为调节参数。如果条件允许，可以通过改变循环氢压缩机的压力或改变进料量来调节。原则上氢油比低于设计值的1/2时，必须停止进料，加热炉熄火。

(2) 空速　单位时间内通过单位催化剂床层的反应物料量称为空速。有体积空速和质量空速之分。

降低空速,原料反应时间延长,深度加大,转化率提高。但若空速过低,则二次反应加剧,副产物增加,反应物纯度下降。空速增加,处理能力增大,但空速的增加是要受到设备设计负荷和相应温度等限制的。

空速一般不作为调节手段,由原料特性及处理量大小、催化剂的性质来决定。通常要求最小实际空速不得低于设计值的 1/2。空速的大小就是油品在催化剂上停留时间的长短,直接影响反应和转化率、生焦等,可用进料量来调节。在操作过程中,需要进行提温提空速时,应“先提空速后提温”,而降空速降温的情况则“先降温后降空速”。如果违背这个原则,就会造成剧烈的加氢裂化反应,使氢纯度下降,增加催化剂表面的积炭。在不正常的情况下,应尽量避免空速大幅度下降,防止引起反应温度超高。

(二) 催化剂的再生

经过一个周期的运行,随着催化剂表面结炭的积累,固定床催化剂的活性就会下降,无法继续运行,因而需要进行再生或重新活化,才能继续运行。固定床催化剂的再生操作,一般都是间歇式的,即停止进物料后才能进行再生。再生的方式有器内再生和器外再生两种。

1. 器内再生

器内再生就是反应物料停止进反应器后,催化剂保留在反应器内,而将再生介质通过反应器进行再生操作。这种再生方式避免了催化剂的装卸,缩短了再生时间,是一种广泛使用的方式。

(1) 再生前的预处理　遵循“先降温后降量”的原则,严格按照工艺要求的降温速度进行。温度降到规定要求,并且停止进料后,就可以用惰性气体(一般是工业氮气)对系统进行吹扫,将反应系统的烃类气体和氢气吹扫干净。经化验,反应器出口的气体内烃类和氢气的含量小于 1%即可。有特殊要求的催化剂,应在反应系统充入氮气,以保护催化剂。

(2) 再生的进行　催化剂表面的结炭,一般用氧气烧炭法再生。为了控制烧炭的速度,以免在燃烧过程中产生的热量烧毁催化剂,常配以一定量的氮气,以调节进料气体的氧浓度。在催化剂再生过程中,应注意控制升温速度,即床层最高温度与反应器入口温度之差。升温速度也不能过快,如发现温升超过 70℃,应立即调整再生稀释气体控制温升。一般催化剂床层最高温度不能超过 500℃,否则对催化剂有损坏。

(3) 再生的结束　随着烧焦的进行,催化剂积炭在减少,这时增加空气中的氧含量,床层没有明显的温升,说明烧焦过程基本结束。逐步增加空气量,如控制床层温度不大于 500℃,空气氧的体积分数可提高到 10%。在最大空气量下,保持 4 h,无明显温升,即烧焦再生过程结束。在降温过程中,小心观察床层内各点的温度,如有任何燃烧迹象,应立即减少空气量或停止送入空气,并增加蒸汽量,控制燃烧。一般降温速度不能过快,以 25～30℃/h 为宜。

2. 器外再生

器外再生即反应物料停进后,经过降温、吹扫等正常处理后,将催化剂移出反应器外进行的再生过程。这种方式的优点是可以较好地保护反应器，不至于在器内再生时由于超温或燃烧的酸性气体对器壁产生腐蚀。另外，催化剂移出器外，可以采用条件比较苛刻的再生手段，以达到最理想的再生效果，甚至可以送催化剂工厂或专门的催化剂再生装置，能较好地保证再生质量，有一定的优越性。

在卸出催化剂操作时，尽量缩短卸剂时间，防止未经再生的催化剂接触空气后发生二次燃烧。卸出的催化剂要求有专门的容器(桶)，并配备氮封，严禁空气进入。在整个运输过程中都要求氮气保护。卸出催化剂的反应器，要根据专门的要求，进行专门的清洗，以保护催化剂。

思考与练习

1. 简述反应设备的类别。
2. 简述釜式反应器的基本结构及各部件的作用。
3. 试分析常见搅拌器的结构型式及特点。
4. 简述固定床反应器的特点。
5. 简述流化床反应器的类别及特点。

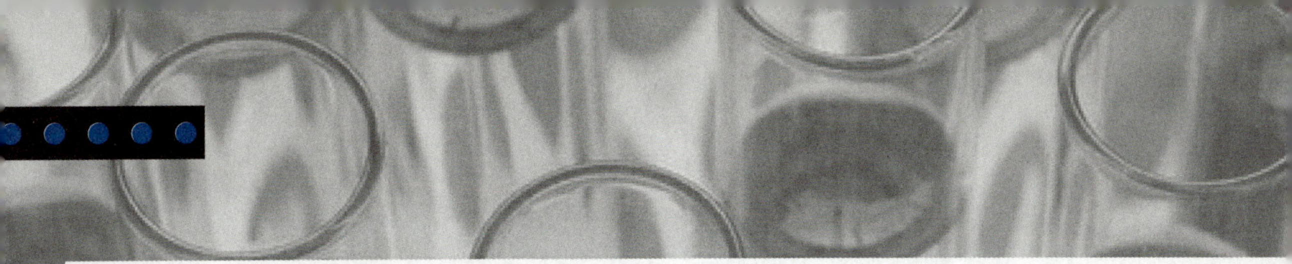

第六章　管式加热炉的使用与维护

知识目标

- 了解管式加热炉的工作过程及主要技术指标。
- 了解管式加热炉的类别。
- 掌握管式加热炉主要构件的作用及特点。
- 了解管式加热炉的检修内容。

能力目标

- 能进行管式加热炉的正常操作，掌握管式加热炉的运用及其开、停车要点。

管式加热炉是在炼油、石油化工、轻工等行业广泛使用的一种火力加热设备。它利用燃料在炉膛内燃烧时产生的高温火焰和烟气加热在炉管内流动的物料，使其达到生产工艺所要求的温度。本章主要介绍管式加热炉的工作原理、类型、构造及使用与维护等内容。

知 识 框 图

- 管式加热炉的使用与维护
  - 类型
    - 管式加热炉的主要工艺参数
    - 按外形：箱式炉、立式炉、立式圆筒炉、大型方炉
    - 按用途：进行化学反应用炉、加热液体的炉子、气体加热炉、加热混相流体的炉子
    - 炉型选择基本原则
  - 结构及特点
    - 一般结构
      - 辐射室，火焰或高温烟气进行辐射传热的部分，是热交换的主要场所，占炉子热负荷的70%~80%。对流室，与从辐射室出来的烟气进行对流换热的部分。余热回收系统，从离开对流室的烟气中进一步回收余热的部分，回收方法有空气预热和废热锅炉两种方式。燃烧器，燃料与空气充分混合燃烧的部分。通风系统，将燃烧用空气引入燃烧器，并将废烟气引入炉子的部分，有自由通风和强制通风两种方式
    - 炉体与炉管
      - 炉体由钢架、炉墙组成；炉管是炉子的重要部件，占炉子总投资一半以上；炉管配件主要有炉管连接件和炉管支承件
    - 燃烧器
      - 燃烧器由燃料喷嘴、调风器、燃烧道三部分组成，按所用燃料可分为气体、液体和油-气联合燃烧器
    - 空气预热器
      - 钢管式空气预热器分为立式和卧式两种，具有结构简单、易制造、价格低、无转动部件、占地大、露点腐蚀及积灰较严重等特点。回转式空气预热器主要由换热元件转子、转轴、导管等构成，具有积灰少、腐蚀轻、元件易换、换热面积大、能耗高、制造难、价格高等特点
  - 使用与维护
    - 管式加热炉的操作
      - 开工操作：烘炉，除去炉墙中的水分并使胶泥烧结；试压，检查炉管及附属设备有无泄漏；开炉前的全面检查；点火
      - 正常操作：控制好进料量、进料温度、炉出口温度、炉膛温度、过剩空气系数、火焰温度及状况、炉管压力降等参数
      - 停工操作：正常停工，紧急停工
    - 管式加热炉的检修
      - 中修与大修
      - 炉管清焦、炉管更换、炉管与弯头连接、炉管清灰
    - 管式加热炉的故障处理
      - 常见故障、产生原因及处理方法（见表6－4）
    - 管式加热炉的维护保养
      - 按《加热炉维护保养规程》进行维护保养，分为日常维护保养、季度维护保养和年度维护保养

第一节　管式加热炉的工作过程及类型

一、管式加热炉的工作过程及作用

一般把具有用耐火材料包围的燃料室、利用燃料燃烧产生的热量将物料(固体或液体)加热的设备称为“炉子”。工业上有各种各样的炉子,如冶金炉、窑炉、蒸汽锅炉等,而管式加热炉具有其他一些工业炉所没有的若干特征:被加热物质在管内流动,故仅限于加热气体或液体,而且这些气体或液体通常都是易燃易爆的烃类物质,与锅炉加热水或蒸汽相比,危险性更大,操作条件要苛刻得多;加热方式为直接受火式;只烧液体或气体燃料;长周期连续运转,不间断操作。

加热炉工作时,燃料经安装在加热炉底部的燃烧器喷入炉内,与空气均匀混合后在炉膛燃烧。产生的火焰及高温烟气温度为1 000～1 500℃,主要以辐射传热的形式将大部分热量传递给辐射炉管内流动的物料。烟气温度降至800℃左右后经辐射室进入对流室。在对流室,高温烟气主要以对流传热的方式将热量传递给对流炉管内流动的物料。烟气温度降至200～300℃后经烟囱排出。

燃料燃烧产生的火焰不允许舔到炉管上,以防炉管被烧坏。所以,辐射室应有足够的体积。炉墙有良好的隔热性能,热量散失得很少,炉墙吸收烟气、火焰放出的热量温度升高,然后又把热量反射回来,其中的一部分被炉管吸收,提高了炉管的吸热能力。炉墙反射热量的现象称为炉墙的再辐射。因炉墙的温度远低于火焰的温度,再辐射的热量在加热炉总热量中所占的比例并不大。

燃料燃烧的好坏与燃料种类、空气量及二者的混合状况等因素有关。当燃料种类一定时,燃料与空气混合的好坏,主要取决于燃烧器的结构及性能。燃料燃烧产生的火焰形状和大小也主要与燃烧器的结构及性能有关。

加热炉工作时,必须不断地将燃烧产生的烟气排到炉外,同时将新鲜空气引入炉内。当炉内烟气流动阻力不大时,一般采用自然通风方式。当炉子结构复杂或装有空气预热器,烟气流动阻力较大时,则使用风机进行强制通风。

管式加热炉在石油化工工业中被广泛使用,其投资比例一般占装置总投资的10%～14%,钢材用量约占装置钢材总用量的20%,燃料的消耗量也很可观。管式加热炉的设计、制造、安装及操作是否先进合理,对生产装置的原料处理量、产品的质量和收率、能耗及生产周期等指标都有重要影响。

二、管式加热炉的主要工艺参数

1. 炉的出口温度

炉的出口温度指物料出炉时被加热的温度。不同的工艺过程,对炉的出口温度有不同的要求,操作时应按工艺要求严格控制炉的出口温度。

2. 加热炉的有效热负荷 Q

加热炉的有效热负荷即加热炉的总热负荷,是指单位时间内物料通过炉管所吸收的总热量,一般以 kJ/h(kW)为单位。无论吸收的热量用于升温、汽化或化学反应,均为有效热负荷。

热负荷的理论值可根据介质在管内的工艺过程(加热、化学反应)进行计算。加热炉的设计热负荷通常取计算热负荷的 1.15～1.2 倍。热负荷的大小表示炉子生产能力的大小。

3. 加热炉的热效率 η

加热炉的热效率表示炉子提供的热量被有效利用的程度,是衡量加热炉燃料消耗及加热炉设计、操作水平高低的主要指标,一般用加热炉的有效热负荷与入炉总热量的比值来表示,即

$$\eta=\frac{Q}{Q_n}=\frac{Q}{BQ_1} \tag{6-1}$$

式中　η——炉子的热效率;

Q_n——入炉总热量,kW;

B——燃料消耗量,kg/s;

Q_1——燃料低发热值,kJ/kg;

Q——加热炉的有效热负荷,kW。

将式(6－1)整理可得

$$B=\frac{Q}{\eta Q_1} \tag{6-2}$$

由式(6－2)可知,当加热炉的有效热负荷、燃料低发热值一定时,热效率越高,燃料的消耗就越少。因此,提高加热炉的热效率,是减少燃料消耗、节约能源的重要措施。

4. 过剩空气系数 α

加热炉的燃料燃烧时,实际空气用量与理论空气用量之比称为过剩空气系数,即

$$\alpha=\frac{L}{L_0}=\frac{V}{V_0} \tag{6-3}$$

式中　α——过剩空气系数;

L、V——实际空气用量,kg 空气/kg 燃料,Nm^3 空气/kg 燃料;

L_0、V_0——理论空气用量,kg 空气/kg 燃料,Nm^3 空气/kg 燃料。

为了保证燃料与空气充分混合并完全燃烧,实际入炉的空气量应比理论计算的空气量要多,即 α 一般应大于 1。但应注意,在保证燃料完全燃烧的情况下,α 越小越好。

5. 辐射室烟气平均温度 t_g

燃料在加热炉辐射室完全燃烧后,放出大量的热,炉膛内烟气的温度可高达 700～850℃。但由于炉膛内各点烟气的流动情况及各处炉管的吸热情况不相同,辐射室内各点的温度是不一样的。对高径比小于 3 的圆筒炉和立式炉,一般以辐射室出口的烟气温度 t_g 作为辐射室烟气的平均温度。辐射室烟气平均温度的高低对辐射室的传热效果、炉管表面热强度等影响很大。

6. 炉膛体积热强度 q_V

燃料燃烧放出的总热量与辐射室体积之比,称为炉膛体积热强度,即

$$q_V=\frac{Q_n}{V} \tag{6-4}$$

式中　q_V——炉膛体积热强度,kW/m^3;

V——炉膛(辐射室)体积,m^3。

炉膛体积热强度反映炉膛体积大小对燃料燃烧的影响。当燃料的放热量一定时，q_V 值若过大，则说明炉膛体积偏小，燃烧空间不够，火焰易舔到炉管，影响炉管使用寿命。q_V 值若过小，则说明炉膛体积大、温度低，对燃烧及传热也不利。因此，炉膛体积热强度不允许过大，一般控制在燃油时小于 125 kW/m^3，燃气时小于 165 kW/m^3。

7. 炉管表面热强度

(1) 辐射炉管表面热强度 q_R　指在单位时间内，通过辐射炉管单位表面积所传递的热量，即

$$q_R = \frac{Q_R}{A_R} \tag{6-5}$$

式中　q_R——辐射炉管表面热强度，kW/m^2；

Q_R——辐射室热负荷，kW；

A_R——辐射炉管表面积，m^2。

(2) 对流炉管表面热强度 q_c　指在单位时间内，通过对流炉管单位表面积所传递的热量，即

$$q_c = \frac{Q_c}{A_c} \tag{6-6}$$

式中　q_c——对流炉内表面热强度，kW/m^2；

Q_c——对流室热量，kW；

A_c——对流炉管表面积，m^2。

由式(6-5)、式(6-6)可知，当热负荷一定时，炉管表面热强度越大，所需传热面积就越小，可降低炉管钢材耗量和设备投资。当传热面积一定时，炉管表面热强度越大，热负荷就越大，可提高炉子的加热能力。所以，炉管表面热强度的大小，对加热炉的设计和操作有很大影响。炉管表面热强度的提高，主要受炉管材质、受热均匀性、物料结焦等因素的影响，需综合考虑。

8. 炉管内原料的质量流速

原料在炉管内的质量流速大一些对传热较有利，但也会使炉管压力降增大，动力消耗增加。质量流速过小对传热不利，原料易沉积结焦，炉管易烧坏。在加热炉设计中，应在经济合理的范围内力求提高流速。

9. 炉管压力降

炉管压力降为原料进出炉管的压差。在设计加热炉时通过对炉管压力降的计算，可判断炉管的管径和管程数选择是否合理、泵的扬程是否满足要求。正常操作时，炉管压力降的变化是判断炉管内物料是否结焦的重要标志。

10. 烟气出炉温度 t_s

烟气出炉温度是指烟气出对流室的温度。为了保证对流室的传热效果，烟气与被加热物料的温差不能过小，一般控制在 100～150℃。当采用钉头管或翅片管时温差可减小到 50℃，烟气温度也不能过高，否则烟气带走的热量增加，炉子热效率下降。

当采用空气预热器回收烟气余热时，最低排烟温度应根据低温腐蚀条件来确定。防止温度过低，烟气中的酸性气体和水蒸气凝结成含酸的液体，对炉管和设备构成腐蚀。根据我国燃料的含硫量，露点温度一般在 105～130℃。

视频 加热炉

三、管式加热炉的类型

管式加热炉通常可按外形或用途来分类。

(一) 按外形分类

1. 箱式炉

如图 6-1 所示,这是早期的管式炉型式。炉管水平(或垂直)排列,用回弯头连接,燃烧器横烧(或立烧),烟囱可立于炉体之外或立于对流室之上。这种炉型的主要缺点是敷管率(辐射室排有管子的炉壁占辐射室全部炉壁面积的比例)低、炉子体积大、炉管需用合金吊挂、造价高、炉管受热不均等,近年已很少采用。

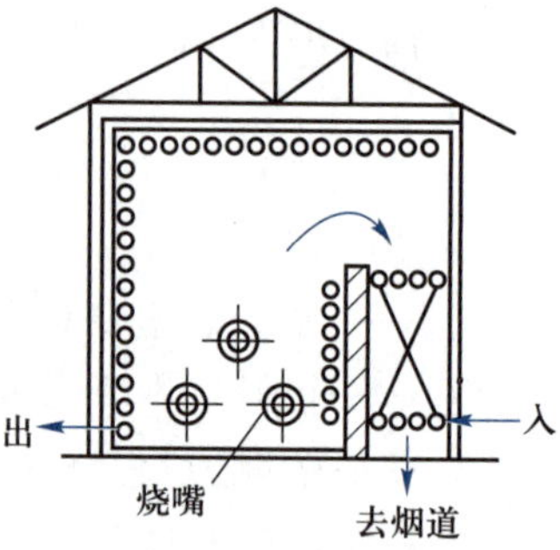

图 6-1 箱式炉

2. 立式炉

(1) 底烧横管式　如图 6-2(a)所示,其传热机理与箱式炉差不多,只是造型上采用了立式炉的特点。炉管布置在两侧壁,中央是一列底烧的燃烧器,烟气由辐射室、对流室经烟囱一直上行。燃烧器能量较小,数目较多,间距较小,从而在炉子中央形成一道火焰,提高了辐射传热的效果。现在使用的立式炉多数采用这种型式。

(2) 附墙火焰式　如图 6-2(b)所示,这种立式炉的炉膛当中有一道火墙,火焰附墙而上,把墙壁烧红,使火墙成为良好的热辐射体,以提高辐射传热的效果,它比图 6-2(a)型立式炉传热均匀。目前已成为高压加氢、焦化等装置的主流炉型。

(3) 立管立式炉　如图 6-2(c)所示,这是我国首创的炉型。图 6-2(a)、图 6-2(b)型立式炉都为横管,要用大批铬镍钢的管架。而这种炉型改用立管,节省了合金钢,同时又保留了立式炉的优点,常用作大型加热炉的炉型。

(4) 无焰燃烧炉、阶梯炉　这两种炉子都是单排双面辐射炉型。图 6-2(d)型炉在侧壁上安有许多小型的气体无焰燃烧器,使整个侧壁成为均匀的辐射墙面,有优越的均匀性,可分区调节各区温度,是乙烯裂解和烃类蒸气转化最合适的炉型之一。但造价很高,用于纯加热非常不合算。还有一个缺点是只能烧气体燃料。图 6-2(e)型称为“阶梯炉”,在每级“阶梯”的底部安装一排产生扁平附墙火焰的燃烧器。所需燃烧器的数量较图 6-2(d)型少,造价也低一些,还可以烧较轻的燃料油,不过加热的均匀程度和分区调节的特性不及图 6-2(d)型。

3. 立式圆筒炉

(1) 螺旋管式[见图 6-3(a)]、纯辐射式[见图 6-3(b)]　当炉子热负荷非常小,而且对热效率无要求时,采用这两种炉型。它们是最简单、最便宜的炉子。图 6-3(a)型的炉管是一段盘绕成螺旋状的小管,虽然它属于立管式炉型,但其管内特性更接近于水平管,能完全排空,管内压力降小。这种炉子的主要缺点是为了便于盘绕,易于制造,被加热介质通常宜走一路。

(2) 有反射锥的辐射-对流型　如图 6-3(c)所示,过去它是立式圆筒炉的典型代表,最适合于流体进、出炉温升不大时使用,热效率较图 6-3(a)和图 6-3(b)型高。但是这种炉子为了强化传热,在炉膛顶部使用了反射锥,当炉子烧劣质燃料时容易腐蚀损坏,燃烧器的火焰尖部也容易舔到反射锥上造成烧损。近年来已较少使用这种炉型了。

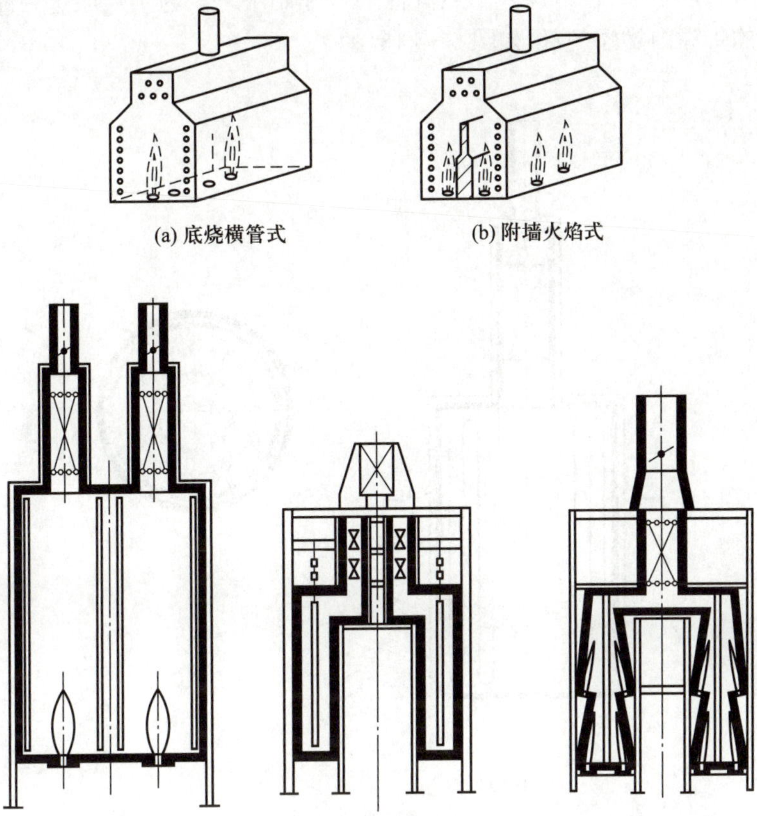

(a) 底烧横管式　(b) 附墙火焰式

(c) 立管立式炉　(d) 无焰燃烧炉　(e) 阶梯炉

图 6-2　立式炉

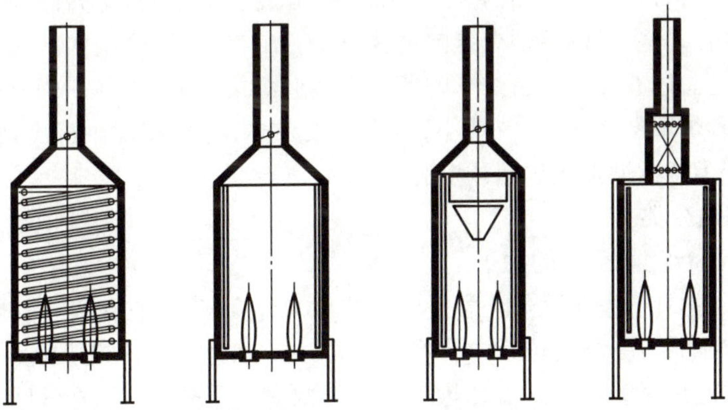

(a) 螺旋管式　(b) 纯辐射式　(c) 有反射锥的辐射-对流型　(d) 无反射锥的辐射-对流型

图 6-3　立式圆筒炉

(3) 无反射锥的辐射-对流型　如图 6-3(d)所示,这种圆筒炉取代上述型式,已成为现代立式圆筒炉的主流。它取消了反射锥,能够建造较大的炉子。它的对流室水平布置

动画
立式炉(底烧横管式)

若干排管子，并尽量使用钉头管和翅片管，热效率较高。它的制造及施工简单，造价低，是管式加热炉中应用最广泛的炉型。但是，这种炉子放大以后，炉膛内显得太空，炉膛体积发热强度将急剧下降，在结构上和经济性上都开始不利。为了克服这一缺点，可以在大型圆筒炉的炉膛内增添炉管，如图 6－4 所示。

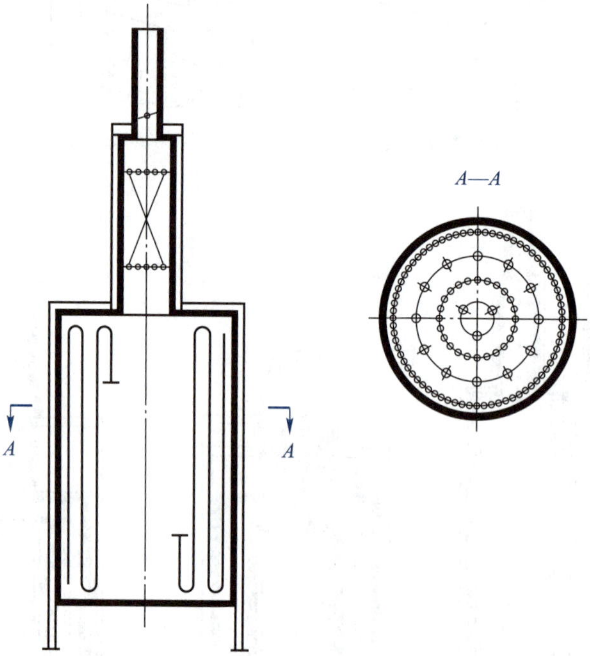

图 6－4　内添炉管的立式圆筒炉

4. 大型方炉

如图 6－5 所示，这种炉子用两排炉管把炉膛分成若干小间，每间设置一个或两个大容量高强燃烧器。分隔可以沿两个方向进行，称为“十字交叉”分割法。它通常把对流室单独放到地面上。还有的把几台炉子的烟气用烟道汇集起来，送进一个公用的对流室或废热锅炉。这种炉子结构简单，占地小，便于回收余热，容易实现炉群集中排烟，减轻大气污染，它是专为超大型加热炉而开发的。

（二）按用途分类

1. 炉管内进行化学反应的炉子

这种炉子的炉管内发生吸热化学反应。按复杂程度来说，它代表了加热炉技术的最高水平。它分为两种：一种是炉管内装催化剂的，如烃类水蒸气转化炉；另一种是炉内不装催化剂的，如乙烯裂解炉。这类加热炉不仅要求炉子吸热，而且要满足管路中各段在化学方面的各种条件，如温度和热输入量要求等。

2. 加热液体的炉子

这类炉子可分为 3 种。

(1) 管内无相变化、单纯的液体加热炉。这是把工艺液体预热到其沸点以下（如温水加热、液相热载体加热等）使用的炉子。它加热的终温低，管内结焦和腐蚀也小，操作上

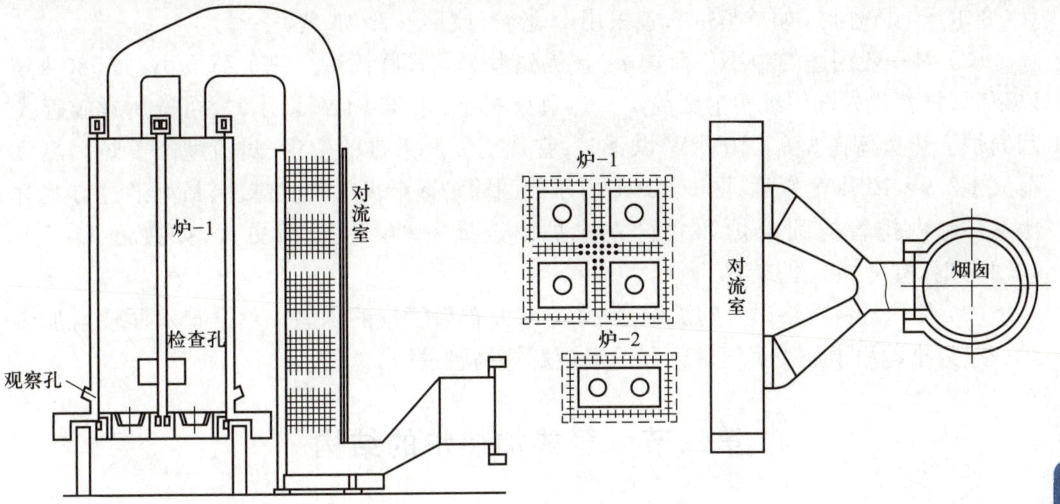

图 6-5　大型方炉

的问题较少。

(2) 管内进口为液相，出口为气-液混相的炉子。在工艺生产中，往往要求被加工的流体在气-液相状态下进入后续设备，此时使用这种加热炉。在全部工艺加热炉中它的数量最大。对于这种炉子，最重要的是把握住吸热量、汽化率、压力降、温度之间的关系。

(3) 进口为液相、出口全部为气相的炉子。这种炉子把液体完全汽化，加热到一定的温度，然后送入后续设备。其操作温度和压力等往往变化很大，有必要掌握它的变动范围，以防止裂解和积炭发生。

3. 气体加热炉

如水蒸气的过热、工艺气体的预热就使用这种炉子。它多在较高温度下操作，但因为是纯气相，结焦的可能性不大。应该注意的是当气体量很大时，炉管的路数很多，必须从结构上保证各路均匀，防止偏流。

4. 加热混相流体的炉子

这种炉子常用于加氢精制、加氢裂化等装置的反应器进料加热。由于管内流体从炉子入口起就是气-液混相，较上述纯气体加热炉更难保证各路流量的均匀，在设计上要更重视管径、管内质量流速、盘管路数的选取，以及管内流动状态的判断和分叉管的配管设计等。

(三) 炉型选择

如何正确选择上述各种炉型没有绝对不变的标准，对具体情况要做具体分析，以下基本原则可供选择时参考。

(1) 从结构、制造、投资费用方面考虑，应优先选择辐射室用立管的加热炉。辐射室用立管有很多优点：炉管的支承结构简单，辐射管架合金钢用量少；管子不承受由自重而引起的弯曲应力；管系的热膨胀易于处理；炉子旁边不需要预留抽炉管所需的空地等。横管仅在下列特殊情况下才有优点：被加热介质容易结焦或堵塞，炉管要求用带堵头的回弯头连接，以便除焦或清洗；要求管系能完全排空；管内为混相状态，要求流动平稳、可靠等。若被加热介质流量小且要求压力降小时，宜采用螺旋管圆筒炉；被加热介质流量大、要求压力降小时(如重整炉),宜采用U形管(或环形管)加热炉。

(2) 对一般用途的中小负荷炉子,宜优先考虑立式圆筒炉。热负荷很小,如580 kW以下时,推荐优先选用纯辐射圆筒炉。热负荷更小,如350 kW以下时,可选用螺旋管式圆筒炉。热负荷在2.9×10^{4} kW以下时,宜选用无反射锥的辐射-对流型圆筒炉。热负荷大于2.9×10^{4} kW以后,图6-3(d)所示的圆筒炉逐渐丧失其优越性,最好通过方案对比从炉膛内排管的圆筒炉和立管立式炉中选择一种。热负荷更大,如接近11.6×10^{4} kW时,宜考虑大型方炉。

(3) 使用材料价格昂贵的炉管,应优选双面辐射管排的炉型。单排管双面辐射加热炉一般只推荐用于烃类蒸气转化和乙烯裂解等高温过程。

第二节 管式加热炉的结构

一、管式加热炉的一般结构

管式加热炉如图6-6所示,一般由辐射室、对流室、余热回收系统、燃烧器及烟囱通风系统五部分组成。

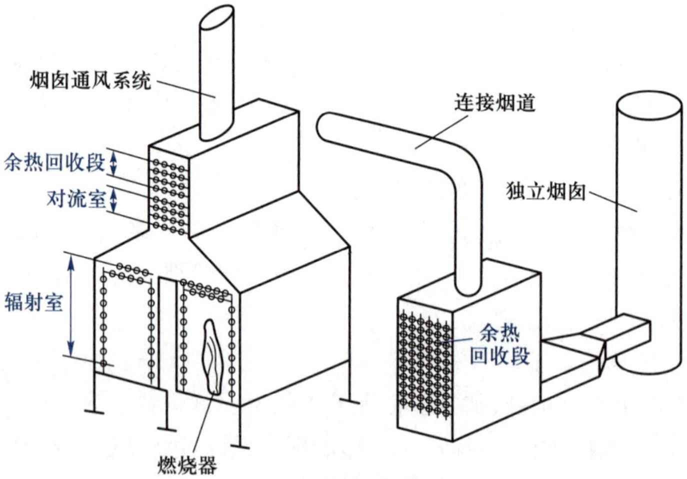

图6-6 管式加热炉的结构示意图

1. 辐射室

辐射室是通过火焰或高温烟气进行辐射传热的部分,直接受到火焰的冲刷,温度最高,必须充分考虑所用材料的强度、耐热性等。辐射室是热交换的主要场所,在辐射室内约有80%的热量是以辐射传热的方式传递的,约有20%的热量是通过高温烟气的运动以对流传热的方式传递的。全炉热负荷的70%~80%是由辐射室担负的,通过烃蒸气转化炉、乙烯裂解炉等,其反应和裂解过程全都由辐射室来完成。可见,辐射室是加热炉的关键部位,其结构的优劣将直接关系到全炉的性能。

2. 对流室

在对流室,来自辐射室的高温烟气所带的热量以对流传热的方式传递给对流炉管内的流体。但实际上它也有一部分辐射热交换,而且有时辐射换热还占有不小的比例。之所以称为对流室是由于在这里主要的传热形式是对流。

对流室内密布多排炉管，烟气以较大的速度冲刷这些管子，进行有效的对流换热。对流室一般担负全炉负荷的 20%～30%。对流室吸热量的比例越大，全炉的热效率越高，但究竟占多少比例合适应根据管内流体与烟气的温度差、烟气通过对流管排的压力损失等综合考虑，选择最经济合理的比值。对流室一般都布置在辐射室之上，与辐射室分开，单独放在地面上也可以。为了尽量提高传热效果，多数炉子在对流室采用了钉头管或翅片管。

3. 余热回收系统

余热回收系统是从离开对流室的烟气中进一步回收余热的部分。回收方法分为两种。一种是靠预热燃烧用空气来回收热量，这些热量再次返回炉中。另一种是采用与炉子完全无关的其他流体回收热量。前者称为“空气预热”方式，后者因为常常使用水回收，被称为“废热锅炉”方式。空气预热方式又有直接安放在对流室上面的固定管式空气预热器和单独放在地上的回转式空气预热器等种类。回转式回收热量大，属于低速转动机械，需用烟、风道与炉体连接，适用于烟气量大、要求达到很高热效率的情况。固定管式空气预热器由于低温腐蚀和积灰难以长期保持较高的热效率，它的优点是和炉体结合成一体，设计和制造比较简便，适合于热回收量不大时选用。废热锅炉一般多采用强制循环方式，尽量放在对流室顶部。

目前，炉子的余热回收系统以采用空气预热方式为多，通常只有高温管式炉(如烃蒸气转化炉、乙烯裂解炉)和纯辐射炉才使用废热锅炉，因为这些炉子的排烟温度太高。设置余热回收系统以后，整个炉子的总热效率能达到 88%～90%。

4. 燃烧器

燃烧器是炉子的重要组成部分。如前所述，管式加热炉只燃烧燃料气和燃料油，所以不需要烧煤那样复杂的辅助系统，火嘴结构也比较简单。由于燃烧火焰猛烈，必须特别重视火焰与炉管的间距及燃烧器间的间隔，尽可能使炉膛受热均匀、火焰不冲刷炉管并实现低氧完全燃烧。为此，燃烧器型号的选择和合理布置是很重要的。

5. 通风系统

通风系统的任务是将燃烧用的空气导入燃烧器，并将废烟气引出炉子，它分为自然通风方式和强制通风方式两种。前者依靠烟囱本身的抽力，不消耗机械功。后者要使用风机，消耗机械功。

过去，绝大多数炉子因为炉内烟气侧阻力不大，都采用自然通风方式，烟囱通常设置在炉顶，烟囱高度只要足以克服炉内烟气的阻力就可以了。但是，近年来由于大气污染，石油化工厂已开始安设独立于炉群的超高型集合烟囱，这种烟囱通过烟道把若干台炉子的烟气收集起来，从 100 m 左右的高处排放，以降低地面污染气体的浓度。

强制通风方式只在炉子结构复杂、炉内烟气侧阻力很大或者设有前述余热回收系统时才采用，它必须使用风机。

二、管式加热炉的炉体及炉管

(一) 炉体

加热炉的炉体主要由钢架和炉墙等组成。

1. 钢架

钢架用以保持炉形及支承炉墙、炉管、顶盖、吊架、扶梯、平台等各部件的质量。根据各种不同的炉型，钢架用不同的型钢焊接而成。辐射室的钢架主要由桁架或梁柱及钢板等组成。炉底有落地式和架空式两种。落地式在炉底与基座之间留有自然通风的孔洞用以散热。架空式下部空间的净高度应大于 1.8 m，以便于操作和检修。加热炉辐射室分矩形和圆筒形两大类。矩形辐射室的侧壁由炉壁钢板和梁柱组成。圆筒形辐射室由立柱、环梁及壁板组成。对流室的钢结构一般均为长方形截面，由桁架结构或梁柱结构及表面钢板组成。立式炉对流室的长度与辐射室的长度基本相同，所以对流室的形状长而窄。圆筒炉的对流室有两种类型。一种是对流炉管长度短，对流室横截面接近正方形。其优点是对流炉管不用中间的合金管架，辐射管可从上直接抽出，装卸方便。其缺点是弯头使用多，管内流体流动阻力大。另一种是对流室长度接近辐射室直径，对流室长宽比大，辐射管可从对流室两侧辐射室顶部的检修孔中吊出。其优点是弯头少，施工方便，管内流体流动阻力小。加热炉对流室大多采用这种类型。对钢架的主要要求是强度大，坚固耐用，防火、防爆、防漏、防腐蚀及防止使用中的热胀冷缩。

2. 炉墙

炉墙主要有砖结构、轻质耐热混凝土结构及耐火纤维毡结构 3 种类型。砖结构的炉墙主要由耐火层、保温层及钢板保护层组成。耐火层常用的材料是耐火砖，要求必须能耐一定的高温。保温层常用的材料主要是保温砖，要求具有良好的保温性能。保护层用钢壳制成，要求具有一定的强度和良好的保护作用。轻质耐热混凝土炉墙(简称衬里)具有一定的耐热和隔热性能，用保温钉固定在表面钢板上，厚度随使用部位的温度不同而不同。其主要优点是可塑性强、施工简便、有较强的抗冲刷能力。耐火纤维毡炉墙一般是以甲基纤维素作为黏结剂的软毡，其耐热性和保温性都很好，但因价格较高，一般只用于耐火层。保温层则选用价格较低的岩棉板或矿渣棉板。用保温钉、垫片和螺母将毡片固定在表面钢板上。其厚度随使用部位的温度而定。耐火纤维毡还有良好的吸收噪声的特性，可降低炉子工作时的噪声。其结构也很简单，施工方便，主要缺点是抗冲刷性能较差。因此，设有吹灰器的对流室及烟气流速较高的烟囱等部位不宜采用。

(二) 炉管及配件

1. 炉管

炉管是炉子的重要部件，其金属耗量占炉子金属总耗量的 40%～50%，投资占炉子总投资的 60%以上。因此，炉管的设计与选用是否合理，对炉子的基建投资和操作费用有很大影响。炉管是在具有一定腐蚀性的原料及高温高压条件下长期工作的，所以，应选择适宜的管材。选择管材时要求管材的持久强度要高，抗氧化性和耐腐蚀性要好，热稳定性和热加工性，特别是焊接性要好。另外，管子还要满足供应方便、价格经济合理等条件。可根据管内流体的流量和推荐的适宜流速，计算出所需管径后，再参照国产炉管标准规格进行选用。常用国产炉管的外径有 60 mm、102 mm、114 mm、127 mm、152 mm、168 mm、219 mm 等几种规格。炉管的壁厚可根据操作温度、压力、材质、腐蚀状况、使用年限等具体情况来确定。因炉管内是物料在流动，管外是明火高温加热，温度不均匀时容易引起局部过热，一旦发生事故，后果严重。所以，炉管的厚度要慎重地合理选择。但炉管价格昂贵，管壁厚度选择过大，必将使投资增大。常用的炉管壁厚有

6 mm、8 mm、10 mm、12 mm、14 mm、16 mm 等几种规格。

炉管的长度与管子在炉膛中的排列方式有关。如圆筒炉辐射管为立式安装，与火焰并行，炉管越长沿管长方向受热越不均匀。若炉管太短，则对流室遮蔽管局部过热的可能性将增大。因此，确定炉管长度时应考虑火焰的高度。对圆筒炉，可通过炉子的高径比来确定管长。高径比即炉管长度与节圆(辐射炉管管中心点所形成的圆周)直径之比。国内辐射-对流型的圆筒炉采用的高径比为 1.7～2.0。常用的炉管长度有 2 000 mm、2 500 mm、3 000 mm、3 500 mm、4 000 mm、4 500 mm、6 000 mm、8 000 mm、9 000 mm、10 000 mm、12 000 mm、14 000 mm、15 000 mm、16 000 mm、18 000 mm 等规格。近年来炉管长度趋向采用 15 000～18 000 mm 的长管，以减少炉管的连接件，并有利于炉子的大型化。加热炉炉管的常用材料及适用条件如表 6-1 所示。

表 6-1 加热炉炉管的常用材料及适用条件

材质	操作条件		耐腐蚀性	相对价格/%
	温度/℃	压力/MPa		
10、20 碳钢	<450	<5.880	微腐蚀	100
铬钼合金钢 1Cr5Mo	<600	<5.880	硫腐蚀	265
铬镍不锈钢 0Cr18Ni10Ti	<700	<5.880	氧腐蚀	1 500

对流室炉管工作时，管内为物料，管外为高温烟气，进行对流传热时，传热阻力主要在管外烟气一侧。为了提高管外烟气一侧的传热效果，对流炉管常采用钉头管或翅片管。钉头管的传热面积相当于光管面积的 2～3 倍，传热强度相当于光管的 1.5～2 倍。翅片管的传热面积相当于光管传热面积的 4～9 倍，传热强度相当于光管的 2～4 倍。使用钉头管时烟气温度不低于 380℃，对流室必须装吹灰器，钉头管不能用于烧污油或高黏度渣油的加热炉。使用翅片管时烟气温度也不低于 380℃，对流室也必须装吹灰器，加热炉一般只能烧燃料气。钉头管钉头的焊后高度有 25 mm 和 38 mm 两种规格。钉头的间距不小于 16 mm，钉头的直径一般为 12 mm。翅片管的形式有连续式缠绕翅片管和开口式 L 形缠绕翅片管两种。根据管子内外侧的不同操作条件，钉头或翅片可采用与炉管不同的材质。

2. 炉管配件

炉管配件主要有炉管连接件和炉管支承件。把一根根炉管连接成串联的一组盘管的连接件叫做炉管弯头或弯管。常见的有 90°和 180°的 U 形弯头、箱式回弯头、180°的急弯弯管及拔制的集合管等多种炉管连接件。箱式回弯头带有可拆卸的堵头，采用胀接或焊接的方法与炉管连接。回弯箱装在炉膛外部不与高温烟气直接接触，适用于结焦严重需要经常检修与机械清焦的炉管连接。U 形铸造弯头简单轻巧，在炉膛内与炉管焊接连接。急弯弯管一般是用炉管直接冲压而成的，也可用特制的心棒，使管子在加热和推挤的联合作用下制成，以保证急弯弯管的壁厚均匀一致。90°的急弯弯头和 180°的急弯弯管是目前使用较多的炉管连接件。箱式回弯头及急弯弯管的结构如图 6-7 所示。集合管是在一个主管上可并联安装一排支管的炉管连接件，用于多路并联管路的连接，可使各支管的流量均匀分布。如加热炉对流室过热蒸汽炉管的连接即可用集合管。

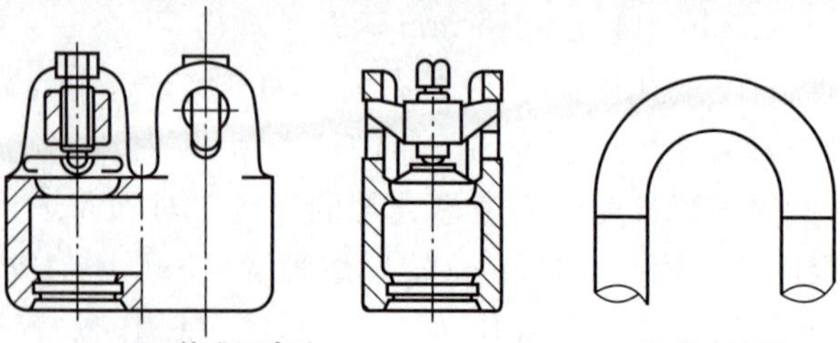

图 6 - 7　炉管弯头

为了防止炉管在炉内受热弯曲变形，炉管需用支承件支承。常用的支承件有管板、管架、托架、拉钩等。一般水平安装的辐射炉管的中间支承用管架，两端的支承用管板。对流炉管的支承件均用管板。对于立管式加热炉，位于两根炉管顶部弯头上的承重构件称为托架。不承受垂直重量，而仅是限制炉管水平位移，使炉管保持稳定的支承件则称为拉钩。

三、管式加热炉的燃烧器

燃烧器是管式加热炉的重要组成部分，燃料通过燃烧器燃烧放出热量。燃烧器主要由燃料喷嘴、调风器、燃烧道三部分组成。喷嘴喷入燃料并利用蒸汽使其雾化，以利于与空气良好的混合。调风器也称为风门，主要是引入并调节燃烧所需的空气，使空气与燃料迅速并良好的混合，形成稳定的、符合要求的火焰形状。燃烧道给火焰的根部提供热源，促使燃料迅速燃烧。燃烧道的形状能约束空气与雾化油气更好地混合并保持理想的流型进行稳定的燃烧。

根据所用燃料种类的不同，燃烧器可分为气体（燃料气）燃烧器、液体（燃料油）燃烧器和油-气联合燃烧器。燃烧器的供风有利用烟囱抽力的自然通风和利用通风机的强制通风两种方式。

（一）气体燃烧器

气体燃烧器按燃料与空气混合的情况，可分为预混式、外混式和半预混式 3 种类型。

1. 预混式气体燃烧器

燃料气和空气在喷嘴内预先混合均匀，燃烧过程在燃烧道内完成，炉膛内无火焰，所以也称为无焰燃烧器。板式无焰燃烧器就属于这种类型，其结构如图 6 - 8 所示。

2. 外混式气体燃烧器

燃料气与空气是在喷嘴之外一边混合一边燃烧，常用的双火道气体燃烧器就属于外混式气体燃烧器，其结构如图 6 - 9 所示。双火道气体燃烧器采用二次调风。第一火道是发火区，燃料气与一次空气在此混合燃烧。第二火道进入二次空气，与燃烧的气体再次混合使燃料燃烧完全。在总空气量不变的情况下，加大一次风量，火焰将缩短；加大二次风量，火焰将伸长。

3. 半预混式气体燃烧器

燃料气在喷嘴内与一部分空气（一次风）预先混合，另一部分空气（二次风）靠外部供给。常用的类型有辐射墙式无焰燃烧器，其结构如图 6 - 10 所示。它设有一个引射器，燃料气从喷孔高速喷出，经引射器将一次风吸入，在引射器混合段与燃料气预先混合。

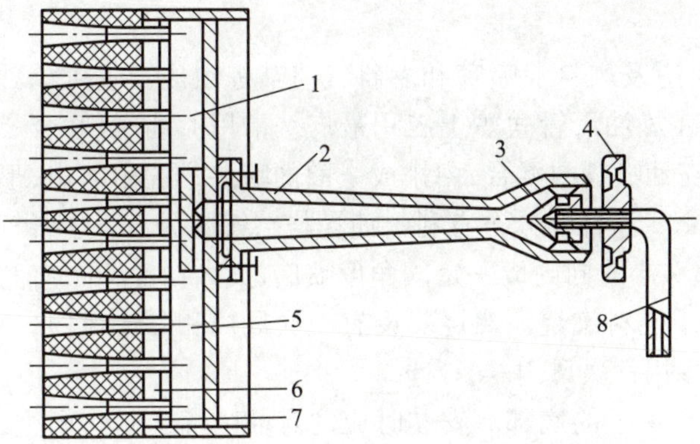

图 6-8　板式无焰燃烧器

1—分配室；2—喷射室；3—气体喷头；4—空气调节器；
5—燃烧道；6—陶瓷砖；7—隔热层；8—燃料气入口管

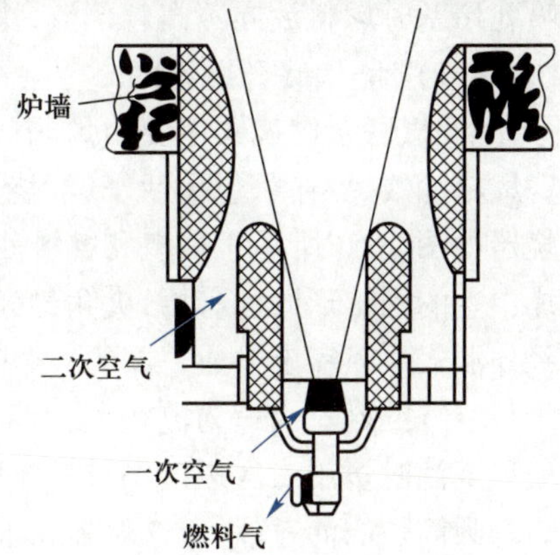

图 6-9　双火道气体燃烧器

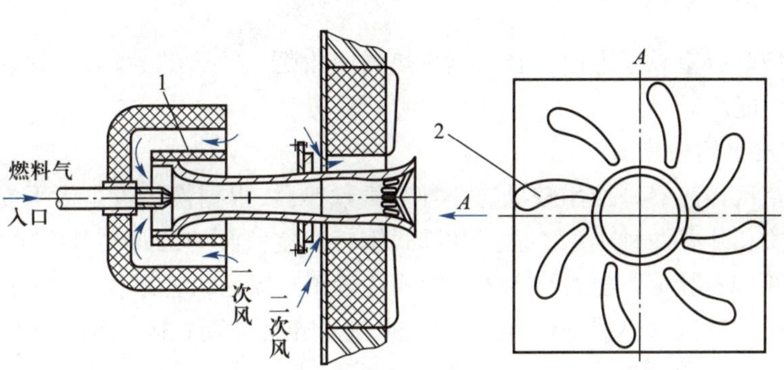

图 6-10　辐射墙式无焰燃烧器

1—消声罩；2—稳火瓣

二次风利用炉膛内的微负压被自然吸入。燃料气与空气形成的混合物由一组槽形孔沿炉墙内壁喷出，炉墙内壁靠火孔周围的耐火砖上有一组梅花瓣形凸起，称为稳火瓣，气流通过它时产生涡流，使燃烧更完全。当炉壁耐火砖被烧到炽热状态时，火焰与炉墙浑然一体，成为无焰燃烧状态，使炉管受热较为均匀。

（二）液体燃烧器

液体燃料燃烧时，需先经喷嘴雾化成细小微粒，进入燃烧器火道和炉膛，在高温辐射下被加热汽化，然后才着火燃烧。燃料油雾化方式有机械雾化和蒸汽雾化两种方式。锅炉用燃料多采用机械雾化，管式炉使用的燃料油多为黏度较高的重质油，几乎都采用内混式蒸汽雾化油喷嘴，其喷头如图 6-11 所示。燃料油走内管经中心油孔射入混合室，蒸汽走外套管经油孔周围的一组小孔（气孔）喷入混合室，并以一定的角度冲击油流，在混合室形成乳浊液，并高速从混合室喷孔喷出。喷孔流速高于 200 m/s 时，雾化效果良好。

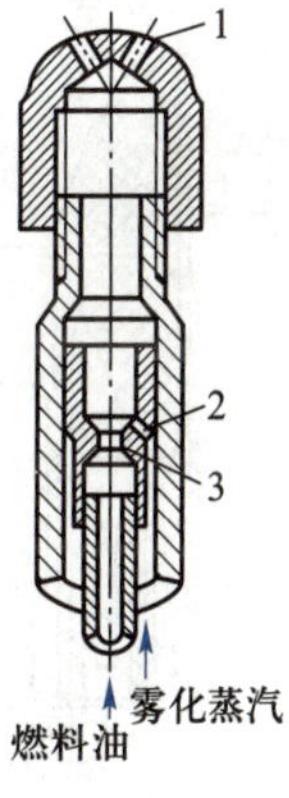

图 6-11　内混式蒸汽雾化油喷嘴喷头

1—混合室出口孔；
2—气孔；3—油孔

内混式蒸汽雾化油喷嘴工作时的燃料油压力一般为 0.2～0.9 MPa（表）。为了避免喷孔堵塞时燃料油向蒸汽管倒流，操作时蒸汽压力应比燃料油压力高 0.1 MPa。

（三）油-气联合燃烧器

油-气联合燃烧器主要由风门、火道及燃料油喷嘴和燃料气喷嘴等组成。它可单独烧燃料油或燃料气，也可油、气混烧，在炼油厂管式炉上应用最广。常用的油-气联合燃烧器如图6-12所示。蒸汽和燃料油在油喷嘴内混合，由排成一圈的喷头小孔中喷出，形成中空的圆锥形的油雾层，夹角约为 40°，这样的分布有利于油雾与空气的混合。燃料气经外混式气喷嘴上排成一圈的多个喷头小孔向内成一定的角度喷出，夹角约为 70°，有利于与空气混合。火道为流线型，有利于燃料燃烧。燃烧器设有一次风门和二次风门，一般只烧油时多用二次风门，只烧气时多用一次风门。

圆筒炉的油-气联合燃烧器常装在炉子的底部。安装时应注意油喷嘴应垂直向上，不偏斜，油喷嘴下方油、气连接口的位置不能接反。气体燃烧器每个喷头的喷孔中心应对准燃烧器的中心。调风器要转动灵活，密封性好。

四、管式加热炉的空气预热器

在加热炉对流室或烟道内安装空气预热器回收烟气的余热，可有效地提高加热炉的热效率和降低能耗。

1. 钢管式空气预热器

钢管式空气预热器是使用较早的一种空气预热器，根据换热管是水平安置还是垂直安置分为立式和卧式两种类型。立式和卧式钢管式空气预热器均由几个单体组成，单体的结构如图 6-13 所示。立式和卧式钢管式空气预热器的组合结构如图 6-14 所示。一般在立式钢管式空气预热器中烟气走管程，空气走壳程。而在卧式钢管式空气预热器中烟气走壳程，空气走管程。

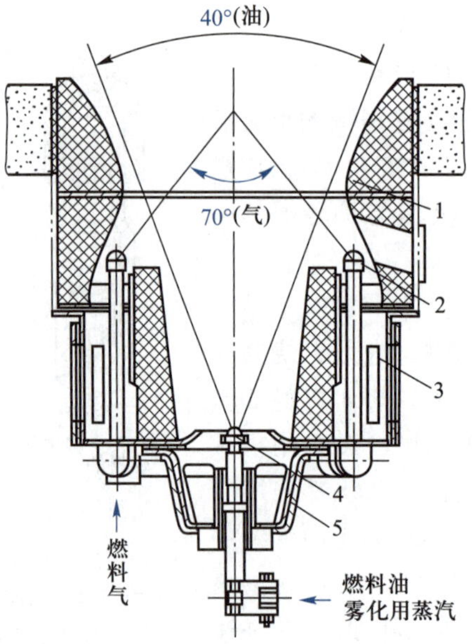

图 6-12　油-气联合燃烧器

1—火道；2—气嘴；3—二次风门；4—油喷嘴；5—一次风门

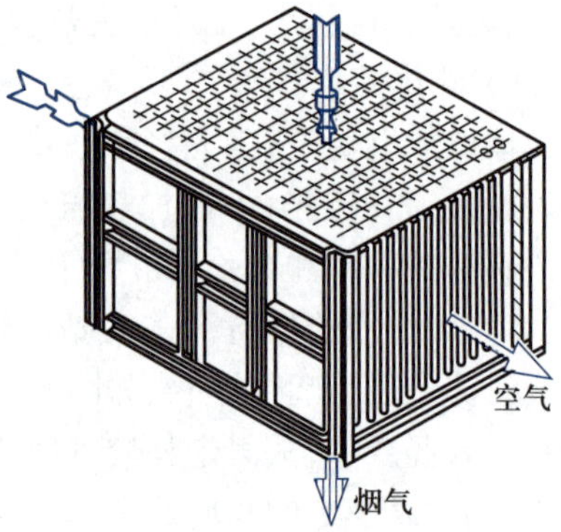

图 6-13　钢管式空气预热器单体

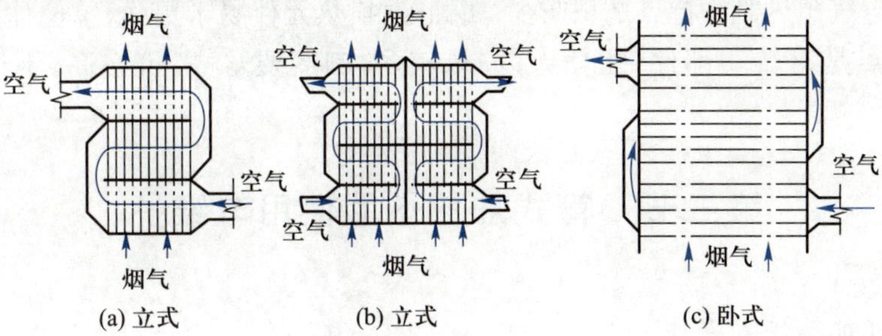

图 6-14 立式和卧式钢管式空气预热器的组合结构

钢管式空气预热器的优点是结构简单，主要由管束、管板和壳体等组成，制造容易、价格便宜，无转动部件。其缺点是所占地面或空间较大，钢管的低温露点腐蚀和积灰堵塞较严重，使加热炉热效率的进一步提高受到限制。

钢管式空气预热器安装时可根据需要直接放在对流室顶部，称为上置式。这种安装方式的优点是占地面积小，结构较简单，利用烟囱的抽力克服空气预热器及炉子各部位的阻力，不用设置引风机，没有能耗，运转费用低。其缺点是空气预热器的质量由炉子本体承受，必要时需对炉架强度进行计算或加固。另外，因预热器装在炉顶，更换和检修较困难。钢管式空气预热器也可单独安置在炉侧地面的基础上或钢架上，将出对流室的烟气引下来，通过空气预热器和引风机后，再将烟气送回烟囱排出，这种安装方式称为下置式。其优点是空气预热器更换和检修较方便，操作灵活。其缺点是占地面积、钢材消耗及投资较大，使用引风机也要消耗电能。

2. 回转式空气预热器

回转式空气预热器主要由换热元件、转子(转筒)、转轴、烟气和空气导管等构成，其结构如图 6-15 所示。换热元件(蓄热体)是由 0.5～1.2 mm 厚的波纹钢板层叠而成，安装在转筒内。转子的转速一般为 1～3 r/min。

回转式空气预热器的工作过程如图 6-16 所示。换热元件由转子带动旋转，烟气和空气分别由预热器的上、下部逆向流过。烟气流过时将热量传递给换热元件，降温后的烟气经引风机引入烟囱后排空。冷空气流过时从换热元件中吸收热量，温度升高后被送入燃烧器。由于转子不停地旋转，换热元件不断地在两种温度不同的介质内通过，进行吸热或放热，达到烟气和空气进行热量交换的目的。

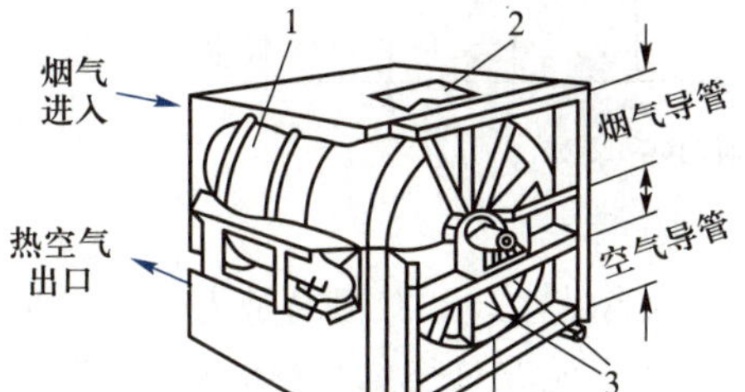

图 6-15 卧式回转式空气预热器

1—转筒；2—冷端元件检修口；
3—分隔的加热表面；4—密封

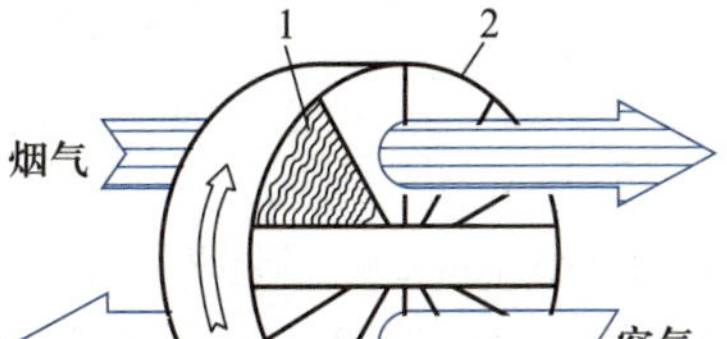

图 6-16 回转式空气预热器示意图

1—换热元件(蓄热板)；2—转子

回转式空气预热器的特点是积灰少，腐蚀轻，换热元件易于更换，单位体积的换热面积大。其缺点是有转动部件，能耗大，漏风较多，制造要求高，价格高，不适于小型炉使用。

第三节　管式加热炉的使用与维护

一、管式加热炉的操作

加热炉操作的水平高低，对燃料消耗量、炉子热效率、设备使用寿命、空气污染等都有很大影响。因此，加热炉操作时必须细心观察，认真分析，准确调节，确保加热炉高效、平稳、长周期安全运行。

（一）加热炉开工操作要点

1. 烘炉

新建或炉膛经过大修、翻新、改造后的加热炉都要进行烘炉，其目的是为了缓慢地除去炉墙在砌筑过程中所积存的水分，并使耐火胶泥充分烧结，避免开工时炉温上升太快，水分急剧汽化而造成砖缝膨胀开裂、耐火胶泥脱落。烘炉前应先打开全部人孔、防爆门，并开启烟囱挡板自然通风 5 天以上，然后将各门、孔关闭，把烟囱挡板开启约 1/3，给炉管内通入蒸汽进行暖炉。当炉膛温度升至 130℃左右，即可点着燃烧器。应尽量使用气体燃料，以便于控制升温速度。

烘炉过程中炉管内应始终通入水蒸气，以保护炉管不被干烧。蒸汽出口温度应严格控制，碳钢炉管不超过 400℃，合金钢炉管不超过 500℃。烘炉升温速度应按烘炉升温曲线要求进行，如图 6－17 所示。防止温度突升突降。

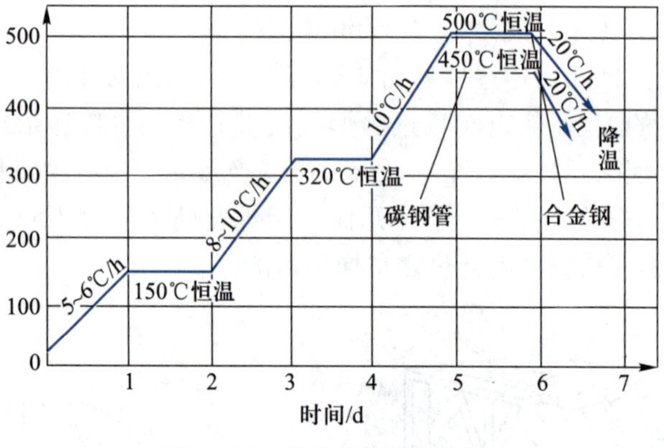

图 6－17　烘炉升温曲线图

图 6－17 中 150℃恒温是为了除去炉墙中的自然水，320℃恒温是为了除去炉墙中的结晶水，500℃或 450℃恒温是为了使炉墙中的耐火泥充分烧结。恒温后，炉膛以20℃/h 的速度降温，降至 250℃时熄火焖炉，降至 100℃时进行自然通风。烘炉结束后应对炉子进行全面检查，发现问题及时处理。

2. 试压

加热炉炉管安装完以后，应按设计规定进行系统试压，目的是检查炉管及所属设备安装施工质量。试压的压力为操作压力的 1.5～2 倍，试压过程分 3～4 次逐步提高到要求的压力，每次提压后应稳定保压 5 min。

对炉管系统的所有接口，如回弯头、堵头、法兰胀口、焊口等地方仔细检查有无泄漏。达到要求的压力后，稳定 10～15 min，然后将压力降至操作压力的 1.2 倍，恒压 10 h 以上无渗漏，则为合格。合格后按规定对炉管进行吹扫。试压可用不含盐的自来水进行水压试验，也可用空气或惰性气体进行气压试验。

3. 开炉前检查

开炉前应对炉子的炉管、零部件、附属设备、工艺管线、仪表等进行全面检查，确认工艺流程无误，所有设备及零部件完好齐全，设备及管线内无杂物，仪器、仪表操作灵活方便，数据真实准确。

用蒸汽贯通炉子系统所属的工艺管线及设备，确保工艺流程畅通。当所有检查全部合格后，将原料油、燃料油和燃料气及雾化蒸汽分别引入炉内。燃料气引入时注意管内空气氧含量要小于 1%，引入雾化蒸汽时注意排放冷凝水。

4. 点火

点火前必须向炉膛内吹扫蒸汽 10～15 min，将残留在炉内的可燃气体清除干净，直至烟囱冒出水蒸气后再停止吹气。点火前还应检查烟道挡板、防爆门、看火门，燃烧器油阀、气阀、风门调节等是否灵活好用，炉膛灭火蒸汽管线及其他消防设施等是否齐全完备。一切正常后，即可点火。

点火时应根据油-气联合燃烧器使用的燃料情况进行操作。当烧油时，应将气体燃料的喷嘴内通入适量蒸汽，防止喷嘴被油或其他异物堵塞。当烧气时则应将油喷嘴内通入蒸汽进行保护。将燃烧器的风门调至 1/3 的开度，若开度太大则不易点火。

将已点燃的浸透柴油的点火棒放在燃烧器的喷嘴前，把雾化蒸汽阀门稍开一点，然后将油阀打开，点燃后慢慢调整油的比例，使燃料油充分雾化，完全燃烧，根据燃烧情况将燃烧器风门、油阀、气阀调节合适。

（二）加热炉正常操作要点

1. 进料量和进料温度应稳定

原料量和进料温度变化时，炉子的热平衡关系被打破，使炉子的操作参数随之波动。如其他条件不变，进料量增大，则会使炉膛温度和炉出口温度降低，原料的质量流量和炉管的压力降增大。多路进料时，若各路流量分配不均匀，也会使炉膛温度发生波动。

当操作条件不变，进料温度升高时，则炉出口温度也随之升高。若进料温度过低，炉出口温度将达不到工艺要求的温度。适当降低原料的入炉温度，可使排烟温度降低，对提高炉子的热效率有利。

2. 控制好炉膛温度保持炉出口温度不变

生产中要求原料的炉出口温度保持恒定。炉膛温度的变化对炉出口温度的影响最大，也最直接。如炉膛温度增高，辐射室的传热能力将增大，炉出口温度就会升高。反之，则炉出口温度就会降低。

炉膛温度不可过高，否则炉管表面热强度过大，使炉管壁温度升高，易产生局部过热和结焦，影响炉管使用寿命。同时炉膛温度过高使进入对流室的烟气温度也增高，对流炉管也易被烧坏。加热炉正常操作时，应保持炉膛内各处温度均匀，防止局部过热。对于碳钢炉管，炉膛温度应控制在 800～820℃。对于合金钢炉管，炉膛温度应控制在 820～850℃。

炉膛温度主要由入炉燃料量来控制，还与燃料的性质、雾化状况、燃烧状况等有关。雾化状况主要取决于雾化蒸汽用量和压力。燃烧状况主要与燃料和空气的混合状况有关。入炉空气量主要通过风门和烟道挡板的开度来调节。

3. 过剩空气系数 α 要适宜

正常操作时，在自然通风条件下，烧油时辐射室 $\alpha=1.25$，对流室出口 $\alpha=1.3$。烧气时辐射室 $\alpha=1.15$，对流室出口 $\alpha=1.2$。在强制通风条件下，烧油时辐射室 $\alpha=1.15$，对流室出口 $\alpha=1.2$。烧气时辐射室 $\alpha=1.1$，对流室出口 $\alpha=1.15$。

若 α 过大，入炉的过剩空气量增多，烟气量增大，烟气带走的热量就越多，则使炉子的热效率降低。炉膛中过剩氧含量增大，会对炉管产生氧化腐蚀，降低炉管使用寿命，并且使烟气中的 SO_2 转化成 SO_3 的数量增多，烟气的露点温度升高，使烟气的露点腐蚀更严重。为了防止露点腐蚀，就要提高排烟温度，则使热效率降低。若 α 过小，入炉空气量少，易造成燃料因缺氧而燃烧不完全，增大燃料的消耗量，也会使炉子热效率降低。所以操作时 α 要适宜，要全面堵漏，将不使用的燃烧器的风门、炉子的人孔门、看火门、防爆门等都关闭严密，尽量减少漏入炉内的空气量。

过剩空气系数的调节与炉膛负压调节密切相关，要获得合适的抽力和过剩空气，应采取烟道挡板当燃烧器调风器联合调节。操作时严格控制烟囱挡板的开度，使炉膛在微负压下操作。一般在辐射室燃烧器处的真空度约为 98 Pa，在对流室入口处的真空度一般为 19.6～39 Pa。

4. 注意观察炉膛火焰状况

燃料燃烧形成的火焰，其形状和颜色可反映燃料与空气的混合及燃烧状况。操作中若燃料量、空气量及雾化蒸汽量等调节不当，都会使火焰颜色发黑变暗，火焰不稳定甚至熄火。常见的几种不正常火焰状况及原因如表 6－2 所示。

表 6－2　不正常火焰状况及原因

火焰情况	原因
火焰发飘，软而无力，火焰跟部发黑，烟囱冒黑烟	雾化剂量过小，雾化不好
火焰四散、乱飘、软而无力，呈黑红色或冒烟	雾化剂量、空气量过少，燃烧不完全
火焰容易熄灭，炉膛时明时暗	燃料油黏度过大，燃料油带水或蒸汽量过大并带水
火焰发白、硬，火焰跳起	蒸汽量、空气量过大

若燃烧器性能良好，操作合理，燃料与空气能充分混合和完全燃烧，则炉膛明亮，火焰强劲有力。烧油时火焰为黄白色，烧气时火焰为蓝白色。

圆筒炉一般采用底烧式燃烧器，要求辐射室火焰长度为立管长度的 50%～60%，以使炉管受热均匀。因此，一些炉管较长、炉膛较高的圆筒炉、立式炉的火焰形状多为细长形。

5. 控制好排烟温度

排烟温度应根据原料入炉的温度来确定。排烟温度与入炉原料温度的温差一般控制在100℃以上。使用钉头管或翅片管时温差控制在50℃以上，当采用余热回收系统时，可根据烟气露点腐蚀温度来确定排烟温度。

露点温度与燃料的含硫量、过剩空气系数、烟气中的二氧化硫生成量等因素有关，一般在105～130℃。为了防止露点腐蚀，冷油进料的入炉温度应在100℃以上。空气预热器的空气入口温度应在60℃以上。

6. 注意炉管压力降的变化

炉管压力降的变化可用来判断炉管是否结焦。若原料在炉管内的质量流速基本无变化，而炉管压力降却急剧增大，则有可能是炉管结焦。结焦严重时，必须停炉清焦。

（三）加热炉停工操作要点

加热炉停工有正常停工和紧急停工两种情况。

1. 正常停工操作要点

正常停工时，根据装置降量降温的要求，逐渐关闭燃烧器火嘴，剩1～2个燃烧器时，打开燃料油循环阀，此时燃烧器前的燃料油压力不能过低。全部熄火后，燃烧器通入蒸汽清扫火嘴，炉膛内也通入蒸汽，使炉膛温度尽快降低。烟囱挡板也应全开。

当装置进行循环时，过热蒸汽可排空。当使用的燃烧器是油-气联合燃烧器时，应先停燃料气，并对燃料气管线进行蒸汽吹扫处理后再停燃料油。若炉管不烧焦，可将燃料油全部送入油罐，停止燃料油循环，然后对燃料油管线用蒸汽吹扫处理。当炉膛温度降至150℃左右时，将人孔和看火门全部打开，使炉子逐渐冷却。

2. 紧急停工操作要点

加热炉在操作中出现严重故障时，如进料突然中断、炉管严重结焦、炉管烧穿等，则应紧急停工。此时应立即关闭燃烧器，使炉子熄火，停止炉子的进料，向炉膛内和炉管内吹入大量水蒸气，开大烟囱挡板，将炉膛和炉管内的水蒸气放空，并应及时和消防部门联系，以确保安全。

二、管式加热炉的检修

管式加热炉的工作条件比较苛刻，设备长期在高温、高压及腐蚀性介质的作用下连续工作。为了保证生产安全，加热炉工作一段时间后，必须停工检修。检修周期分中修和大修，中修周期一般为1～1.5年，大修周期一般为2～3年。另外，加热炉因故障紧急停工时，需对损坏设备和部件进行抢修或更换。

（一）检修的主要项目

1. 中修的主要检修项目

中修主要包括如下几项。

(1) 检查炉管的结焦情况及炉管、回弯头的腐蚀和壁厚的变化情况，氧化爆皮、鼓泡、弯曲变形等情况。对结焦炉管进行清焦，对有损坏的炉管、弯头等进行修理或更换。

(2) 检查回弯头的堵头、顶紧螺杆、元宝螺母及回弯头其他位置有无裂纹及损坏，进行研磨修理或更换。

(3) 检查炉墙、烟囱等处的衬里，看火门、防爆门、回弯头箱等处的密封，对损坏处或不严密处进行修补处理。检查炉管的管架、吊钩、定位管、导向管等部件，对损坏的进行修理或更换。

(4) 检查燃烧器和油、气管线及阀门等处，对漏油、漏气处进行修理或更换阀门、垫片。检查空气预热器、吹灰器等设备是否完好，烟囱挡板和风道挡板等转动是否灵活，对有问题的部件进行修理或更换。

(5) 检查辐射室、对流室、烟道、空气预热器等处有无积灰，如有积灰，应进行吹灰清扫。检查消防蒸汽线及紧急放空装置是否正常好用。

2. 大修的主要检修项目

大修除包括所有中修的主要检修项目外，还应对炉体的钢架及烟囱的钢筒体厚度及腐蚀情况进行检查修理。对加热炉的基础及烟囱进行检查修理，对炉体钢架、烟囱、平台、梯子及管线进行刷漆防腐处理。停车大修检查项目如表 6 - 3 所示。

表 6 - 3　管式加热炉的定期检查项目

检查部位	检查项目
炉管	① 管弯曲；② 膨胀；③ 锈皮剥落；④ 色变程度；⑤ 裂缝；⑥ 管壁厚度；⑦ 如有可能，应检查管内情况
焊缝	① 外观检查；② 必要时检查开裂情况
管支持件	① 接头接合情况；② 表面状况；③ 热膨胀部位的适应性；④ 保护泥的损坏情况；⑤ 部件损伤情况
炉内壁(耐火材料)	① 砖脱落情况；② 裂纹；③ 砖松动；④ 剥落情况
炉框、壳体、烟囱	① 外观检查；② 必要时的壁厚检查
燃烧室	解体检查
压力检查	重新开车前，检查炉膛内的压力是否在规定的范围内

(二) 炉管清焦

炉管结焦是炉管内物料超温，发生裂化反应，生成游离碳堆积在管内壁上所造成的。炉管结焦后，因焦炭的导热性很差，使炉管壁温急剧上升，加剧了炉管的腐蚀和氧化，引起炉管的脱皮、鼓包和破裂，严重时会把炉管烧穿，引起事故。另外，结焦也使炉管内物流流动困难，压力降增大。因此，检修时应对结焦炉管进行彻底清焦。炉管清焦主要有两种方法，一种是用清焦器进行机械清焦，另一种是用空气-蒸汽烧焦法清焦。

1. 机械清焦

用清焦器清焦，只能用于回弯头连接的炉管。因回弯头具有可拆卸的堵头，便于机械清焦。常用的清焦器由风动小透平、万向接头和冲击头三部分组成。工作时清焦器以 3 000～6 000 r/min 的速度旋转，在离心力的作用下使冲击头做锥形运动，以很大的冲击力破碎和刮削坚硬的焦炭层，并被风动小透平用空气将破碎后的焦炭吹出管外。

用清焦器清焦时，应先把清焦器放入炉管内后再启动，停止时应先关闭压缩空气，使风动小透平停转后，再将清焦器从管内取出。清焦器工作时，应在管内不停地移动，保持钝重的声音。当冲击头碰击到管内壁时就会发出尖锐的声音，应立即移开清焦器。

最后一次清焦时，应使用铣刀式清焦头清焦。对炉管与回弯头连接的胀口处及回弯头内只能用手工清焦，不能用清焦器。

2. 烧焦法清焦

对用急弯弯管连接的炉管，多采用空气-蒸汽烧焦法清焦。烧焦前应停炉扫线，检查炉管、弯头等结焦情况，将炉出口转油线切换至烧焦罐。烧焦时炉管内的焦炭在一定的温度下，受到高温蒸汽和空气的冲击而破碎和燃烧，燃烧后的产物与未燃烧的焦炭粉末一起被气流带入烧焦罐。

烧焦时先从加热炉入口处通入压力不大于 0.98 MPa 的蒸汽吹扫炉管 20～30 min，将炉管内的残油和碎焦炭吹扫干净。当烧焦罐有蒸汽排出时，烧焦罐应通入压力不小于 0.34 MPa 的冷却水进行冷却。此时，炉膛可点火升温。炉膛升温速度控制在 50℃/h，升温至 450℃时，保持恒温。在升温过程中，应不断地加大烧焦罐的冷却水量。如果烧焦罐出口排焦量过大和有许多存油时，应减慢升温速度，炉出口温度应控制在 400℃以下。

炉管烧焦应分路给风给气，交替进行。准备烧焦的一路炉管，将蒸汽量减少，先通入少量空气，空气压力要求不小于 0.39 MPa，再逐渐适当加大，保持 1～2 min 后，停止通入空气，立即通入大量蒸汽。炉出口温度根据炉管材质一般不超过 450℃，超过时可通过减少空气量，加大蒸汽量来调节，以免烧坏炉管。每一路的炉管都如此进行烧焦，直到焦炭烧尽为止。

烧焦时应严格掌握每次通入空气的时间，开始几次时间要短，以后可逐渐适当延长。烧焦时应注意炉管颜色，正常时为暗红色。若为桃红色时说明温度偏高，应调节蒸汽、空气比例，适当减小空气量，增大蒸汽量。炉管烧焦是否干净，可根据炉膛温度和水的颜色来判断。若炉管通入空气后，烧焦罐排出的冷却水的颜色不发黑，为铁锈色时，烧焦基本干净。可停止通入空气，进行降温。

炉膛降温不能过快，在 400℃以上时为 30℃/h，降到 400℃以下时为 40℃/h。当炉温降到 350℃时应熄火，降到 300℃时炉管停止通入蒸汽。有堵头的炉管可拆卸堵头，检查烧焦效果。当炉温降至 250℃时，打开烟囱挡板、人孔及看火门，进行自然通风。

（三）炉管更换

炉管使用一定的时间后，存在以下问题时应更换。

(1) 炉管由于腐蚀严重、冲蚀或爆皮，管壁厚度小于计算允许值，有鼓包、裂缝或网状裂纹。

(2) 水平炉管相邻两支架间的弯曲度大于炉管外径的 2 倍，炉管外径大于原来外径的 4%。

(3) 胀口在使用中反复多次胀接，超过规定胀大值，胀口腐蚀、脱落，胀口露头小于 3 mm。

更换炉管时，需切除旧炉管，切除时应注意防止损伤回弯头。加热炉紧急停工，对炉管进行抢修时，为了争取时间，一般只做简单处理，可对炉管进行局部更换、补焊或整根更换。

局部更换时，将被烧坏的部分从两端割掉，中间更换新炉管。焊接时先焊上口，再焊下口。为了焊接方便，可先切除炉管底部的导向短管，或先拉开炉管拉钩，使炉管离开炉墙200～300 mm，焊好炉管后，再焊上导向管，装好拉钩。

更换整根炉管时，先从弯头的下端割掉炉管，修好坡口，炉管从顶部弯头箱盖板处穿入，先对好下口，再在弯头箱外部对好上口，然后焊接。炉管的抢修焊接或更换，应严格保证质量,避免开工后再次出现问题。

(四) 炉管与弯头的连接

炉管与弯头的连接,有胀接、焊接及丝扣连接 3 种形式。炉管与急弯弯管连接时,全部采用焊接。炉管与回弯头连接时,若采用胀接,在胀接前管子外径与回弯头上的管孔之间应有一定的间隙,以便安装炉管。

胀接时,在胀管器滚柱压力的作用下,管子向外扩大产生一定的塑性变形,并贴紧在回弯头的管孔内壁上。同时,也使回弯头管孔产生弹性变形与管子一起扩大。当胀管器退出后,它们都产生弹性回复。但由于管子有塑性变形,在管子与管孔间保持一定的残余应力,使管子牢牢地固定在回弯头上,严密不漏。

炉管与回弯头或急弯弯管焊接时,管端坡口应采用机械加工的方法来切割。坡口表面及 20 mm 以内管端应清除油污及锈斑。坡口角度常用(60°～70°)±5°,钝边尺寸及对口间隙应控制在 $1\pm^{0}_{0.5}$(mm)。在炉管焊接组对时,允许内径错边小于 1 mm。炉管与急弯弯管组对焊接时,同心度误差不应大于 1 mm,且不得强行对中。圆筒炉辐射管组对焊接后,其节圆直径误差不应大于 0.2%,并不得超过 12 mm。

炉管焊接时,所用焊条应根据炉管材质及焊接要求选用。炉管最好为整根,因长度不够需焊接时,每根炉管只允许有一个焊缝。炉管焊缝应处于低温区域或炉墙外侧,应避免使焊缝处于炉管中央或胀口附近。

(五) 炉管清灰

燃料油中因含有金属元素及碳燃烧不完全等原因,在加热炉中燃烧时会产生灰垢。特别是重质燃料油(如减压渣油),在燃烧时产生的灰垢量较大。而气体燃料燃烧时,则基本无灰垢。灰垢易沉积在对流室炉管的外表面,特别是对流室的一些死角区,因烟气流速很小,积灰较严重。钉头管或翅片管表面更易积灰。

正常生产时,对流室中装有吹灰器,利用蒸汽进行吹灰,效果较好。但吹灰器只安装在对流室的一定位置上,对不同位置上的炉管,吹灰作用差别很大。即使对同一根炉管,不同部位的吹扫作用也不相同。因此,检修时应对炉管进行清灰处理。

清灰时可用钢丝刷进行手工清除,也可用高压蒸汽吹扫或用高压水冲洗。用水冲洗时应注意用塑料板或防水布等保护对流室的侧壁炉墙。在对流室下方安装漏斗以接收冲洗水,漏斗用管子与炉外的水槽连接。水洗时将水槽中的水加热至 40～60℃,用泵及管线将水送至对流室上部,经喷嘴喷射,清除炉管上的灰垢。对辐射室局部有积灰的炉管,一般可用钢丝刷手工清除。

三、管式加热炉的故障处理

加热炉运行中的故障多发生在燃烧系统中,操作人员在实际操作中应具体问题具体分析,掌握规律,消除隐患,保证加热炉安全运行。遇有下列情况之一时应立即停炉。

(1) 燃烧器损坏严重,不能正常燃烧。

(2) 炉管损坏严重。

(3) 炉体某连接部位密封失严,大量冷空气漏入炉内。

(4) 压力表、温度计之一失灵。

管式加热炉的常见故障原因及处理方法如表 6-4 所示。

表 6-4　管式加热炉的常见故障原因及处理方法

故障	原因	处理方法
1. 火嘴损坏	① 低负荷运行火焰不稳定	① 控制火嘴的运行数量，使每个火嘴的燃烧量在设计范围内
	② 加热温度过高或雾化蒸汽过热，积炭增加，使喷嘴堵塞	② 避免低负荷运行，调节温度
	③ 高温氧化	③ 控制温度或更换火嘴
	④ 磨损、腐蚀、裂纹	④ 定期检查，不得有明显的腐蚀、磨损和裂纹，必要时更换火嘴
	⑤ 安装错误	⑤ 重新安装，确保安装位置、火嘴喷头开孔的方向正确
2. 加热管损坏	① 腐蚀 ② 磨损 ③ 裂纹	① ② ③ 定期检查加热管的腐蚀、磨损、裂纹情况，确保壁厚大于所要求的最小壁厚，必要时修复或更换
	④ 泄漏	④ 由泄漏试验，检查泄漏情况，修复或更换
	⑤ 蠕变断裂	⑤ 从抽样管上切取切片进行高温短时间蠕变断裂试验，非破坏性检查推断剩余寿命或更换
3. 炉内耐火绝缘材料损伤	① 施工不良	① 精心施工，由于耐火材料的支撑物是与炉体钢构件相连，则其结构应考虑热膨胀问题
	② 裂纹	② 当耐火绝热材料出现裂纹时，裂纹 5 mm 可不必修复；裂纹大于 5 mm 用陶瓷纤维填充。当出现周围裂缝而隆起时，应去掉重新修补好
	③ 剥落	③ 选择耐火强度高的材料，材料最高使用温度相对燃烧气体温度要留有 10%的余量，重新修复
	④ 腐蚀	④ 定期检查腐蚀情况，必要时进行更换
4. 加热炉爆炸	① 金属片、木片等引起堵塞，引爆或火灾发生	① 肉眼检查，炉内不得有引爆或引起火灾的物质，并及时排除
	② 其他易燃性液体、可燃性气体等引起爆炸或火灾	② 加强气体检测
5. 污染环境	① 喷嘴噪声	① 喷嘴四周加隔音罩，加强仪表室和休息室的隔音效果，使用低噪声燃烧器
	② 烟气对大气的污染	② 高烟囱排放，改进燃烧器，减少过剩空气，减少 NO_x 的生成量，燃料预先脱流，烟气脱硫和脱氮

四、管式加热炉的维护与保养

加热炉使用单位应制定日常的管式加热炉维护保养规程，由操作人员对各设备进行常规维护。维护保养按《加热炉维护保养规程》，分为日常维护保养、季度维护保养与年度维护保养。各自的保养的内容分别如下。

1. 日常维护保养的内容与要求

(1) 日常维护保养的内容应按“十字”(清洁、润滑、调整、坚固、防腐)作业的要求进行。

(2) 加热炉炉墙、炉顶、梯子、平台及栏杆应清洁、卫生,做到无油污、无杂物。

(3) 加热炉管线、阀门及附件应清洁,保温完好,颜色符合要求。

(4) 检查加热炉各种孔门应齐全、完好并严密不漏。

(5) 采用旋杯式燃油器的加热炉应按规定做好燃油器的调整和润滑,做到皮带松紧适中,轴承润滑良好。风阀、油阀开关灵活。

(6) 检查管线、阀门、法兰、喷油嘴等应无渗漏,发现渗漏应及时处理。

(7) 检查燃烧器运行工况,发现喷油嘴或喷嘴砖结焦应及时清理,调整运行工况。

(8) 检查喷嘴砖、挡火墙损坏情况,及时修补。

(9) 烟道挡板和其手摇卷扬机、灵活好用,烟道挡板开度指示正确。

(10) 吹灰系统的各类阀门、吹灰器应灵活好用、严密、管线畅通。

(11) 加热炉进出口阀门,紧急放空阀门应灵活、严密、管线畅通无阻。

(12) 加热炉在冬季运行时应做好防冻、防凝措施。

(13) 检查和调整风管蝶阀,使其灵活。

(14) 做好紧急放空系统的润滑、紧固。定期活动阀门,保证灵活好用,放空管线畅通无阻。

(15) 日常维护保养应执行点检卡制度。

2. 季度维护保养的内容与要求

(1) 在日常维护保养中发现的问题,根据重要程度、使用条件等不能马上处理的,分别纳入季度维护保养或检修计划,加以实施,确保加热炉安全、完好运行。

(2) 拆洗喷油嘴总成,更换损坏件,调整安装角度。

(3) 对损坏的喷嘴砖、铸铁安装板、孔门砖应及时修补或更换。

(4) 对炉墙、炉顶及各孔门的漏风处进行修补。

(5) 检查和修补防雨棚及炉顶防雨层,防止雨、雪、风对加热炉的危害。

(6) 检查炉顶、炉体及钢烟囱等金属件的防腐,必要时应进行修补、除锈和防腐。

(7) 进行全面堵漏,达到无漏油、无漏风、无漏水、无漏电、无漏气。

(8) 对管线保温进行修补。

(9) 对加热炉仪表及电气设备的检查、保养按有关规定进行。

(10) 紧急放空阀每季度检查保养一次。

(11) 防爆门每季度手动试验一次。

(12) 停炉后的维修保养。

(13) 停炉后全面检查加热炉各部位情况,发现问题及时处理。

(14) 加热炉停用后,停炉在 1 000 h 以上时(除检修时外),必须进行以防腐为目的的干法保养。

(15) 加热炉停止使用后,将其炉膛和对流室内的油焦、烟灰、铁锈清理干净。

3. 年度维护保养的内容与要求

针对加热炉的状况，每年春季(三四月份)进行年度保养，使加热炉的技术状况达到完好标准。

(1) 紧急放空阀每年试开关一次。

(2) 加热炉清灰每半年一次。

(3) 对停炉且不走油的加热炉，应进行干法保养。

思考与练习

1. 管式加热炉有哪些主要工艺参数？
2. 简述加热炉的类别。
3. 管式加热炉由哪几部分组成？各部分的作用是什么？
4. 论述管式加热炉的开工操作要点。
5. 简述管式加热炉的正常操作要点。
6. 管式加热炉的中修包括哪些内容？
7. 管式加热炉运行时，遇到什么情况应立即停炉？

第七章　管道与阀门的使用与维护

知识目标

- 了解管道与阀门的作用和类别。
- 掌握管道的连接方式及特点。
- 了解常见阀门的结构。
- 了解管道的布置及安装的基本要求。

能力目标

- 能够根据工艺要求及设备结构特点，正确选择、使用管道和阀门。

管道是化工设备的重要组成部分，原料及其他辅助物料从不同的管道进入生产装置，加工成产品，再进入罐区，最后外输或外运。可见管道是化工生产的大动脉，它将整个生产联结起来构成一个整体。所以保持管道的畅通是保证化工生产正常进行的重要环节。阀门是一种通用机械产品，也是化工管道中常用的重要附件，在管道中起切断或连通管内介质的流动、调节其流量和压力、改变或控制流动方向等作用。本章主要介绍化工生产所用管道的类型、布置与安装、使用及维护，阀门的结构类型、选用及维护等内容。

知 识 框 图

- 管道与阀门的使用与维护
  - 化工管道
    - 类别
      - 按用途:工艺管道、辅助管道
        按压力:真空管道、低压管道、中压管道及高压管道
        综合分类:GC1、GC2、GC3
      - 化工用管:铸铁管、水煤气管、无缝钢管、有色金属管、非金属管
    - 布置与安装
      - 管道布置的一般要求
        管道安装的一般要求
        管道的连接、保温和防腐
    - 管道配件
      - 压制弯头、异径管、三通等
    - 使用与维护
      - 管道在投用前要进行清洗和吹扫,而后进行耐压试验,管道投用后应进行定期检查和及时维护
  - 阀门
    - 类型
      - 按用途:通用阀(启闭、止回、调节、分配、疏水、隔气、安全)、专用阀
        按结构特征:截门形、闸门形、旋塞和球形、旋启形、蝶形、滑阀形
        按压力:真空阀、低压阀、中压阀、高压阀、超高压阀
    - 常见阀门结构、特点
      - 闸阀、截止阀、蝶阀、旋塞阀、球阀、止回阀等结构不同、各有特点,在阀门的选用上应遵循“满足工艺要求、安全可靠、经济合理、操作维护方便”的基本原则
    - 使用与维护
      - 阀门应正确使用、合理维护
        阀门的常见故障与排除方法见表 7-14

第一节　化工管道的使用与维护

一、管道的分类

(一) 管道的类型

炼油、化工生产的介质种类繁多,各类介质的特性不同,在管道中的状态、温度、压力也不尽相同,管道按不同的分类方法有不同的类型。

按管道的用途可将其分为工艺管道和辅助管道。工艺管道包括原料管道、半成品及产品管道等,是生产的主要管道。辅助管道是指一切辅助生产的管道,包括燃料系统、蒸汽及冷凝水系统、冷却水系统、排污系统及供风系统等的管道。

根据管道中介质压力的高低可将管道分为真空管道、低压管道、中压管道及高压管道,如表 7－1 所示。

表 7－1　管道按压力分级

级别名称		设计压力 p/MPa
真空管道		p 小于标准大气压
低压管道		$0<p<1.6$
中压管道	1	$1.6\leqslant p<4.0$
	2	$4.0\leqslant p<10.0$
高压管道		$10.0\leqslant p\leqslant 35$

根据 TSG D0001—2017《压力管道安全技术监察规程——工业管道》,按管道的设计压力、温度、介质等因素综合考虑将管道分为 GC1、GC2、GC3 三类,如表 7－2 所示。

剧毒介质及穿越铁路、公路干线、重要桥梁、住宅区及工厂重要设施的甲、乙类火灾危险物质和有毒物质的管道的穿越部分按Ⅰ类管道考虑。石油气(包括液态烃)和氢气的管道至少按Ⅲ类管道考虑。甲、乙类火灾危险物质、有毒物质和具有腐蚀性的介质及难以修理、检查、更换或对生产起重要作用的管道均应升高一个类别。

表 7－2　工业管道的综合分级

依据	级别	条件
特种设备安全技术规范 TSGD0001—2017《压力管道安全技术监察规程——工业管道》	GC1	(1) 输送 GBZ 230—2010《职业性接触毒物危害程度分级》中规定毒性程度为极度危害介质的管道。 (2) 输送 GB 50160—2008《石油化工企业设计防火规范》及 GB 50016—2014《建筑设计防火规范》中规定的火灾危险性为甲、乙类可燃气体或甲类可燃液体介质且设计压力 $p\geqslant 4.0$ MPa 的管道。 (3) 输送可燃流体介质、有毒流体介质,设计压力 $p\geqslant 4.0$ MPa 且设计温度≥400℃的管道。 (4) 输送流体介质且设计压力 $p\geqslant 10.0$ MPa 的管道

续表

依据	级别	条件
特种设备安全技术规范TSGD0001—2017《压力管道安全技术监察规程——工业管道》	GC2	(1) 输送 GB 50160—2008《石油化工企业设计防火规范》及 GB 50016—2014《建筑设计防火规范》中规定的火灾危险性为甲、乙类可燃气体或甲类可燃液体介质且设计压力 $p<4.0$ MPa 的管道。 (2) 输送可燃流体介质、有毒流体介质，设计压力 $p<4.0$ MPa 且设计温度≥400℃的管道。 (3) 输送非可燃流体介质、无毒流体介质，设计压力 $p<10$ MPa 且设计温度≥400℃的管道。 (4) 输送流体介质，设计压力 $p<10$ MPa 且设计温度<400℃的管道
	GC3	(1) 输送可燃流体介质、有毒流体介质，设计压力 $p<1.0$ MPa 且设计温度<400℃的管道。 (2) 输送非可燃流体介质、无毒流体介质，设计压力 $p<4.0$ MPa 且设计温度<400℃的管道。 (3) 输送无毒、非可燃流体介质，设计压力小于或者等于 1.0 MPa，并且设计温度高于−20℃但是不高于 185℃的管道

炼油、石油化工管道输送的介质一般都是易燃、可燃性介质，有些物料属于剧毒介质，这类管道即使压力很低，但一旦发生泄漏或损坏后果是很严重的，因此对这类管道不仅要考虑温度和压力的影响，还要考虑介质性质的影响。原石油化工总公司颁布的《石油化工剧毒、可燃介质管道施工及验收规范》(SHJ 3501—1997)，根据被输送介质的温度、闪点、爆炸下限、毒性及管道的设计压力将石油化工管道分为 A、B、C 三级，如表 7-3 所示。

表 7-3　管道按压力和输送介质分类

管道类别	适用范围
A	(1) 剧毒介质管道 (2) 设计压力大于或等于 10 MPa 的易燃、可燃介质管道
B	(1) 介质闪点低于 28℃的易燃介质管道 (2) 介质爆炸下限低于 10%的管道 (3) 操作温度高于或等于介质自燃点的 C 级管道
C	(1) 介质闪点为 28～60℃的易燃、可燃介质管道 (2) 介质爆炸下限高于或等于 10%的管道

(二) 公称压力和公称直径

公称压力和公称直径是管子、阀门和管件的两个特性参数，其含义与法兰的公称压力和公称直径类似。采用公称压力和公称直径的目的是使管子、阀门和管件的连接参数统一，利于装管工程的标准化。装管工程标准化可使制造单位能进行阀门、管件的批量生产，降低制造成本。由于标准化后容易购买，使用单位可以减少日常的储备量，标准化还便于阀门、管件损坏后的更换。标准化的实行使设计单位的设计工作量也大为减少。

1. 公称压力

公称压力用符号 *PN* 表示，单位为 MPa，如公称压力 4 MPa，用 *PN*4.0 表示。通常公称压力大于或等于实际工作压力。一般来说，管路工作温度在 0～120℃范围内时，允许工作压力和公称压力是一致的，但当温度高于 120℃时，允许工作压力将低于公称压力。在不同的温度下，允许工作压力与公称压力的关系如表 7－4 所示。

表 7－4　不同温度下允许工作压力与公称压力的关系

级别	工作温度/℃	公称压力	允许工作压力	级别	工作温度/℃	公称压力	允许工作压力
Ⅰ	0～120	100	100×100%	Ⅳ	401～425	100	100×51%
Ⅱ	121～300	100	100×80%	Ⅴ	426～450	100	100×43%
Ⅲ	301～400	100	100×64%	Ⅵ	451～475	100	100×34%

2. 公称直径

公称直径用符号 *DN* 表示，它与管子的实际内径相近，但不一定相等。凡是同一公称直径的管子，外径必定相同，但内径则因壁厚不同而异。例如，ϕ57 mm×3.5 mm 和 ϕ57 mm×4.5 mm 的无缝钢管，都称为公称直径为 50 mm 的钢管，但它们的内径却分别为 50 mm 和 48 mm。

常用钢管的公称直径、外径及常用壁厚如表 7－5 所示。

表 7－5　钢管的公称直径、外径及常用壁厚

公称直径 *DN*/mm	管子外径/mm	常用钢管壁厚/mm	公称直径 *DN*/mm	管子外径/mm	常用钢管壁厚/mm
10	14	3	150	159	4.5
15	18	3	200	219	6
20	25	3	250	273	8 或 7
25	32	3.5	300	325	8
32	38	3.5	350	377	9
40	45	3.5	400	426	9
50	57	3.5	450	480	9
80	89	4	500	530	9
100	108	4	600	630	9
125	133	4			

水煤气钢管的公称直径用英寸表示，有 1/8″、1/4″、3/8″、1/2″、3/4″、1″、1.25″、1.5″、2″、2.5″、3″、4″、5″、6″等。

管子直径由选定的管内流体流速计算，并修正到符合公称直径要求来确定。

各种管材不同公称压力和公称直径的壁厚如表 7－6、表 7－7 和表 7－8 所示。

表 7-6　无缝碳钢管壁厚　　　　单位：mm

材料	*PN*/MPa	*DN*																			
		10	15	20	25	32	40	50	65	80	100	125	150	200	250	300	350	400	450	500	600
20 12CrMo 15CrMo 12Cr1MoV	≤1.6	2.5	3	3	3	3	3.5	3.5	4	4	4	4	4.5	5	6	7	7	8	8	8	9
	2.5	2.5	3	3	3	3	3.5	3.5	4	4	4	4	4.5	5	6	7	7	8	8	9	10
	4.0	2.5	3	3	3	3	3.5	3.5	4	4	4.5	5	5.5	7	8	9	10	11	12	13	15
	6.4	3	3	3	3.5	3.5	3.5	4	4.5	5	6	7	8	9	11	12	14	16	17	19	22
	10.0	3	3.5	3.5	4	4.5	4.5	5	6	7	8	9	10	13	15	18	20	22			
	16.0	4	4.5	5	5	6	6	7	8	9	11	13	15	19	24	26	30	34			
	20.0	4	4.5	5	6	6	7	8	9	11	13	15	18	22	28	32	36				
	4.0T	3.5	4	4	4.5	5	5	5.5													
10 Cr5Mo	≤1.6	2.5	3	3	3	3	3.5	3.5	4	4.5	4	4	4.5	5.5	7	7	8	8	8	8	9
	2.5	2.5	3	3	3	3	3.5	3.5	4	4.5	4	5	4.5	5.5	7	7	8	9	9	10	12
	4.0	2.5	3	3	3	3	3.5	3.5	4	4.5	5	5.5	6	8	9	10	11	12	14	15	18
	6.4	3	3	3	3.5	4	4	4.5	5	6	7	8	9	11	13	14	16	18	20	22	26
	10.0	3	3.5	4	4	4.5	5	5.5	7	8	9	10	12	15	18	22	24	26			
	16.0	4	4.5	5	5	6	7	8	9	10	12	15	18	22	28	32	36	40			
	20.0	4	4.5	5	6	7	8	9	11	12	15	18	22	26	34	38					
	4.0T	3.5	4	4	4.5	5	5	5.5													
Q345 15MnV	≤1.6	2.5	2.5	2.5	3	3	3	3	3.5	3.5	3.5	3.5	4	4.5	5	5.5	6	6	6	6	7
	2.5	2.5	2.5	2.5	3	3	3	3	3.5	3.5	3.5	3.5	4	4.5	5	5.5	6	7	7	8	9
	4.0	2.5	2.5	2.5	3	3	3	3	3.5	3.5	4	4.5	5	6	7	8	8	9	10	11	12
	6.4	2.5	3	3	3	3.5	3.5	3.5	4	4.5	5	6	7	8	9	11	12	13	14	16	18
	10.0	3	3	3.5	3.5	4	4	4.5	5	6	7	8	9	11	13	15	17	19			
	16.0	3.5	3.5	4	4.5	5	5	6	7	8	9	11	12	16	19	22	25	28			
	20.0	3.5	4	4.5	5	5.5	6	7	8	9	11	13	15	19	24	26	30				

表 7-7 无缝不锈钢管壁厚 单位:mm

材料	PN/MPa	DN																			
		10	15	20	25	32	40	50	65	80	100	125	150	200	250	300	350	400	450	500	600
1Cr18Ni9Ti 含 Mo 不锈钢	≤1.0	2	2	2	2.5	2.5	2.5	2.5	2.5	2.5	3	3	3.5	3.5	3.5	4	4	4.5			
	1.6	2	2.5	2.5	2.5	2.5	2.5	3	3	3	3	3	3.5	3.5	4	4.5	5	5			
	2.5	2	2.5	2.5	2.5	2.5	2.5	3	3	3	3.5	3.5	4	4.5	5	6	6	7			
	4.0	2	2.5	2.5	2.5	2.5	2.5	3	3	3.5	4	4.5	5	6	7	8	9	10			
	6.4	2.5	2.5	2.5	3	3	3	3.5	4	4.5	5	6	7	8	10	11	13	14			
	4.0T	3	3.5	3.5	4	4	4	4.5													

表 7-8 焊接钢管壁厚 单位:mm

材料	PN/MPa	DN															
		200	250	300	350	400	450	500	600	700	800	900	1 000	1 100	1 200	1 400	1 600
焊接碳钢管(Q235A、20)	0.25	5	5	5	5	5	5	5	6	6	6	6	6	6	7	7	7
	0.6	5	5	6	6	6	6	6	7	7	7	7	8	8	8	9	10
	1.0	5	5	6	6	6	7	7	8	8	9	9	10	11	11	12	
	1.6	6	6	7	7	8	8	9	10	11	12	13	14	15	16		
	2.5	7	8	9	9	10	11	12	13	15	16						

材料	PN/MPa	DN															
		200	250	300	350	400	450	500	600	700	800	900	1 000	1 100	1 200	1 400	1 600
焊接不锈钢管	0.25	3	3	3	3	3.5	3.5	3.5	4	4	4	4.5	4.5				
	0.6	3	3	3.5	3.5	3.5	4	4	4.5	5	5	6	6				
	1.0	3.5	3.5	4	4.5	4.5	5	5.5	6	7	7	8					
	1.6	4	4.5	5	6	6	7	7	8	9	10						
	2.5	5	6	7	8	9	9	10	12	13	15						

(三) 化工用管

1. 铸铁管

铸铁管常用作埋于地下的给水总管及污水管,化工厂用来输送碱液及浓硫酸,但铸铁管不能用于输送蒸汽及在压力下输送爆炸性与有毒的气体。铸铁管的公称直径有 50 mm、75 mm、100 mm、125 mm、150 mm、200 mm、250 mm、300 mm、350 mm、400 mm、450 mm、500 mm、600 mm、700 mm、800 mm、900 mm 和 1 000 mm 多种。连接方式有承插式、单端法兰式和双端法兰式 3 种,连接件和管子一起铸出。

高硅铁管与抗氯硅铁管适用于输送公称压力为 0.25 MPa 以下的腐蚀性介质,高硅铁能耐强酸,含钼的抗氯硅铁更可耐各种含量、温度的盐酸。

2. 水煤气管

水煤气管常用作给水、煤气、暖气、压缩空气、真空、低压蒸汽和凝液及无侵蚀性物料的管道。水煤气管的极限工作温度为 175℃,且不得用以输送有爆炸性及有毒性的介质。

水煤气管分为普通(公称压力为 1 MPa)与加强(公称压力为 1.6 MPa)两级,公称直径为 8～150 mm。

3. 无缝钢管

无缝钢管在化工生产中应用很广泛,它的特点是品质均匀且强度高,可用来输送有压力的物料、水蒸气、高压水、过热水,也可输送可燃性和有爆炸危险及有毒性的物料,极限工作温度为 435℃。若输送强腐蚀性或高温(达 900～950℃)介质则用合金钢或耐热钢制成的无缝钢管,如镍铬钢能耐硝酸与磷酸的腐蚀,但它不宜用于输送具有还原性的介质。

4. 有色金属管

(1) 铜管与黄铜管　多用作低温管道(冷冻系统)、仪表的测压管线或输送有压力的流体(如油压系统、润滑系统),当温度高于 250℃时不宜在压力下使用。

(2) 铝管　常用来输送浓硝酸、醋酸、甲酸等物料,但不能抗碱腐蚀,在温度高于 160℃时不宜在压力下使用,极限工作温度为 200℃。

(3) 铅管　常用作硫酸管道或酸性物料管道,但由于强度低、密度大、抗热性差等缺点,已逐步为耐酸合金管,尤其为塑料管所代替。铅管在温度高于 140℃时,不宜在压力下使用。输送硝酸、次氯酸盐及高锰酸盐类等介质时不可采用铅管。

5. 非金属管

(1) 陶瓷管　化工陶瓷管耐腐蚀性能好,能耐除氢氟酸、氟硅酸和强碱外的各种浓度的无机酸、有机酸和有机溶液的腐蚀,来源较广且价格低廉。其缺点是性脆、强度低和不能耐温度剧变,常用作排出腐蚀性介质的下水管道和通风管道。

(2) 硬质聚氯乙烯管　硬质聚氯乙烯管对于任何含量的各种酸类、碱类和盐类都是稳定的,但对强氧化剂、芳香族碳氢化合物、氯化物及碳氧化物是不稳定的,可用来输送 60℃以下的介质,也可用于输送 0℃以下的液体。常温下轻型管材的工作压力不超过 0.25 MPa,重型管材(即管壁较厚)的工作压力不超过 0.6 MPa。它的优点是质轻,抗蚀性能好,易加工,但耐热性差。

二、管道的布置、安装及连接

(一) 管道的布置

1. 管道布置的一般要求

在进行管道布置时应根据管道的用途、周围建筑物的位置、所输送介质的特性及与管道连接的机械设备的布置情况等综合考虑,合理配置。一般应遵循以下原则。

(1) 布置管道时,应对全装置的所有管道(包括工艺管道、热力管道、供排水管道、仪表管道及采暖通风管道等)通盘规划,各安其位,做到安全、经济和便于施工、操作及维修,防止顾此失彼。

(2) 布置管道时,应了解周围建筑物的位置、与管道连接的设备的特点,以便管道可靠安装固定。

(3) 除能满足工艺、机械设备及整个系统的正常运行外,还应能适应开工、停工和事故处理的要求,备有必要的旁通管路或采取其他措施。

(4) 在满足操作和工艺流程要求的前提下,尽可能紧凑,避免烦琐,防止浪费。

(5) 管道通过人行道时，最低点离地面不得小于 2 m，通过工厂主要交通干线时，管底离地面不得小于 4.5 m，通过铁路时不小于 6 m。

(6) 输送有毒或腐蚀性介质的管道，不得在人行道上空设置阀件、法兰等，以免泄漏时发生事故。输送易燃易爆介质的管道，一般应设有防火、防爆安全装置。

(7) 为了便于安装、检修和管理，管道尽量架空敷设。必要时可沿地面敷设或埋地敷设，也可沿管沟敷设。

(8) 管道不应挡门、挡窗，应避免通过电动机、配电盘、仪表盘的上空，在有吊车的情况下，管道的布置应不妨碍吊车工作。管道的布置不应妨碍设备、管件、阀门、仪表的检修。塔和容器的管道不可从人孔正前方通过，以免影响打开人孔。

(9) 在焊接或螺纹连接的管道上应适当配置一些法兰或活接头，以利安装、拆卸和检修。

(10) 管子与管子间、管子和墙间的距离，以能容纳活接头或法兰及能进行检修为度，如表 7-9 所示为管子与墙间的安装距离。

表 7-9 管子与墙间的安装距离 单位：mm

公称直径 *DN*		25	40	50	70	80	100	125	150	200	250	300	350
管中心与墙面的距离	不保温管	110	120	130	140	150	160	170	190	220	250	280	310
	保温管	130	140	150	170	170	190	210	230	260	290	320	350

(11) 当管道需要穿过墙或楼板时，要由工艺专业向土建专业提请预留孔或预埋套管。管子应尽量集中敷设，在穿过墙壁或楼板时，尤应注意。

(12) 阀门和仪表的安装高度主要考虑操作的方便和安全，下列的数据可供参考。阀门(截止阀、闸阀和旋塞阀等)为 1.2 m，温度计为 1.5 m，安全阀为 2.2 m，压力计为 1.6 m。

(13) 某些不能耐较高温度的材料制成的管道(如聚氯乙烯管、橡胶管等)，应避开热管路。输送冷流体(如冷冻盐水)的管道与热流体(如蒸汽)的管道应相互避开。

(14) 长距离输送蒸汽的管道应在一定的距离处安装分离器以排出冷凝水。长距离输送液化气体的管道在一定的距离处应装设垂直向上的膨胀器。

2. 机、泵管道的布置

各类压缩机和泵管道布置时应注意以下几点。

(1) 压缩空气管道上应设置减压装置，对流量稳定、压力波动不大的管道，可以设置节流孔板。对压力波动较大的管道则应设置减压阀。对压力波动不大但需要调节流量的，可串联节流阀。压缩空气管道上应设置排水管，人工定期排水。为了便于清洗，应在适当的部位安装若干个公称直径为 15～25 mm 的吹扫接头。

(2) 氨压缩机吸入管应有坡向蒸发器的 0.005 左右的坡度(指单位长度管道中心线倾斜的距离)，氟压缩机吸入管应有 0.02 的顺向坡度。压缩机的排出管应有 0.01～0.02 的顺向坡度。为了防止往复泵和压缩机吸入、排出管道的振动，应采用弹性支架。

(3) 所有泵的吸入管道在靠近泵进口法兰处均应安装临时过滤网(已安装了永久性过滤器者除外)。

(4) 泵的吸入和排出管道与阀门的质量不应由泵体承受，应在靠近泵体的管段上设置吊架。

(5) 泵的吸入管应尽量缩短，少拐弯，如必须拐弯时，应采用曲率半径较大的弯头，避免突然缩小管径。泵吸入管应有 0.02 的坡度，当泵比水源低时坡度朝向泵，泵比水源高时反之。

(二) 管道的安装及连接

1. 管道安装的一般要求

管道安装应注意以下几方面的问题。

(1) 管道安装前必须将全部管架及支架紧固，对于安装在沉陷量大的基础上的设备，必须在设备找正定位并经水压沉陷稳定后，再安装与其连接的管道。

(2) 管子在组合前或管子和组合件在安装前，应将管子和管件内部清扫干净。

(3) 安装有缝钢管管道时，应使其纵缝位于管道水压试验时易于检查的方位。

(4) 凡穿过楼板、墙壁、基础、铁道及公路的管道，应加保护套管且套管内的管段一般不得有焊口。若不得不有焊口时应先进行试压，合格后再安装。钢管与套管间应填满保温材料。

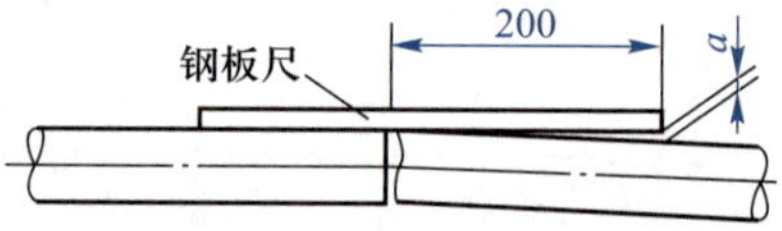

图 7-1　管道对口平直度

(5) 管道对口时应在离接口 200 mm 处测量平直度，如图 7-1 所示。当管子公称直径小于 100 mm 时，允许偏差为 1 mm。当管子公称直径大于等于 100 mm 时，允许偏差为 2 mm。但全长允许偏差不得超过 10 mm。管道连接时不得强力对口，一般不允许将管子的质量支承在机泵设备上。

(6) 法兰连接应与管道同心，并应保证螺栓自由穿入，法兰螺栓应错开排管的排列方向，法兰盘间应保持平行，其偏差不得大于法兰外径的 1.5‰。且不大于 2 mm，不得用强紧螺栓的办法消除歪斜。

(7) 输送含有固体介质的管道，主管和支管除设计上有规定者外，一般要求不大于 30°角相接。接口焊缝根部应光滑，在管内壁无组焊瘤。

(8) 地埋压力管道，应先检查支持的地基或基础，待合格后才能进行安装，如遇地下水或积水时应先排水后安装。焊接接口需要进行强度及严密性试验合格并采取防腐蚀措施后，才能回填土。距管道两侧及顶部 200 mm 以内的回填土中不应含有石块、砖头等杂物。管道两侧应同时覆土夯实以防管道错位。距管顶 200 mm 以内的回填土层只能踏实，不得用器械夯打，200 mm 以上应每 200～300 mm 为一层分层夯实。

2. 管道的连接

管道的连接方式有焊接连接、法兰连接、螺纹连接和承插连接 4 种。螺纹连接主要用于生产或生活水、供暖设施的管道上，在机泵的冷却水管道或压力表与控制阀的引压线连接上也广为应用。这种连接需要多种配件，如活接头、三通、管箍、丝堵等。螺纹连接拆装方便，但施工麻烦，接头处也容易发生泄漏。承插连接主要适用于铸铁管、陶瓷管、混凝土管及塑料管的连接。在工程中采用最多的还是焊接连接和法兰连接。

管道的焊接连接焊口强度高、严密性好、不需要配件、成本低、使用方便，适用于输送各种介质的钢管道，其缺点是不能拆卸。焊接连接时要求两平行焊缝间距离不小于管子外径且不得小于 200 mm。为了避免十字焊缝，若是钢板卷制焊接而成的管子，在对口时应使相邻两管的纵焊缝错开 200 mm 以上。管道的对接焊缝应离开支架 100 mm 以上。

法兰连接是通过连接管子和管件端部的接盘(法兰盘),把管子和管件连接在一起的一种连接方式。法兰连接拆装灵活方便,管道可定期清洗、检修或更换,但需要各种规格的法兰,耗用钢材多,而且由于温差、压力波动及腐蚀等原因,有时在连接处会发生泄漏,造成介质损失,甚至引起事故。

3. 管道的保温、防腐

管道无论在地下还是在地面,其表面都会受到周围土壤或大气不同程度的腐蚀,使管道使用寿命减少,因此对管道应采取适当的防腐措施。普通的地面架空管道,如果不需要保温则采用涂料使金属与周围的大气、水分、灰尘等腐蚀性介质相隔绝,通常是管外壁先除锈,再涂刷一层红丹底漆,然后再刷一遍醇酸磁漆。如果需要保温,则在保温层外再加一层玻璃布或镀锌铁皮,铁皮表面刷两遍醇酸磁漆。埋于地下的管道受到土壤的腐蚀,主要是电化学腐蚀,应根据土壤的性质采用不同的措施,最常用的是涂沥青防腐层。

对于一些输送高温介质的管道,如蒸汽管道、热油管道等,为了减少热量损失,节约能源,保证工艺过程的控制和操作人员的安全,需要采取保温措施。保温层的厚度和结构应根据管道所处的环境、用途、经济指标等综合考虑,应使全年热损失的价值和保温层投资的折旧费之和为最小,一般是由理论分析并结合实际经验确定。要求保温材料具有传热系数低、密度小、机械强度高、化学稳定性好、价格低廉、施工方便等特点。地上管道或地沟中敷设的管道最常用的保温材料有玻璃棉毡、矿渣棉毡和石棉硅藻土。地下管道常采用硬质保温制品,如酚醛玻璃棉管壳、水泥蛭石管壳、泡沫混凝土等。

三、管道配件

在管道的配置中,为了连接管段或改变管道的方向和管径,经常需要使用专门的零件,如弯头、三通、异径管(大小头)及各种接头等,这些零件统称为管件。按用途和所用材质管件可分为钢制管件、铸铁管件和非金属管件,炼油化工系统大多采用钢制管件。钢制管件适用于多种介质和用途的管道,目前成型产品主要有压制弯头、异径管和三通。

压制弯头有无缝弯头和焊接弯头两种,如图 7-2 所示。无缝压制弯头是用 10、20 钢或不锈钢无缝钢管在特制的模具上压制而成,它分为 90°和 45°两种,其中最常用的是 90°弯头。

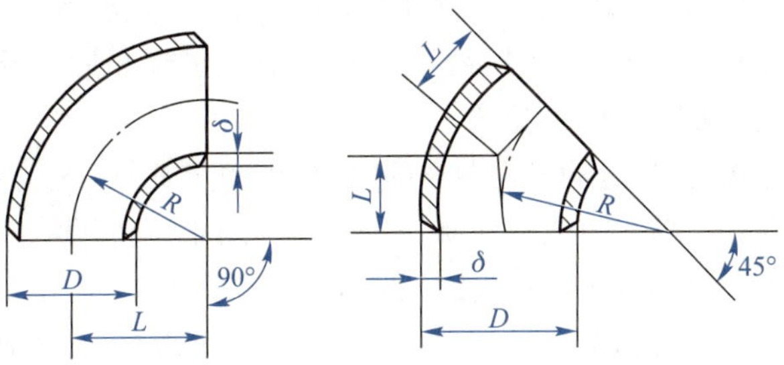

图 7-2　压制弯头

压制焊接弯头是用 10、20 钢的两块瓦冲压成型后焊接而成,也有 90°和 45°两种。当管道直径较小、介质压力较大时常用无缝弯头,大直径压力不高的管道多用焊接弯头。

异径管包括同心异径管和偏心异径管两种,可以用无缝钢管冲压,也可用钢板卷焊成型，如图 7－3 和图 7－4 所示。

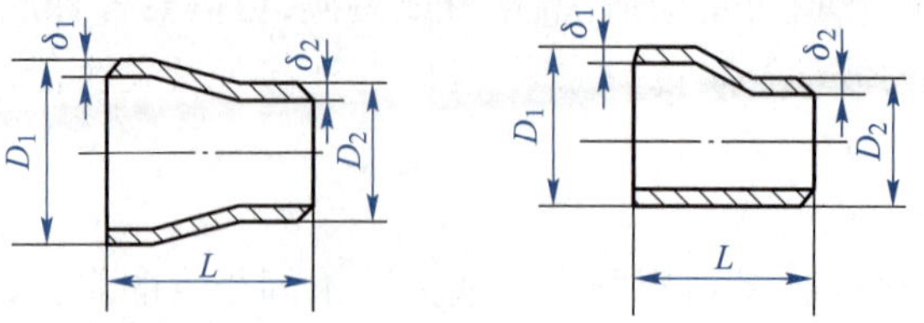

图 7－3　无缝异径管

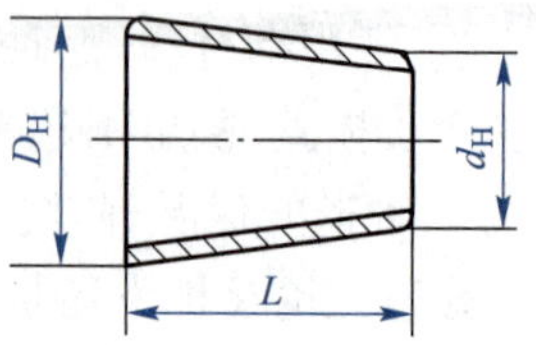

图 7－4　焊接异径管

三通包括等径三通和异径三通两种，可以用无缝管压制，也可焊接而成，如图 7－5 和图 7－6所示。

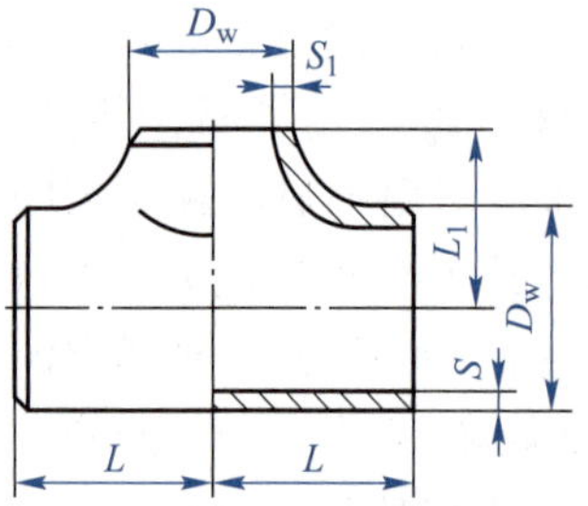

图 7－5　压制三通

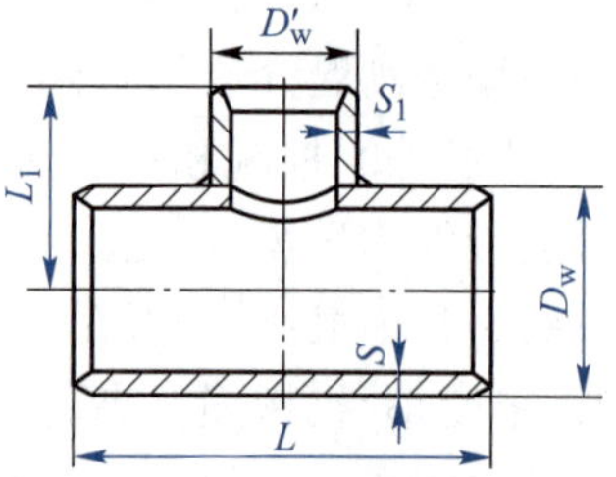

图 7－6　焊接三通

以上管件都是与管段焊接连接的，在小直径的管道上常用的管件还有钢制活接头、钢制螺纹短节、钢制管箍等。除此之外，阀门也是管道中应用最多的配件之一，将在下一节中介绍。

四、管道的使用与维护

1. 管道的投用

新设管道施工完毕或在用管道检修完毕后，在管内往往留有焊渣、铁锈、泥土等杂物，如不及时清除，在使用中可能会堵塞管路，损坏阀门，甚至污染管内介质。因此管道在投用前必须进行清洗和吹扫。具体方法是：先用水清洗，再用压缩空气吹净管内存水，对输送不能含水的介质，如航空煤油、润滑油等，在水洗后应用温度不低于 80℃的热风吹干。管道吹扫时压力表应关闭，若吹扫经过过滤器则应在吹扫后打开过滤器，清除过滤网上的杂质，防止堵塞，影响管路的畅通。

为了检查管道的强度、焊缝的致密性和密封结构的可靠性，对清扫后的管道应进行耐压试验。耐压试验应以水作为试压介质，对承受内压的地上钢管道及有色金属管道试验压力取设计压力的 1.5 倍，埋地钢管道的试验压力取设计压力的 1.5 倍和 0.4 MPa 之小者。承受内压的埋地铸铁管道，当设计压力小于等于 0.5 MPa 时，试验压力取设计压力的 2 倍。当设计压力大于 0.5 MPa 时，试验压力取设计压力再加 0.5 MPa。对承受外压的管道，其试验压力取设计内外压力差的 1.5 倍且不小于 0.2 MPa。对不宜做水压试验的可做气压试验，气压试验时应做好安全措施，试验压力及其他具体要求请读者查阅有关规范。

2. 管道的定期检验

(1) 检验周期　管道的定期检验分为在线检验和全面检验。在线检验是在运行的情况下对在用管道进行的检验，每年至少1次。全面检验是按照一定的检验周期在管道停车期间进行的较为全面的检验。对于GC1、GC2级压力管道的全面检验周期一般不超过6年，若按照基于风险检验(RBI)的结果确定全面检验周期，一般不超过9年。GC3级管道的全面检验周期一般不超过9年。

属于下列情况之一的管道，应当适当缩短检验周期：

① 新投用GC1、GC2级的(首次检验周期一般不超过3年)。

② 发现应力腐蚀或严重局部腐蚀的。

③ 承受交变载荷，可能导致疲劳失效的。

④ 材质产生劣化的。

⑤ 在线检验中发现存在严重问题的。

⑥ 检验人员和使用单位认为需要缩短检验周期的。

(2) 检验内容　在线检验主要检查管道在运行条件下是否有影响安全的异常情况，一般以外观检查和安全保护装置检查为主，必要时进行壁厚测定和电阻值测量。检验后应当填写在线检验报告，做出检验结论。

全面检验一般进行外观检查、壁厚测定、耐压试验和泄漏试验。并且根据管道的具体情况，采取无损检测、理化检验、应力分析、强度校验、电阻值测定等方法。

(3) 检验要求　在线检验由使用单位自行安排并实施，从事在线检验的人员应当取得特种设备作业人员证，也可委托给具有压力管道检验资质的机构进行。全面检验应列入使用单位的年检计划，并上报使用登记机关和承担检验工作任务的检验机构，全面检验到期时，由使用单位向检验机构申报进行检验。

全面检验工作由国家质量监督检验检疫总局核准的具有压力管道检验资质的检验机构进行，基于风险的检验(RBI)由国家质量监督检验检疫总局指定的技术机构承担。

全面检验时，检验机构还应当对使用单位的管道安全管理情况进行检查和评价，检验工作完成后，检验机构应当及时向使用单位出具全面检验报告。全面检验所发现的管道严重缺陷，使用单位应当制订修复方案。修复后检验机构应当对修复部位进行检查确认，对不易修复的严重缺陷，也可采取安全评定的方法，确认缺陷是否影响管道安全运行到下一个安全检验周期。

3. 输油管道的维护

油品在管道输送过程中，为了防止油品由于黏度增高或凝结而影响输送，在输油管内安装小直径的蒸汽管或把蒸汽管和输油管用保温材料包扎在一起，这些用来加热油品的辅助性管道称为伴热管。若伴热管蒸汽不足，温度下降，蒸汽凝结甚至被冻结，则会使输油管中的油品凝固，管路堵塞，这时应加强对伴热管的维护，利用伴热管将输油管内的油品化开，严禁用明火烘烤，当油品管停运时应用蒸汽及时吹扫排空，在伴热管的低处应设置放水点，多条油管的伴热管都应单独排水，不可连接在同一根排水管上，以防止阀门不严凝结水串入停运的伴热管而使管路冻结。

管道的焊缝质量不合格会造成管道破损漏油，在进行修补或切除重焊时，应先将与储罐一侧连接的管道或室外供油管网连接处的管道拆开通往大气，并用绝缘物分离。管内积油要用蒸汽吹扫干净并排净余气，取样化验确认无可燃气体时方可作业。

第二节 阀　门

一、阀门的分类与型号

(一) 阀门的分类

1. 按用途分类

(1) 通用阀门　工业企业中各类管道上普遍采用的阀门。

① 启闭用。用来启闭管道用的阀门,此类阀门称为闭路阀门,如截止阀、闸阀、球阀、旋塞阀、蝶阀等。

② 止回用。用于防止介质倒流的阀门,如止回阀。

③ 调节用。用于调节管内的介质压力和流量,如减压阀、节流阀等。

④ 分配用。用于改变管道的介质流动方向和分配介质用,如三通旋塞阀等。

⑤ 疏水隔气用。用于排出凝结水,防止蒸汽跑漏,如疏水阀。

⑥ 安全用。用于超压安全保护,排放多余介质,防止压力超过规定数值,如安全阀、溢流阀等。

(2) 专用阀门　用作专门用途的阀门,如计量阀、放空阀、排污阀等。

2. 按结构特征分类

阀门按结构特征,即根据启闭件相对于阀座的移动方向可分为截门形、闸门形、旋塞和球形、旋启形、蝶形和滑阀形,如图 7-7 所示。

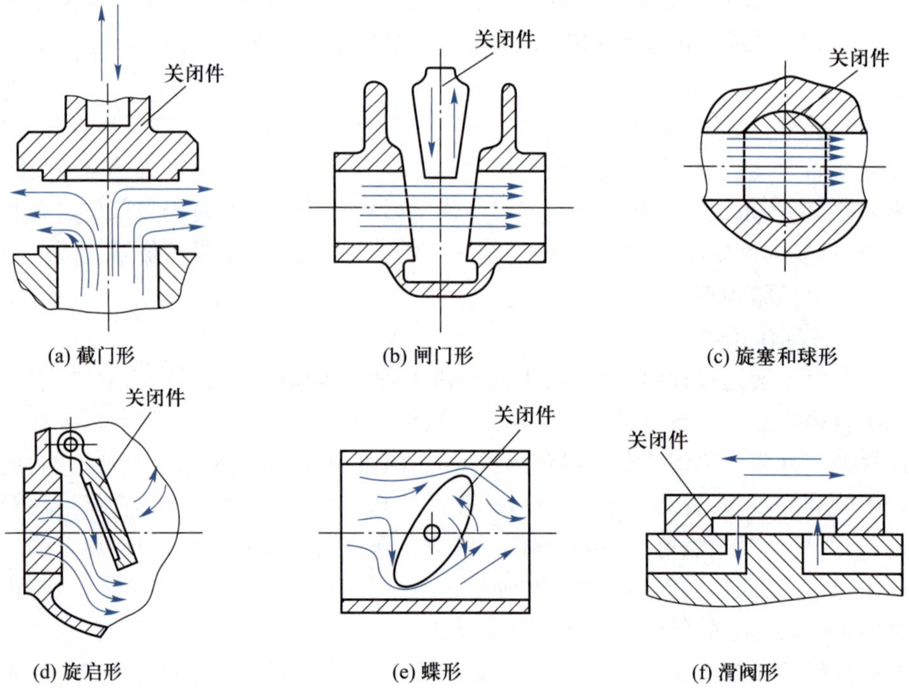

(a) 截门形　(b) 闸门形　(c) 旋塞和球形

(d) 旋启形　(e) 蝶形　(f) 滑阀形

图 7-7　阀门的结构特征

3. 按压力分类

(1) 真空阀　工作压力低于标准大气压力的阀门。

(2) 低压阀　公称压力 $PN \leqslant 1.6$ MPa 的阀门。

(3) 中压阀　公称压力 PN 在 2.5～6.4 MPa 的阀门。

(4) 高压阀　公称压力 PN 在 10.0～80.0 MPa 的阀门。

(5) 超高压阀　公称压力 $PN \geqslant 100$ MPa 的阀门。

另外,还可按工作温度、连接方式及阀体的材料等进行分类。

(二) 阀门的型号

我国阀门的产品型号由 7 个单元组成。各单元的代号如表 7－10 和表 7－11 所示。

表 7－10　阀门结构型式代号

<table>
<tr><th>类型</th><th colspan="4">结构型式</th><th>代号</th></tr>
<tr><td rowspan="5">截止阀和节流阀</td><td colspan="4">直通式</td><td>1</td></tr>
<tr><td colspan="4">角式</td><td>4</td></tr>
<tr><td colspan="4">直流式</td><td>5</td></tr>
<tr><td rowspan="2">平衡</td><td colspan="3">直通式</td><td>6</td></tr>
<tr><td colspan="3">角式</td><td>7</td></tr>
<tr><td rowspan="7">闸阀</td><td rowspan="5">明杆</td><td rowspan="3">楔　式</td><td colspan="2">弹性闸阀</td><td>0</td></tr>
<tr><td rowspan="6">刚性</td><td>单闸板</td><td>1</td></tr>
<tr><td>双闸板</td><td>2</td></tr>
<tr><td rowspan="2">平行式</td><td>单闸板</td><td>3</td></tr>
<tr><td>双闸板</td><td>4</td></tr>
<tr><td colspan="2" rowspan="2">暗杆楔式</td><td>单闸板</td><td>5</td></tr>
<tr><td>双闸板</td><td>6</td></tr>
<tr><td rowspan="4">球阀</td><td colspan="2" rowspan="3">浮动</td><td colspan="2">直通式</td><td>1</td></tr>
<tr><td>L 形</td><td rowspan="2">三通式</td><td>4</td></tr>
<tr><td>T 形</td><td>5</td></tr>
<tr><td colspan="2">固定</td><td colspan="2">直通式</td><td>7</td></tr>
<tr><td rowspan="3">蝶阀</td><td colspan="4">杠杆式</td><td>0</td></tr>
<tr><td colspan="4">垂直板式</td><td>1</td></tr>
<tr><td colspan="4">斜板式</td><td>3</td></tr>
<tr><td rowspan="3">隔膜阀</td><td colspan="4">层脊式</td><td>1</td></tr>
<tr><td colspan="4">截止式</td><td>3</td></tr>
<tr><td colspan="4">闸板式</td><td>7</td></tr>
</table>

续表

类型	结构型式				代号
止回阀和底阀	升降	直通式			1
		立式			2
	旋启	单瓣式			4
		多瓣式			5
		双瓣式			6
旋塞阀	填料	直通式			3
		T 形三通式			4
		四通式			5
	油封	直通式			7
		T 形三通式			8
安全阀	弹簧	封闭	带散热片	全启式	0
			微启式		1
			全启式		2
			带扳手	全启式	4
		不封闭		双弹簧微启式	3
				微启式	7
				全启式	8
			带控制机构	微启式	5
				全启式	6
	脉冲式				9
减压阀	薄膜式				1
	弹簧薄膜式				2
	活塞式				3
	波纹管式				4
	杠杆式				5
疏水阀	浮球式				1
	钟形浮子式				5
	脉冲式				8
	热动力式				9

表 7-11 阀门型号中的各单元代号

阀门类型	代号	阀门类型	代号
闸阀	Z	球阀	Q
截止阀	J	蝶阀	D
节流阀	L	隔膜阀	G
旋塞阀	X	减压阀	Y
止回阀	H	疏水阀	S
安全阀	A		
传动类型	**代号**	**传动类型**	**代号**
电磁场	0	锥齿轮	5
电磁－液动	1	气动	6
电－液动	2	液动	7
蜗轮	3	气－液动	8
直齿圆柱齿轮	4	电动	9
连接形式	**代号**	**连接形式**	**代号**
内螺纹	1	对夹	7
外螺纹	2	卡箍	8
法兰	4	卡套	9
焊接	6		
密封面或衬里材料	**代号**	**密封面或衬里材料**	**代号**
铜合金	T	渗氮钢	D
橡胶	X	硬质合金	Y
尼龙塑料	N	衬胶	J
氟塑料	F	衬铅	Q
锡基轴承合金(巴氏合金)	B	搪瓷	C
合金钢	H	渗硼钢	P
阀体材料	**代号**	**阀体材料**	**代号**
灰铸铁	Z	铬钼合金钢 CrMo	I
可锻铸铁	K	铬镍不锈耐酸钢 1Cr18Ni9Ti	P
球墨铸铁	Q	铬镍钼不锈耐酸钢 Cr18Ni12Mo2Ti	R
铜、铜合金	T	铬钼钒合金钢 12Cr1MoV	V
碳素钢	C		

(三) 阀门的标识

为了识别和辨认方便，通常在阀体上铸造、打印出阀门的名称、型号、公称压力、公称直径、介质流向、开启刻度或表示开启的箭头、制造厂家及出厂时间等文字或符号，并在阀门的非加工面涂上表示阀体材料的油漆，在手轮或自动阀的阀盖上涂上表示密封面材料的油漆。

在缺少阀门图纸资料的情况下，可根据阀门上的铭牌和标志及涂漆的颜色，识别阀门的类别、结构型式及适用情况等。阀门上标志的含义如表 7-12 所示，涂漆颜色规定如表 7-13所示。

表 7-12　阀门上标志的含义

<table>
<tr><th rowspan="3">标志形式</th><th colspan="6">阀门的规格及特性</th></tr>
<tr><th colspan="4">阀门规格</th><th rowspan="2">阀门型式</th><th rowspan="2" colspan="2">介质流动方向</th></tr>
<tr><th>公称通径/mm</th><th>公称压力/MPa</th><th>工作压力/MPa</th><th>介质温度/℃</th></tr>
<tr><td>$\xrightarrow[50]{PN4.0}$</td><td>50</td><td>4.0</td><td></td><td></td><td rowspan="2">直通式</td><td rowspan="2" colspan="2">介质进口与出口的流动方向在同一或相平行的中心线上</td></tr>
<tr><td>$\xrightarrow[100]{P_{51}10}$</td><td>100</td><td></td><td>10</td><td>510</td></tr>
<tr><td>$\lceil\frac{PN40}{50}\rightarrow$</td><td>50</td><td>4.0</td><td></td><td></td><td rowspan="4">直角式</td><td rowspan="4">介质进口与出口的流动方向成 90°角</td><td rowspan="2">介质作用在关闭件下</td></tr>
<tr><td>$\lceil\frac{P_{51}10}{100}\rightarrow$</td><td>100</td><td></td><td>10</td><td>510</td></tr>
<tr><td>$\frac{PN40}{50}\downarrow$</td><td>50</td><td>4.0</td><td></td><td></td><td rowspan="2">介质作用在关闭件上</td></tr>
<tr><td>$\frac{P_{51}10}{100}\downarrow$</td><td>100</td><td></td><td>10</td><td>510</td></tr>
<tr><td>$\xleftrightarrow[50]{PN16}$</td><td>50</td><td>1.6</td><td></td><td></td><td rowspan="2">三通式</td><td rowspan="2" colspan="2">介质具有几个流动方向</td></tr>
<tr><td>$\xleftrightarrow[100]{P_{51}10}$</td><td>100</td><td></td><td>10</td><td>510</td></tr>
</table>

动画
常见的阀门

动画
闸阀

表 7-13　阀体材料涂色规定

阀体材料	涂漆颜色	阀体材料	涂漆颜色
灰铸铁、可锻铸铁	红	耐酸钢或不锈钢	浅蓝
球墨铸铁	黄	合金钢	淡紫
碳素钢	铝白		

二、常用阀门的类型

(一) 常用阀门的结构及特点

1. 闸阀

闸阀又称为闸板阀，是由阀杆带动阀板做升降运动的阀门，如图 7-8 所示。

闸阀流体流动阻力小；启闭所需力矩小；介质流向不受限制；启闭无水击现象；形体结构比较简单，制造工艺性较好；外形尺寸和安装高度较大，所需的安装空间亦较大；在启闭过程中，密封面有相对摩擦，磨损较大，甚至在高温时容易引起擦伤现象；闸阀一般都有两个密封面，给加工、研磨和维修增加了一些困难。

闸阀应用范围广泛，常用于公称直径 $DN \geqslant 50$ mm 的给水管路上。

2. 截止阀

启闭件为阀瓣，由阀杆带动，沿阀座(密封面)轴线做升降运动的阀门称为截止阀，如图 7－9 所示。截止阀是最常用的阀门之一，可广泛应用于各种参数的蒸汽、水、空气、氨、氧气、油品及腐蚀性介质的管路上。由于截止阀大量应用于蒸汽管路，所以截止阀有“气阀”“气门”之称。

动画

截止阀

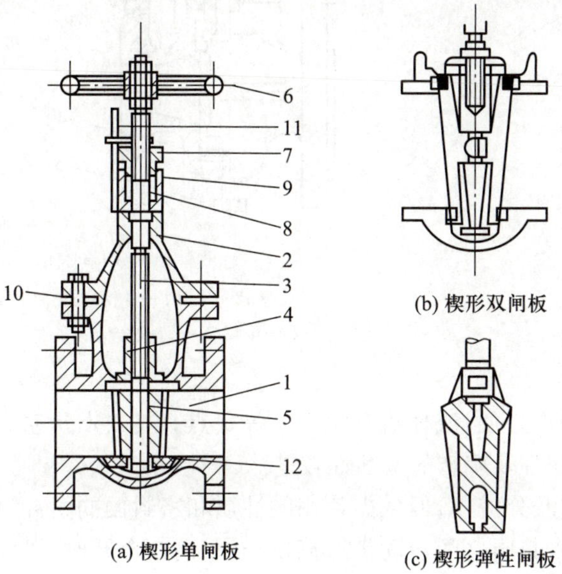

图 7－8　闸阀结构示意图

1—阀体；2—阀盖；3—阀杆；4—阀杆螺母；5—闸板；6—手轮；7—压盖；8—填料；9—填料箱；10—垫片；11—指示器；12—密封圈

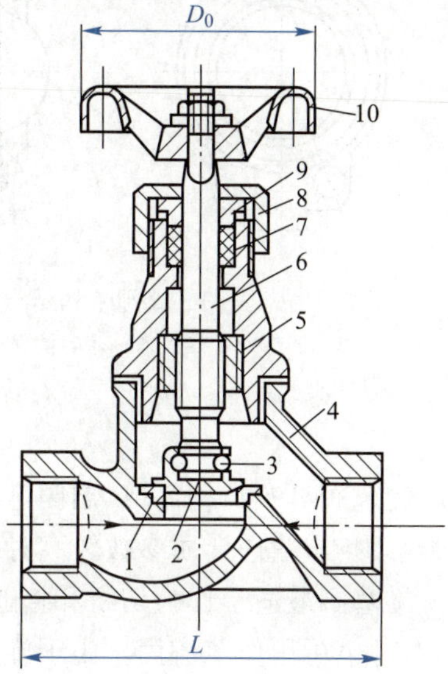

图 7－9　截止阀结构示意图

1—阀座；2—阀盘；3—铁丝圈；4—阀体；5—阀盖；6—阀杆；7—填料；8—填料压盖螺母；9—填料压盖；10—手轮

截止阀的安装有方向性，一般阀门上都标有箭头，箭头方向代表介质流动的方向。若无标注，则应按“低进高出”的原则进行安装。截止阀宜水平安装，阀杆朝上，不得朝下安装。截止阀具有结构简单、安装尺寸小、密封性能好、密封面检修方便等优点，缺点是介质流动阻力大。它常用于 $DN \leqslant 200$ mm 的管路上。

3. 蝶阀

启闭件为蝶板，绕固定轴转动的阀门为蝶阀，如图 7－10 所示。

蝶阀的特点是结构简单，体积小，质量轻，节省材料，安装空间小，而且驱动力矩小，操作简便、迅速等。传统意义上的蝶阀是一种简单的且关闭不严的挡板阀，通常在水管路系统中作为流量调节和阻尼用。近十几年来，蝶阀制造技术发展迅速，在美、日、德、法等发达国家，蝶阀的使用非常广泛，其使用品种也在不断扩大，并向高温、高压、大口径、高密封、长寿命、优良的调节性及多功能的方向发展，其密封性及安全可靠性均达到了较高的水平，并已部分取代了截止阀、闸阀和球阀。传统意义上的蝶阀已不复存在。因此，蝶阀广泛应用于给水、油品、燃气等管路。

4. 旋塞阀

启闭件呈塞状，绕其轴线转动的阀门称为旋塞阀。旋塞阀如图 7－11 所示，旋塞阀中的塞子中部有一个孔道,旋转 90°即可全关或全开。

动画
蝶阀

动画
旋塞阀

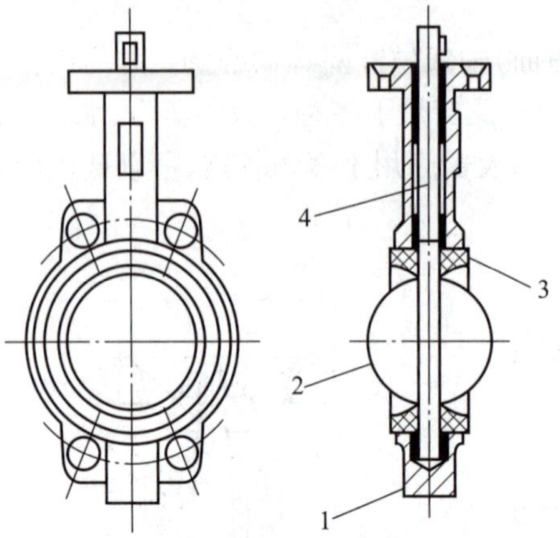

图 7-10　蝶阀结构示意图

1—阀体;2—蝶板;3—密封圈;4—阀杆

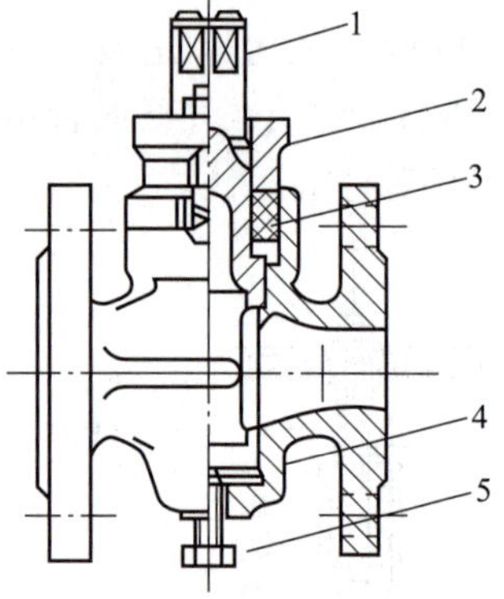

图 7-11　旋塞阀结构示意图

1—旋塞;2—压环;3—填料;
4—阀体;5—退塞螺栓

旋塞阀具有结构简单、启闭迅速、操作方便、流体流动阻力小等优点。其缺点是密封面维修困难,输送介质参数较高时其密封性及旋转的灵活性较差。

旋塞阀最适于作为切断和接通介质及分流用,但依据使用的性质和密封面的耐冲蚀性,有时也可用作节流用。由于旋塞阀密封面之间运动带有擦拭作用,而在全开时,可完全防止与流动介质接触,故亦可用于带悬浮颗粒的介质。旋塞阀的另一个重要特征是它易于适用多道结构,一个阀门可以获得两个、三个甚至四个不同的流道。这样可以简化管道系统的设计,减少阀门用量及系统连接中的一些配件。

旋塞阀广泛应用于油田开采、输送设备中,同时也广泛用于石油、化工、燃气、水暖等管路中。

动画
球阀

5. 球阀

启闭件为球体,绕垂直于通路的轴线转动的阀门称为球阀,如图 7-12 所示。

浮动式球阀球体中部有一个圆形孔道,操纵手柄旋转 90°即可全开或全关。它具有结构简单、体积小、流体阻力小、密封性能好、操作方便、启闭迅速、便于维护等优点,缺点是高温时启闭困难,水击严重,易磨损。

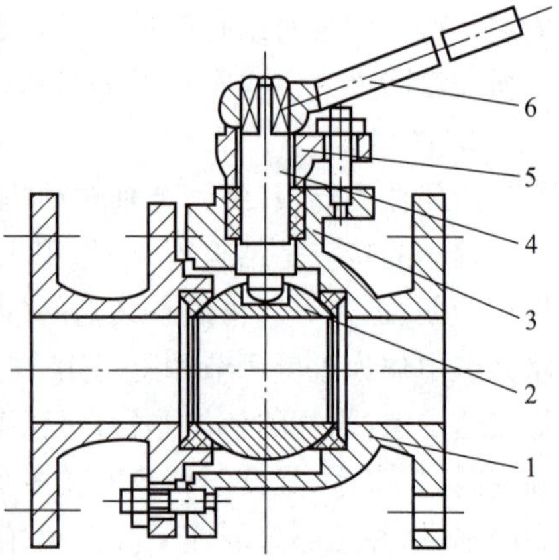

图 7-12　球阀结构示意图

1—阀体;2—球体;3—填料;
4—阀杆;5—阀盖;6—手柄

球阀是由旋塞阀演变而来的,传统意义的球阀主要用于切断、分配和改变介质的流动方向。由于计算机辅助设计、辅助制造及柔性制造系统在阀门行业的应用,使球阀的设计和制造达到了一个全新的水平,使球阀的使用突破了它原有的使用空间和应用范围,在美、日、德等工业发达国家,球阀的应用非常广泛，并向高温、高压、大口径、高密封性能、长寿命、优良的调节性能及多功能的方向发展，其密封性能及使用的安全可靠性均达到了较高的水平。

6. 止回阀

止回阀是闭路阀门，又是功能阀门，如图 7－13 所示。凡是防止介质逆流的地方，均应安装止回阀。

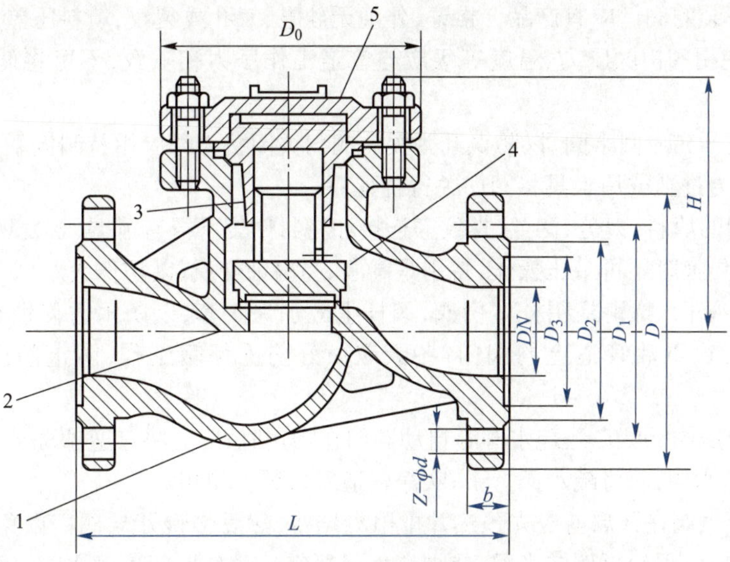

图 7－13　止回阀的结构

1—阀体；2—阀座；3—导向套筒；4—阀瓣；5—阀盖

动画 升降式止回阀

动画 旋启式止回阀

重力升降式止回阀只能安装在水平管路上。而底阀只能安装在水泵吸水管可安装的垂直管路上。旋启式止回阀的安装位置不受限制，既可安装在水平管路上，也可安装在垂直管路上。止回阀的类别可根据管路中输送介质的种类来确定，当介质倒流速度较大时，应选用带缓闭装置的止回阀。

（二）阀门的选用原则

阀门种类繁多，选用时应考虑介质的性质、工作压力和工作温度及变化范围、管道的直径及工艺上的特殊要求（节流、减压、放空、止回等）、阀门的安装位置等因素，本着“满足工艺要求、安全可靠、经济合理、操作与维护方便”的基本原则选择相应的阀门。

（1）对双向流的管道应选用无方向性的阀门，如闸阀、球阀、蝶阀。对只允许单向流的管道应选止回阀，对需要调节流量的地方多选截止阀。

（2）要求启闭迅速的管道应选球阀或蝶阀，要求密封性好的管道应选闸阀或球阀。

（3）对受压容器及管道，视其具体情况设置安全阀，对各种气瓶应在出口处设置减压阀。

（4）蒸汽加热设备及蒸汽管道上应设置疏水阀。

（5）在油品及石油气体管道上就连接形式而言，应多选法兰连接的阀门，在公称直径小于等于 25 mm 的管道中才选螺纹连接的阀门。就阀门的材料而言，尽量少选公称压力小于等于 1.0 MPa 的闸阀或公称压力小于等于 1.6 MPa 的截止阀，因为这两种阀的材料为铸铁，对安全生产不利。

三、阀门的使用与维护及常见的故障与排除

1. 阀门的使用与维护

为了使阀门使用长久、开关灵活，保证安全生产，应正确使用和合理维护。一般应注意以下几点。

(1) 新安装的阀门应有产品合格证，外观无砂眼、气孔或裂纹，填料压盖应压平整，开关要灵活。使用阀门的压力、温度等级应与管道工作压力相一致，不可将低压阀门装在高压管道上。

(2) 阀门开完应回半圈，以防误开为关。阀门关闭费力时应用特制扳手，尽量避免用管钳，不可用力过猛或用工具将阀门关得过死。

(3) 阀门的填料、大盖、法兰、螺纹等连接和密封部位不得有泄漏，若发现问题应及时紧固或更换，更换时不可带压操作，特别是高温、易腐蚀介质，以防伤人。

(4) 室外阀门，特别是明杆闸门阀，阀杆上应加保护套，以防雨雪侵蚀和尘土锈污。对用于水、蒸汽、重油管道上的阀门，冬天应做好防冻保暖工作，防止阀门冻凝、阀体冻裂。

(5) 对减压阀、调节阀、疏水阀等自动阀门在启用时，应先将管道冲洗干净，未装旁路和冲洗管的疏水阀，应将疏水阀拆下，吹净管道后再装上使用。

(6) 对蒸汽阀在开启前应先预热并排出凝结水，然后慢慢开启阀门以免气、水冲击，当阀全开后，应将手轮再倒转半圈，使螺纹之间严密。对长期闭停的水阀、气阀应注意排出积水。

(7) 应经常保持阀门的清洁，不能依靠阀门支持其他重物，更不能在阀门上站人。阀门的阀体与手轮应按工艺设备的管理要求，做好刷漆防腐，系统管道上的阀门应按工艺要求编号。启闭阀门时应对号挂牌，以防误操作。

2. 阀门常见的故障与排除

阀门由于受介质特性、使用环境、操作频繁程度、产品质量及使用维护不当等因素的影响，常会发生各种故障，若不及时排除，不仅影响生产的正常进行，有时还会带来灾害，因此应加强维护，及时排除故障。阀门的常见故障与排除方法如表 7 - 14 所示。

表 7 - 14　阀门的常见故障与排除方法

阀门名称	常见故障	产生原因	预防和排除方法
闸阀	无法开启	T 形槽断裂	T 形槽应有圆弧过滤，提高铸造和热处理质量，开启时不要超过上死点
		单闸板卡死在阀体内	关闭力适当，不要使用长杠杆
		内阀杆螺母失效	内阀杆螺母不适宜腐蚀性大的介质
		阀杆关闭后受热顶死	阀杆在关闭后，应间歇一定的时间，阀杆进行一次卸载，将手轮倒转少许

续表

阀门名称	常见故障	产生原因	预防和排除方法
闸阀	关不严	阀杆的顶心磨灭或悬空，使闸板密封时好时坏	阀杆顶丝磨灭后应修复，顶心应顶住关闭件，并有一定的活动间隙
		密封面掉线	楔式双闸板间顶心调整垫更换厚垫，平行双闸板加厚或更换顶锥（楔块），单闸板结构应更换或重新堆焊密封面
		楔式双闸板脱落	正确选用楔式双闸板闸阀。保持架注意定期检查和修理
		阀杆与闸板脱落	正确选用闸阀，操作用力适当
		导轨扭曲、偏斜	注意检查，进行修整
		闸板拆卸后装反	拆卸时应做好标记
		密封面擦伤	不宜在含磨粒介质中使用闸阀；关闭过程中，密封面间反复留有细缝，利用介质冲走磨粒和异物
截止阀、节流阀	密封面泄漏	介质流向不对，冲蚀密封面	按流向箭头或按结构型式安装，即介质从阀座下引进（除个别设计介质从密封面上引进、阀座下流出外）
		平面密封面易沉积脏物	关闭时留细缝冲刷几次再关闭
		锥面密封副不同心	装配要正确，阀杆、阀瓣或节流锥、阀座三者在同一条轴线上，阀杆弯曲要矫直
		衬里密封面损坏、老化	定期检查和更换衬里，关闭力要适当，以免压坏密封面
	失效	针形阀堵死	选用不对，不适于黏度大的介质
		小口径阀门被异物堵住	拆卸或解体清除
		阀瓣、节流锥脱落	腐蚀性大的介质应避免选用碾压、钢丝连接关闭件的阀门，关闭件脱落后应修复，钢丝应改为不锈钢丝
		内阀杆螺母或阀杆梯形螺纹损坏	选用不当，被介质腐蚀，应正确选用阀门结构型式，操作力要小，特别是小口径的截止阀和节流阀。梯形螺纹损坏后应及时更换
	节流不准	标尺不对零位，标尺丢失	标尺应调准对零，标尺松动或丢失后应修理和补齐
		节流锥冲蚀严重	要正确选材和热处理，流向要对，操作要正确

阀门名称	常见故障	产生原因	预防和排除方法
止回阀	升降式阀瓣升降不灵活	阀瓣轴和导向套上的排泄孔堵死,产生阻尼现象	不宜使用黏度大和含磨粒多的介质,定期修理清洗
		安装和装配不正,使阀瓣歪斜	阀门安装和装配要正确,阀盖螺栓应均匀拧紧。若零件加工质量不高,应进行修理纠正
		阀瓣轴与导向套间隙过小	阀瓣轴与导向套间隙适当,应考虑温度变化和磨粒侵入的影响
		阀瓣轴与导向套磨损或卡死	装配要正,定期修理,损坏严重的应更换
		预紧弹簧失效,产生松弛、断裂	预紧弹簧失效应及时更换
	旋启式插杆机构损坏	阀前阀后压力接近平衡或波动大,使阀瓣反复拍打而损坏阀瓣和其他件	操作压力不稳定的场合,适于选用铸钢阀瓣和钢摇杆
		摇杆机构装配不正,产生阀瓣掉上掉下缺陷	装配和调整要正确,阀瓣关闭后应密合良好
		摇杆与阀瓣和芯轴连接处松动或磨损	连接处松动、磨损后,要及时修理,损坏严重的应更换
		摇杆变形或断裂	摇杆变形要校正,断裂应更换
	介质倒流	除产生阀瓣升降不灵活和摇杆机构磨损的原因外,还有密封面磨损、橡胶密封面老化等因素	正确选用密封面材料,定期更换橡胶密封面,密封面磨损后及时研磨
		密封面间夹有杂质	含杂质的介质,应在阀前设置过滤器或排污管道
旋塞阀	密封面泄漏	阀体与塞子密封面加工精度和粗糙度不符合要求	重新研磨阀体与塞锥密封面,直至着色检查和试压合格为止
		密封面中混入磨粒,擦伤密封面	操作时应利用介质冲洗阀内和密封面上的磨粒等脏物,阀门应处于全开或全关位置,擦伤密封面应修复

续表

阀门名称	常见故障	产生原因	预防和排除方法
旋塞阀	密封面泄漏	油封式油路堵塞或没按时加油	应定期检查和沟通油路，按时加油
		调整不当或调整部件松动、损坏；紧定式的压紧螺母松动；填料式调节螺钉顶死了塞子；自封式弹簧顶紧力过小或弹簧损坏等	应正确调整旋塞阀调节零件，以旋转轻便和密封不漏为准，紧定式压紧螺母松动后适当拧紧，螺纹损坏应更换；填料式调节螺钉适当调下后并拧紧；自封式弹簧顶紧力应适当，损坏后应及时更换
		自封式排泄小孔被脏物堵死，失去自紧密封性能	定期检查和清洗，不宜用于含沉淀物多的介质中
	阀杆旋转不灵活	密封面压得过紧；紧定式螺母拧得过紧；自封式预紧弹簧压得过紧	适当调整密封面的压紧力，适当放松紧定式螺母和自封式预紧弹簧
		密封面擦伤	定期修理，油封式应定期加油
		压盖压得过紧	适当放松
		润滑条件变坏	填料装配时，适当涂一些石墨，油封式旋塞阀定期加油
		扳手位磨灭	操作要正确，扳手位损坏后应进行修复

阀门名称	型式	常见故障	产生原因	预防和排除方法
疏水阀	热动力式	不排凝结水	阀前蒸汽管道上的阀门损坏或未打开	阀门损坏要修理，阀门未开应注意打开
			阀前蒸汽管道弯头处堵塞	清理管道内污物，管道弯曲应符合要求
			过滤器被污物堵塞	定期清理过滤器
			疏水阀内充满污物	修理过滤器，清扫阀内污物
			控制室内充满空气和非凝结性气体，使阀片不能开启	打开阀盖，排出非凝结性气体
			旁通管和阀前排污管上阀门泄漏	修理或更换阀门

续表

阀门名称	型式	常见故障	产生原因	预防和排除方法
疏水阀	热动力式	排出蒸汽	阀盖不严，不能建立控制室内的压力，阀片无法关闭	拧紧阀盖或更换垫片
			阀座密封面与阀片磨损	重新研磨，修理不好者应更换
			阀座与阀片间夹有杂质	打开阀盖清除杂物
		排水不停	蒸汽管道中的排水量剧烈增加	锅炉有时起泡而将大量水送出，应装气水分离器解决
			选用的疏水阀排水量太小	调换排水量大的疏水阀或用并联形式解决
	脉冲式	脉冲机构开闭不灵活	阀座孔和控制盘上的排泄孔堵塞及控制缸间隙中被水垢、污物堵塞	解体清除阀内污物和水垢，应制定定期修理制度
			控制缸安装位置过高或过低	正确调整控制缸的位置
			控制盘因杂质等原因卡死在控制缸的某个位置	解体查出原因，排除杂质及其他故障，使控制盘在控制缸内自由活动
		密封面泄漏	控制缸、阀瓣与阀座不同心，致使密封面密合不严	重新调整三者之间的同轴度
			阀瓣与阀座间夹有杂物	解体清除杂物
			阀瓣与阀座密封面磨损	研磨密封面，对修复不好的应予更换
			阀座螺纹松动，产生蒸汽泄漏	重新拧紧阀座，修复损坏的阀座螺纹后，固定牢。无法固定牢的，应予更换

思考与练习

1. 简述在管子、阀门中采用公称压力和公称直径的意义。
2. 常见的化工用管有哪几种？简述其特点。
3. 简述管道安装的一般要求。
4. 按结构特征，阀门可分为哪几类？
5. 简述几种常见阀门的特点。
6. 简述阀门的选用原则。

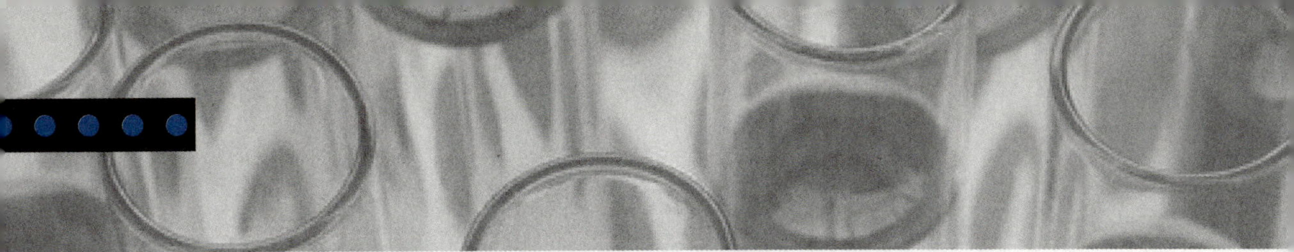

第八章　储存设备的使用与维护

知识目标

- 了解储存设备的类型及在化工生产中的应用。
- 掌握各类储存设备、特别是立式储罐的结构特点和使用维护方法。

能力目标

- 能根据生产需要，正确选择、合理使用各类储存设备。

储存设备是石油、化工生产的常用设备之一，用于储存生产原料、成品及半成品等。如立式和卧式储罐，储存液化石油气、煤气及其他气体和低沸点的石油化工原料用的各类球罐、卧式罐等。储罐在冶金、制氧、航空及其他行业也有广泛的应用。本章主要介绍储存设备的类型及应用、总体结构、主要附件及其使用维护等内容。

知识框图

- 储存设备的使用与维护
  - 类型及应用
    - 按结构特征有立式储罐、卧式储罐、球形储罐及液化气钢瓶等，大型立式储罐主要用于储存数量较大的液体介质。大型卧式储罐用于储存压力不太高的液化气和液体，小型的卧式和立式储罐主要作为中间产品罐和各种计量、冷凝罐用。球形储罐用于储存石油气及各种液化气。无缝气瓶主要用于储存永久性气体和高压液化气体
  - 立式储罐
    - 总体结构
      - 立式储罐由基础、罐底、罐壁、罐顶和附件组成。按罐顶的结构油罐可分为拱顶油罐、浮顶油罐和内浮顶油罐
    - 主要附件
      - 量油孔、量油管、机械呼吸阀、液压安全阀、防火器、泡沫发生器、通气孔、自动通气阀、液位报警器等
    - 使用与维护
      - 正确操作，精心维护，定期清洗，泄漏检测与修补；防止溢油、吸瘪及内浮顶油罐的沉船事故
  - 其他类型的储罐
    - 卧式储罐
      - 卧式储罐由罐体、支座及附件组成，最大容量400 m^3，最常用的是50 m^3，钢板卷焊，纵缝对接，环缝可对接也可搭接
    - 球形储罐
      - 球形储罐承载能力强，节约钢材，占地面积小，但制造安装技术要求高，焊接工程量大，制造成本高。主要用于储存液化石油气及其他低沸点的化工原料
    - 无缝气瓶
      - 无缝气瓶主要用于储存和运输永久性气体和高压液化气体，如氧气、氮气、天然气、一氧化碳、二氧化碳气体等，最常见的是民用液化气钢瓶，有10 kg、15 kg、50 kg 3 种规格

第一节　储存设备的类型及应用

一、储存设备的类型

储存设备属于结构相对比较简单的容器类设备，所以又称为储存容器或储罐，按其结构特征有立式储罐、卧式储罐、球形储罐及液化气钢瓶等。按制作材料可分为金属储罐和非金属储罐，如钢制罐、砖砌罐、预应力混凝土罐等。按建造位置可分为地上储罐、地下储罐和半地下储罐。本章只介绍金属储罐，常见的金属储罐如图 8－1 所示。

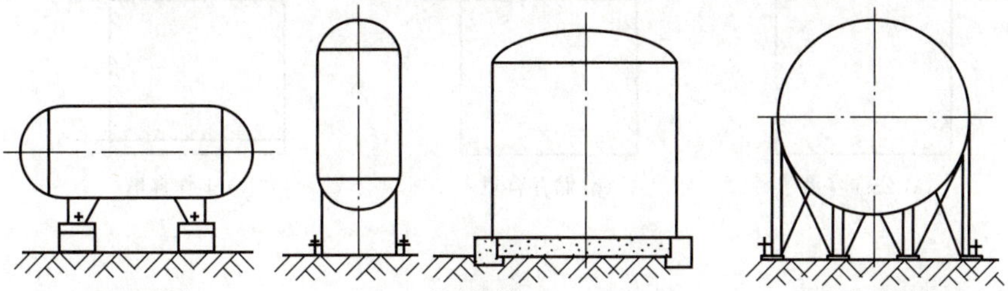

(a) 卧式储罐　(b) 立式储罐　(c) 球形储罐

图 8－1　常见的金属储罐

常见的金属储罐彩图

大型立式储罐主要用于储存数量较大的液体介质，如原油、轻质成品油等。大型卧式储罐用于储存压力不太高的液化气和液体。小型的卧式和立式储罐主要作为中间产品罐和各种计量、冷凝罐使用。球形储罐用于储存石油气及各种液化气。无缝气瓶主要用于储存永久性气体和高压液化气体。

二、储罐的材质及制造

各种金属储罐虽然结构和用途不尽相同，但总体而言都是能够承受一定压力(大多为常压或低压)的密闭容器，所充装的介质基本上都易燃、易爆、有腐蚀性和有一定的毒害作用，这些介质都具有一定的压力和温度，从储罐的受力状况看都相当于一般的压力容器，其壳体可按一般压力容器进行选材和分析计算。金属储罐常用的材料为碳钢和低合金钢钢板，如 Q235－A、Q245、15MnVR 等，厚度大多为 4～16 mm，罐壁厚最大不超过 32 mm，对罐壁材料，其强度、焊接性、冲击韧性是三项基本要求。对公称容量小于 10 000 m^3 的储罐可选Q235－A，公称容量在 10 000～50 000 m^3 的储罐，其由强度决定的罐体及罐底边板采用 Q345。公称容量大于 50 000 m^3 的储罐，其由强度决定的罐体及罐底边板选 15MnVR。由刚度决定的罐体可采用 Q235－A。

无论哪种储罐，都是以钢板卷制、冲压焊接而成的，小型立式储罐和卧式储罐壳体、筒节采用对接结构，两端通常用椭圆形封头或平封头连接。大型立式圆筒形储罐的罐体也是采用钢板卷制焊接而成筒节，筒节之间可采用对接焊接，也可采用搭接焊接。球形储罐是用钢板冲压成若干片，再组对焊接而成的。

三、立式储罐的容量

储罐的容量与其几何尺寸有关。按钢材耗量最小的原则，对大型的立式储罐，当公称容量在 1 000～2 000 m^3时，取高度约等于直径。对 3 000 m^3以上的储罐取高度等于 3/8～3/4 的直径较为合理。按几何尺寸计算所得的容量，向上或向下圆整后以整数表示的容量称为储罐的公称容量。由于罐内介质的温度、压力变化等原因，储罐不能完全装满，应留有一定的空间，而且液体储罐工作时液面允许有一个上下波动的范围。这一上下波动范围内的容量称为工作容量，储罐实际允许储存的最大容量称为储存容量。所以储罐的公称容量最大，工作容量最小，储存容量居中。立式储罐的容量如图 8－2 所示。液体储罐工作时，其实际存量不得大于储存容量，也不得小于储存容量减去工作容量之差。

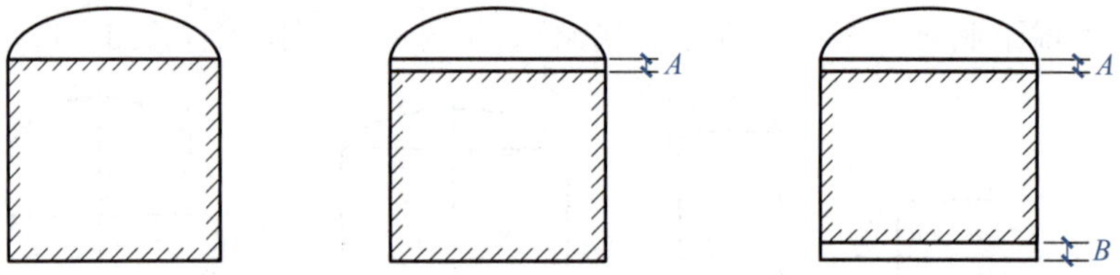

图 8－2　立式储罐的容量示意图

第二节　立 式 储 罐

一、立式储罐的总体构造

立式储罐以大型油罐最为典型，其由基础、罐底、罐壁、罐顶及附件组成。按罐顶的结构不同油罐可分为拱顶油罐、浮顶油罐和内浮顶油罐。不同类型的油罐只是罐顶结构不同，而基础、罐底及罐壁基本相同。

1. 储罐的基础

储罐装载后在自重和所装介质重力的作用下，地基土壤被压实并产生少量的均匀沉降，这是必然的，也是允许的，基础起到补充这种自然沉降的作用，以保证沉降稳定后基础仍高出附近地平 200～400 mm。基础的另一作用是保证储罐安装精度和隔绝地下水，保持罐底干燥，防止罐底钢板被腐蚀。所以储罐基础质量的优劣将直接影响储罐的正常使用，如储罐基础出现过大的不均匀沉降，对浮顶罐往往使罐壁呈椭圆状，影响浮顶的升降。对拱顶罐则造成罐壁局部失稳、翘曲，直接威胁储罐的安全。

2. 罐底和罐壁

罐底是由若干块钢板焊接而成的，直接铺在基础上，其直径略大于罐壁底圈直径，伸出底圈壁板外缘的宽度一般为罐底边板厚度的 6 倍且不小于 40 mm，底板结构如图 8－3 所示。因为罐的底板直接铺放在基础上，罐内液体的质量通过罐底传至基础，所以罐底基本不受罐内液体静压力的影响。但考虑到腐蚀问题、焊接工艺及底板不易检修等因素，底板也不宜太薄，具体可查储罐设计和制造的相关标准。

罐壁是储罐的主要受力部件，在罐内压力（主要是液体静压力）的作用下，承受环向拉力，液体静压力随液面高度的变化而成线性变化，所以下部壁板所受的环向拉力大于上部。在工程上一般按变壁厚等强度的原则确定壁板的厚度，自下而上壁板厚度依次减

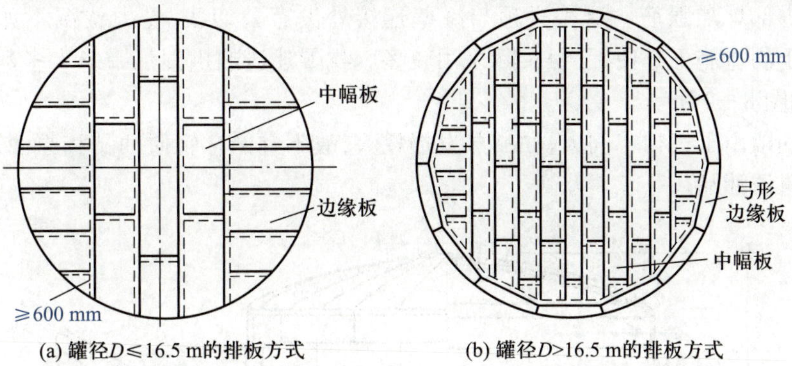

图 8-3　底板结构

小。但若完全按等强度则靠近顶部的壁板太薄而不能满足刚度和焊接的要求，所以壁板的最小厚度依照储罐容量不同有相应的限制。3 000 m^3 以下的罐，最小壁厚 4～5 mm；5 000～10 000 m^3 的罐，最小壁厚6～7 mm；20 000～50 000 m^3 的罐，最小壁厚 8～10 mm。

壁板的各纵焊缝采用对接焊，环焊缝采用套筒搭接式或直线对接式，也有的采用混合式连接，壁板连接如图 8-4 所示。

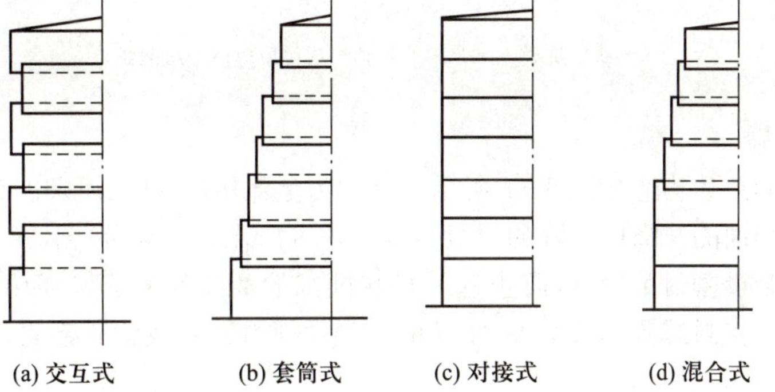

图 8-4　壁板连接

以下介绍各种立式油罐。

1. 拱顶油罐

拱顶油罐的罐顶近似于球面，按截面形状有准球形拱顶和球形拱顶两种，如图 8-5 所示。准球形拱顶为光滑连接的三圆弧拱，整个拱顶由一块中心盖板、若干块大圆弧条板和若干块小圆弧的小块弧板组成。这种拱顶与罐壁连接处是相切的，受力状况好，能承受较高的压力，但制造比较困难，在工程实际中应用不多。球形拱顶为单圆形弧，整个拱顶由一块中心盖板、若干块大圆弧条板及包边角钢组成，为了增加罐顶的刚度

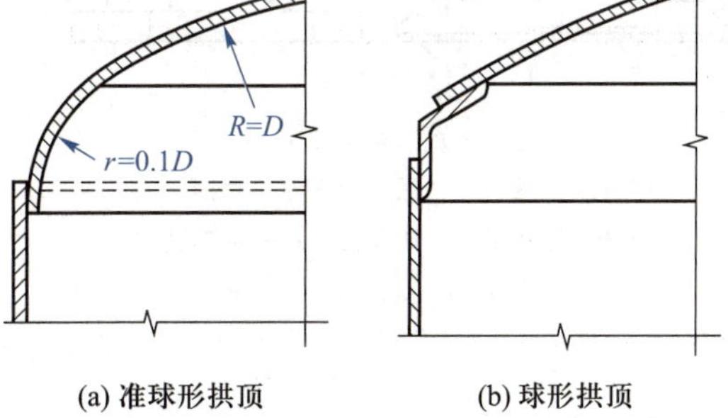

图 8-5　拱顶的形状

常在顶板内部焊加强筋。这种拱顶与罐壁连接处没有公切线,受力状况不如准球形拱顶。但由于制造施工方便,工程实际采用较多。我国建造的拱顶油罐绝大多数是球形拱顶结构,如图 8 - 6 所示。

拱顶油罐由于气相空间大,油品蒸发损耗大,故不宜储存轻质油品和原油,宜储存低挥发性及重质油品。

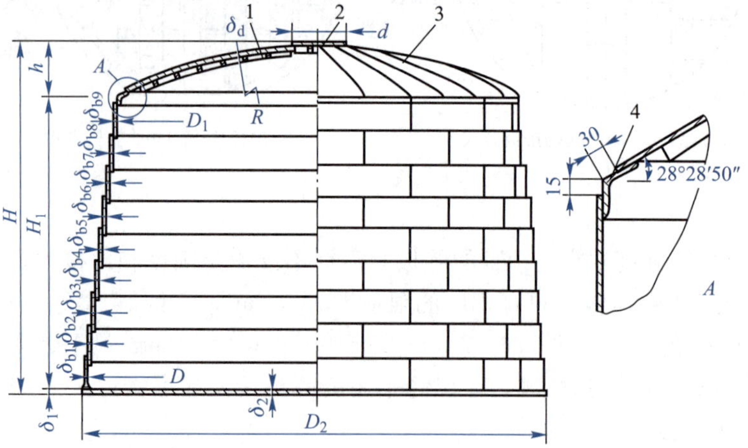

图 8 - 6　球形拱顶油罐

1—加强筋;2—罐顶中心板;3—扇形顶板;4—角钢环

2. 浮顶油罐

浮顶油罐的总体构造如图 8 - 7 所示。这种罐上部是敞开的,所谓的罐顶只是漂浮在罐内油面上随油面的升降而升降的浮盘,如图 8 - 8 所示。浮船外径比罐壁内径小400～600 mm,用以装设密封装置,以防止这一环状间隙的油品产生蒸发损坏,同时防止风沙雨雪污染油品。密封装置形式很多,常用的有弹性填料密封或管式密封,如图 8 - 9 和图 8 - 10 所示。

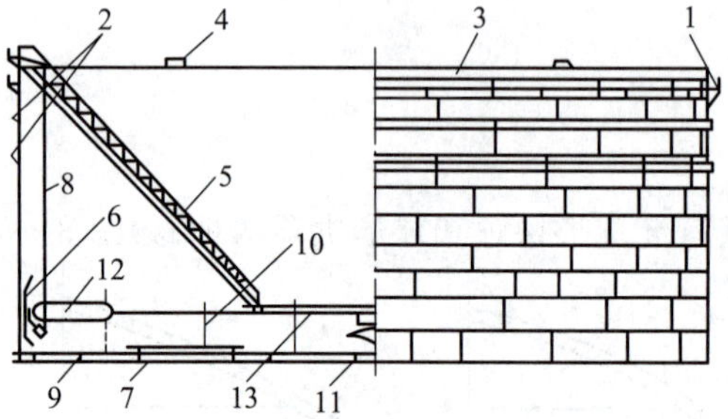

图 8 - 7　浮顶油罐

1—抗风圈;2—加强圈;3—包边角钢;

4—泡沫消防挡板;5—转动扶梯;6—密封装置;

7—加热器; 8—量油管;9—底板;

10—浮顶立柱;11—排水折管;12—浮船;13—单盘板

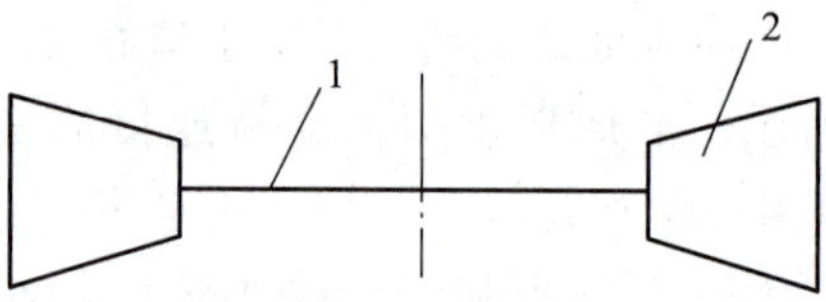

图 8 - 8　浮盘的结构

1—单层钢板(5 mm 以上);

2—截面为梯形的圆环形浮船

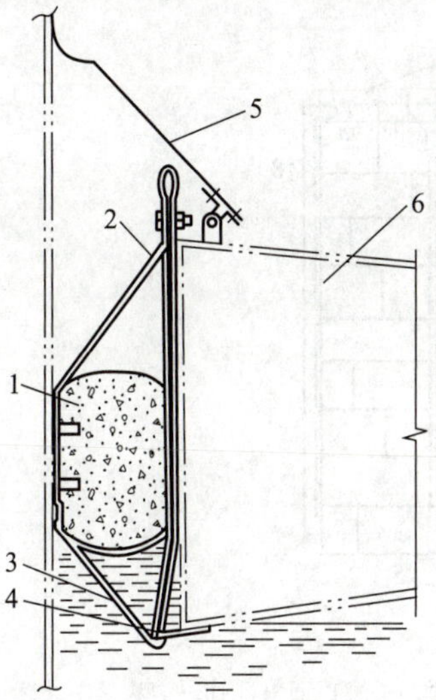

图 8-9 弹性填料密封装置

1—软泡沫塑料(弹性填料);2—密封胶带;
3—固定带;4—固定环;5—保护板;6—浮船

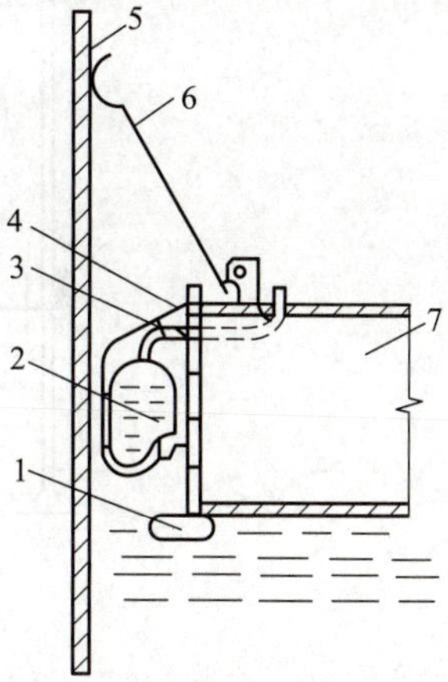

图 8-10 管式密封装置

1—限位板;2—密封管;3—充溢管;4—吊带;
5—油罐壁;6—防护板;7—浮船

浮顶油罐当罐顶随液面下降至罐底时,罐就变为上部敞开的立式圆筒形容器。若此时遇大风罐内易形成真空,如真空度过大罐壁有可能被压瘪。为此在靠近顶部的外侧设置抗风圈,如图 8-11 所示。由于罐顶在罐内上下浮动,故罐壁板只能采用对接焊接并且内壁要取平。浮顶油罐的罐顶与油面之间基本上没有气相空间,油品没有蒸发的条件,因而没有因环境温度变化而产生的油品损耗,也基本上消除了因收发油而产生的损耗,避免了污染环境,减少了发生火灾的危险性。所以尽管这种油罐钢材耗量和安装费用比拱顶油罐大得多,但对收发油频繁的油库、炼油厂和原油区等仍优先选用,用于储存原油、汽油及其他挥发性油品。

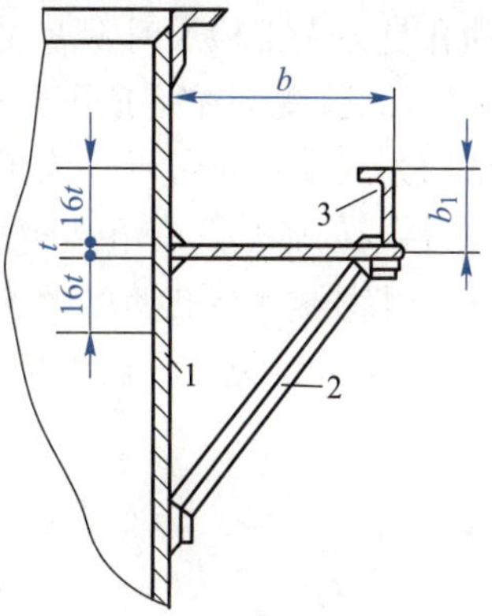

图 8-11 抗风圈的结构

1—罐壁;2—支托;
3—抗风圈(由槽钢和钢板组成)

3. 内浮顶油罐

内浮顶油罐是在拱顶油罐内增加了一个浮顶。这种油罐有两层顶,外层为与罐壁焊接连接的拱顶,内层为能沿罐壁上下浮动的浮顶,其结构如图 8-12 所示。内浮顶油罐既有拱顶油罐的优点也有浮顶油罐的优点,它既解决了拱顶油罐由于气相空间大、油品蒸发损耗大,且污染环境又不安全的缺点,又避免了浮顶油罐承压能力差、易受雨水及风沙等的影响使浮顶因过载而沉没和罐内可能形成真空的现象。

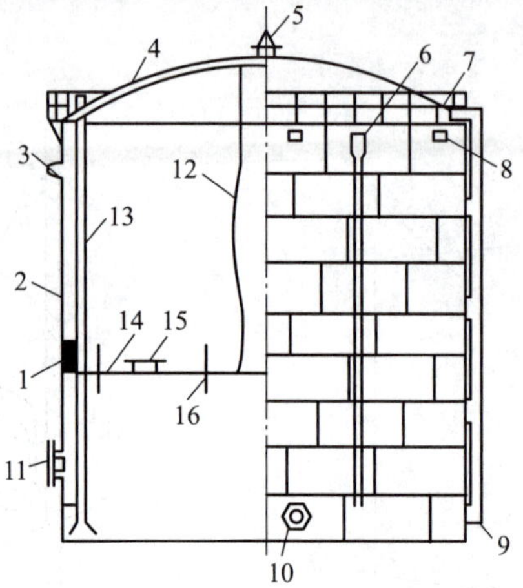

图 8-12　内浮顶油罐

1—密封装置；2—罐壁；3—高液位报警器；4—固定罐顶；5—罐顶通气孔；6—泡沫消防装置；7—罐顶人孔；8—罐壁通气孔；9—液位计；10—罐壁人孔；11—高位带芯人孔；12—静电导出线；13—量油管；14—浮盘；15—浮盘人孔；16—浮盘立柱

二、立式油罐的主要附件

1. 量油孔和量油管

量油孔是为人工检尺时测量油面高度、取样、测温而设置的。每一台拱顶油罐上都设置一个量油孔，安装在罐顶平台附近，孔径 150 mm，距罐壁一般不小于 1 000 mm。量油孔的结构如图 8-13 所示。为了防止关闭孔盖时撞击出火花并能关严，在孔盖内侧有软金属、塑料或橡胶垫。在孔内壁侧装有铝或钢制导向槽，以便于人工检尺时减少误差，且防止下尺时钢卷尺与孔壁摩擦产生火花。在浮顶油罐上则安装量油管，其作用与量油孔相同，同时还起到防止浮盘水平扭转的限位作用。量油管的结构如图 8-14 所示。

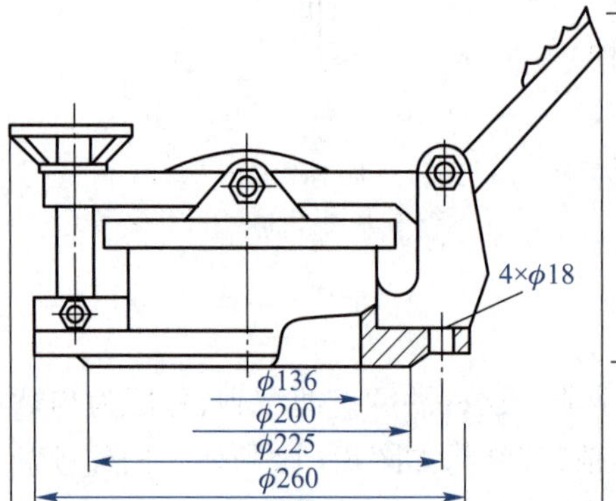

图 8-13　量油孔的结构

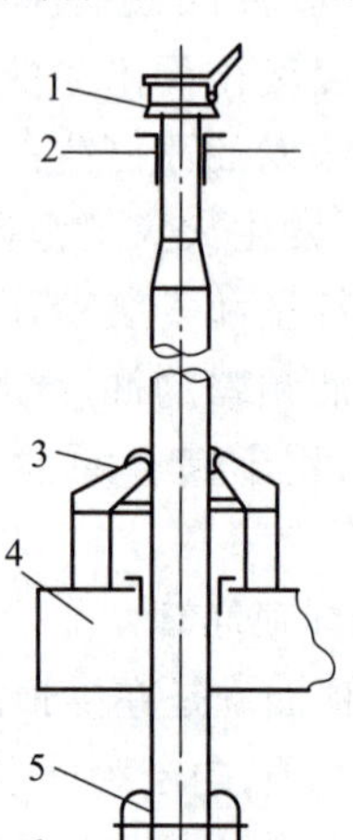

图 8-14　量油管的结构

1—量油孔；2—罐顶操作平台；3—导向轮；4—浮盘；5—固定肋板；6—罐底

2. 机械呼吸阀和液压安全阀

机械呼吸阀是原油、汽油等易挥发性油品储罐的专用附件，安装在拱顶油罐顶部，其作用是自动控制油罐气体通道的启闭，对油罐起到超压保护的作用且减少油品的蒸发损耗。机械呼吸阀的结构如图 8-15 所示。这种阀在空气湿度为 70%，温度为 -40℃的条件下，经 24 h 仍可正常使用，故称为全天候机械呼吸阀。

液压安全阀是与机械呼吸阀配套使用的，安装在机械呼吸阀的旁边，平时是不动作的。只有当机械呼吸阀由于锈蚀、冻结而失灵时才工作，所以其安全压力和真空度的控制都高于机械呼吸阀 10%。液压安全阀的结构如图 8-16 所示。

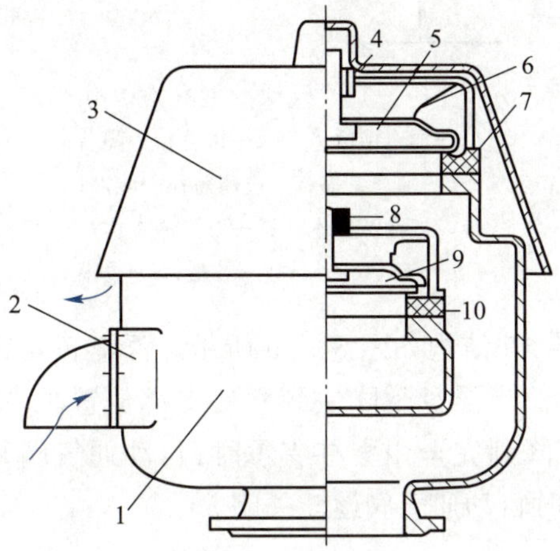

图 8-15　全天候机械呼吸阀的结构

1—阀体；2—空气吸入口；3—阀罩；4—压力阀导杆；5—压力阀阀盘；6—接地导线；7—压力阀阀座；8—真空阀导杆；9—真空阀阀盘；10—真空阀阀座

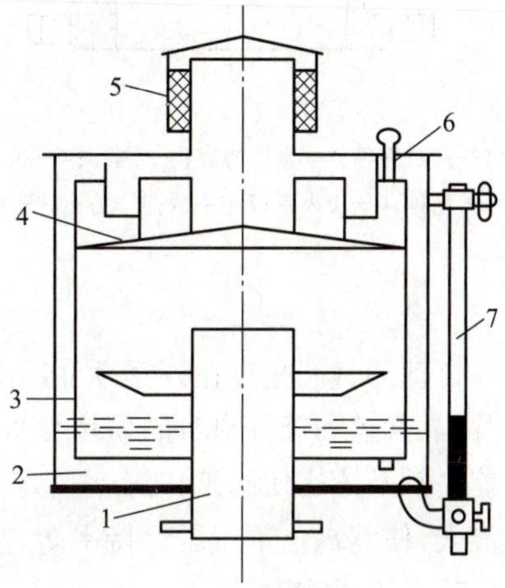

图 8-16　液压安全阀的结构

1—接合管；2—盛液槽；3—悬式隔板；4—罩盖；5—带钢网的通风短管；6—装液管；7—液位计

3. 防火器和泡沫发生器

防火器串联安装在机械呼吸阀或液压安全阀的下面，防止罐外明火向罐内传播。防火器的结构如图 8-17 所示，其外形为圆形或方形。当外来火焰或火星通过呼吸阀进入防火器时，金属滤芯迅速吸收燃烧热量，使火焰熄灭，从而达到防火的目的。

泡沫发生器是固定在油罐顶上的灭火装置，其结构如图 8-18 所示。其一端与泡沫管线连接，另一端在罐顶层罐壁上与罐内连通。泡沫混合液通过孔板节流，使发生器本体室内形成负压而吸入大量的空气，混合成空气泡沫并冲破隔板玻璃经喷射管段进入罐内，隔绝空气窒息火焰，从而达到灭火的目的。

4. 通气孔和自动通气阀

通气孔是安装在内浮顶油罐上的专用附件。内浮顶油罐不设机械呼吸阀和液压安全阀，但由于浮顶与罐壁的环隙及其他附件接合处微小的泄漏，在拱顶与浮顶之间仍有少量油气，为此在拱顶和罐壁上部设置通气孔。罐顶通气孔设在拱顶中心，直径不小于 250 mm，上部有防雨罩，防雨罩与通气孔短管的环行间隙中安装金属网，通气孔短管通过法兰和与拱顶焊接的短管连接。罐壁上的通气孔设在最上层壁板的四周，距罐顶边缘 700 mm 处，不少于 4 个且对称布置，孔口为长方形，孔口上也设有金属网。

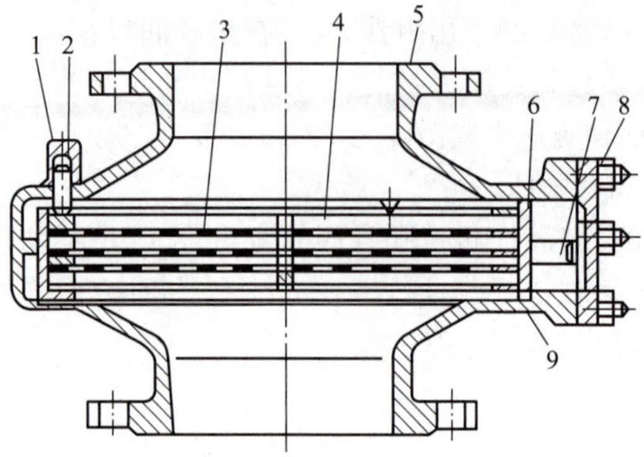

图 8-17　防火器的结构

1—密封螺帽；2—紧固螺钉；3—隔环；4—滤芯元件；5—壳体；6—防火匣；7—手柄；8—盖板；9—软垫

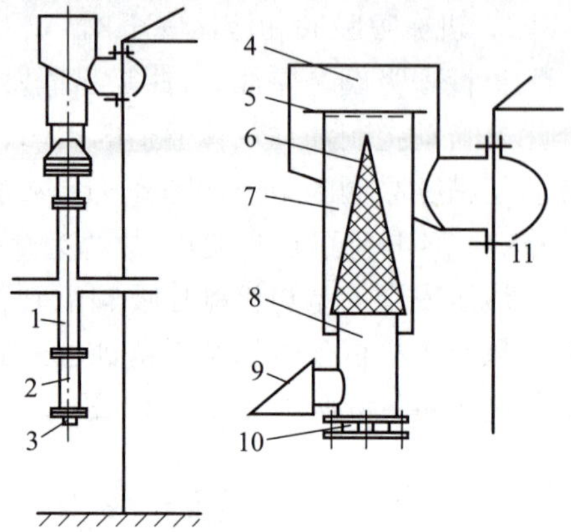

图 8-18　泡沫发生器的结构

1—混合液输入管；2—短管；3—闷盖；4—泡沫室盖；5—玻璃盖；6—滤网；7—泡沫室本体；8—发生器本体；9—空气吸入口；10—孔板；11—导板

自动通气阀是设在外浮顶油罐上的专用附件，其结构如图 8-19 所示。浮盘正常升降时，靠阀盖和阀杆自身的质量使阀盖紧贴阀体。当浮盘下降快到立柱支承位置时，阀杆首先触及罐底使阀盖和阀体脱离，直到浮盘下降到完全由立柱支承时，自动通气阀开到最大，使浮盘上下气压保持平衡。当浮盘上升时自动通气阀逐渐关闭。

5. 液位报警器

液位报警器是用来防止液面超高或超低的一种安全保护装置，以防止溢油或抽空事故。一般而言，任何油罐都应安装高液位报警器。低液位报警器只安装在炼油装置的原料罐上，以保证装置的连续运行。图 8-20 为气动高液位报警器，它是依靠浮子的升降

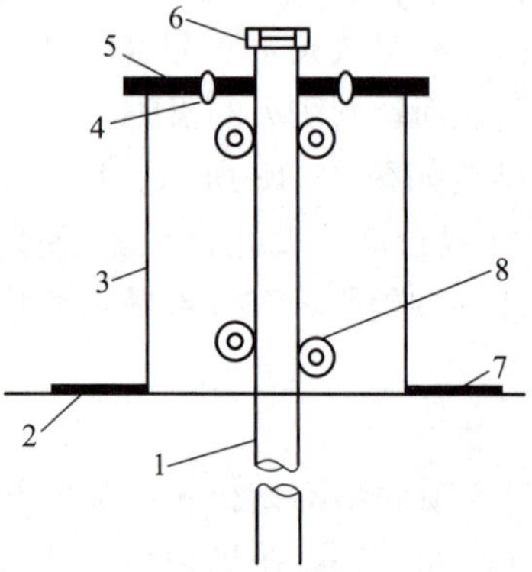

图 8-19　自动通气阀的结构

1—阀杆；2—浮盘板；3—阀体；4—密封圈；5—阀盖；6—定位销；7—补强圈；8—滑轮

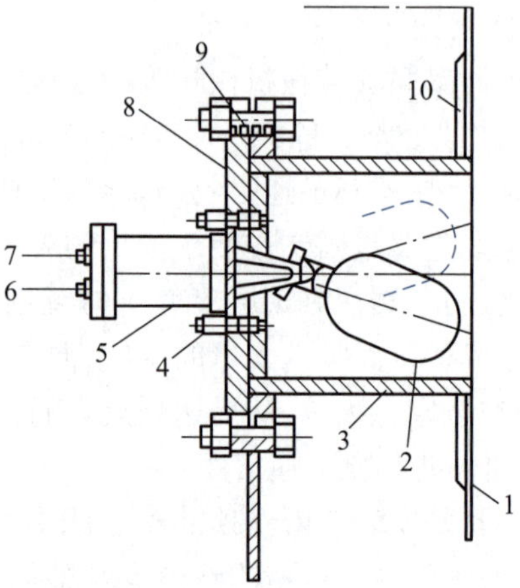

图 8-20　气动高液位报警器

1—罐壁；2—浮子；3—接管；4—密封垫圈；5—气动液位信号器；6—出气管；7—进气管；8—法兰盘；9—密封垫圈；10—补强圈

启闭气源，再通过气、电转换元件发出报警信号。液位报警器的安装位置应保证从报警开始至 15 min 内不会溢油或抽空。

三、立式油罐的使用与维护

（一）油罐的使用

1. 油罐的操作

油罐的操作包括收发油、检尺测量计量、油品调和、加温、脱水、输转等。一般应注意以下几点。

（1）操作前应对作业管线、油罐号、罐内存油量、油位高度、油温、油品密度、垫水层，最大装油高度和最低存油高度等情况，做到心中有数。

（2）开关阀门或切换流程时应认真执行“对号挂牌操作法”，防止开错阀门。换罐时应先开后关，防止跑油、憋泵等事故发生。

（3）收油初速度一般不超过 1 m/s，因进油过快易产生静电。但若进油速度太慢，特别是在冬季易造成黏油冻凝管道。发油时速度过快易造成油罐吸瘪。

（4）油品加热时应先开冷凝水阀，然后逐步打开进气阀，以防水力冲击损坏加热器的焊口、垫片或管子附件。对长期停用装有凝油的储罐，应先用临时加热器从上至下加热，防止在上部油品凝结的情况下利用底部加热器加热，使底部油品膨胀而引起油罐破裂。

（5）为了减少由于环境温度变化引起蒸发损耗，在炎热的夏天日出之前开始至日落后的一段时间内，在罐顶连续进行喷水冷却。

2. 油罐的维护

为了使油罐长期安全使用，应加强日常保养和维护，定期、定项目、定内容进行检查和维护，使油罐始终处于完好状态。

腐蚀是影响油罐寿命的主要因素之一，地上油罐大多为露天建造，长时间使用其外壁会受到雨、雪及大气中的化学气体的侵蚀，罐顶和罐壁内表面与油气接触，罐底与水和杂质接触，这些都会使油罐发生电化学腐蚀，使钢板变薄甚至发生穿孔造成泄漏。

油罐长时间使用，罐底总会积存一些水、杂质、锈渣等污物，特别是原油、渣油、蜡油罐，罐底有时积存的水、油沙、胶质、沥青质、蜡及催化剂是很多的，如不及时清除会影响油品的质量和加热效果，同时也减小了油罐的有效容积，因此需定期进行清洗。

综上所述，油罐的维护主要包括防腐蚀、清罐及定期检查安全附件等方面。

（1）油罐表面应定期涂刷防腐漆，淋水罐每 3～4 年一次，非淋水罐每 4～6 年一次。若发现腐蚀穿孔或泄漏，应及时清罐进行修补，对轻微的渗漏可采用带压堵漏法进行修补。

（2）油罐应定期进行清洗，轻质油罐 3 年一次，重质油罐 2 年一次，军用油罐和原油罐 1 年一次。清罐后经有关部门检查验收，合格后封罐并及时进油。

（3）油罐的安全附件应定期进行检查，一般应做到日常巡回检查，季度全面检查，年度拆除、清洗及校验。

3. 油罐的清洗作业

油罐的清洗作业，根据其清洗目的的不同其清洗的要求也不尽相同。对于储存高级润滑油罐及同一油罐更换储存性质相差较大的油品时，清洗后要求无明显的铁锈、杂质、水分、油垢，用洁布擦拭时应不呈现显著的脏污油泥和铁锈痕迹。新建或改建的油罐，只要除去罐内的浮锈和污杂即可。定期清洗的油罐不改变储油品种时，应清除罐壁、罐底及内部附件表面的沉渣和油垢，达到无明显的油渣及油污。对于检修或者内部防腐需清洗的油罐，应彻底清除油污、铁锈，并用洁布擦拭无脏污油泥、铁锈痕迹且应露出金属本色。油罐清洗作业应严格按有关作业规程进行，其大概过程如下。

(1) 准备　包括计划编制、人员安排、安全预防、工具仪器检查等。

(2) 排出底油　先按正常输转方法把罐内余油排放至进出油接合管以下，再用垫水法或机械抽吸法将底油排出。

(3) 检测气体浓度　用两台以上大小和型号完全相同并经计量部门有效校验的防爆型可燃气体检测仪，由专业人员进行检测。油气浓度低于防火、防爆、防毒的安全值时为合格。在人员入罐前 30 min 内还要再检测一次，确认安全无误。

(4) 入罐作业　配备防爆型照明设备和通信器材，作业人员腰部系上救生信号绳索，戴上防毒面具，在安全监护人员的监护下进罐作业。

(5) 检查验收　清罐完毕后验收并做好验收报告存入设备档案，验收合格的油罐应立即封存且及时进油。

（二）油罐的泄漏检测与修补

1. 目测检漏

油罐的泄漏是常见的损坏现象，也是日常保养和检查的主要项目。目测检漏主要靠平时的仔细观察，如发现罐顶、罐壁上某些部位粘有尘土、黑色斑点，或罐壁上有油滴流淌的痕迹等，这些都是油罐有可能泄漏的体表象征。

2. 真空检漏

这种方法主要用在罐底泄漏检测，先清除罐底涂层并在焊缝或其他可疑处涂上肥皂水，扣上带玻璃罩的密封盒，盒底周围包上不透气的海绵橡胶，如图 8-21 所示。启动与密封盒相连的真空泵至 26～40 kPa，盒内无气泡即为合格，出现气泡的部位即为泄漏点。

3. 泄漏修补方法

修补方法有焊补、环氧树脂补漏、弹性聚氨酯涂料补漏、罐底螺栓堵漏和法兰堵漏等。这里只介绍针对罐底较大穿孔的罐底螺栓堵漏法。如图 8-22 所示，先在穿孔处钻出一个长方孔，大小恰好能使特制螺母穿过，一般为 28 mm×14 mm。若罐底与基础之间有间隙则先从方孔处注入一些细沙，并在沙面上浇注一层沥青，然后把特制螺母放入孔内并用铜丝吊起(螺母上有小孔)，再将带有压紧板和石棉垫片的螺杆轻轻旋入特制螺母中并拧紧。清除周围污物后涂一层 3～4 mm 厚的环氧树脂补漏剂，并贴一层玻璃布。然后再涂一层环氧树脂补漏剂，贴一层玻璃布。最后再涂一层补漏剂即可。

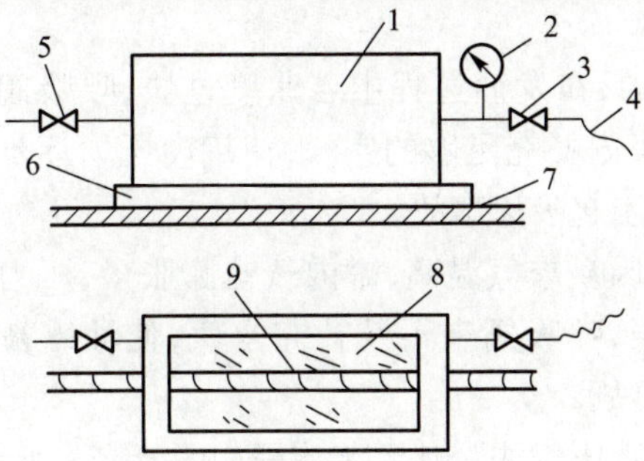

图 8-21 真空检漏法示意图

1—真空盒；2—真空表；3—球形阀；4—接真空盒的橡胶管；5—进气球阀；6—密封胶圈；7—底板；8—观察窗；9—焊缝

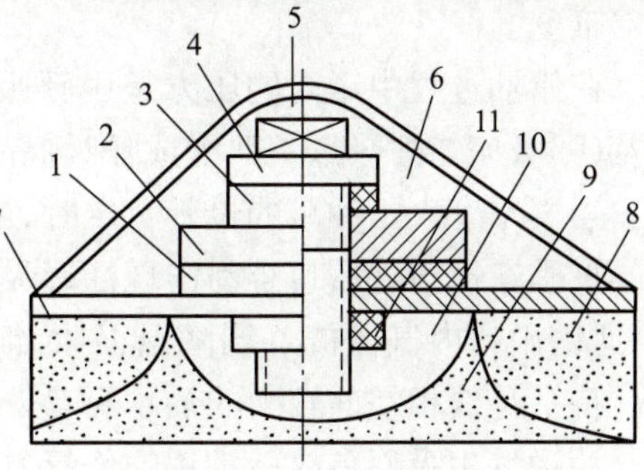

图 8-22 罐底螺栓堵漏

1—耐油石棉板；2—钢压板；3—耐油石棉板；4—压紧螺母；5—玻璃布；6—环氧树脂补漏剂；7—油罐底板；8—沥青砂垫层；9—细沙；10—防腐层；11—特制螺母

（三）油罐的事故预防及处理

1. 溢油

溢油是由于操作失误、计量错误或液位报警器等安全附件发生意外，使罐内油品从机械呼吸阀、泡沫发生器等处溢向罐外。防止溢油事故一是加强操作人员的责任心，二是严格遵守岗位操作规程。一旦发生溢油事故应立即停止油泵的输转作业，检查并关闭罐区内的水封井及其他阀门，事故现场不得有任何产生火花的操作，如电焊、气焊、砂轮打磨、金属敲击等，同时应立即报警。

2. 内浮顶油罐沉船

浮盘沉船是内浮顶油罐的主要事故，其原因是多方面的，大体上有以下几方面。

(1) 腐蚀、油温变化、罐体变形等的影响使浮盘变形，甚至翘曲引起浮力不均，量油导向管滑轮被卡使浮盘倾斜，油品通过浮盘与罐壁之间的密封圈处或自动通气阀孔漏到浮盘上面，造成沉船事故。

(2) 油罐施工质量差，如罐体不垂直、内壁面凹凸不平、浮盘歪斜、密封不好等都可能造成油品串入浮盘上面，继而引起沉船事故。

(3) 浮盘立柱损坏，进油速度过快使浮盘受力不均等也可能造成沉船事故。

防止沉船事故主要注意以下几方面。

(1) 新投运或清罐后第一次进油时，最好先用水将浮盘托起(水的浮力大于油)，然后再进油。当进油量达 300 t 左右时缓慢将水脱尽。

(2) 空罐进油时初速度不超过 1 m/s，油品浸没进出油接合管后其流速仍不宜超过 4.5 m/s。罐内存油不得超过安全高度，对 1 000～3 000 m^3 罐最低液位不小于 1 500 mm，5 000 m^3 罐最低液位不小于 1 200 mm。

(3) 每月检查一次密封装置、导向轮、浮盘立柱，浮盘表面凹凸情况及运行平稳状况等，发现问题及时采取有效的措施。

3. 油罐被吸瘪

油罐内的压力是随油品的进出量和罐外大气温度的变化而变化的，当罐内真空度超过了设计负压时，油罐失去其原有的圆形形状，出现褶皱、局部凹陷等现象，这在理论上称为油罐的失稳，也就是所谓的吸瘪。吸瘪是固定顶油罐的常见事故，多发生在罐顶或上部罐壁。

在储油过程中罐内的压力是由呼吸阀调节的，在发油过程中若速度过快，呼吸阀来不及（呼吸阀与呼吸量不匹配或呼吸阀故障）向罐内补充足够的空气，使罐内压力逐步下降。当真空度大于油罐的设计负压时，就有可能引起吸瘪事故。

夏季在雷雨过后也容易出现油罐吸瘪事故，因夏季气温高，罐内气体膨胀多，压力较高，遇雷雨罐内气体被急剧降温而收缩造成负压，呼吸阀来不及补充空气，使油罐被吸瘪。特别是气相空间较大的油罐更易发生吸瘪事故。

油罐发生吸瘪事故后常用的修复方法是“注水压气法”，其工艺流程如图 8－23 所示。先向罐内注入一定高度（一般为罐高的 2/3）的水，然后密闭油罐继续缓慢注水，使罐内气相空间的压力增大，使变形部位逐渐复原。修复压力一般不超过 12 kPa，所以安全阀开启压力可定在 10 kPa 左右。修复后不要立即放水泄压，一般应保持 8 h 左右，待变形稳定后再泄压。

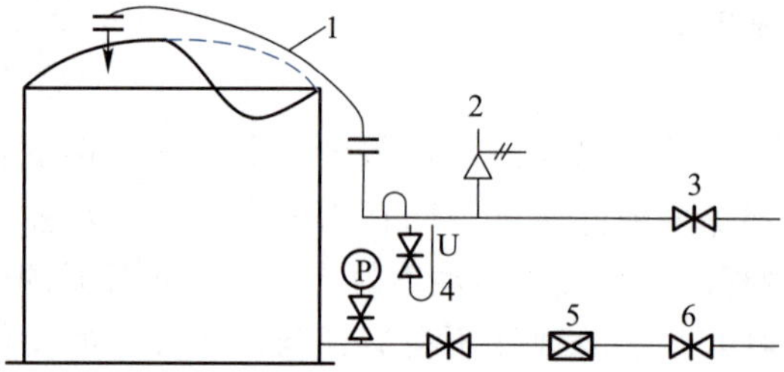

图 8－23　注水压气法修复油罐示意图

1—耐压软管；2—安全阀；3、4、6—闸阀；5—注水泵

第三节　其他类型的储罐

一、卧式储罐

卧式储罐和立式储罐相比，容量小，最大容量 400 m^3，实际使用一般不超过 120 m^3，最常用的是 50 m^3。承压能力变化范围从内压 4 MPa 到负压 0.49 kPa。适宜在各种工艺条件下工作，适合于工厂成批制造，成本相对较低，便于搬运和安装，机动性强。卧式储罐在炼油厂广泛用于储存液化石油气、丙烯、拔头油等低沸点的石油化工气体，各种工艺性储罐也大多用小型卧式储罐。在中小型油库卧式储罐用于储存汽油、柴油和数量较少的润滑油。另外，汽车罐车和铁路油罐车也大多用卧式储罐。

卧式储罐由罐体、支座及附件等组成。罐体包括筒体和封头，筒体由钢板拼接卷板，组对焊接而成，各筒节间的环缝既可以是对接也可以是搭接连接。封头常用椭圆形、碟形及平封头。

卧式储罐的支座有鞍式支座、圈式支座和支承式支座。大中型卧式储罐通常设置在两个对称布置的鞍式支座上，其中一个固定在地脚螺栓上是不动的，称为固定支座。另一个其底板上与地脚螺栓配套的孔采用长圆形，当罐体受热膨胀时可沿轴向移动，避免产生温差应力。由于鞍座处罐体受力复杂，为了提高罐体的局部强度和刚度，一般在鞍座处筒体内壁设置用角钢弯成的加强环，当罐体直径大于 3 m 时还应在加强环上设置三角支承。卧式储罐的罐体如图 8 - 24 所示。

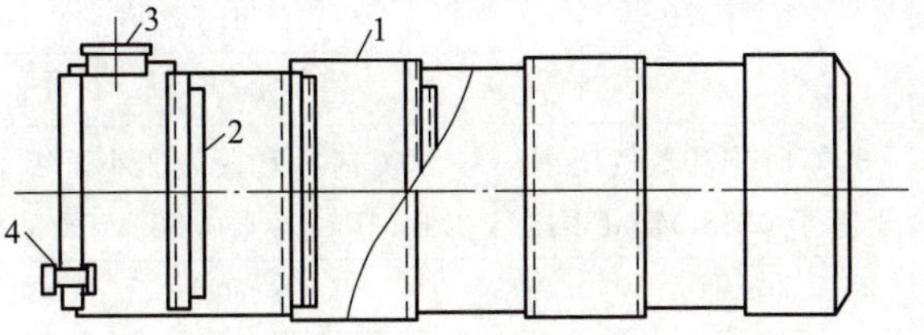

(a) 平封头卧式储罐

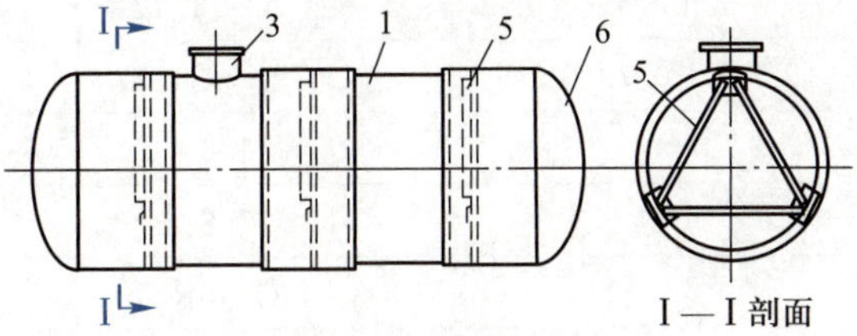

(b) 碟形封头卧式储罐

图 8 - 24　卧式储罐的罐体

1—筒体；2—加强环；3—人孔；4—进出油管；5—三角支承；6—碟形封头

卧式储罐的附件根据其所充装的介质、压力、用途等不同有较大的差异，一般油品储罐或工艺罐，主要有进出油管、人孔或手孔、量油孔、排污放水管、通气孔等。液化石油气卧式储罐的具体结构如图 8 - 25 所示，其主要参数和各接管口如表 8 - 1 和表 8 - 2 所示。

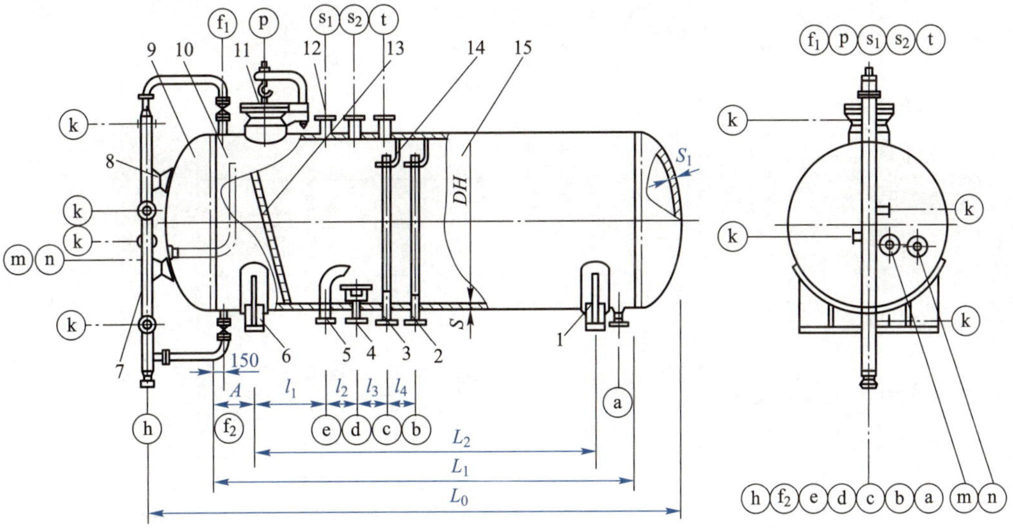

图 8 - 25　20～50 m^3 液化石油气卧式储罐的结构

1—活动支座；2—气相平衡引入管；3—气相引入管；4—出液口防涡器；5—进液口引入管；6—固定支座；
7—液面计连通管部件；8—支承；9—椭圆封头；10—压力表气相引入管；
11—水平吊盖对焊法兰人孔；12—锻制法兰接管；13—内梯；14—管托架；15—筒体

表 8-1 液化石油气卧式储罐的主要参数

容器类别	ⅡLC	ⅢMC	
设计压力/MPa	0.79	1.77	2.16
设计温度/℃	50		
液化石油气种类	50℃时饱和蒸气压小于等于 0.58 MPa(表压)	50℃时饱和蒸气压小于等于 1.6 MPa,大于 0.58 MPa(表压)	50℃时饱和蒸气压大于 1.6 MPa
装量系数	0.9		
水压试验压力/MPa	0.98	1.96	2.7
气密性试验压力/MPa	0.79	1.77	2.16
安全阀开启压力/MPa	≤0.79	≤1.77	≤2.16
焊接接头系数	1.0		
腐蚀裕量	1.5		
主要受压元件材质	Q345R		
最低使用温度/℃	−40	−40	−40

表 8-2 液化石油气卧式储罐的管口

<table>
<tr><th rowspan="3">管口符号</th><th rowspan="3">管口名称</th><th colspan="3">管口公称压力 PN/MPa</th><th colspan="2">管口公称直径 DN/mm</th><th colspan="3">管口数量</th><th rowspan="3">法兰密封面型式</th><th rowspan="3">管口伸出高度/mm</th></tr>
<tr><th colspan="3">储罐设计压力/MPa</th><th colspan="5">储罐公称容量/m³</th></tr>
<tr><th>0.79</th><th>1.77</th><th>2.16</th><th>20～50</th><th>80～150</th><th>20～50</th><th>80</th><th>100～150</th></tr>
<tr><td>a</td><td>排污口</td><td rowspan="14">1.57</td><td rowspan="14">2.45</td><td rowspan="14">3.92</td><td colspan="2">80</td><td colspan="3" rowspan="5">1</td><td rowspan="12">凹面</td><td rowspan="14">150</td></tr>
<tr><td>b</td><td>气相平衡口</td><td rowspan="4">50</td><td rowspan="4">80</td></tr>
<tr><td>c</td><td>气相口</td></tr>
<tr><td>d</td><td>出液口</td></tr>
<tr><td>e</td><td>进液口</td></tr>
<tr><td>f_{1-2}</td><td>连通管引出口</td><td colspan="2" rowspan="2">32</td><td colspan="3">2</td></tr>
<tr><td>h</td><td>连通管排污口</td><td colspan="3">1</td></tr>
<tr><td>k_{1-4}</td><td rowspan="2">液面计口</td><td colspan="2" rowspan="4">20</td><td colspan="2" rowspan="2">4</td><td rowspan="2">—</td></tr>
<tr><td>k_{1-6}</td></tr>
<tr><td>m</td><td>温度计口</td><td>—</td><td colspan="2">2</td></tr>
<tr><td>n</td><td>压力计口</td><td colspan="3">1</td></tr>
<tr><td>p</td><td>人孔</td><td colspan="2">500</td><td>1</td><td colspan="2">—</td></tr>
<tr><td>s_{1-2}</td><td>安全阀口</td><td>80
100</td><td>100
150</td><td colspan="3">2</td><td>凸面</td></tr>
<tr><td>t</td><td>排空口</td><td colspan="2">50</td><td colspan="3">1</td><td>凹面</td></tr>
</table>

注:① 管口公称直径 100 mm、150 mm 用于设计压力为 0.79 MPa 的储罐。

② 温度计口的盲板设有“G3/4”连接口,压力计口的盲板设有 M20×1.5 连接口。

二、球形储罐

球形储罐与圆筒形储罐相比，具有容积大、承载能力强、节约钢材、占地面积少、基础工程量小、介质蒸发损耗少等优点，但也存在制造安装技术要求高、焊接工程量大、制造成本高等缺点。在炼油厂，球形储罐主要用于储存液化石油气及其他低沸点的石油化工原料，在城市大中型液化气库及煤气库中也多采用球形储罐。球形储罐按公称容量分类，常见的规格有50 m^3、120 m^3、200 m^3、400m^3、1 000 m^3等几种，最常用的是 400 m^3球形储罐，设计压力为 1.8 MPa。球形储罐的罐体材料常用 Q245R、Q345R、15MnVR 等压力容器专用钢。

1. 球形储罐的构造

球形储罐由球形壳体、人孔、接管及支座构件等组成，如图 8－26 所示。球壳是球形储罐的主体，由许多块在工厂预制成壳。根据小块球壳板的排列方式，球形储罐的壳体可分为带式球壳和足球式球壳，如图 8－27 所示。带式球壳板规格尺寸较多，工厂预制较麻烦，但现场组装方便。足球式球壳是按足球分瓣的方法分成若干块形状尺寸完全相同的球壳板，预制方便，但组装较困难。目前我国大多采用带式球壳，这种球壳是在不同的高度上用水平面分割为奇数个环带，然后通过球心的垂直面将各环带分割为若干块瓜瓣状球壳板，各环带分别按地球的分区来命名。以五带球壳为例，从上至下依次为北极板、北温板、赤道板、南温板、南极板。

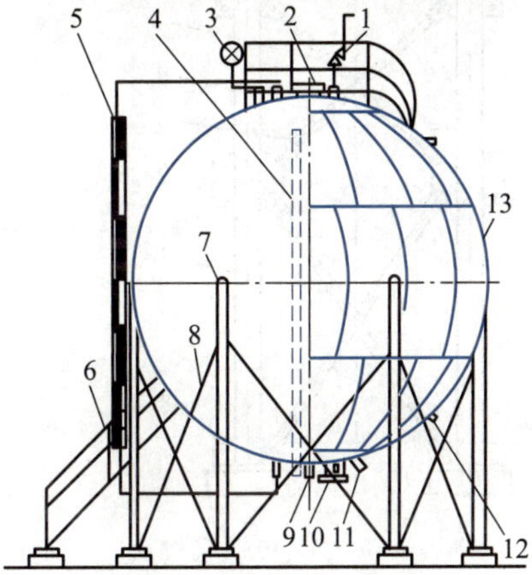

图 8－26 球形储罐

1—安全阀；2—上人孔；3—压力表；4—气相进出口接管；5—液位计；6—盘梯；7—赤道正切柱式支座；8—拉杆；9—排污管；10—下人孔及液相进出口接管；11—温度计连接管；12—二次液面指示计连接管；13—球壳

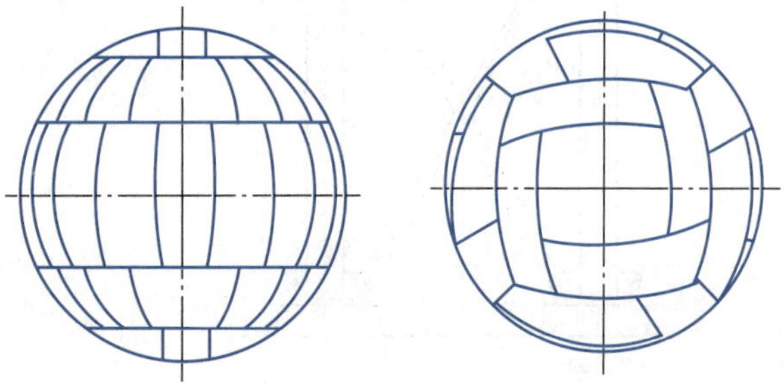

(a) 带式球壳　　(b) 足球式球壳

图 8－27 球壳的排板方式

球形储罐常用的支座有柱式和裙式两种。柱式支座又分为赤道正切式、V 形柱式、三柱合一式等型式，如图 8－28 所示。其中应用最普遍的是赤道正切式支座。这种支座是由ϕ159 mm×6 mm～ϕ529 mm×8 mm 的无缝钢管制成，每根支柱都有其独立的基础，它们对球壳的支承点在赤道带的水平球径上，并与球壳相切，在连接点的球壳上焊有加强板。支柱的数目一般为赤道带分瓣数的一半，支柱间有拉杆，以增强其稳定性，支柱高度按使球形储罐底距地面的距离不小于 1.5 m 来确定。根据拉杆的结构有可调式和固定式两种，具体结构如图 8-29 至图 8-31所示。赤道正切式支座受力状态好，壳体具有热膨胀和承载变形的可能性，便于现场安装、操作和检修，一般用于大容量的球形储罐。

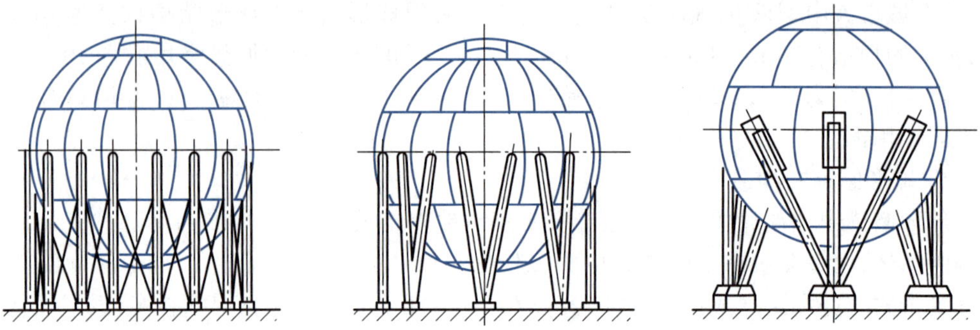

图 8-28　球形储罐柱式支座的型式

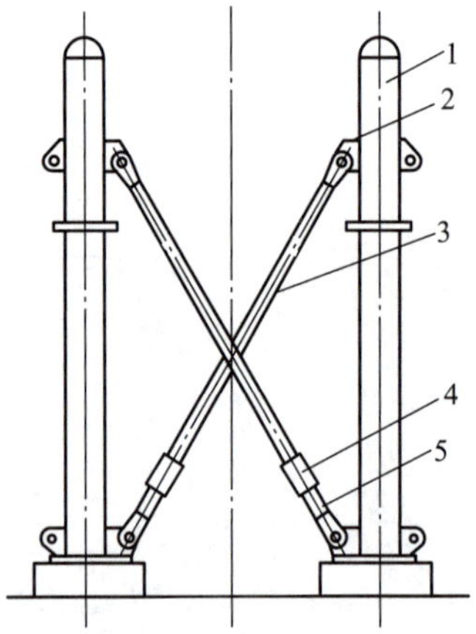

图 8-29　单层交叉可调式拉杆

1—支柱；2—支耳；3—长拉杆；
4—调节螺母；5—短拉杆

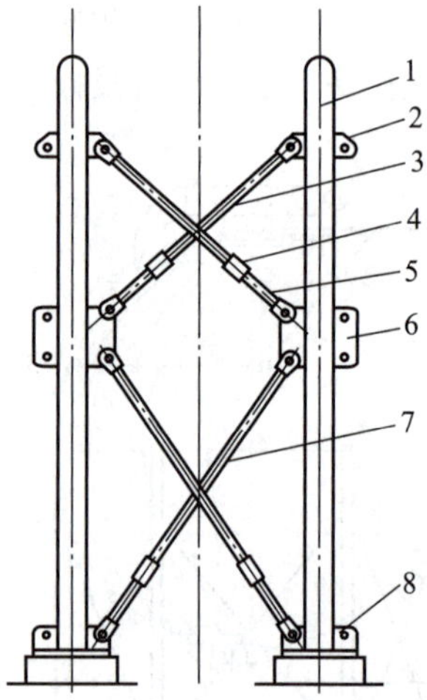

图 8-30　双层交叉可调式拉杆

1—支柱；2—上部支耳；3—上部长拉杆；
4—调节螺母；5—短拉杆；6—中部支耳；
7—下部长拉杆；8—下部支耳

裙式支座较低，故球壳重心也低，较稳定，支座钢材消耗少，但这种支座的球形储罐操作、检修不便，所以应用较少。

球形储罐的附件主要有操作平台及扶梯、安全阀、放空阀、压力表及液位自动检测引出装置，罐顶环状布置的喷淋水降温设施、人孔、脱水阀、进出油管及阀门等。

2. 球形储罐的检查及应用

球形储罐竣工后应进行水压试验和气密性试验，具体方法和要求与一般压力容器相同。试验合格后交付使用，使用单位投入生产后还应对球形储罐进行外观检查，观察所有焊缝及法兰接口处有无泄漏，结构件有无不正常的变形，安全阀、液面计及其他附件是否正常，尤其要注意罐内物料的变动情况，特别是腐蚀成分的变化。每隔半年或一年应用超声波测厚仪测量罐体的厚度，测定点应在南北极板、南北温板、赤道板，分别选取经过焊补修复的部位、液面经常变化的区域及容易产生腐蚀的部位。

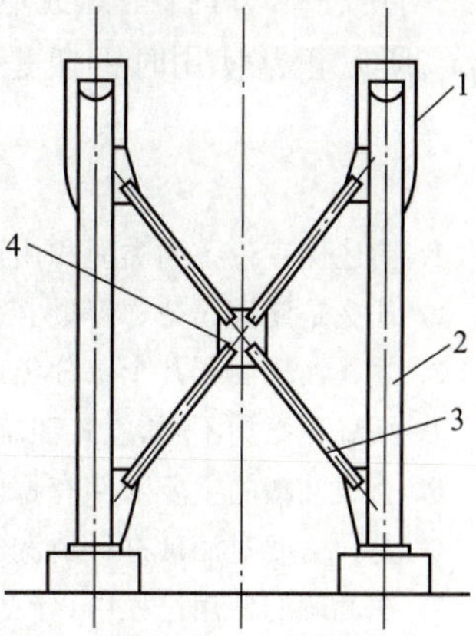

图 8-31　固定式拉杆

1—补强板；2—支柱；3—管状拉杆；4—中心板

为了检查物料对球形储罐的腐蚀情况，每隔一定的时间还应开罐进行检查。首次开罐应在投产后一年内进行，以后开罐检查的间隔时间应根据第一次检查所测得的腐蚀速率，发现的缺陷的性质、数量及修补情况等因素确定，一般不得超过 3 年。开罐检查的内容包括测量厚度，内外表面宏观缺陷检查。若发现有比较严重的应力腐蚀开裂以及延迟裂纹，对相应部位还应进行射线或超声波检测。对内外表面的全部对接焊缝及其周围、建造时的工夹具焊迹、接管与球壳的连接焊缝等还应进行磁粉或渗透检测。

对以上所有检查和修补结果都应做详细的记录，存入设备档案。

三、无缝气瓶

无缝气瓶主要用于储存永久性气体和高压液化气体，如氧气、氢气、天然气、一氧化碳、二氧化碳气体等。最常见的是民用液化气钢瓶，按充装量有 10 kg、15 kg、50 kg 装 3 种规格，如图 8-32 所示。钢瓶的公称压力为 1.57 MPa，这是按纯丙烷在 48℃下饱和蒸气压确定的。因相同温度下液化石油气各组分中丙烷的蒸气压最高，实际使用中环境温

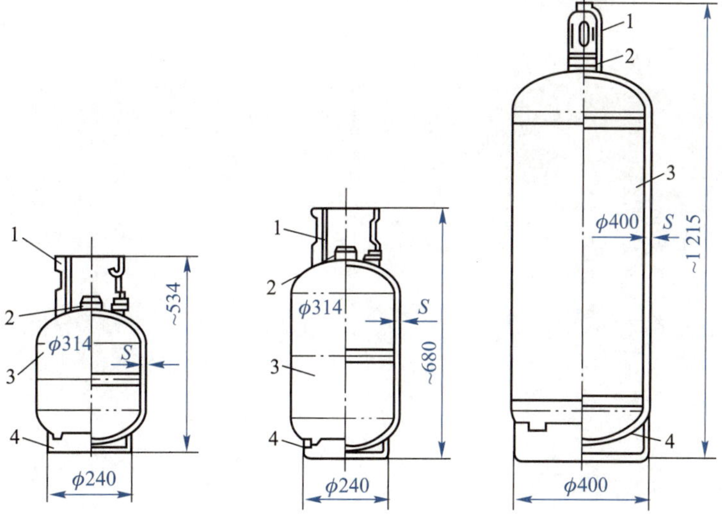

(a) YSP-10型　(b) YSP-15型　(c) YSP-50型

图 8-32　液化气钢瓶(长度单位：mm)

1—护罩；2—瓶嘴；3—瓶体；4—底座

度一般不会超过48℃,因此正常情况下瓶内压力不会超过1.57 MPa。钢瓶的容积是按液态丙烷在60℃时,正好充满整个钢瓶而设计的,因相同温度下质量相同时,丙烷的体积最大,所以正常使用时钢瓶是安全的。

思考与练习

1. 简述储存设备的类型和用途。
2. 什么是储罐的公称容量、储存容量和工作容量?
3. 立式油罐由哪几个部分组成?
4. 按罐顶结构不同,立式油罐有哪几种型式?各有何特点?
5. 立式油罐的主要附件有哪些?各起何作用?
6. 为什么要对油罐进行清洗?简述清洗的大概步骤。
7. 在油罐的使用过程中,什么是溢油、沉船和吸瘪事故?如何处理?
8. 为什么要定期清洗油罐?
9. 内浮顶油罐为什么会发生“沉船”事故?
10. 在拱顶油罐中安装机械呼气阀,简述其工作原理。

第九章　泵的使用与维护

知识目标

- 了解离心泵及其他泵类设备的结构和工作原理。
- 掌握离心泵的主要性能参数。
- 理解离心泵工作点的含义，掌握流量调节的方法。

能力目标

- 熟悉离心泵的操作规程，能够独立进行离心泵操作和简单故障的处理。

泵属于转动设备，在石油化工行业中的用量是很多的。如炼油厂的各类油泵、化工厂的各类酸泵、氮肥厂的熔融尿素泵及给排水系统用的各种水泵等。泵的作用是输送液体并增加液体的能量，有人形象地将泵比喻为化工厂的“心脏”，因此泵性能的优劣直接影响着生产的正常进行。如果泵出现故障，整个生产系统就会停止工作。另外，由于泵用量多、电能消耗大，泵运转效率的高低也将直接关系到产品的生产成本。本章主要介绍离心泵及其他常用泵类设备的结构特点、工作原理及主要性能参数，离心泵的型号及选用、操作及流量调节、常见故障排除方法及日常维护等内容。

知识框图

- 泵的使用与维护
  - 泵的分类
    - 按工作原理：容积泵、叶片泵、其他类型的泵。其中叶片泵包括离心泵、轴流泵、混流泵和旋涡泵。
    - 按用途：清水泵、污水泵、泥浆泵、耐酸泵、热油泵等
  - 离心泵的性能
    - 性能参数：参数：流量、扬程、功率、效率、允许汽蚀余量或允许吸上真空度。对应有扬程曲线、功率曲线、效率曲线、允许吸上真空度或允许汽蚀余量曲线
    - 流量调节：泵的工作点为扬程曲线和管路特性曲线的交点。流量调节方法：出口阀调节、改变泵转速调节、切割叶轮直径调节
  - 离心泵的汽蚀
    - 汽蚀的危害：当泵叶轮的叶片进口处压力低于液体饱和蒸气压时，泵发生汽蚀现象，使泵产生噪声和振动，扬程、功率、效率明显下降。叶轮内表面遭受破坏
    - 防止汽蚀的措施：降低泵的安装高度和液体的温度，减小液体密度和吸入管的阻力损失，提高吸液罐液面压力，在叶轮前设置诱导轮或采用抗汽蚀材料制造叶轮
  - 离心泵的使用
    - 离心泵的选用：根据输送液体的性质、工艺要求和用途，按泵的型谱图选择某种型号的泵；校核泵的吸入性能，计算泵的功率并选配电动机
    - 离心泵的操作：检查无问题，关排液阀及压力表、真空表阀，灌泵；开轴承冷却水阀，启动电动机，再开压力表阀，出口压力正常后开真空表阀，最后开排液阀。停车时先关压力表和真空表阀，再关排液阀，最后停电动机。关冷却水阀
    - 常用的离心泵：耐腐蚀泵、离心式油泵、低温用泵、液下泵
  - 其他类型的泵
    - 往复泵：属于容积泵，在高压力、小流量下输送黏性液体，要求精确计量及流量随压力变化小的场合，排液管上应设置安全阀，不需灌泵。流量不均匀
    - 齿轮泵：属于容积式转子泵，输送燃料油、润滑油，不宜输送含固体颗粒的流体；机械的液压和润滑系统作为辅助油泵。不需灌泵，启动时排液管路阀门应全开
    - 螺杆泵：属于容积式转子泵，输送润滑油、燃料油、橡胶液、合成纤维的黏液等黏性液体，机械的液压或调节系统中常用，也可输送含少量杂质颗粒的液体。不需灌泵，启动时排液管路阀门应全开

第一节　离心泵的结构与工作原理

视频
离心泵介绍

动画
离心泵的结构

一、泵的类型及应用

泵不仅使用在石油化工生产中，而且在国民经济的各个部门也都有广泛的应用，如城市的给排水、农村的灌溉和排涝、机械工业中机器的润滑和冷却及热电厂和原子能发电站等都要使用泵，所以泵也是一种通用设备。由于泵的用途极为广泛，被输送液体的性质有时差异也很大，为了满足不同的场合对泵性能的要求，泵的种类也十分繁多，通常可按工作原理和用途进行分类。

（一）按泵的工作原理分类

按工作原理可分为容积式泵、叶片式泵和其他类型的泵。

1. 容积式泵

容积式泵是依靠泵内工作容积的大小做周期性变化来输送液体的，当工作容积增大时，泵吸入液体；当工作容积减小时，泵排出液体。根据工作机构的运动特点划分，有往复泵和回转泵两种。往复泵的工作机构做往复运动，属于这种类型的有活塞泵、柱塞泵及隔膜泵等。回转泵的工作机构做定轴转动，属于这种类型的有齿轮泵、螺杆泵、滑片泵等。

2. 叶片式泵

叶片式泵是依靠一个或数个高速旋转的叶轮推动液体流动、实现液体输送的。根据液体在泵内的流动方向划分，有离心泵、轴流泵、混流泵及旋涡泵。

除了容积式泵和叶片式泵外，还有一些其他类型的泵，如喷射泵、水锤泵、电磁泵等。

（二）按泵的用途分类

根据所输送液体的名称或在工艺过程中的具体用途可以直接对泵进行命名，如清水泵、污水泵、泥浆泵、砂泵、耐酸泵、热油泵、低温泵、热水循环泵、锅炉给水泵等。

动画
叶轮

此外，还可以按泵的驱动方式的不同分为电动泵、气(汽)动泵、水动泵、磁力传动泵和手动泵等。

（三）各类泵的适用范围

不同类型的泵其性能特点不同，适用场合也不同。离心泵主要用于大、中流量和中等压力的场合。往复泵主要用于小流量和高压力的场合。转子泵和旋涡泵则适用于小流量和较高压力的场合。其中离心泵具有适用范围广、结构简单及运转可靠等优点，在石油化工生产及其他相关行业得到了广泛的应用，各种容积泵只在特定的场合下使用。各类泵的适用范围如图 9－1 所示。

二、离心泵的构造及分类

离心泵主要由泵体、泵盖、叶轮、泵轴、轴承及支架、密封装置等组成。离心泵按其结构不同也有多种类型。

1. 按叶轮的吸入方式分类

按离心泵所装叶轮的吸入方式划分，有单吸式离心泵和双吸式离心泵。单吸式离心泵的叶轮只从一侧吸入液体，如图 9－2 所示为一台单级单吸式离心泵。双吸式离心泵的

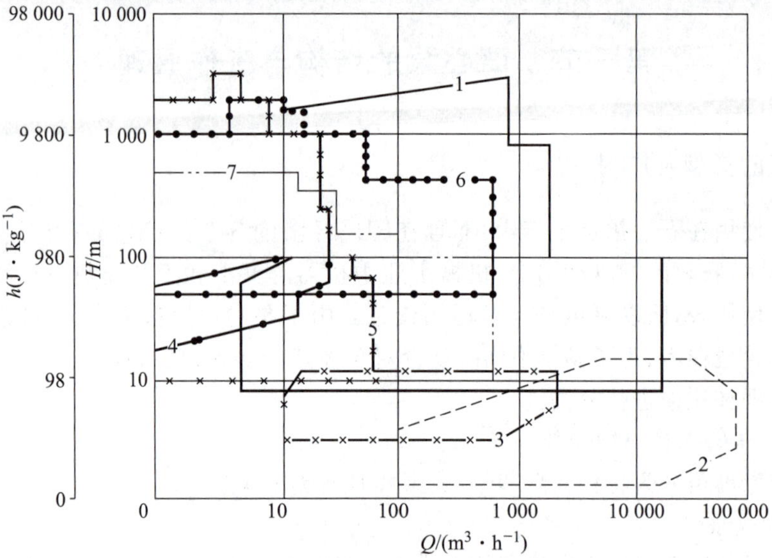

图 9-1　各类泵的适用范围

1—离心泵；2—轴流泵；3—混流泵；4—旋涡泵；

5—动力往复泵；6—螺杆泵；7—蒸汽往复泵

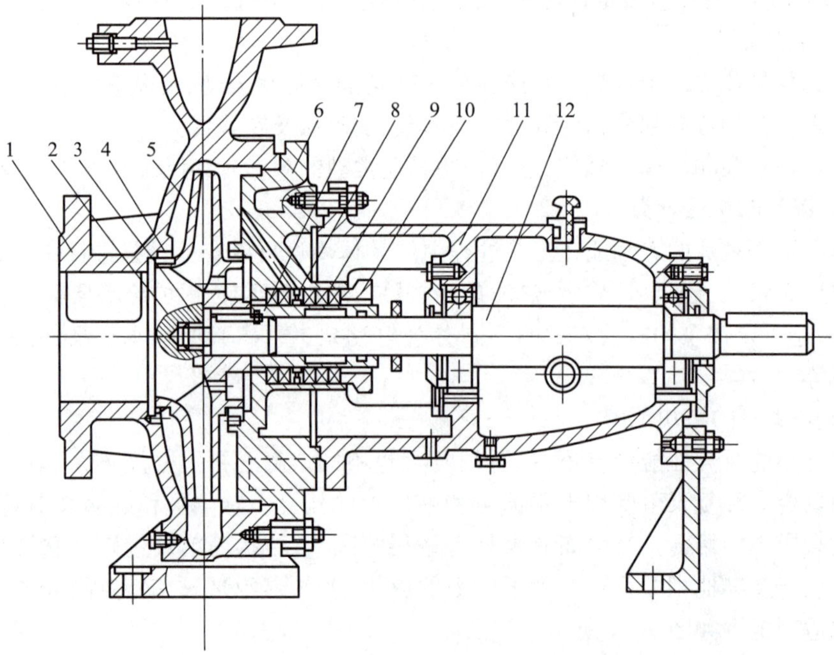

图 9-2　IS 型单级单吸式离心泵

1—泵体；2—叶轮螺母；3—制动垫片；4—密封环；5—叶轮；6—泵盖；7—轴套；

8—填料环；9—填料；10—填料压盖；11—轴承悬架；12—轴

动画

单级单吸式离心泵的结构

叶轮从两侧同时吸入液体，如图 9-3 所示为一台单级双吸式离心泵。单吸式离心泵的叶轮结构简单，制造方便，应用广泛。双吸式离心泵则能输送的流量较大。目前我国生产的单吸式离心泵流量为 4.5～300 m^3/h，扬程为 8～150 m；双吸式离心泵的最大流量在 2 000 m^3/h以上，扬程为 10～110 m。

2. 按所装叶轮的数目分类

泵体中只装有一个叶轮的称为单级泵，在同一根轴上装有两个以上叶轮的称为多级泵。一个叶轮和与其配套的固定元件合称为一个级，如图 9 - 4 所示为一台分段式四级离心泵。液体每经过一级其能量增加一次，所以级数越多，泵的扬程就越高。

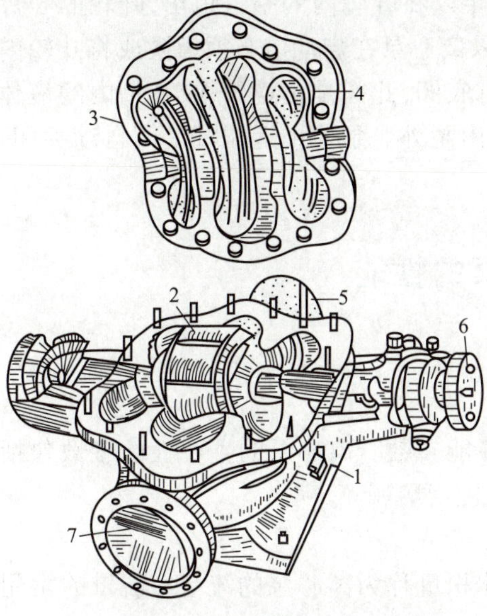

图 9 - 3　单级双吸式离心泵

1—泵体；2—叶轮；3—泵盖；4—水封槽；5—出口；6—联轴器；7—进口

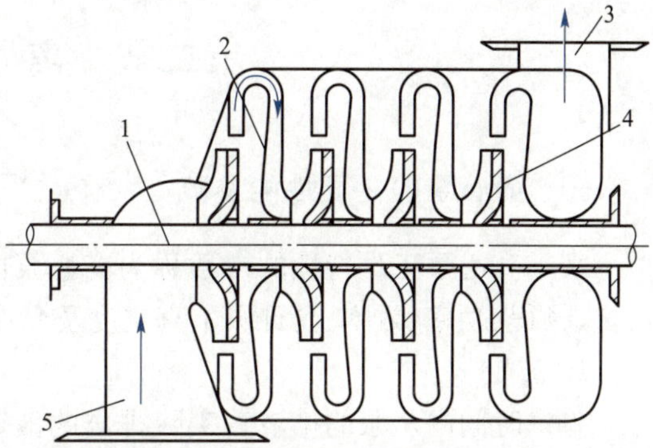

图 9 - 4　分段式四级离心泵

1—泵轴；2—导轮；3—排出口；4—叶轮；5—吸入口

3. 按泵壳的剖分方式分类

泵壳在泵轴中心线的平面上剖分的称为中开式离心泵，泵壳在垂直于泵轴中心线的平面上剖分的称为分段式离心泵。中开式离心泵两级的最多，也可以是单级的或多级的，一般不超过四级，如图 9 - 3 所示为中开式单级离心泵。分段式离心泵一般都在三级以上，如图 9 - 4 所示为分段式四级离心泵。

三、离心泵的工作原理

离心泵的主要工作部件是叶轮，如图 9 - 5 所示，泵在启动前要先将泵内灌满液体，泵启动后叶轮随泵轴一起旋转，叶轮内的液体在离心力的作用下沿叶片流道被甩向叶轮外围，流进泵壳继而被送入排液管，在叶轮的叶片进口处形成了一定的真空，吸液槽内的液体在大气压力的作用下不断地经吸液管进入叶轮，而叶轮中的液体又不断地经排液管排出。离心泵是依靠内、外压力差吸入液体的，依靠高速旋转获得能量，被

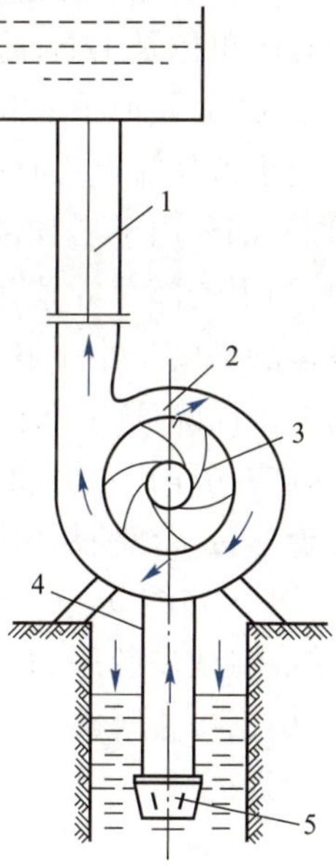

图 9 - 5　离心泵的工作原理示意图

1—排液管；2—泵壳；3—叶轮；4—吸液管；5—底阀

动画

离心泵的工作原理

动画

多级离心泵

叶轮甩出的液体由于是在流通截面逐渐扩大的流道中流动，流速沿流动方向在降低，压力沿流动方向在提高，所以，液体不仅能从排液管排出，并且还能输送到一定的高度。

如果离心泵在启动前没有在泵壳和吸、排液管中灌满液体，则泵启动后是不能输送液体的，这是因为离心泵的吸、排液口是相通的。叶轮中充有空气时，由于空气的密度比液体的密度小得多，叶轮旋转时产生的离心力不足以将叶轮内的空气甩出，叶轮的叶片进口处形不成较高的真空，泵就吸不上液体。所以离心泵在启动前必须灌泵或将叶轮内的空气抽出后才能启动。离心泵吸液管端部装有底阀，此阀是止逆阀，吸液槽内的液体可经底阀进入泵内，而泵内液体则不能经底阀流出泵外。泵停止运转时底阀自动关闭，这既方便灌泵，也可防止液体倒流造成事故。

第二节　离心泵的性能

一、离心泵的主要性能参数

表示离心泵工作特性的参数称为离心泵的性能参数。离心泵的主要性能参数包括流量、扬程、功率、效率、允许吸上真空度及允许汽蚀余量等。

1. 流量

单位时间内从泵的排液管实际排出的液体体积量称为离心泵的流量。流量的常用单位是 m^3/h、m^3/s 或 L/s，流量的大小可在泵的排液管路中直接用流量计测量，泵的铭牌上所标的流量为离心泵在设计工况点工作时的流量，不是泵的最大流量。

2. 扬程

单位质量的液体流过泵时所增加的能量，称为离心泵的扬程。扬程的单位是 J/N，简化后为 m。虽然泵的扬程的单位和高度的单位相同，但不能简单地将其理解为泵所能提升液体的高度。由于液体流过泵时所增加的能量，一部分用于提高液体的压力，一部分用于增加液体的流速，还有一部分用于克服流动阻力，剩下的部分才能用于提升液体的高度。因此，泵所能提升液体的高度是小于其扬程的。一般离心泵的扬程都是随流量的增大而降低的，泵的铭牌上所标的扬程为泵在设计工况点工作时的扬程，不是泵的最大扬程。

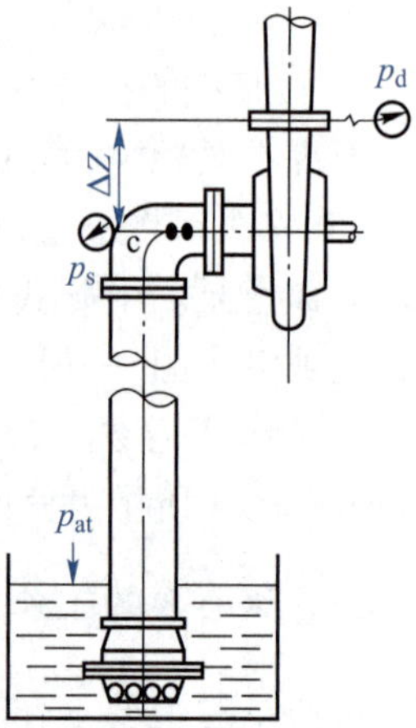

图 9－6　离心泵扬程的测定装置

对于一台正在使用中的离心泵，要想确定其在一定流量下的扬程，可在如图 9－6 所示的装置中，在吸液口处安装真空表，在排液口处安装压力表，并测出真空表与压力表之间的垂直距离，根据排液管路中的流量计确定流量后，对应的扬程可按下式计算：

$$H=\frac{p_d-p_s}{\rho g}+\Delta Z+\frac{C_d^2-C_s^2}{2g} \tag{9-1}$$

式中　H——离心泵的扬程，m；

p_s、p_d——分别为泵吸液口和排液口处的压力，Pa；

C_s、C_d——分别为泵吸液口和排液口处的流速，m/s；

ρ——泵内流体的密度，kg/m³；

g——重力加速度，取 $g=9.81\ m/s^2$；

ΔZ——吸液口和排液口之间的垂直距离，m。

3. 功率

离心泵的功率既可用输出功率表示，也可用输入功率表示。单位时间内由原动机传递给泵轴的功称为轴功率，它是泵的输入功率。单位时间内泵对输出液体所做的功称为有效功率，它是泵的输出功率，即泵的输入功率中被有效利用的那部分功率。离心泵的有效功率可按下式计算：

$$N_e=\frac{QH\rho g}{1\ 000} \tag{9-2}$$

式中 N_e——离心泵的有效功率，kW；

Q——离心泵的流量，m³/s；

H——与式中流量所对应的扬程，m；

ρ、g——意义和单位同式(9-1)。

4. 效率

效率是衡量泵工作经济性的指标。由于工作时在泵内存在着泄漏、流动阻力、机械摩擦等损失，所以泵不可能将原动机输入的功率全部转变为液体的有效功率。离心泵的效率可用下式表示：

$$\eta=\frac{N_e}{N} \tag{9-3}$$

式中 η——离心泵的效率；

N_e——离心泵的有效功率，kW；

N——离心泵的轴功率，kW。

5. 允许吸上真空度及允许汽蚀余量

允许吸上真空度$[H_s]$及允许汽蚀余量$[\Delta h]$也是离心泵的重要性能参数，表示离心泵抗汽蚀的能力，其单位与扬程相同，详见本章第三节。

二、离心泵的性能曲线

离心泵在一定的转速下工作时，其扬程 H、功率 N、效率 η 及$[\Delta h]$或$[H_s]$是随泵流量 Q 的变化而变化的，在平面坐标上表示这种性能参数之间变化规律的曲线，称为离心泵的性能曲线。泵的性能曲线不仅与泵的结构型式、转速、几何尺寸有关，同时也与液体在泵内流动时的各种损失有关。掌握离心泵的性能曲线，可正确合理地选用离心泵，使泵在最有利的工况下工作，也能解决操作中遇到的许多实际问题。

（一）离心泵性能曲线的形成

离心泵的性能曲线既可以用理论分析的方法，也可用实验测定的方法绘制。由于液体在泵内流动的复杂性，难以准确计算泄漏量及各项能量损失。因此，工程中使用的性能曲线都是在一定的转速下，以常温(20℃)清水为介质，通过实验测定绘制成的，如图 9-7 所示。

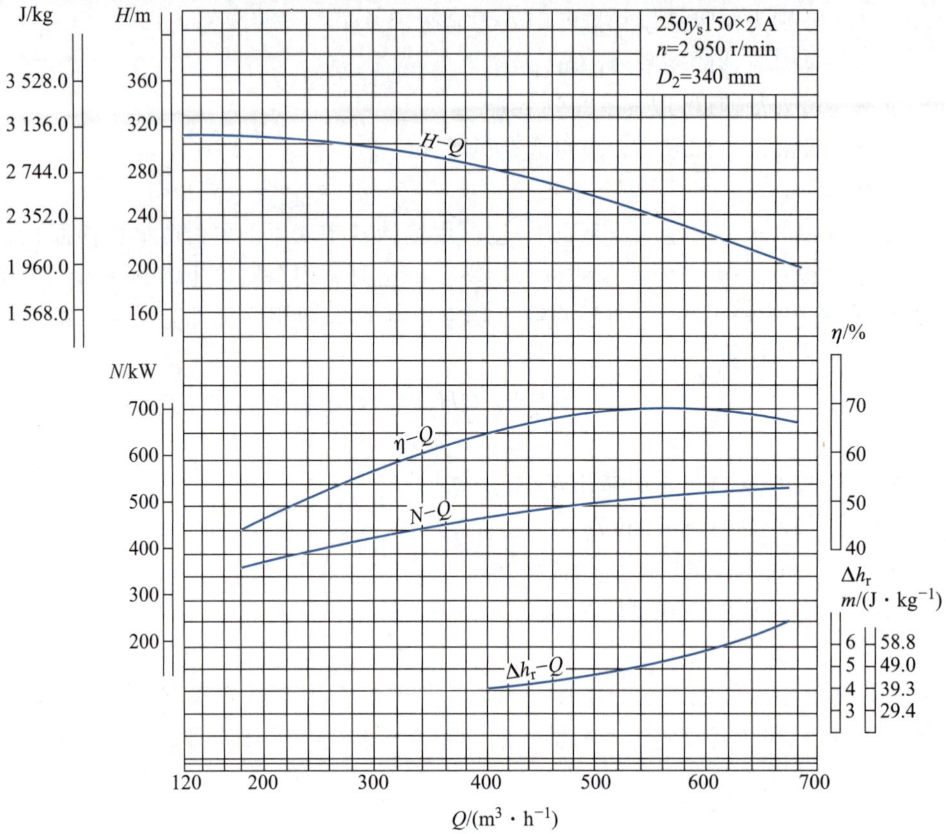

图 9-7 离心泵的性能曲线

(二) 离心泵性能曲线的分析及应用

1. 扬程曲线($H-Q$ 曲线)

离心泵的 $H-Q$ 曲线是选择和操作泵的主要依据,其形状有平坦形、陡降形和驼峰形 3 种,如图 9-8 所示。具有平坦形扬程曲线的泵,在流量变化较大时扬程变化很小,所以适应流量调节范围较大而压力管路系统中压力变化不大的场合,如给水塔和锅炉供水的泵。采用具有平坦形扬程曲线的泵,不仅可以在一定的流量范围内保持液面高度或压力基本不变,而且使采用调节阀调节流量时的节流损失很小,故调节的经济性好。

陡降形扬程曲线的泵,在流量变化很小时扬程就会出现较大的变化,所以适用于输送易堵塞管路的液体介质。如在输送含纤维的液浆时,采用陡降形扬程曲线的泵,当管路中的流量稍有减小时,泵的出口压力会有较大的提高,可防止当流速减慢时纤维液浆堵塞管路。

驼峰形扬程曲线的泵,若在工作时流量小于图 9-8 中的 Q_T,有时会产生不稳定的工况,即管路中液体向泵内倒流的现象,所以使用这种泵时应使工作流量大于曲线最高点对应的流量 Q_T。但是这种泵的效率往往比较高,运行成本较低,应根据实际情况选用。

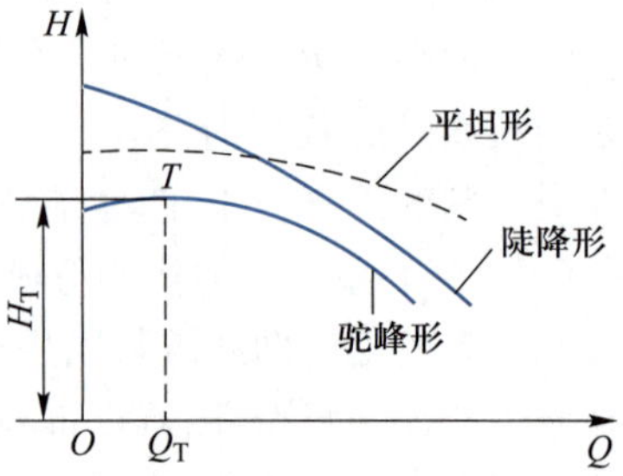

图 9-8 三种形状的 $H-Q$ 曲线

2. 功率曲线（$N-Q$ 曲线）

离心泵的 $N-Q$ 曲线是合理选择原动机和正常启动泵的依据。通常应按所需流量变化范围的最大值，再加上适当的安全裕量来确定原动机的功率。应在功耗最小的情况下启动泵，以降低启动电流，保护电机。从图 9－7 中可见，当离心泵流量 $Q=0$ 时对应的轴功率最小，因此启动泵时应先关闭出口调节阀门，待泵正常运转后再调节到所需的流量。

3. 效率曲线（$\eta-Q$ 曲线）

离心泵的 $\eta-Q$ 曲线是检查泵工作经济性的依据。在 $\eta-Q$ 曲线上最高效率点所对应的工况称为最佳工况点，一般也是离心泵的设计工况点。在最高效率点以下 7%的工况范围称为泵的高效工作区，有的泵高效工作区对应的流量范围宽，有的则较窄，离心泵在高效工作区工作时运转经济性较高。

4. 离心泵性能曲线的换算

离心泵的样本或说明书所给出的性能曲线都是以清水在 20℃时进行实验得到的，在实际生产过程中泵输送的液体，其性质往往与此相差很大，如黏度、温度等。在生产中也可能根据工艺条件改变泵的某些参数，如泵的转速等。泵的制造厂为了扩大泵的使用范围，有时给泵配备不同直径的叶轮等。这些都会使泵的性能曲线发生变化，所以在实际应用过程中还要根据具体情况，查阅相关资料进行换算。

三、离心泵的工作点

离心泵工作时是和管路串联在一起的。所以，泵所提供的能量与管路装置上所需要的能量是相等的，泵所排出的流量和管路中所输送的流量是相等的。也就是说，串联在管路中的泵工作时，既要符合其自身的性能特征又要能满足管路的需求。

1. 管路特性曲线

对于一定的管路系统，液体要在管路中流动就需要由外界对其提供能量，管路需要由外界对单位质量液体提供的能量与管路中流量之间的关系曲线称为管路特性曲线。如图 9－9 所示，将液体由吸液罐输送到排液罐，管路系统所需要的扬程可由下式计算：

$$H_C=\frac{p_B-p_A}{\rho g}+(H_B+H_A)+\frac{c_B^2-c_A^2}{2g}+\sum h_{AB} \qquad (9-4)$$

式中 H_C——管路系统所需要的扬程，m；

p_A、p_B——分别为吸液罐和排液罐液面上的压力，Pa；

H_A、H_B——分别为吸液罐和排液罐液面至泵中心轴线的垂直距离，m；

c_A、c_B——分别为吸液罐和排液罐液面液体的平均流速，m/s；

$\sum h_{AB}$——单位质量液体从吸液罐流向排液罐的总流动阻力损失，m；

ρ——管内流体的密度，kg/m^3；

g——重力加速度，取 $g=9.81\ m/s^2$。

式（9－4）说明管路所需要的扬程，是单位质量液体从管路系统的吸液罐流至排液罐所需的静压能、位能、动能及阻力损失之和，其中动能项很小，可忽略不计，静压能和位能都与流量无关，总流动阻力损失与流量成正比。所以式（9－4）可改写为

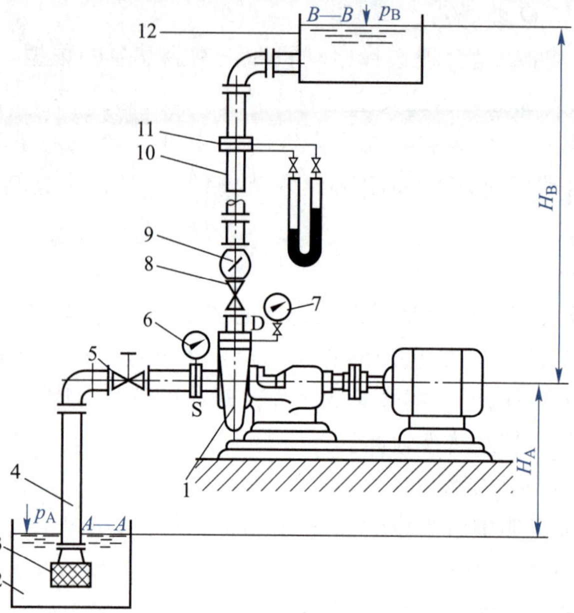

图 9-9 离心泵的管路系统

1—泵；2—吸液罐；3—底阀；4—吸入管路；5—吸入管调节阀；6—真空表；7—压力表；
8—排出管调节阀；9—单向阀；10—排出管路；11—流量计；12—排液罐

$$H_C=\frac{p_B-p_A}{\rho g}+H_{AB}+KQ^2 \tag{9-5}$$

式中 H_{AB}——输液高度，$H_{AB}=H_A+H_B$；

K——管路特性系数，与管路的结构、加工精度及液体的性质有关。

式(9-5)称为管路特性方程，用图形来表示即为管路特性曲线，如图 9-10 所示，图中$h_p=(p_B-p_A)/\rho g+H_{AB}$。

2. 泵的工作点

如前所述，泵在管路中工作时既要符合其自身的性能特征又要满足管路的需求。这就要求泵所具有的流量和扬程既在泵的扬程曲线 $H-Q$ 上，又在管路特性曲线 H_C-Q 上。将泵的扬程曲线 $H-Q$ 和管路特性曲线 H_C-Q 绘制在同一坐标系中，两曲线的交点就是离心泵的工作点，如图 9-11 所示。

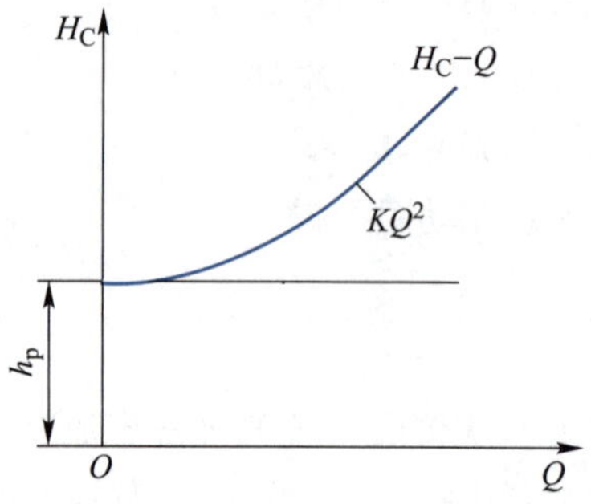

图 9-10 管路特性曲线

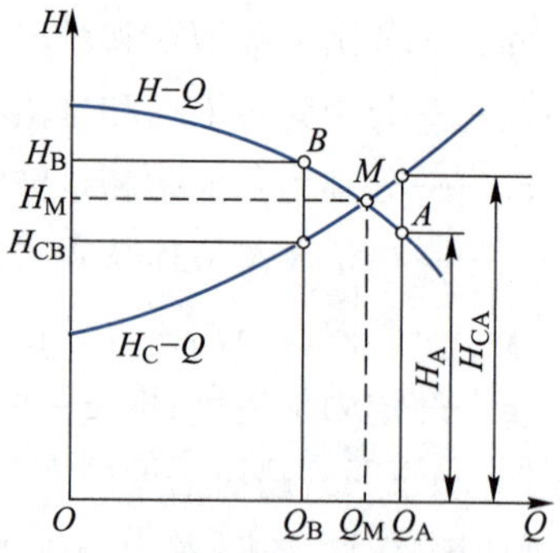

图 9-11 离心泵的工作点

图 9-11 中的 M 点即为离心泵的工作点，其所对应的流量 Q_M 和扬程 H_M 就是泵在管路中运行时所提供的流量和扬程，也是管路所需要的流量和扬程。如果泵在 A 点工作，这时泵所提供的扬程 H_A 小于管路所需要的扬程 H_{CA}。因推动力不足，管路流速降低，流量减小，泵的工作点自动沿 $H-Q$ 曲线移动到 M 点。如果泵在 B 点工作，这时泵所提供的扬程 H_B 大于管路所需要的扬程 H_{CB}。因推动力过剩，管路流速增高，流量增大，泵的工作点又自动沿 $H-Q$ 曲线移动到 M 点。由此可见，离心泵的工作点是唯一的（驼峰形扬程曲线的泵除外）。

四、离心泵的流量调节

离心泵在使用过程中，常常需要根据操作条件的变化来调节其流量。流量是由泵的工作点来确定的，而工作点又是泵扬程曲线和管路特性曲线的交点。因此，改变泵扬程曲线和管路特性曲线中的任何一条，都可改变泵的工作点，从而达到调节流量的目的。

1. 出口调节阀调节流量

出口调节阀调节的实质是改变管路特性曲线。在泵的排出管上安装调节阀，通过改变调节阀的开度来改变管路特性曲线，是最简单、最常用的方法。如图 9-12 所示，图中 M_1 为阀全开时的工作点，M_2 和 M_3 为阀逐步关小时的工作点。采用关小出口调节阀的方法调节流量时，管路中局部阻力损失增加，需要泵提供更多的能量来克服这个附加的阻力损失[图中的 $(K_2-K_1)Q_2^2$]，使泵的运行效率降低。所以长期采用这种方法调节流量是不经济的，对具有陡降形扬程曲线的离心泵则更为突出。但由于其方法简单，操作方便，可调节流量的范围大，故在生产中还是得到了广泛的使用。

2. 改变泵的转速调节流量

离心泵的性能曲线是在一定的转速下得到的，改变泵的转速可以改变其性能曲线，使工作点发生变化，从而达到调节流量的目的。如图 9-13 所示，泵在转速 n 时工作点在 M 点，当转速增大到 n_1 时工作点移至 M_1 点。当转速降低到 n_2 时工作点移至 M_2 点。因为设计泵时不仅要考虑运行特性，而且还要考虑叶轮、泵壳等零件的强度问题，所以一般都是降低转速而不是增加转速。采用改变转速调节流量的方法，不存在调节损失，比较经济，但是改变泵的转速受到原动机类型的限制。当用汽轮机、内燃机及直流电

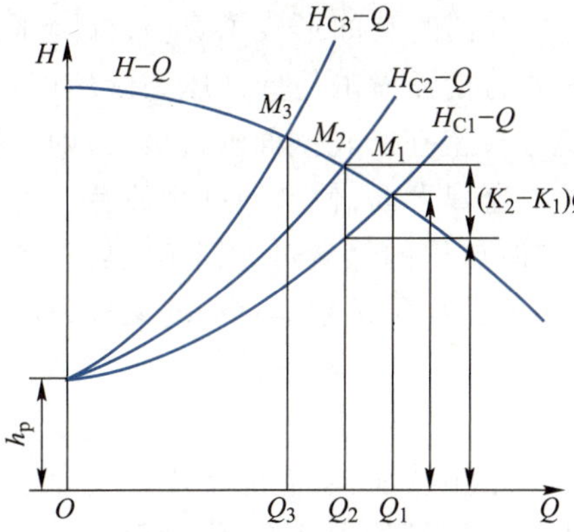

图 9-12　离心泵出口调节阀调节流量

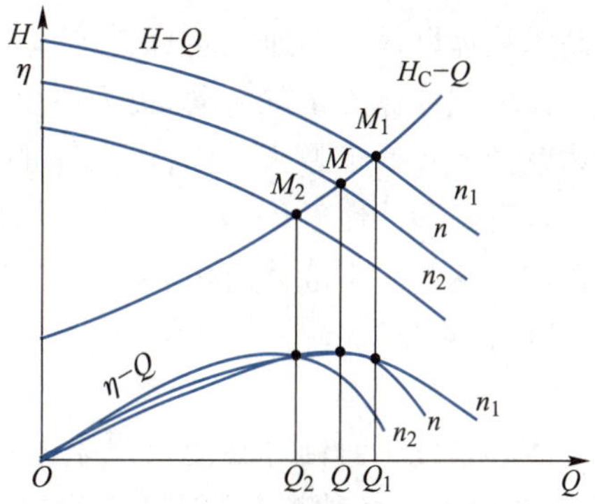

图 9-13　离心泵改变转速调节流量

动机等易改变转速的原动机驱动时，可直接采用改变转速的方法进行流量调节。对广泛使用的交流电动机，近年来开始采用变频调速器，可任意调节转速且节能、可靠。

需要注意的是改变转速后泵的性能曲线要按比例定律进行换算，当转速变化超过原转速的 20%时误差较大，所以在调节流量时泵的转速变化应限制在原转速的 20%以内。

3. 切割叶轮外径调节流量

在其他条件不变的情况下，当离心泵的叶轮外径减小时，泵对液体所提供的能量减少，泵的性能曲线也相应改变，从而改变了工作点达到调节流量的目的。如图 9-14所示，图中 M 点为泵在原叶轮直径时的工作点，M'和 M''分别是叶轮外径经过一次和两次切割后对应的工作点。用这种方法调节时只能减少流量而不能增加流量，调节时不会产生附加的能量损失，但叶轮切割后不能恢复(也有些泵出厂时配备了大、小叶轮)，故这种方法适合用于流量调小后长期不变的场合。切割叶轮外径也要在其允许的范围内进行。

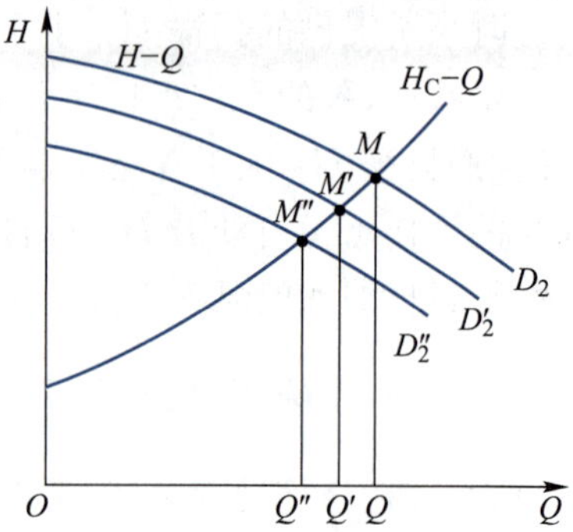

图 9-14　离心泵切割叶轮外径调节流量

第三节　离心泵的汽蚀与安装高度

一、汽蚀现象及危害

从前面所述离心泵的工作原理可知，泵在工作时叶轮入口处的压力是低于吸液槽液面压力的，而且叶轮入口处的压力越低，泵的吸入性能就越好。但当叶轮入口处的压力低到某一极限值以下时，离心泵就会出现汽蚀现象，这对泵的危害是很大的。

动画 离心泵的汽蚀

1. 汽蚀现象的产生

离心泵在工作时，当叶轮的叶片进口处的压力低于工作温度下液体的饱和蒸气压时，液体汽化产生气泡，当这些气泡随液体流到叶轮内的高压区时，由于气泡周围的压力大于液体的饱和蒸气压，使形成气泡的蒸气重新凝结为液体，气泡破灭。由于这种气泡的产生和破灭过程是非常短暂的，气泡破灭后原先所占据的空间形成了真空，周围压力较高的液体以极高的速度向真空区域冲击，造成液体的相互撞击使局部压力骤然剧增。这不仅影响液体的正常流动，更为严重的是，如果这些气泡在叶轮壁面附近破灭，则周围液体就像无数的小弹头一样，以极高的频率连续撞击金属表面，使金属产生疲劳。若气泡中含有一些活性气体(如氧气等)，则借助气泡凝结时放出的热量对金属起电化学腐蚀的作用。这种由于液体汽化、凝结而使叶轮遭受破坏及影响泵正常运行的现象称为离心泵的“汽蚀现象”。

2. 汽蚀的危害

离心泵发生汽蚀时会使泵产生振动和噪声、过流元件点蚀、泵性能下降。泵发生汽蚀时，泵内发出各种频率的噪声，严重时可听到泵内有“噼啪”的爆炸声，同时引起泵体的振动。汽蚀使液体在叶轮中的流动受到严重干扰，使泵的扬程、功率和效率明显下降，性能曲线也出现急剧下降的情况，如图 9-15 中的虚线所示，这时泵已无法继续工作。通常叶片入口附近是遭受汽蚀最严重的部位，表面出现麻点、沟槽和蜂窝状等痕迹，严重时可造成叶轮的叶片或前后盖板穿孔，甚至叶轮破裂，造成事故。

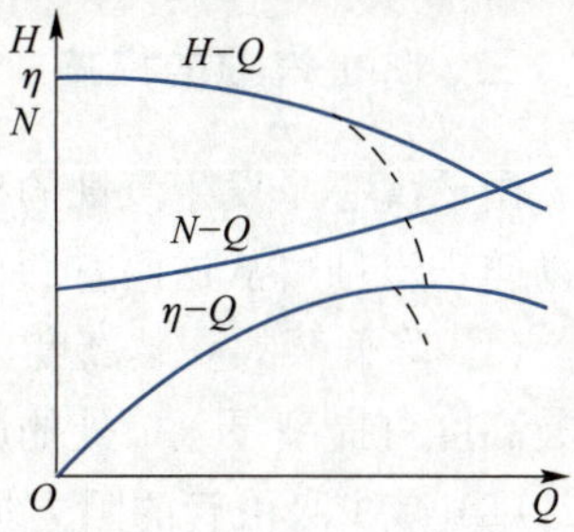

图 9-15　离心泵发生汽蚀时性能曲线的变化

二、离心泵的吸入特性

1. 允许汽蚀余量

允许汽蚀余量[Δh]是考虑了一定的安全裕量后，泵不发生汽蚀时泵入口处的压力高于液体饱和蒸气压的值(以液柱表示，下同)，单位为 m。如图 9-16 所示，由离心泵的工作原理和发生汽蚀的过程可知，叶片进口处 K 点的压力最低。而当 K 点压力 p_K 小于等于液体的饱和蒸气压 p_b 时，泵就会发生汽蚀现象。泵入口处的压力 p_s 是高于 p_K 的，其值等于 p_K 加上液体从 s 点流向 K 点的能量损失，令这一能量损失为 Δh，称为泵的汽蚀余量，其值由实验测定。将 $p_K=p_b$ 代入得 $\Delta h_r=\dfrac{p_s-p_b}{\rho g}+\dfrac{C_s^2}{2g}$，称为最小汽蚀余量，是泵不发生汽蚀时叶轮入口处的压力大于液体饱和蒸气压的最小值。在实际使用过程中，再加上 0.3 m 的安全裕量得允许气蚀余量[Δh]$=\Delta h_r+0.3$。由此可得离心泵不发生汽蚀的条件为

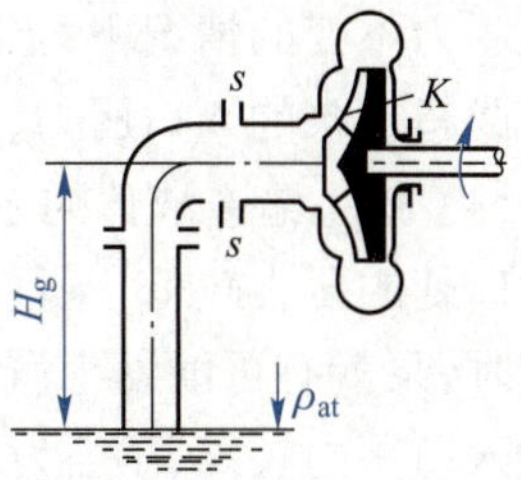

图 9-16　离心泵的吸入装置

$$\frac{p_s-p_b}{\rho g}+\frac{C_s^2}{2g}\geqslant[\Delta h] \tag{9-6}$$

2. 允许吸上真空度

允许吸上真空度[H_s]是考虑了一定的安全裕量后，泵不发生汽蚀时泵入口处的压力低于标准大气压的值(以液柱表示)，单位为 m。离心泵在工作时入口处 s 点的压力 p_s 是低于吸液罐液面压力的，若吸液罐液面压力为标准大气压 p_{at}，则可得到以允许吸上真空度[H_s]表示的泵不发生汽蚀的条件为

$$\frac{p_{at}-p_s}{\rho g}\leqslant[H_s] \tag{9-7}$$

泵样本上给出的[H_s]和[Δh]是在标准大气压、液体温度为 293 K 的条件下，以清水实验测得的。将有关数据代入得：[H_s]+[Δh]=10.09(单位为 m)。离心泵的吸入特性就是指在工作时，泵入口处的允许吸上真空度[H_s]或允许汽蚀余量[Δh]与流量的关系特性。[H_s]$-Q$ 及[Δh]$-Q$ 曲线如图 9-17 所示。泵铭牌上标出的[Δh]和[H_s]是泵在设计工况点工作时的值。

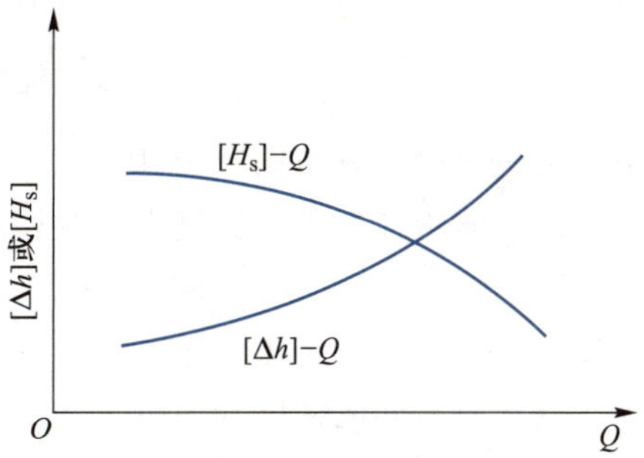

图 9-17　离心泵的吸入性能曲线

三、防止汽蚀的措施

由于离心泵发生汽蚀的根本原因是泵入口处的压力过低或液体的饱和蒸气压过高，所以防止汽蚀可从这两方面着手分析问题和采取措施。

(1) 降低泵的安装高度　泵的安装高度越高其入口处的压力就越低，因此降低泵的安装高度可提高泵入口处的压力，避免汽蚀现象的发生。

(2) 减少吸液管的阻力损失　在泵吸液管路中设置的弯头、阀门等管件越多，管路阻力越大，泵入口处的压力就越低。因此要尽量减少一些不必要的管件，尽可能缩短吸液管的长度和增大管径，以减少管路阻力，防止汽蚀现象的发生。

(3) 降低输送液体的温度　液体的饱和蒸气压是随其温度的升高而升高的，在泵的入口压力不变的情况下，当被输送液体的温度较高时，液体的饱和蒸气压也较高，有可能接近或超过泵的入口压力，使泵发生汽蚀现象。

(4) 减小输送液体的密度　输送密度较大的液体时泵在吸液段所消耗的能量较大，泵入口处的压力较低。所以当用已安装好的输送密度较小的液体的泵改送密度较大的液体时，泵就有可能发生汽蚀。但用输送密度较大的液体的泵改送密度较小的液体时，泵的入口压力较高，不会发生汽蚀现象。

(5) 提高吸液罐液面的压力。吸液罐液面压力越高，泵入口处的压力也就越高，泵就不容易发生汽蚀现象。

(6) 在相同的温度下，较易挥发的液体其饱和蒸气压较高，所以输送易挥发的液体时泵容易发生汽蚀现象。

另外，在离心泵叶轮前加装诱导轮，采用抗汽蚀材料制造叶轮及提高加工精度等，也都能提高泵的抗汽蚀性能。

四、离心泵的安装高度

离心泵的安装高度是指从吸液罐液面到泵轴线之间的垂直距离，如图 9－16 中的 H_g。当泵的实际安装高度 $H_g \leqslant [H_g]$时，泵不会发生汽蚀现象，$[H_g]$为允许安装高度。列吸液罐液面与泵轴线之间的伯努利方程，并将式(9－6)或式(9－7)代入，忽略吸液罐液面的流速，可得泵的允许安装高度$[H_g]$的计算式。

$$[H_g]=\frac{p_o-p_b}{\rho g}-[\Delta h]-\sum h_{os} \tag{9-8}$$

$$[H_g]=[H_s]-\frac{C_s^2}{2g}-\sum h_{os} \tag{9-9}$$

式中　p_o——吸液罐液面压力，Pa；

p_b——液体在工作温度下的饱和蒸气压，Pa；

C_s——泵入口处的流速，m/s；

$\sum h_{os}$——吸入管路流动阻力损失，m；

ρ——液体的密度，kg/m^3；

g——重力加速度，取 $g=9.81\ m/s^2$；

$[\Delta h]$——允许汽蚀余量，m；

$[H_s]$——允许吸上真空度，m。

在进行允许安装高度的计算时，应按离心泵在运转中可能出现的最大流量查取$[H_s]$和$[\Delta h]$，并按泵安装地的大气压和所输送液体的温度及黏度进行修正与换算。

第四节　离心泵的使用与维护

一、离心泵的选用

离心泵的选用就是在充分了解各类离心泵的构造和工作原理、掌握其性能特征和使用条件的基础上，按所需的液体流量、扬程及液体的性质等条件，从现有的泵中选择经济适用的泵。

（一）离心泵的型号

泵的型号是表征其性能特征的代号，我国离心泵的型号编制方法尚未完全统一，但在大部分国内产品目录和泵样本中，泵的型号由汉语拼音字母和阿拉伯数字组合而成，包括三方面内容。

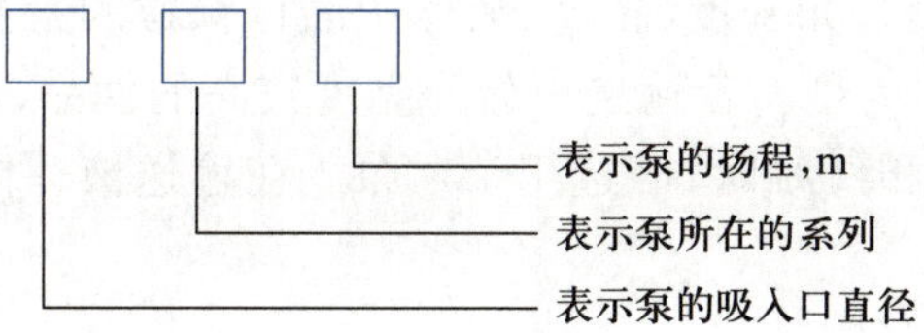

例如：

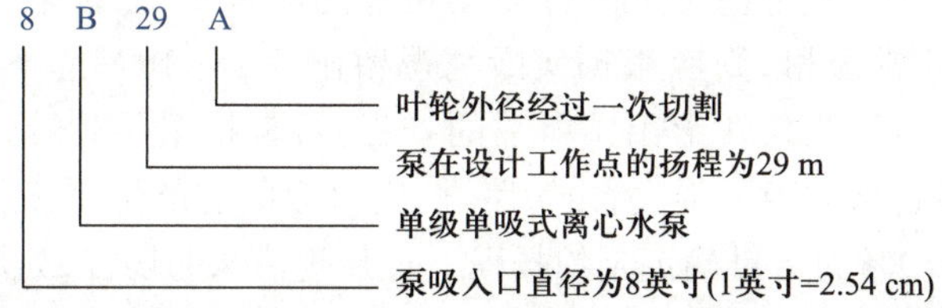

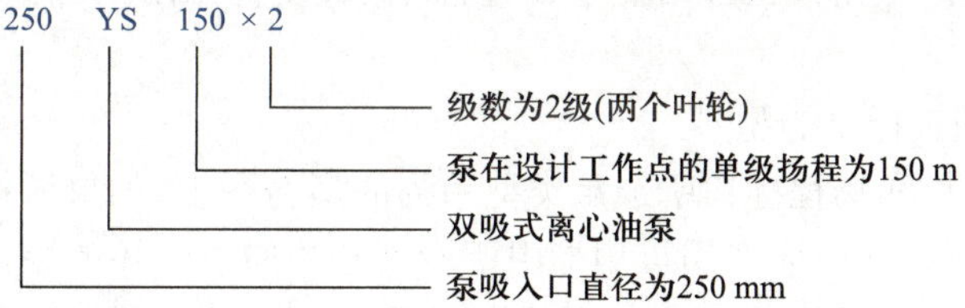

有的泵制造厂在型号中不标吸入口直径，而标注流量。例如：

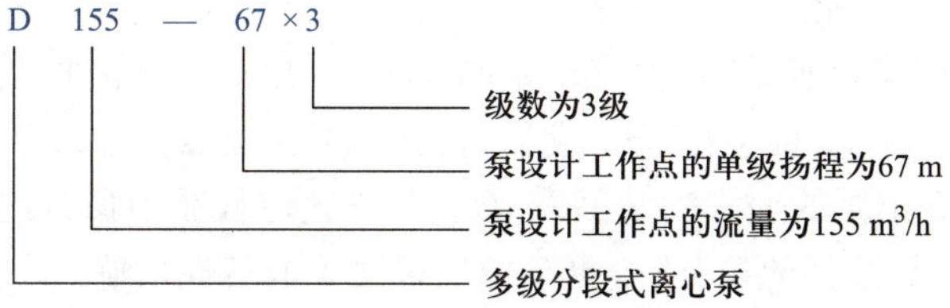

近年来，我国根据国际标准 ISO 2858 的规定设计制造的 IS 型泵，在型号中不标流量、扬程，而标注泵的入口、出口及叶轮直径。例如：

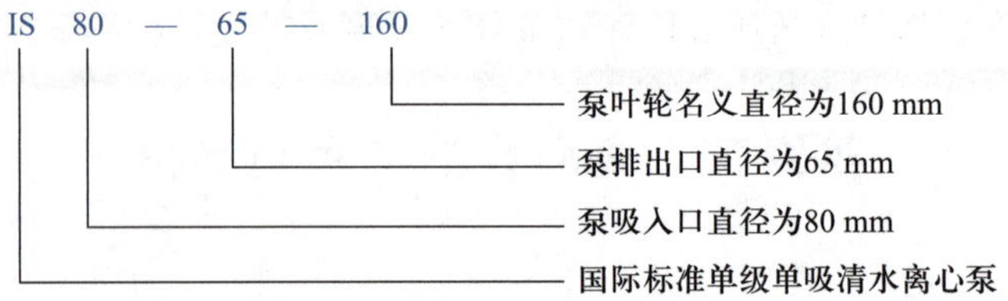

（二）离心泵的型谱图

离心泵的性能曲线是选用离心泵的重要依据，每一种型号的泵都有相应的性能曲线图，但泵的种类多，型号繁杂，性能曲线图的数量也很多，要从众多的图中查找所需要的泵，工作量是很大的。对泵的使用者而言，并不一定要了解泵的整张性能曲线，而是从需要出发，最关心的是每种泵在高效工作区的性能。因此，人们按泵的类型，将同一系列各型号泵的高效工作区绘制在同一张坐标图上，形成同类型泵高效工作区的综合图，称为离心泵的型谱图。如图 9－18 所示为 Y 型离心泵的型谱图。

（三）离心泵的选择步骤

1. 选择泵的类型

根据输送液体的性质，如密度、黏度、液体中固体颗粒的含量及液体是否具有腐蚀性、毒性等确定所选泵的类型。若输送液体为黏度较高的油品，应选用油泵。输送液体中含有较多的固体颗粒和纤维时，应选用杂质泵。在输送液体的性质与水接近的情况下，应优先选用清水泵。

2. 确定泵的流量和扬程

在确定泵的流量时，应考虑工艺条件波动引起的流量变化，按最大流量选泵。如果工艺条件给出的是正常流量，则应根据实际情况留出 5%～10%的裕量估算泵的流量。在确定泵的扬程时，若工艺条件给出了所需的扬程，可直接采用。若未给出扬程需计算确定时，应充分考虑管路的阻力损失，由管路进、出口液面的能量平衡计算出管路所需的扬程，再考虑 5%～10%的裕量确定泵的扬程。对某些特殊的场合，如炼油厂焦化加热炉的进料泵，随着运转时间的延长，结焦厚度逐渐增加，使管网阻力增大，这时泵的扬程应留有较大的裕量。

3. 利用型谱图选择泵的型号

将已确定的流量和扬程标在所选泵类型系列的型谱图上，如果所标的点在扇形面积的上弧线或上弧线以下时，应选用该扇形中所标型号的原型叶轮的泵。如果所标的点在扇形面积的中弧线或中弧线以下时，应选用该扇形中所标型号的叶轮经过切割的泵。如果所标的点落在上下两弧线的延长线之间，并离某扇形面积不远时，也可选该扇形中所标型号的泵。但此时泵已不在高效工作区工作，不能保证泵在高效率下运行。

4. 核算泵的吸入性能

为了保证泵的正常运转，防止汽蚀现象的发生，应根据工艺流程图的布置，计算出最差条件下泵入口处的实际真空度 H_s 或装置的汽蚀余量 Δh 与该泵的允许值 $[H_s]$ 或 $[\Delta h]$ 相比较，也可算出泵的允许安装高度 $[H_g]$ 与工艺流程图中拟定的安装高度相比较。若不能满足时，就应另选其他泵，或变更泵的位置或采取其他措施。

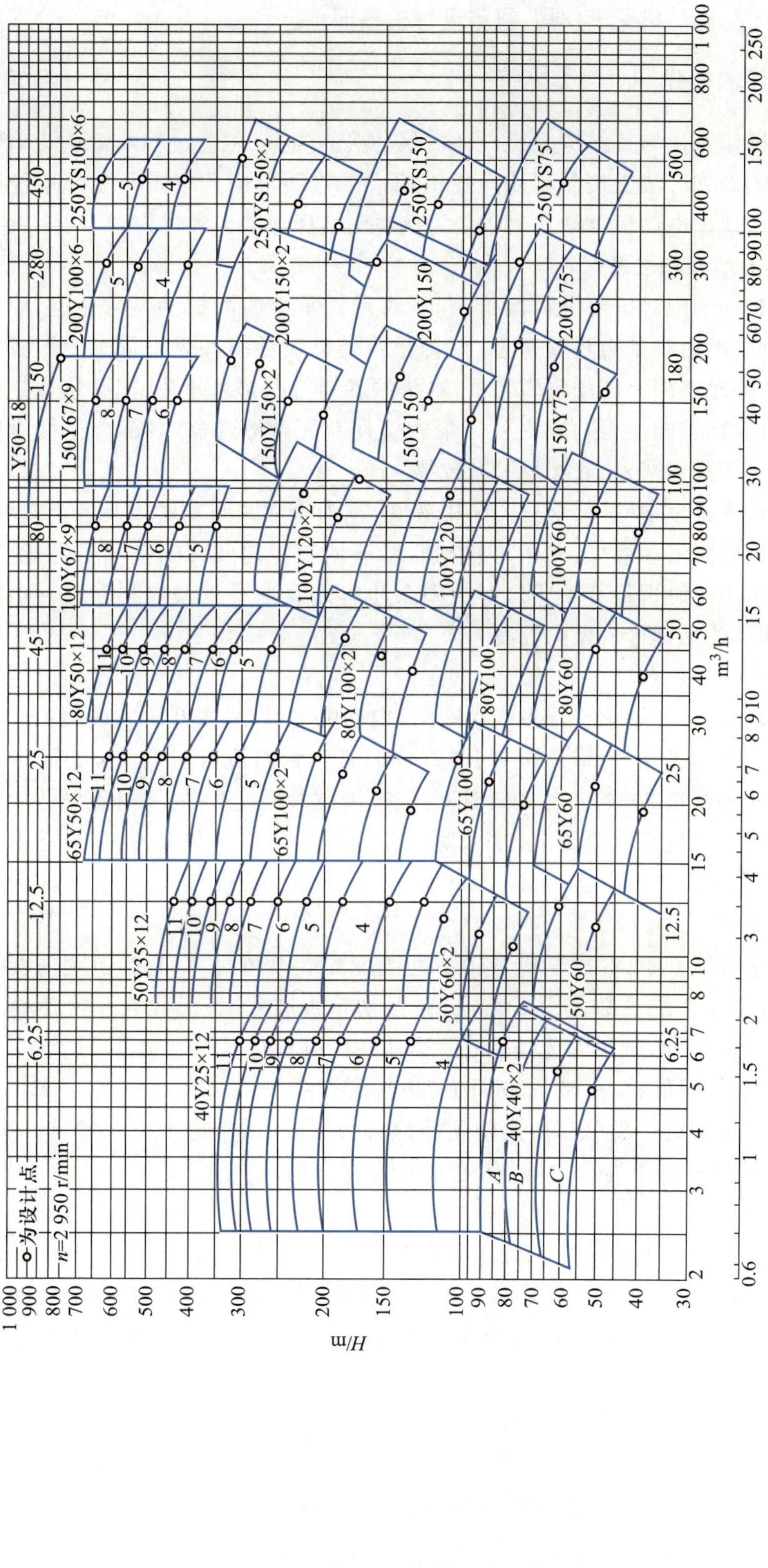

图 9-18 Y 型离心泵的型谱图

5. 计算泵的功率

当泵的型号确定后找出该型号泵的性能曲线图，按已确定的流量在功率曲线 $N-Q$ 上查出对应的轴功率，再乘以 1.05～1.1 的功率储备系数得泵的驱动功率。目前许多类型的泵已做到了与电动机配套使用，只需进行校核即可。

二、离心泵的操作

离心泵的操作方法与其结构型式、用途、驱动机的类型、工艺过程及输送液体的性质等有关。具体的操作方法应按泵制造厂提供的产品说明书中的规定及生产单位制订的操作规程进行。现以电动机驱动的离心泵为例说明其操作的大致过程。

1. 启动前的检查和准备

离心泵在启动前应对机组进行检查，包括查看轴承中的润滑油是否充足，油质是否清洁；轴封装置中的填料是否松紧适度，泵轴是否转动灵活。如果是首次使用或重新安装的泵，应卸掉联轴器用手转动泵的转子，看泵的旋转方向是否正确，然后单独启动电动机试车，检查其旋转方向是否与泵一致。泵内机件有无摩擦现象，各部分连接螺栓有无松动。排液阀关闭是否严密，底阀是否有效等。

如果以上检查未发现问题，就可关闭排液阀、压力表和真空表阀门及各个排液孔，再打开放气旋塞向泵内灌注液体，并用手转动联轴器使叶轮内残存的空气尽可能排出，直至放气旋塞有水溢出时再将其关闭。对大型泵也可用真空泵把泵内和吸液管中的空气抽出，使吸液罐内的液体进入泵内。

2. 启动

完成灌泵以后，打开轴承冷却水给水阀门，启动电动机，再打开压力表阀门。待出口压力正常后打开真空表阀门，最后再打开排液阀，直至管路流量正常。离心泵启动后空运转的时间一般控制在 2～4 min，如果时间过长，液体的温度升高，有可能导致汽蚀现象或其他不良后果。如果泵填料函带有冷却水夹套或泵上装有液封装置，在启动电动机前也应打开其相应的阀门。

3. 运行和维护

离心泵在运行过程中，要定期检查轴承的温度和润滑情况、轴封的泄漏情况及是否过热；压力表及真空表的读数是否正常；机械振动是否过大，各部分的连接螺栓是否松动。应定期更换润滑油，轴承温度控制在 75℃以内，填料密封的泄漏量一般要求不能流成线，泵运转一定的时间后(一般 2 000 h)应更换磨损件。

对备用泵应定期进行盘车并切换使用，对热油泵停车后应每半小时盘车一次，直到泵体的温度降到 80℃以下为止。在冬季停车的泵停车后应注意防冻。

4. 停车

离心泵停车时应先关闭压力表和真空表阀门，再关闭排液阀，这样在减少振动的同时，可防止管路液体倒灌。然后停转电动机，在停泵后再关闭轴封及其他部位的冷却系统。若停车时间较长，还应将泵内液体排放干净以防内部零件锈蚀或在冬季结冰冻裂泵体。

三、离心泵的常见故障及排除方法

离心泵在运行过程中可能出现的故障、产生原因及排除方法如表 9－1 所示。

表 9－1　离心泵的常见故障及排除方法

故障现象	产生故障的原因	排除方法
泵灌不满	① 底阀已坏	① 修理或更换底阀
	② 吸液管路泄漏	② 检查吸液管路的连接，消除泄漏
泵吸不上液体	① 底阀未打开或滤网淤塞	① 打开底阀，清洗滤网
	② 吸液管阻力大或泵安装过高	② 清洗吸液管，降低泵的安装高度
压力表虽有压力，但排液管不出液	① 排液阀未打开或排液管阻力大	① 打开排液阀，清洗排液阀
	② 排液罐内压力过高或叶轮转向不对	② 调整排液罐内的压力，检查电动机接线方式
流量不足	① 叶轮流道部分堵塞或密封环径向间隙过大	① 清洗叶轮，更换密封环
	② 底阀太小或排液阀开度不够	② 更换底阀，开大排液阀
	③ 吸液管内空气排不出去或输送液体温度过高，泵发生汽蚀	③ 重新安装吸液管，降低液体温度，消除汽蚀
填料过热	① 填料压得过紧	① 适当放松填料压盖
	② 填料内冷却水不疏通	② 疏通冷却水道
	③ 泵轴或轴套表面不够光洁	③ 修理泵轴，更换轴套
填料函泄漏量过大	① 填料磨损或压盖太松	① 更换填料，拧紧压盖
	② 填料安装错误或平衡盘失效	② 重新安装填料，修理平衡盘
轴承过热	① 润滑油不洁或油量不足	① 更换新油，加足油量
	② 泵轴与电动机轴不同心	② 重新找正
	③ 轴承磨损，滚珠失圆	③ 更换轴承
泵体振动	① 叶轮不对称磨损	① 对叶轮做平衡校正
	② 泵轴弯曲	② 校直或更换泵轴
	③ 联轴器结合不良或地脚螺栓松动	③ 调整并拧紧螺栓

竞赛直击

四、石油化工生产常用离心泵介绍

石油化工生产所处理的物料种类繁多、性质各异，工艺参数和流程也不同，为了满足各种要求需选用多种特殊用途的泵。这些不同用途的泵按其结构特征自成系列，常用的有耐腐蚀泵、油泵、杂质泵、无泄漏泵及低温用泵等。

1. 耐腐蚀泵

能够适应酸、碱及其他具有腐蚀性液体物料输送的离心泵称为耐腐蚀泵。根据输送介质的性质可选用不同材质的过流元件，每一种材料只适用某一些特定的腐蚀介质。如1Cr18Ni9Ti适用于常温的低浓度硝酸及其他氧化性酸液、碱液及弱腐蚀介质；Cr18Ni12Mo2Ti最适合输送常温的高浓度硝酸，也可输送有机酸、硫酸等还原性介质；灰铸铁HT20－40适用于浓硫酸；聚三氯乙烯塑料可适用于90℃以下的“三酸两碱”。

我国最常用的是F型耐腐蚀离心泵，如150F－35：F表示悬臂式耐腐蚀离心泵，吸入口直径为150 mm，设计点扬程为35 m。这类泵的特点是体积小，效率高，规格多，可满足多种要求；运转安全可靠，维护简单；泵的密封要求严格，大多采用机械密封。

2. Y型离心油泵

Y型离心油泵是石油化工生产，特别是炼油生产中普遍采用的一种泵，主要用于输送原油、轻油、重油等各种冷热油品及与油相近的有机介质。当输送油品的温度在200℃以上时为热油泵，低于200℃时为冷油泵。这类泵的构造与F型耐腐蚀泵相似，多为单级或两级悬臂式结构。由于油类介质易挥发、易燃易爆，一般高温的情况也较多，所以对这类泵的密封性及抗汽蚀性能要求较高。一般都采用机械密封且在密封端面采取相应的冷却措施，为了不使泵的汽蚀余量过大，单级泵的转速不宜过高，多级泵的第一级叶轮为双吸叶轮。热油泵在运转时要注意保温，只有当泵外壳表面的温度达到输送液体温度的70%后才能启动。

3. 低温用离心泵

在石油化工生产中，用于输送各种液态烃(最低温度达－104℃)、液化天然气(－162℃)、冷冻装置中的液态氧(－183℃)及液态氮(－253℃)等液化气体的特殊用途泵，称为低温泵。如图9-19所示的DLB型立式多级离心泵是我国常用的一种低温泵，它适于输送温度为－40～100℃的低温液体或高真空度的冷凝水，流量可达100 m^3/h，最大扬程为506 m，最大配用功率为132 kW。这类泵为双层壳体，内壳体由导流体组成。第一级叶轮位于泵转子的最下端，这样可提高泵的吸入特性，泵的过流元件采用不锈钢制造，输送冷凝水时可用铸铁制造。泵轴与电动机的连接采用加长联轴器，采用立式防爆电动机。DLB低温泵的型号如DLB46－20－8，DLB表示低温立式多级离心泵，46表示设计点的流量为46 m^3/h，20表示设计点的扬程为20 m，8表示级数是8级。

4. 液下泵

液下泵是无泄漏泵的一种，如图9-20所示。使用时整个泵体浸没在被输送的液体中，电动机在机架上部不与介质接触，叶轮与电动机之间通过一根长轴连接。这种泵启动前不需灌泵，泵壳与轴之间的密封要求不高，甚至可以不加密封。泵体结构简单，占地面积小，使用寿命长。但由于整个泵体置于液体中，故需用耐腐蚀材料制造，检修也不方便。我国生产的液下泵有YH型(一般液下泵)和FY型(耐腐蚀液下泵)，如150FY－35，表示泵吸入口直径为150 mm，设计点扬程为35 m的耐腐蚀液下泵。

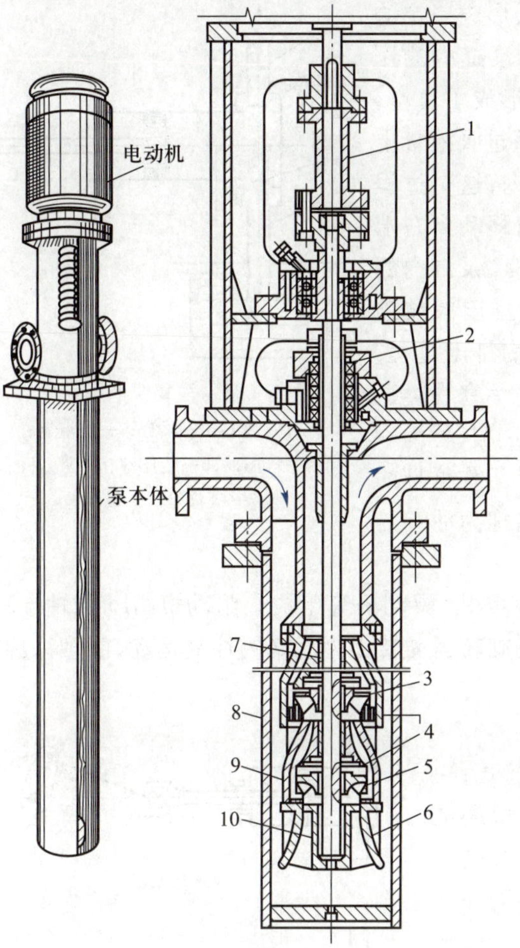

图 9-19　DLB 型立式多级离心泵

1—加长联轴器；2—机械密封；3—钩头键；4—密封环；
5—首级叶轮；6—泵盖；7—衬套；8—筒体；
9—导流体；10—下轴承

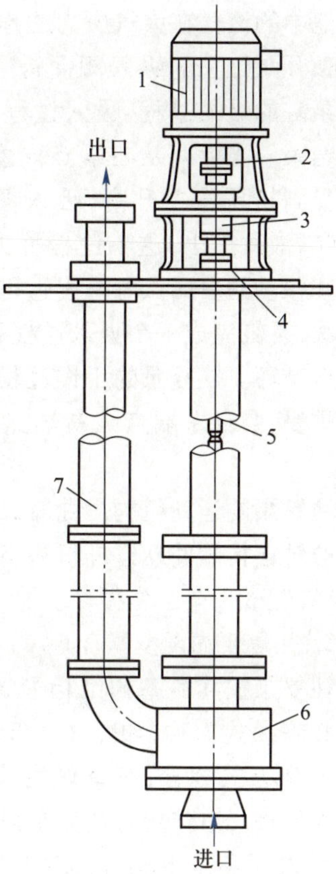

图 9-20　FY 型液下泵

1—电动机；2—联轴器；3—轴承；
4—填料函；5—轴；6—泵；
7—出液管

动画
往复泵工作原理

第五节　其他类型的泵

一、往复泵

往复泵属于容积泵的一种，它是依靠泵缸内工作容积做周期性的变化而吸入和排出液体的。往复泵主要用于高压力、小流量的场合输送黏性液体，要求精确计量、流量随压力变化较小的情况下。

1. 往复泵的构造及工作原理

往复泵总体上由工作机构和运动机构两个部分组成。如图 9-21 所示，工作机构由活塞、泵缸、吸入阀、排出阀、吸液管和排液管等组成。当活塞从左端开始向右移动时，泵缸的工作容积逐渐增大，缸内压力降低形成一定的真空。这时由于排液管中的压力高于泵缸内的压力，所以排出阀是关闭的，泵缸内由于形成了真空，吸液池中的液体在大气压力的作用下通过吸液管上升并顶开泵缸上的吸入阀而进入泵缸内，这个过程称为泵缸的吸入过程，吸入过程在活塞移动到右端点时结束。当活塞从右端点向左移动时，泵缸内的液体受到挤压压力升高，吸入阀关闭，排出阀被顶开，缸内液体排出，这个过程称为泵缸的排出过程，在活塞移动到左端点时排出过程结束。活塞往复运动一次，泵缸完成一个吸入过程和排出过程，称为一个工作循环。往复泵的工作过程就是其工作循环的简单重复，泵缸左端点至右端点的距离称为活塞的行程。

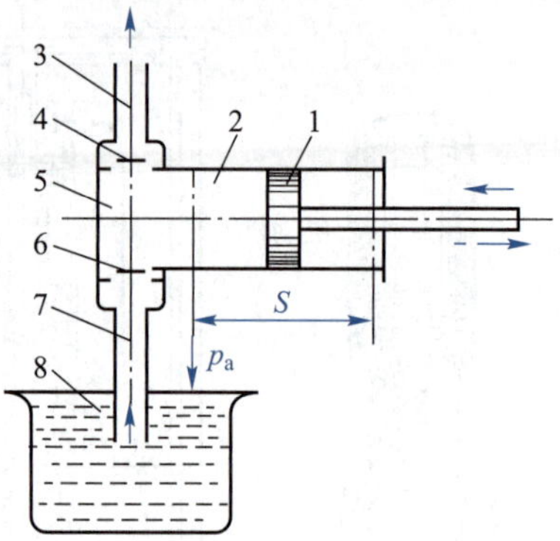

图 9-21　往复泵的工作原理

1—活塞；2—泵缸；3—排液管；4—排出阀；5—工作室；6—吸入阀；7—吸液管；8—吸液池

往复泵的运动机构由曲轴、连杆、十字头、驱动机等组成。驱动机带动曲轴旋转，通过与曲轴连接的曲柄连杆机构将曲轴的旋转运动转化为活塞的往复运动，曲轴每旋转一周，泵缸完成一个工作循环。

2. 往复泵的类型

往复泵按其活塞的结构型式有活塞式、柱塞式和隔膜式 3 种，如图 9-22 所示。根据泵缸的工作方式划分，有单作用式、双作用式和差动式 3 种。单作用式往复泵只在活塞的一侧装有吸入阀和排出阀，活塞往复运动一次，泵缸吸排液一次。双作用式往复泵是在活塞的两侧都装有吸入阀和排出阀，活塞往复运动一次，泵缸有两次吸排液过程。差动式往复泵也是只在活塞的一侧装有吸入阀和排出阀，但排液管与活塞另一侧的泵缸是连通的，所以活塞往复运动一次泵缸有一次吸液过程和两次排液过程，排出比单作用式往复泵均匀。根据传动机构的特点划分，有动力式、直接作用式和手摇式 3 种。动力式往复泵是由电动机或内燃机驱动。直接作用式往复泵由高压蒸汽或压缩空气驱动。手摇式往复泵是靠人力通过杠杆作用使活塞做往复运动。

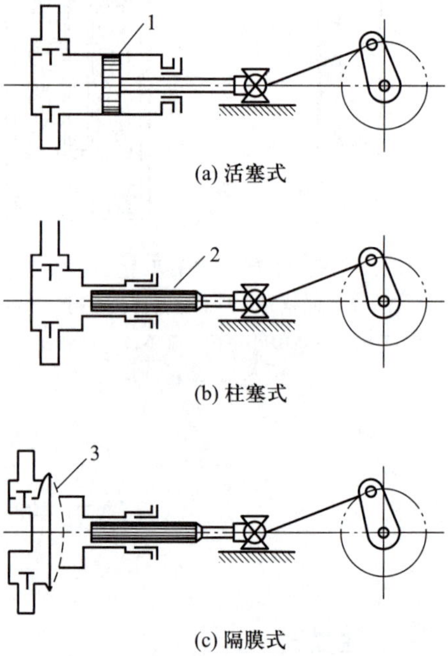

图 9-22　活塞式、柱塞式、隔膜式往复泵

1—活塞；2—柱塞；3—隔膜

3. 往复泵的使用

使用往复泵时应注意以下几点。

(1) 在排液管路上设置安全阀。因为往复泵的排出压力取决于管路情况及泵本身的动力、强度及密封情况，所以每台泵的允许排出压力是确定的。安全阀的开启压力不超

过泵的允许排出压力。

(2) 泵的安装高度应不超过允许安装高度。因为往复泵和离心泵一样，也是靠吸液池液面压力与泵入口处的压力之差吸上液体的，在大气压力不同的地区，输送性质及温度不同的液体时，泵的安装高度是不同的。如果安装高度超出允许值，泵入口处的液体同样也会产生汽化现象。

(3) 往复泵不能像离心泵那样在排液管路上用阀门调节流量，泵在工作时也不能将排出阀完全关闭。否则，泵内压力会急剧升高，造成泵体、管路及电动机损坏。往复泵通常采用旁通回路、改变活塞行程及改变活塞往复次数等方法调节流量。

动画 双动往复泵

二、齿轮泵

齿轮泵属于容积式转子泵。主要用于输送燃料油和润滑油，也可在多种机械的液压系统和润滑系统中作为辅助油泵使用。齿轮泵的优点是工作可靠，流量脉动小，有自吸能力，结构简单，造价低廉。其缺点是易磨损，效率不如往复泵高，不宜输送含有固体颗粒的流体，工作时有一定的振动和噪声。

1. 齿轮泵的构造

齿轮泵由泵壳、主动齿轮及轴、从动齿轮及轴、安全阀和前后盖板等组成，其构造如图9－23所示。主动齿轮轴伸出泵壳外，由原动机驱动。为了防止液体向外泄漏，在主动轴与泵壳之间设置了机械密封装置。由于齿轮泵的排出压力和往复泵一样也是由管路情况决定的，为了防止意外情况造成排出压力过高发生事故，在泵壳上装有安全阀。为了防止在泵内产生泄漏，两齿轮的齿顶与泵壳、齿端与盖板之间的间隙均很小。

动画 齿轮泵

动画 齿轮泵工作原理

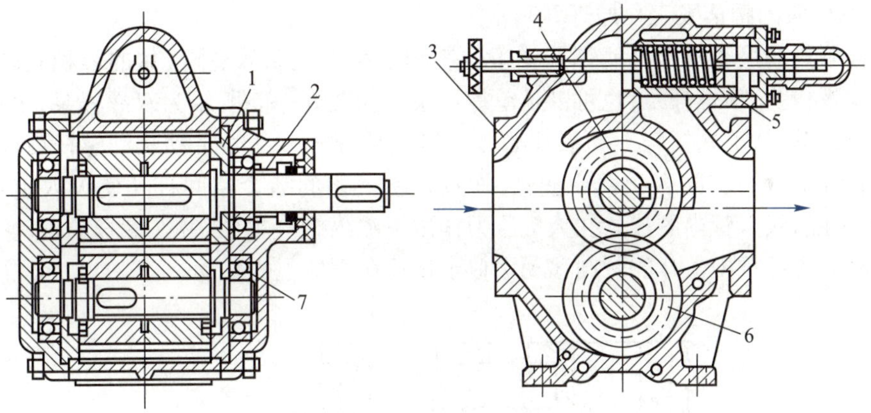

图 9－23　齿轮泵的构造

1—盖板；2—机械密封；3—泵壳；4—主动齿轮；
5—安全阀；6—从动齿轮；7—轴承

2. 齿轮泵的工作原理

齿轮泵的工作原理是一对相互啮合的齿轮的运转，主动齿轮由电动机驱动，从动齿轮与主动齿轮啮合，泵体两侧有吸、排液腔但没有吸、排液阀。如图 9－24 所示，当主动齿轮带动从动齿轮转动时，吸液腔一侧的啮合齿逐渐脱离啮合，使吸液腔空间增大并形成一定的真空，吸液池中的液体在大气压力的作用下经吸液管进入泵壳吸液腔。充满于吸液腔一侧齿轮齿槽内的液体随齿轮的转动分两路沿泵壳内壁转到排液腔。由于吸液腔与排液腔始终被啮合齿隔离，而排液腔一侧齿轮又连续进入啮合使液体受到挤压，液体压力升高并从排液管排出。所以随着齿轮不断地转动，泵就能连续地吸入和排出液体。

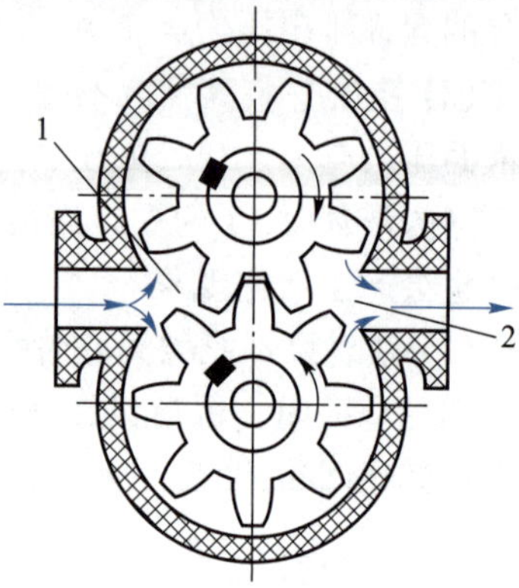

图 9-24　齿轮泵的工作原理

1—吸液腔；2—排液腔

3. 齿轮泵的使用

齿轮泵和往复泵一样也是一种容积泵，因此使用方法也与往复泵类似。在泵启动前必须把排液管路中的阀门全部打开，如果泵内流道表面有液体存在，在不灌泵的情况下可以正常启动。齿轮泵的安装高度也必须低于其允许值，在缺乏安装高度数据的情况下，可根据泵的吸上真空度进行计算，计算方法与离心泵相同。由于齿轮泵的排液量与排出压力无关，所以其流量的调节方法也和往复泵类似，常采用旁路调节法进行调节。

三、螺杆泵

螺杆泵主要用于输送各种黏性液体，如润滑油、燃料油、橡胶液、合成纤维的黏液等，在多种机械的液压系统或调节系统中常被采用，也可用于输送含有少量杂质颗粒的液体。与齿轮泵相比，螺杆泵运动无噪声，寿命长，流量均匀，效率也较齿轮泵高。在泵内流道表面存在液膜的情况下，启动时不用灌泵。

1. 螺杆泵的构造及工作原理

螺杆泵是利用相互啮合的螺杆使工作容积发生变化来吸、排液体的容积式转子泵。主要有双螺杆泵、三螺杆泵，也可以是单螺杆泵。如图 9-25 所示为双螺杆泵，主动螺杆由电动机驱动，从动螺杆与主动螺杆啮合。当主动螺杆转动时带动从动螺杆反向转动，两螺杆相互啮合的空间容积发生变化，靠吸入室一侧的啮合空间打开使吸入室容积增大、压力下降，吸入管内的液体在大气压力作用下流入螺杆槽中，并在螺杆的推动下产生轴向移动。螺杆泵中液体的轴向移动类似于螺母在螺杆上的移动。

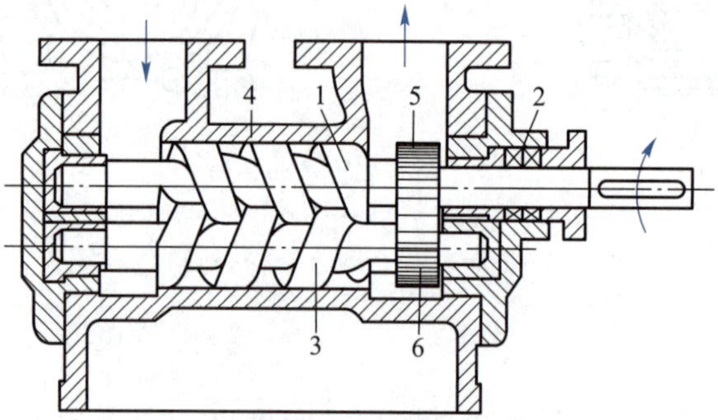

图 9-25　双螺杆泵

1—主动螺杆；2—填料函；3—从动螺杆；4—泵体；5、6—齿轮

2. 螺杆泵的使用

螺杆泵在启动前应将排液管路中的阀门全部打开，泵的安装高度也必须低于其允许值，在缺乏数据时可根据吸上真空度计算，计算方法与离心泵相同。由于螺杆泵的流量也与排出压力无关，因此也采用旁路调节法调节流量。

螺杆泵的转速一般为 3 000 r/min，最大转速可达 18 000 r/min，流量范围为 1.5～500 m^3/h，排出压力可达 20 MPa。由于螺杆泵转动惯量小，启停不延时，所以应用于各种机械的液压系统或调节系统中能保证机械操作的准确性和灵敏性。

思考与练习

1. 泵类设备有哪些类型？各适用什么范围？
2. 离心泵的基本参数有哪些？其含义是什么？
3. 简述离心泵的汽蚀现象、危害及防止汽蚀现象的措施。
4. 什么是离心泵的工作点？离心泵流量调节的方法有哪些？各有何特点？
5. 简述离心泵的启动和停车过程。
6. 石油化工生产常用的容积式泵有哪几种？各有何特点？
7. 某厂用离心泵将相对密度为 0.9 的石油产品自常压储罐输送到反应器中。在操作温度下该油品的饱和蒸气压为 0.029 3 MPa，吸液管阻力损失为 1.5 m。已知泵的允许汽蚀余量为 3.5 m，当地大气压力为0.864 MPa，泵入口流速的影响可忽略不计。试确定该泵的安装高度。
8. 离心泵在启动前为什么要罐泵？
9. 离心泵进口管上为什么要安装底阀？具体安装在哪个部位？

第十章　压缩机的使用与维护

知识目标

- 了解压缩机的结构和工作原理。
- 掌握活塞式压缩机的主要性能参数及排气量的调节方法。
- 了解石油化工生产常用的离心式压缩机。
- 熟悉压缩机使用与维护的方法及要求。

能力目标

- 熟悉压缩机的操作规程，能够独立进行压缩机操作和简单故障的处理。

压缩机是用于输送气体及提高其压力的设备，在石油化工生产过程中压缩机的使用是很普遍的。如氮与氢合成氨、氢与二氧化碳合成甲醇、二氧化碳与氨合成尿素、乙烯生产、石油的加氢裂化、石油气和天然气的管道输送等。除此之外，压缩机还广泛应用于动力工程、制冷工程、食品工业等。本章主要介绍活塞式压缩机和离心式压缩机的结构特点、工作原理及主要性能参数，压缩机的型号及选用、操作及流量调节、常见故障排除方法及日常维护等内容。

知 识 框 图

- 压缩机的使用与维护
  - 压缩机的分类
    - 按原理分：活塞式、膜片式、螺杆式、滑片式、转子式、离心式、轴流式、混流式
    - 按用途分：空气压缩机、氢气压缩机、石油气压缩机、二氧化碳压缩机、乙烯压缩机等
  - 活塞式压缩机
    - 原理结构：曲轴旋转带动活塞在汽缸内做往复运动，造成汽缸内的工作容积变化从而达到吸入和压缩气体的目的。活塞式压缩机主要由机体、汽缸、活塞、曲轴、轴承、连杆、十字头、活塞杆、活塞环、进排气函、填料函、飞轮等组成
    - 性能参数：排气压力、排气温度、功率、效率、排气量（换算到压缩机吸气状态下的体积）
    - 流量调节：回流调节、切断吸气调节、停转压缩机调节、顶开吸气阀调节、补充余隙容积调节
    - 润滑冷却：汽缸和传动机构需润滑，无十字头的单作用式压缩机用飞溅润滑，有十字头的大中型压缩机用压力润滑。压缩机冷却包括汽缸冷却、级间冷却及对最后排出气体的冷却，小型移动式压缩机用风冷，固定式压缩机用水冷
    - 操作维护：严格按操作规程进行操作和维护。包括启动前的准备、启动、运行维护和停车
  - 离心式压缩机
    - 原理结构：工作原理与离心泵相似。离心式压缩机主要由吸气室、叶轮、扩压器、弯道、回流器、主轴、轴承、蜗壳、机壳等组成。一个叶轮及与其相配套的固定元件构成一个“级”，由中间冷却器隔开的连续的几个级组成一个“段”，装在同一个机壳内的几个段称为一个“缸”，用联轴器串接在一起的几个缸称为一个“列”
    - 性能参数：排气压力、功率、效率、排气量（换算到吸气状态下的体积）
    - 流量调节：出口节流调节、进口节流调节、改变压缩机的转速调节
    - 防止喘振：部分气体放空、部分气体回流、压缩机脱离供气系统
    - 操作维护：严格按操作规程进行操作和维护。包括启动前的准备、启动、运行维护和停车

第一节　压缩机的类型

一、按工作原理分类

动画
往复式压缩机

压缩机的种类很多，按照其压缩气体的原理可分为容积式和速度式两大类。容积式压缩机的工作原理类似于容积式泵，是依靠工作容积做周期性变化来吸入和排出气体的，根据工作机构的运动特点又可分为往复式和回转式两种类型。速度式压缩机的工作原理类似于叶片式泵，是依靠高速旋转的叶轮推动气体流动，根据气体在压缩机内的流动方向又可分为离心式、轴流式和混流式等。

(一) 容积式压缩机

1. 往复式压缩机

往复式压缩机有活塞式和膜片式两种形式。其中活塞式应用较多，它的结构与往复泵类似，由汽缸和活塞构成工作容积，依靠曲柄连杆机构带动活塞在汽缸内做往复运动压缩气体，根据所需压力的高低可制成单级的或多级的，可用于空气及其他多种气体的压缩和输送。

2. 回转式压缩机

回转式压缩机是由机壳与定轴转动的一个或几个转子构成压缩容积，依靠转子转动过程中产生的工作容积变化来实现气体的压缩。常见的有螺杆式压缩机、滑片式压缩机及转子式压缩机。螺杆式压缩机的构造如图 10－1 所示。滑片式压缩机的构造如图 10－2 所示。其中以螺杆式压缩机应用最多，它的工作原理与螺杆泵类似，在机壳内装有两个螺杆，主动螺杆为凸螺纹，从动螺杆为凹螺纹，两个螺杆依靠齿轮传动，工作时凸螺纹挤压凹螺纹内的气体使工作容积产生变化，实现气体的吸入与排出。

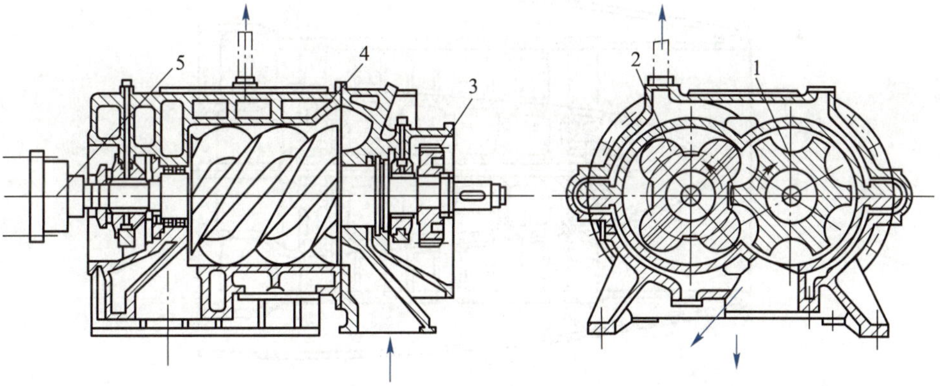

图 10－1　螺杆式压缩机

1—阴螺杆；2—阳螺杆；3—啮合齿轮；4—机壳；5—联轴节

(二) 速度式压缩机

1. 离心式压缩机

离心式压缩机的构造和工作原理与离心泵类似，但由于气体的密度比液体小得多，

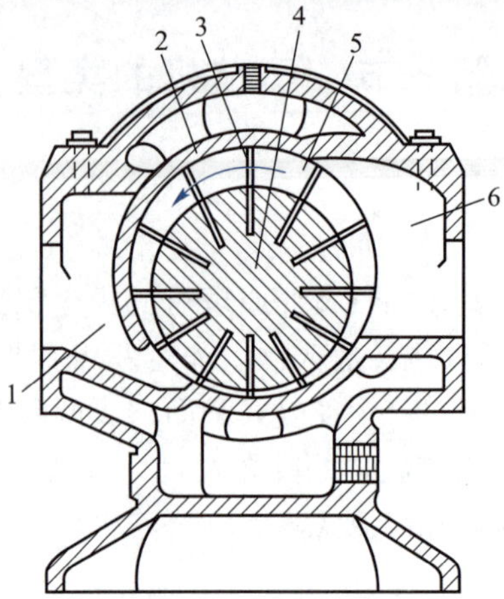

图 10-2 滑片式压缩机

1—排气口；2—机壳；3—滑片；4—转子；5—压缩腔；6—吸气口

为了对气体产生足够大的离心力，离心式压缩机叶轮的直径比离心泵的叶轮要大得多，转速也比离心泵要高得多，加工精度要求也很高。离心式压缩机在现代化大型化的石油化工生产中应用非常广泛。

2. 轴流式压缩机

轴流式压缩机和离心式压缩机一样，也是利用转动的叶片对气体做功，转子转动时螺旋式叶片推动气体做轴向流动，再进入固定的导叶中降速、导流、增压。这类压缩机的特点是流动路程短，阻力损失小，排气量大，效率较离心式压缩机高，但排气压力较低，一般只作为大型鼓风机使用。轴流式压缩机的构造如图 10-3 所示。

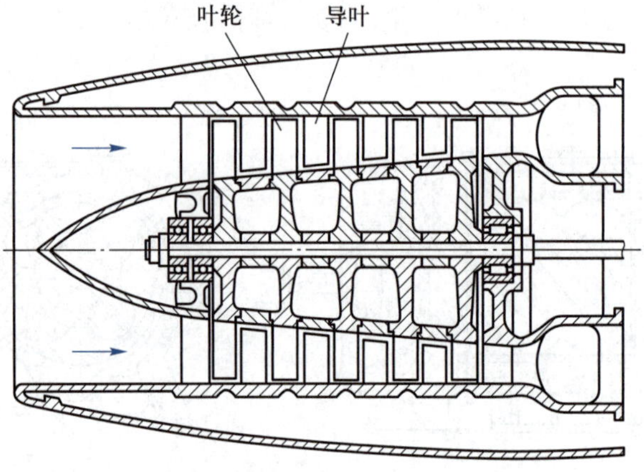

图 10-3 轴流式压缩机

二、按用途分类

按用途分类的方法，是以被压缩气体的名称或压缩机在工艺过程中的作用对其进行分类的。如压缩氢气的压缩机称为氢气压缩机，压缩石油气的压缩机称为石油气压缩机，压缩空气的压缩机称为空气压缩机。还有如二氧化碳压缩机、乙烯压缩机等。根据压缩机在工艺流程中的作用命名，如循环压缩机，用于对循环气体进行压缩；冰机，用于工艺系统的制冷等。

三、各类压缩机的适用范围

压缩机由于在结构原理上的差别，使其在性能特点上各不相同，各类压缩机的适用范围如图 10-4 所示。活塞式压缩机在高压、超高压领域具有不可替代的优势，离心式压缩机由于流量大，特别适合于大型化石油化工生产，回转式压缩机适合于中小排气量的场合使用。

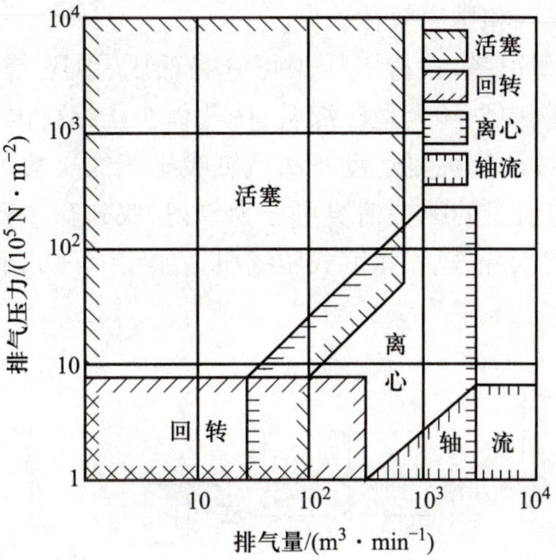

图 10-4　各类压缩机的适用范围

第二节　活塞式压缩机

一、活塞式压缩机的结构及工作原理

活塞式压缩机的构造、工作原理与往复泵相似，依靠活塞在汽缸内的往复运动造成工作容积的变化来吸入和压缩气体。活塞式压缩机的种类较多，结构也比较复杂，但其基本构造大致相同，都是由机体、工作机构、运动机构、润滑和冷却系统等组成。现以一台具有十字头的立式单作用式压缩机为例来说明活塞式压缩机的工作过程，如图 10-5所示。电动机带动曲轴做旋转运动，曲轴上的曲柄带动连杆大头回转并通过连杆使连杆小头做往复运动。由于活塞与活塞杆相连，而活塞杆又通过十字头与连杆小头相连，所以当曲轴做旋转运

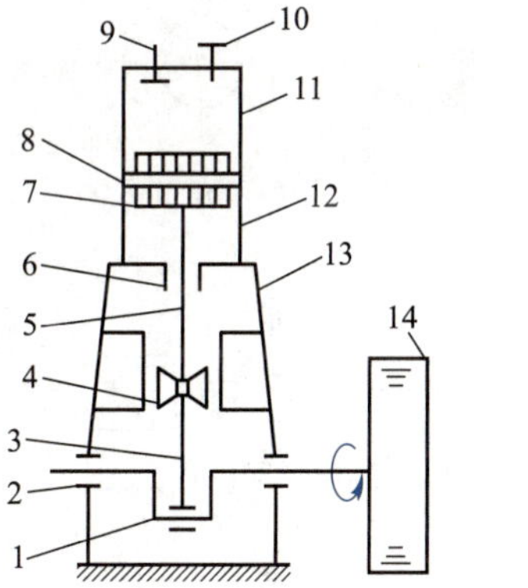

图 10-5　活塞式压缩机的结构示意图

1—曲轴；2—轴承；3—连杆；4—十字头；5—活塞杆；6—填料函；7—活塞；8—活塞环；9—进气阀；10—排气阀；11—汽缸；12—平衡缸；13—机体；14—飞轮

动时活塞就在汽缸内做往复运动。当活塞从最高点向下运动时吸气阀打开,气体从吸气阀进入汽缸,并充满汽缸与活塞端面之间的整个容积,直至活塞运行到最低点时吸气过程完成。当活塞从最低点向上运动时吸气阀关闭,气体被密封在汽缸内,随着活塞的继续向上运动,气体被压缩而压力升高,当压力达到工作所要求的数值时,压缩过程完成。这时排气阀被迫打开,气体从排气阀排出,直至活塞运行到最高点时排气过程完成。

活塞从汽缸的最高点(上止点)开始运动,经过汽缸的最低点(下止点)又回到上止点位置的全过程称为一个工作循环,上止点到下止点之间的距离称为活塞的行程。曲轴每旋转一周,压缩机完成一个工作循环。曲轴不断地旋转,压缩机的工作循环就连续不断地进行,使压缩机连续吸入和排出气体。

活塞式压缩机的类型很多,按排气压力可分为低压、中压、高压和超高压压缩机;按排气量可分为微型、小型、中型和大型压缩机;按气体在压缩机内被压缩的次数可分为单级、两级和多级压缩机;按活塞往复运动一次汽缸吸排气的次数可分为单作用、双作用和级差式压缩机;按汽缸与机身的配置情况可分为单列、双列和多列压缩机;按汽缸中心线的位置可分为立式、卧式、对置式和角度式压缩机。如图 10-6 所示为按汽缸中心线位置分类的各种类型压缩机。

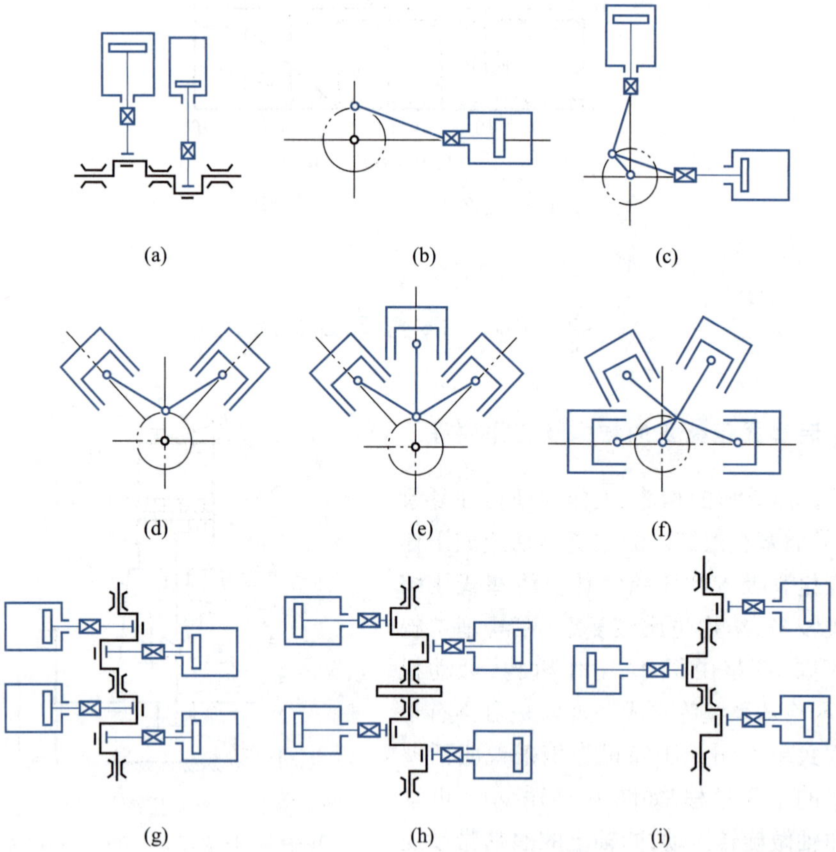

图 10-6 汽缸中心线位置不同各种配置的压缩机

压缩机还可按有无十字头分为有十字头压缩机和无十字头压缩机;按冷却方式分为

风冷式压缩机和水冷式压缩机;按机器工作地点固定与否分为固定式压缩机和移动式压缩机等。

二、活塞式压缩机的主要性能参数

压缩机的工作特性是通过其性能参数体现的,不同类型的压缩机其性能参数也不相同,活塞式压缩机的主要性能参数包括排气压力、排气温度、排气量、功率、效率和比功率等。

(一) 排气压力

活塞式压缩机的排气压力是由排气系统的压力所决定的。压缩机铭牌上的压力是指设计时的目标工作压力,即额定压力,而实际运转时压缩机的排气压力取决于排气系统。如果压缩机的排气量大于系统的实际需要量,则排气系统的压力升高,于是压缩机的排气压力也随之升高。反之,若压缩机的排气量小于系统的实际需要量,排气压力就下降。只有当气量供需相等时排气压力才能稳定。因此活塞式压缩机常附设有气量调节系统。

(二) 排气温度

压缩机的排气温度可在紧挨排气阀室的排气管段上直接用温度计测得。对于有油润滑的固定式空气压缩机,为了防止高温下润滑油分解、积炭,规定排气温度不得超过160℃,移动式空气压缩机排气温度不得超过180℃。无油压缩机的排气温度则取决于活塞环和填料采用的自润滑材料,如采用填充聚四氟乙烯时排气温度不得超过180℃,采用尼龙时排气温度不得超过100℃等。石油化工用压缩机的排气温度主要是受被压缩气体性质的限制,如石油气在温度过高时会聚合成胶状物易堵塞气阀、卡住活塞环等,规定排气温度不得超过100℃。乙炔气在温度过高时易发生爆炸,排气温度也不得超过100℃。氯气在高温下易对汽缸造成腐蚀,规定干燥氯气排气温度不得超过130℃,湿氯气排气温度不得超过100℃。

(三) 排气量

压缩机的排气量是指单位时间内,压缩机最后一级排出的气体体积,换算到第一级入口状态的压力和温度下的数值。压缩机的排气量可用下式表示:

$$Q_d=(nV_h)\lambda_V\lambda_p\lambda_T\lambda_L \tag{10-1}$$

式中 Q_d——压缩机的排气量,m^3/min;

n——压缩机曲轴的转速,r/min;

V_h——第一级汽缸的行程容积,m^3;

λ_V——容积系数,反映由于汽缸内残留的高压气体膨胀,使实际吸气量小于理论吸气量的影响;

λ_p——压力系数,反映由于吸气阀有阻力使汽缸内的吸入压力低于吸入管内的压力,导致吸气量减少的影响;

λ_T——温度系数,反映由于吸气过程中气体受汽缸壁的加热温度升高,使吸气量减少的影响;

λ_L——泄漏系数,反映由于压缩机各级汽缸的泄漏使排气量减少的影响。

(四) 功率

1. 指示功率

压缩机在一个工作循环内活塞对气体所做的功称为指示功,活塞在单位时间内所做的指示功称为指示功率,用 N_i 表示。对于已经使用的压缩机,可用示功仪实际测量在一个工作循环内缸内气体体积和压力的变化关系,描绘出一个封闭的图形,图形的面积就相当于压缩机曲轴每转一周活塞对气体所做的功,再乘以转速就得到该汽缸的指示功率。对于双作用压缩机为活塞两侧功率之和,对于多级压缩机总功率应为各级汽缸功率的总和。

2. 轴功率

轴功率是驱动机传给压缩机曲轴的功率,轴功率的绝大部分用于压缩气体所消耗的指示功率,一小部分用于克服曲柄连杆机构的运动摩擦所消耗的功率,用 N 表示。指示功率 N_i 与轴功率 N 之比称为机械效率,用 η_m 表示。即

$$N=\frac{N_i}{\eta_m} \tag{10-2}$$

机械效率 η_m 与压缩机的结构型式、制造装配质量及润滑条件有关。对大中型立式压缩机 $\eta_m=0.90\sim0.95$;卧式单级压缩机 $\eta_m=0.85\sim0.93$;小型无十字头压缩机及高压循环压缩机$\eta_m=0.80\sim0.85$。

3. 驱动功率

确定驱动功率时应考虑驱动机到压缩机的传动损失,轴功率与驱动功率之比称为传动效率,用 η_c 表示。带传动 $\eta_c=0.96\sim0.99$;齿轮传动 $\eta_c=0.97\sim0.99$;联轴器直连压缩机$\eta_c=1$。此外,考虑到压缩机转动过程中负荷的改变、进气状态和冷却水温度的变化等会引起功耗的增加,所以在选配驱动机时还应留有 5%～10%的功率储备,即驱动机的功率为

$$N_d=(1.05\sim1.15)\frac{N}{\eta_c} \tag{10-3}$$

(五) 效率和比功率

1. 等温指示效率

压缩机在对气体进行压缩的过程中,若气体的温度保持不变,称为等温压缩,包含等温压缩过程的工作循环称为等温压缩循环。在等温压缩循环中,活塞在单位时间内对气体所做的功称为等温压缩循环指示功率。等温压缩循环指示功率与同吸气压力、同吸气量下的实际压缩指示功率之比称为等温指示效率。

2. 绝热指示效率

压缩机在对气体进行压缩的过程中,若气体与外界没有热量交换称为绝热压缩。包含绝热压缩过程的工作循环称为绝热压缩循环。在绝热压缩循环中,活塞在单位时间内对气体所做的功称为绝热压缩循环指示功率。绝热压缩循环指示功率与同吸气压力、同吸气量下的实际压缩指示功率之比称为绝热指示效率。

等温压缩循环功是压缩机压缩一定量的气体所必需的最小功,而绝热压缩循环功是压缩机压缩一定量的气体所应付出的最大功,可见绝热指示效率高于等温指示效率。对同一台压缩机用不同定义的指示效率来衡量时,其数值是不同的,但这并不能理解为绝

热压缩过程优于等温压缩过程，这只是同一事物用不同的标准衡量的结果，对不同的压缩机也不能用不同的指示效率来比较其优劣，这是需要注意的。

压缩机的工作循环最好是等温压缩循环，因为这样比较省功，但实际的工作循环既不是等温压缩循环，也不是绝热压缩循环，而是介于二者之间，压缩过程中既有气体温度的升高，也与外界有热量交换，称为多变压缩循环。当汽缸的冷却效果较好时接近等温压缩循环，冷却效果较差时接近绝热压缩循环。事实上由于实际工作过程中活塞的移动速度很快，可供散热的面积也有限，时间又很短，因此绝大部分压缩机的实际工作循环接近绝热压缩循环。在工程应用中，对水冷式压缩机常用等温指示效率评价其经济性，压缩机的等温指示效率一般为 0.6～0.75，其他大部分的压缩机都采用绝热指示效率作为衡量指标。需要说明的是，虽然绝热压缩循环功是压缩机压缩一定量的气体所应付出的最大功，但由于气阀的阻力损失及压缩机内部的泄漏等原因，使压缩机的实际工作循环指示功率还是大于绝热压缩循环指示功率，压缩机的绝热指示效率一般为 0.85～0.97。

3. 比功率

为了能更直观地反映压缩机的经济性能，可引入比功率的概念，将在一定的排气压力下，压缩机的轴功率与其排气量的比值定义为压缩机的比功率。它可以反映同类型压缩机在相同的吸、排气条件下，能量消耗的情况，是动力用空气压缩机的重要经济性能指标。

三、活塞式压缩机的使用与维护

压缩机和泵一样，都属于定型产品，不同类型的活塞式压缩机的性能和用途各不相同。在工程上都是根据生产工艺条件和用途按压缩机产品样本进行选择使用，通常都是按工艺要求的最大耗气量来选配压缩机的，所以生产中需要的气量总是低于额定排气量，在运行过程中还要根据生产工艺的具体要求进行调节。此外，还应按操作规程进行操作和精心维护，以保证机器安全平稳的运行。

（一）活塞式压缩机的选用

1. 压缩机种类的选择

石油化工生产用的压缩机，虽然在工作原理和结构方面与空气压缩机基本相同，但由于被压缩气体的性质和生产工艺要求不同，使各种专用压缩机又有各自的结构特点。所以选择压缩机时首先应根据生产需要确定其种类。

（1）仪表控制、动力系统等工作过程常用空气压缩机。

（2）合成氨、原油加氢等反应过程常用氮氢气和氢气压缩机。

（3）空气分离、石油裂解和氧气加压装瓶常用氧气压缩机。

（4）尿素和聚酯生产过程常用二氧化碳压缩机。

2. 压缩机结构型式的选择

根据生产规模和厂房的具体条件选择压缩机的结构型式。

（1）立式压缩机占地面积小，机身结构简单，汽缸摩擦均匀，但当气量大且多级串联时机器高大，维修不便，中小气量级数不多的压缩机宜采用这种机型。

（2）L 型压缩机大直径汽缸水平布置，小直径汽缸垂直布置，级间冷却器安装在机器上，动力用的固定式空气压缩机和工艺用的中型压缩机宜采用这种机型。

(3) 角式无十字头结构的压缩机可用风扇冷却,机器质量轻,小型或需要移动的压缩机多采用这种机型。

(4) 对称平衡型的卧式压缩机相对其他卧式压缩机占地面积小,列数多,排气量大,工艺用大型压缩机一般都采用这种机型。

活塞式压缩机的机型代号如表 10 - 1 所示。

表 10 - 1　活塞式压缩机的机型代号

机型	代号	机型	代号
汽缸呈 L 形排列	L	汽缸水平排列	P
汽缸呈 V 形排列	V	M 型对称平衡式	M
汽缸呈 W 形排列	W	H 型对称平衡式	H
汽缸垂直排列	Z	D 型对称平衡式	D

选定压缩机的种类和机型后再根据生产所需要的排气量和排气压力在相应的压缩机样本和产品目录上选择合适的型号。最后对排气量和轴功率进行核算。活塞式压缩机的型号表示方法如下:

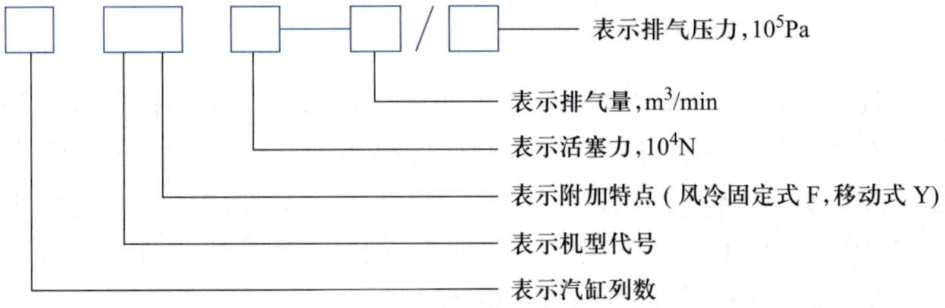

如 4VY－12/7 型压缩机:4 列,V 型,移动式,额定排量为 12 m^3/min,额定排气压力为7×10^5 Pa。

4M12－45/210 型压缩机:4 列,M 型,活塞力为 12×10^4 N,额定排量为 45 m^3/min,额定排气压力为 210×10^5 Pa。

(二) 活塞式压缩机排气量的调节

1. 回流调节

回流调节是将压缩机的排气管和吸气管连通,并在连通管路中装设旁通阀。当需要降低压缩机的排气量时打开旁通阀,使排出气体的一部分或全部回流到吸气管中,达到调节排气量的目的。这种调节方法装置简单,操作方便可靠,也可实现排气量的连续调节。但调节量的大小是由旁通阀的开度控制的,所以调节的节流损失较大,不经济,一般适用于短期的、不经常调节或调节幅度不大的场合。大型压缩机启动时常采用这种调节方法。

2. 切断吸气调节

切断吸气调节是在吸气管段上装设一个称为停止吸气调节阀的阀门,如图 10 - 7 所示。当压缩机的排气量大于耗气量时,排出压力升高,高压气体推动停止吸气调节阀内的小活塞使停止吸气调节阀关闭，于是压缩机停止吸气，进入空转状态。当排出压力下降、需要供气时，压力调节器会自动控制打开停止吸气调节阀，压缩机再次进入正常工作状态。这种调节方法属于间歇调节，结构简单，工作可靠，经济性也好。但停止吸气后汽缸内的气体温度升高，影响润滑油的润滑性能，并且汽缸内会形成真空。对某些不允许漏入空气的压缩机严禁使用，对无十字头的压缩机也不能使用，以防润滑油被吸入汽缸内。所以这种调节方法主要用于中、小型空气压缩机气量的调节。

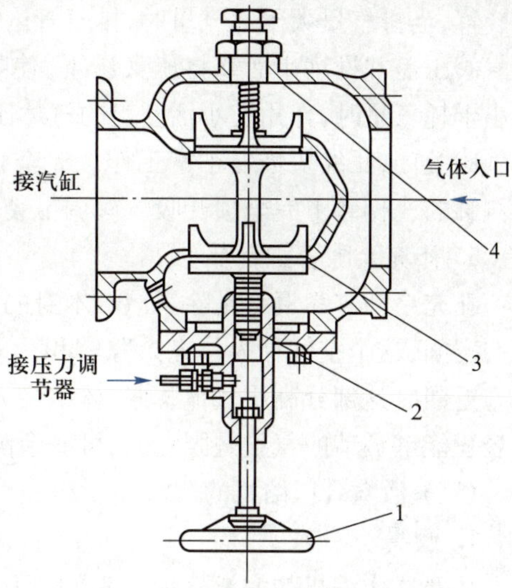

图 10－7　停止吸气调节阀

1—手轮；2—小活塞；3—阀板；4—阀体

3. 停转压缩机调节

停转压缩机调节是当排气量大于耗气量时，排气压力升高，这时通过压力继电器及时切断电动机的电源使压缩机停转，直到压力下降到规定值时再通过压力继电器接通电动机的电源，启动压缩机供气。这种方法易于自动控制调节，经济性好。但频繁启动、停机，增加了零部件的磨损，并影响电网电压的稳定性，一般只用于小型压缩机的气量调节。

4. 顶开吸气阀调节

顶开吸气阀调节是在压缩机的运转过程中，将吸气阀顶开使气体只通过吸气阀进出汽缸，机器空转，排气量为零。若在压缩机的工作循环中吸气阀始终是开的，称为完全顶开吸气阀调节。若压缩开始吸气阀被顶开而当压缩终了时吸气阀关闭，使剩余部分的气体从排气阀排出，称为部分行程顶开吸气阀调节。如图 10－8 所示为完全顶开吸气阀调

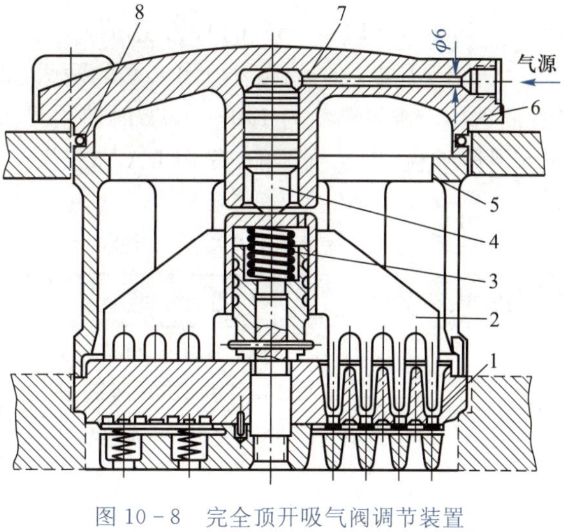

图 10－8　完全顶开吸气阀调节装置

1—阀座；2—压叉；3—弹簧；4—小活塞；5—压罩；6—气阀压盖；7—密封槽；8—密封圈

节装置，当排气量大于耗气量时，排气管内的压力升高，压力调节器自动将高压气体引至吸气阀压盖并推动小活塞将压叉压下，使吸气阀完全打开，气体从吸气阀排出。当排气量小于耗气量时，作用在小活塞上的气体压力下降，小活塞在弹簧力的作用下恢复原位，吸气阀关闭，压缩机恢复正常工作。完全顶开吸气阀调节属于间歇调节，如果只在双作用汽缸的一侧装上完全顶开吸气阀调节装置，则可实现 50％的气量的调节要求。

5. 补充余隙容积调节

补充余隙容积调节是除了汽缸本身的余隙容积外，在汽缸上另外连通一个固定或可变的空间，这个空间称为补充余隙容积。补充余隙容积内存有的高压气体不能排出，当活塞返回时这部分高压气体膨胀，体积增大，使吸气量减小，从而减少了排气量。固定余隙容积能够调节的气量是固定的，可变余隙容积可根据需要改变调节的气量。

（三）活塞式压缩机的润滑和冷却

1. 润滑

活塞式压缩机的润滑分为飞溅润滑和压力润滑两种。飞溅润滑主要用于无十字头的单作用式压缩机，采用这种润滑的压缩机，在连杆大头盖上装有击油杆，压缩机工作时击油杆击打曲轴箱内的润滑油形成飞溅的油雾和油滴，润滑整个运动机构及汽缸。飞溅润滑装置简单，但耗油量大，汽缸和运动机构只能用同一种润滑油且无法滤清，需定期进行更换。

压力润滑主要用于有十字头的大中型压缩机，汽缸和传动机构的润滑分为两个相互独立的系统。汽缸及填料依靠注油器供给润滑油，传动机构依靠齿轮油泵供油润滑。注油器由几个独立的小柱塞式油泵组成，每个小油泵负责向一个润滑点供油。传动机构的润滑有内传动和外传动两种方式，中小型压缩机为了结构紧凑，采用主轴带动油泵的工作方式，称为内传动。大型压缩机需要的油量大，油泵也大，采用电动机单独驱动油泵，称为外传动。

压缩不同性质的气体应采用不同的润滑油进行润滑，压缩气体的种类与应用润滑油的关系如表 10－2 所示。其中 HS13、HS19 的标准系列不完善，产品质量指标低。DAB32 适用于排气压力小于 1 MPa、排气温度小于 160℃的两级水冷空压机。DAA68、DAA100、DAA150 3 种油适用于排气温度为 140～200℃时使用。DAA68 一般用于低压压缩机，特别对于飞溅润滑压缩机，考虑到节能，采用 DAA68 为宜。DAA100 用于中压和压力较高的压缩机。

表 10－2　压缩气体的种类与应用润滑油的关系

气体	对润滑油的要求及原因	应用润滑油	代用油
空气	应有较好的抗氧化能力，油的闪点比最高排气温度高 40℃	HS13、HS19，单级用 DAA100、DAA150，两级用 DAA68、DAA100，低压用 DAB32	11# 柴油机油、10# 汽油机油，30#、40#、50# 机械油
氮气、氢气、氮氢混合气	被压缩气体对润滑油具有化学惰性	HS13、HS19，DAA68、DAA100、DAA150	低压 HG－11 饱和汽缸油，高压 HG－24 饱和汽缸油

续表

气体	对润滑油的要求及原因	应用润滑油	代用油
氧气	使矿物油剧烈氧化引起爆炸，故不能用矿物油	蒸馏水加6%～8%的甘油无油润滑	
氯气	在一定的条件下与润滑油中的烃类作用生成氯化氢，对钢铁有腐蚀作用	浓硫酸	
乙烯	为了防止乙烯被润滑油污染，不用润滑油	80%的甘油加20%的蒸馏水白油	
石油气	对润滑油有溶解作用，用高黏度润滑油	HS19，DAA100、DAA150	
二氧化碳	水分溶解二氧化碳生成酸，恶化润滑油性质，应干燥除水	HS13、HS19，DAA68、DAA100、DAA150	40#机械油
氨	要求润滑油的凝固点低	13#冷冻机油	
氟利昂	要求润滑油的凝固点低	18#冷冻机油、25#冷冻机油	

2. 冷却

活塞式压缩机的冷却包括汽缸冷却、级间冷却及在有些压缩机中对最后排出气体进行的后冷却。冷却的方式有风冷和水冷两种，风冷适用于小型移动式压缩机，固定式压缩机大多采用水冷。水冷却系统有串联、并联和混联3种形式。串联式冷却只适用于两级压缩，冷却水首先进入级间冷却器对一级缸排出的气体进行冷却，然后依次进入一级缸水套、二级缸水套和后冷却器进行冷却。串联式冷却水路简单，用水量小，但级数多时后面各级的冷却效果差。并联式冷却适用于多级压缩，冷却水同时进入各冷却部位进行冷却，流出冷却部位后即行排放，冷却效果好，但用水量大。混联式冷却中冷却水首先进入级间冷却器进行冷却，流出级间冷却器的水再分几路进入各级汽缸的水套进行冷却。

（四）活塞式压缩机的操作与维护

1. 启动前的检查和准备

活塞式压缩机在启动前应做好如下准备工作。

（1）检查压力表、温度计、电气仪表及安全阀等是否齐全、完好，是否在校验的有效期内。调整和检查启动联锁装置、报警装置、切断装置等各种保护装置，以及流量、压力、温度调节等控制回路。对空气压缩机还应检查吸入管防护罩、滤清器是否完好，防止吸入易燃易爆气体或粉尘，避免积炭和引起燃烧爆炸事故。

（2）检查外部油油箱、冷却油油箱及内部油油箱是否加入了足够的油量，天气寒冷时油温下降，需用蒸汽进行加热。启动辅助油泵或与机组不相连的其他油泵（如外部齿轮油泵、内部汽缸注油器及冷却油泵），向各注油点注油，并使其在规定的油压、油温下运行。

(3) 启动内部油泵并调节流量，特别要注意气阀设在汽缸头部的高压汽缸。若启动前注油量过多，当压缩机启动时残存在汽缸内的润滑油会对活塞产生液体撞击，导致活塞破坏，发生事故。

(4) 检查水路是否畅通，水温是否符合要求。方法是打开进水阀并观察排水管中是否有冷却水流出。在压缩机的运转过程中冷却水的温度并不是越低越好，因为当压缩临界温度较高的气体时，汽缸冷却水温度过低会使汽缸内的气体出现液化现象。压缩含水蒸气的湿气体时会使水蒸气在汽缸表面凝结，造成汽缸的润滑恶化而增加汽缸磨损。因此冷却水的温度应以设计说明书的规定为准。

(5) 启动可燃性气体压缩机前，应用惰性气体置换汽缸配管中的空气，确认氧的含量在 4%以下。启动氧气和乙炔气压缩机前，经惰性气体置换后氧含量的最高限度为 2%，而且应根据压缩机性能和操作规程规定的压力进行试车，不得超过。

(6) 盘车一圈以上或瞬时接通主电动机的开关转几次，检查是否有异常现象，取下电动盘车装置的手轮，装上遮断件并锁紧。

2. 启动

启动准备工作完成后，与前后各相关岗位联系，确认无问题后，报告有关人员经同意后方可开车。启动的程序如下。

(1) 启动主电动机。

(2) 调整外部齿轮油泵的油压使其在规定的范围内。

(3) 检查汽缸注油器，确认已注油。

(4) 调节压力表阀的手轮使指针稳定。

(5) 检查周围是否有异常撞击声。

(6) 监视轴承的温度及吸入和排出气体的压力、温度，并与以前的记录进行比较，确定是否有异常现象。

(7) 启动加速过程中为了避免电动机超负荷，应关闭进排气管、全开旁通阀，进行空负荷启动。

当压缩介质为易燃易爆气体时，如果关闭进气阀进行空负荷启动，吸入管会呈负压状态，易吸入空气而发生危险。为了保证安全，要开入口阀并注入氮气等惰性气体。正常运转之后要逐渐升压，全开吸气阀。当出口压力接近规定值时，再慢慢打开出口阀。

以上只是活塞式压缩机启动的大致过程，不同的压缩机其启动程序也不一样，所以在生产过程中必须严格按操作规程执行。

3. 运行和维护

活塞式压缩机的运行和日常维护应注意以下几个方面。

(1) 压缩机在运行时必须认真检查和巡视，注视吸排气压力及温度、排气量、油压、油温、供油量和冷却水等各项控制指标，注意异常响声，每隔一定的时间记录一次。

(2) 禁止压缩机在超温、超压和超负荷下运行，如遇超温、超压、缺油、缺水或电流增高等异常现象，应及时排除并报告有关人员。遇易燃、易爆气体大量泄漏而紧急停车时，非防爆型电气开关、启动器禁止在现场操作，应通知电工在变电所内切断电源。

(3) 压缩机在大、中修时，对主轴、连杆、活塞杆等主要部件应进行无损检测，对附属的压力容器应按 TSG 21—2016《固定式压力容器安全技术监察规程》的要求进行检验。对可能产生积炭的部位必须进行全面、彻底检查，将积炭清除后方可用空气试车，防止积炭在高温下引起爆炸。有条件的企业可用氮气试车。

(4) 特殊气体(如氧气)的压缩机，对其设备、管道、阀门及附件，严禁用含油纱布擦拭，也不得被油类污染，检修后应进行脱脂处理。压缩机房内严禁任意堆放易燃物品，如破油布、棉纱及木屑等。

活塞式压缩机运行中的常见故障和排除方法如表 10－3 所示。

4. 停车

压缩机的停车有正常停车和事故停车。在正常停车之前应放出气体，使压缩机处于无负荷状态，并依次打开分离器的排油阀，排尽冷凝液，然后再切断主电动机的开关。当压缩机安全停转后，依次停止内部注油器、冷却油泵和外部齿轮油泵。待汽缸冷却后停供冷却水，停供通向各级间冷却器的冷却水。在冬季停车时应采取可靠的防冻措施，以防冻坏管道和设备。

当压缩机出现报警，机器及附属设备在运行过程中发生人身、机械事故时，应立即停车。在停车时应尽可能查明异常现象前后的状况，以便进行事故分析和原因认定。紧急停车时除按正常停车程序停车外，还应采取防止事故扩大和消除事故所必须采取的其他措施。

表 10－3　活塞式压缩机运行中的常见故障及排除方法

序号	故障性质	产生原因	排除方法
1	排气量不足	① 气阀泄漏	① 检查气阀，修理或更换气阀
		② 活塞杆与填料处泄漏	② 拧紧填料压盖螺栓，仍泄漏时则修理或更换
		③ 活塞环磨损，间隙变大而泄漏	③ 更换活塞环
		④ 汽缸磨损(特别是单边磨损)，间隙增大而漏气	④ 用镗削或研磨的方法修理，严重时更换缸套
		⑤ 汽缸余隙过大，特别是一级汽缸余隙过大	⑤ 调整汽缸余隙容积
2	某级压力高于正常值	① 后一级的吸、排气阀漏气，使前一级排气压力增大	① 更换后一级的吸、排气阀
		② 活塞环泄漏引起排气量不足	② 更换活塞环
		③ 本级吸、排气阀因各种原因产生泄漏	③ 检修气阀并采取相应的措施
3	某级压力低于正常值	① 本级吸、排气阀漏气	① 检修气阀，更换损坏的零件
		② 第一级的吸、排气阀故障，引起排气量不足，第一级活塞环泄漏过大	② 检修气阀，更换损坏的零件，检查活塞环并修复
		③ 内泄漏	③ 检查内泄漏部位，并采取相应的措施
		④ 吸入管阻力太大	④ 检查管路使之通畅

续表

序号	故障性质	产生原因	排除方法
4	汽缸内的声音异常	① 油和水被带入汽缸造成水击	① 减少油量,提高油水分离效果
		② 气阀有故障	② 检查气阀并消除故障
		③ 活塞杆螺母松动或活塞弯曲,汽缸声音异常	③ 紧固螺母,或校正、更换活塞杆
		④ 润滑油太少或断油,引起汽缸拉毛	④ 增加油量,修复拉毛处
		⑤ 活塞环断裂	⑤ 更换活塞环
		⑥ 汽缸余隙太小	⑥ 适当加大余隙
		⑦ 异物掉入汽缸内	⑦ 清除异物
5	汽缸发热	① 冷却水太少或中断	① 检查冷却水的供应情况
		② 润滑油质量不良,供油量太少或中断	② 选择适当的润滑油,检查油的供应情况
		③ 汽缸与活塞的装配间隙过小	③ 调整汽缸间隙
6	活塞杆填料处发热或漏气	① 润滑油过少或中断	① 清洗并适当加大油量
		② 活塞杆与填料配合不当	② 调整间隙,重新装配
		③ 密封环损坏	③ 更换密封环
7	轴承或十字头滑道发热	① 配合间隙过小	① 调整间隙
		② 两摩擦面贴合不均匀或安装时有偏斜	② 用涂色法刮研,调整间隙
		③ 供油量不足或中断	③ 检查供油系统的工作情况
		④ 润滑油质量低劣或有污垢	④ 更换润滑油
8	汽缸发生不正常振动	① 支承不当或垫片松动	① 调整支承间隙或垫片
		② 配管振动所致	② 消除配管振动
		③ 汽缸内有异物	③ 清除异物
9	曲轴箱振动并有异常声音	① 连杆螺栓、轴承盖螺栓、十字头螺母松动或断裂	① 紧固或更换损坏件
		② 主轴承、连杆大小头轴瓦、十字头滑道等间隙过大	② 检查并调整间隙
		③ 各轴瓦与轴承盖接触不良,有间隙	③ 刮研轴瓦瓦背
		④ 曲轴与联轴器配合松动	④ 检查并采取相应的措施
10	吸排气时有敲击声	① 气阀阀片断裂	① 更换阀片
		② 气阀弹簧松软	② 更换弹簧
		③ 气阀松动	③ 检查并拧紧螺栓

第三节　离心式压缩机

一、离心式压缩机的结构及性能参数

离心式压缩机的工作原理与离心泵相同,其构造也与离心泵有许多相似之处。在现代大型石油化工装置中,除了少量需要超高压、小流量的场合仍然采用活塞式压缩机外,其他大多都用离心式压缩机。如生产化肥用的离心式氮氢气压缩机、二氧化碳压缩机,石油化工厂用的石油气压缩机、乙烯压缩机,炼油厂用的空气压缩机、烃类气体压缩机,以及制冷用的氨气压缩机等。

离心式压缩机之所以得到广泛的应用,是由于它与活塞式压缩机相比具有排气量大、机组占地面积小,没有气阀、填料及活塞环等易损件,连续运转时间长,机器利用率高,操作维护费用低,汽缸内也不需加润滑油,不污染被压缩的气体,机器转速高,适宜采用汽轮机、烟气轮机直接驱动,使生产过程中产生的蒸汽、烟气等副产品得以利用,降低生产成本等优点。离心式压缩机的缺点是气量调节的经济性较差,偏离设计流量时效率较低,总体上的效率也不如活塞式压缩机高;小流量、高压缩比的离心式压缩机制造有难度。

(一) 离心式压缩机的构造

离心式压缩机由转子和定子两个部分组成。转子包括转轴及安装在其上的叶轮、轴套、平衡盘以及联轴器等转动元件,定子由机壳、扩压器、弯道、回流器、蜗壳、吸气室、排气室等固定元件组成。此外,还有轴承、轴端密封及级间密封装置等。如图 10 - 9 所示为 DA120－61 型离心式空气压缩机,转轴上装有 6 个叶轮和 1 个平衡盘,转轴左端由径向滑动轴承支承,右端由径向止推组合滑动轴承支承,通过伸出右端的联轴器可由汽轮机或电动机驱动。

在离心式压缩机中,将一个叶轮及与其相配套的固定元件称为压缩机的一个“级”,它是组成气体升压的基本单元。为了防止连续压缩后气体温度升得过高,在机壳外设置了中间冷却器,气体经过几级压缩后引入中间冷却器进行冷却。将由中间冷却器隔开的连续的几个级称为压缩机的一个“段”,每段可以包括 2～4 个级,也可只有一个级。一个或几个段装在同一个机壳内称为压缩机的一个“缸”。用联轴器将几个缸串联在一起称为压缩机的一个“列”。由同一台驱动机驱动一个列或几个列称为压缩机的一个机组。如图 10 - 9 所示的为一个机组、一列、一缸、两段、六级压缩机。

(二) 离心式压缩机的性能参数

表示离心式压缩机性能的主要参数有以下几个。

1. 排气压力

排气压力是指压缩机出口处的绝对压力,单位为 kPa 或 MPa。

2. 排气量

离心式压缩机排气量的定义与活塞式压缩机的相同,是指单位时间内从最后一级排气管中排出的气体量换算到第一级进气状态下的体积。与活塞式压缩机不同的是其排气量随排气压力的升高而减小,反之则增大。排气量常用的单位是 m^3/min。

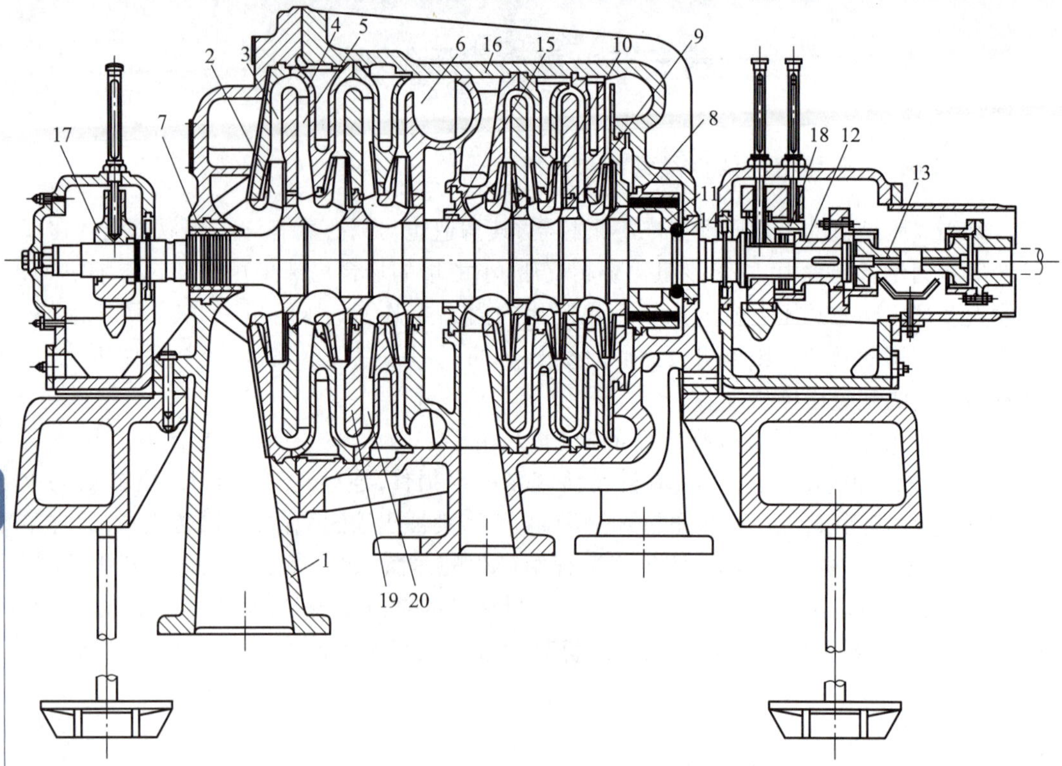

图 10-9　DA120－61 型离心式空气压缩机

1—吸气室；2—叶轮；3—扩压器；4—弯道；5—回流器；6—蜗壳；7、8—轴端密封；9—隔板密封；10—轮盖密封；11—平衡盘；12—推力盘；13—联轴器；14—卡环；15—主轴；16—机壳；17—支持轴承；18—止推轴承；19—隔板；20—回流器导流叶片

3. 功率

离心式压缩机一个级所消耗的功包括压缩气体耗功、内泄漏耗功、叶轮旋转时与周围气体摩擦耗功 3 个方面，各级的耗功之和为压缩机的总耗功。单位时间内的总耗功称为压缩机的内功率，再考虑轴承等处的机械运动摩擦耗功率，可得压缩机的轴功率。轴功率是压缩机在运行时需要由驱动机所提供的最小功率，单位为 kW。

4. 效率

由以上对功率的表述可见，驱动机提供给压缩机的轴功率只有一部分用于提高气体的压力。将提高气体压力所消耗的功率与轴功率的比值称为压缩机的总效率，它是衡量压缩机性能优劣的重要指标。

二、离心式压缩机的工作点和流量调节

当用离心式压缩机向管网中输送气体时，希望气体流量和排出压力都很稳定，要达到这一要求必须具备两个条件：一是压缩机的排气量等于管网的进气量；二是压缩机提供的压力等于管网需要的压力。由于压缩机工作时是串联在管网中的，所以离心式压缩机的工作点是压缩机性能曲线和管网特性曲线的交点，因为这个点符合上述两个相关条件。通过改变压缩机工作点的位置来实现对流量的调节。

(一) 离心式压缩机的性能曲线

离心式压缩机的性能曲线可在一定的进气状态和转速下，输送某种气体时通过实验测定得到，如图 10 - 10 所示为某压缩机的性能曲线（图中只给出了压缩机稳定工作范围内的曲线）。图中 Q_j 表示排气量，ε 表示压缩比（出口压力与进口压力之比），N 表示轴功率，η_{pol}表示压缩过程为多变过程时的效率，p_j 表示进气压力，T_j 表示进气温度。从图中可以看出，随着排气量的减小，压缩比增大，流量与压缩比具有对应关系，在最小流量时压缩比最大。压缩机的流量有最小流量和最大流量两个极限值，最小流量对应的工况称为喘振工况，最大流量对应的工况称为堵塞工况，喘振工况与堵塞工况之间为压缩机的稳定工作区。效率曲线上的最高点为设计工况点，轴功率曲线在流量较小时随流量的增加而上升，但当流量增加到某一值时随流量的增加而下降。

(二) 离心式压缩机的工作点及稳定工作区

如前所述，离心式压缩机的工作点是压缩机性能曲线与管网特性曲线的交点。压缩机要能正常运行，工作点必须在稳定的工作范围内，即图 10 - 10 所给出的最小流量与最大流量之间的曲线段内。因为离心式压缩机在运行过程中，如果流量小于最小流量或管网压力高于压缩机的排出压力，则会出现如下现象：首先是管网中的气体倒流入压缩机中，接着压缩机又把气体压回管网中，然后管网中的气体再一次倒流入压缩机中。这种周而复始的低频率大振幅的气体忽进忽出的振荡现象称为压缩机的喘振。出现喘振现象时压缩机所对应的工况称为喘振工况，在喘振工况下压缩机出现周期性的吼声及整个机器的强烈振动，如不及时采取措施压缩机的轴承和密封将首先遭到破坏，严重时甚至发生转子与固定元件相互碰擦造成恶性事故。所以压缩机在运转时是不允许出现喘振现象的。压缩机不发生喘振的最小流量称为喘振流量，图 10 - 10所给出的最小流量就是喘振流量。

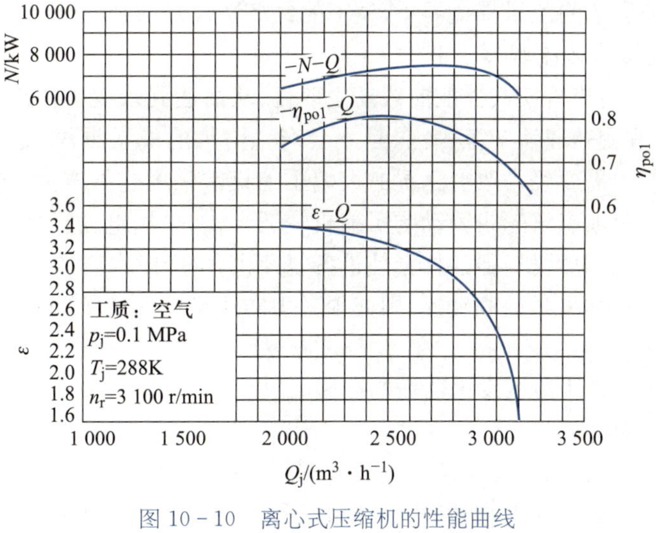

图 10 - 10　离心式压缩机的性能曲线

压缩机的流量也不是越大越好。当流量超过最大流量时，由于流道内气体的流速很大，使流动阻力损失增大，这时压缩机提供的能量绝大部分用于克服气体的流动阻力以维持这样大的流量，而用于提高气体压力的能量也就所剩无几，因此气体的排出压力也就很小。这种现象称为压缩机的阻塞现象。应避免出现阻塞现象。

综上所述,离心式压缩机只能在最小流量和最大流量之间工作,这一区域称为压缩机的稳定工作区。性能好的压缩机不仅效率高,而且稳定工作区的范围也较宽。值得注意的是,压缩机在运行过程中有时会因为生产或驱动机的干扰而引起工作点的变动。如由于冷却系统故障使进气温度升高,导致压缩机的排气压力曲线下移,使排气量减小。如果进气管被异物堵塞而使进气压力下降,则引起排气压力曲线下移,使排气量减小。又如生产中蒸汽压力不足,使作为驱动机的蒸汽轮机转速下降,引起排气压力曲线下移,也使排气量减小。以上 3 种情况压缩机的工作点都向小流量方向变动,如果变动后的工作点流量小于最小流量,则压缩机就会发生喘振现象。

(三) 离心式压缩机的流量调节

离心式压缩机在运行过程中为了满足生产的要求,有时需要对压缩机的流量进行调节。这就要改变压缩机的性能曲线或管网的特性曲线,从而达到改变工作点的位置以实现调节流量的目的。常用的调节方法有以下几种。

1. 出口节流调节

出口节流调节是通过调节安装在压缩机排气管上阀门的开度,使管网的流动阻力变化,改变了管网的特性曲线,从而达到改变工作点的位置以实现调节流量的目的。这种调节方法设备简单,操作方便,但由于关小排气阀时消耗的能量较大,不够经济,所以一般只在小型压缩机上使用。

2. 进口节流调节

进口节流调节是通过调节安装在压缩机进气管上阀门的开度,改变压缩机的进气压力使压缩机的性能曲线变化,改变了工作点的位置,达到了调节流量的目的。这种调节方法设备简单,操作方便,流量可调的范围大,虽然在关小阀门时也会造成一些能量损失,但比出口节流调节的能量损失要小,调节的经济性较好,因此被广泛采用。

3. 改变压缩机的转速调节

改变压缩机的转速可使其性能曲线发生变化,从而达到改变工作点的位置以实现调节流量的目的。改变转速调节范围大,且不会产生附加的能量损失,是一种最经济的调节方法,对于工作中需要经常改变工况的大型压缩机常采用这种方法。但需要驱动机是可调速的,对汽轮机或燃气轮机驱动的压缩机较适合,如采用电动机拖动,则可加设变速箱或采用大型的直流电动机,但这样会使设备复杂化,生产成本增加。

改变转速调节,如果是提高转速,则必须考虑转速增大后转子的强度、临界转速及轴承的寿命等问题。

(四) 防止离心式压缩机发生喘振的措施

1. 使部分气体放空

在压缩机的排气管路中装设防喘振放空阀,当管网中的压力高于压缩机的排气压力时,通过自动控制装置使防喘振放空阀及时打开,使管网中的气体放空,避免其向压缩机内倒流,达到防止机器发生喘振的目的。这种方法简单可靠,但将被压缩机提高了压力的气体放空是一种浪费。

2. 使部分气体回流

使部分气体回流防止喘振的方法,其作用原理与使部分气体放空的方法相同,区别只是将要放空的气体引入到进气管内循环使用。这种方法主要用于输送有毒、有害或经济价值较高不宜放空的气体，当回流量较大时应在回流管路中安装冷却器，以减小温度较高的回流气体对压缩机排气温度和功耗的影响。

3. 使压缩机与供气系统脱开

在供气系统容量很大或有几台压缩机并联工作的情况下，可以用使压缩机脱离供气系统的方法防止喘振的发生。具体方法是在压缩机的排气管路中安装止逆阀，在止逆阀前安装防喘振放空阀。当压缩机即将发生喘振时，通过自动控制装置使防喘振放空阀自动打开，压缩机的进气节流阀也同时关小，机器出口压力下降导致排气管路中的止逆阀关闭，这时压缩机与供气系统脱离，只有少量的气体流入压缩机，再经防喘振放空阀流出。当供气系统压力下降到一定的值时，在自动控制装置的作用下，防喘振放空阀关闭，进气节流阀开大，压缩机出口压力升高，止逆阀打开，压缩机又开始向系统正常供气。

三、离心式压缩机的使用与维护

离心式压缩机和活塞式压缩机一样都属于定型产品，在工程上都是根据生产工艺条件和用途按压缩机产品样本进行选择使用。由于离心式压缩机的性能与气体介质有关，所以一般都具有专用性。离心式压缩机机组的系统结构比较复杂，其运行情况除取决于机组特性、工艺管道的配置和安装质量等条件外，还应按操作规程进行操作和精心维护，以保证机器安全平稳运行。

(一) 石油化工常用离心式压缩机的类型

离心式压缩机按结构和传动方式可分为水平剖分型、垂直剖分型和等温型等。按用途和输送介质的性质划分，有空气压缩机、二氧化碳压缩机、合成气压缩机、裂解气压缩机、氨冷冻压缩机和乙烯、丙烯压缩机等。从压缩机的型号也可反映出其结构特点及主要的性能参数。国产离心式压缩机型号举例如下。

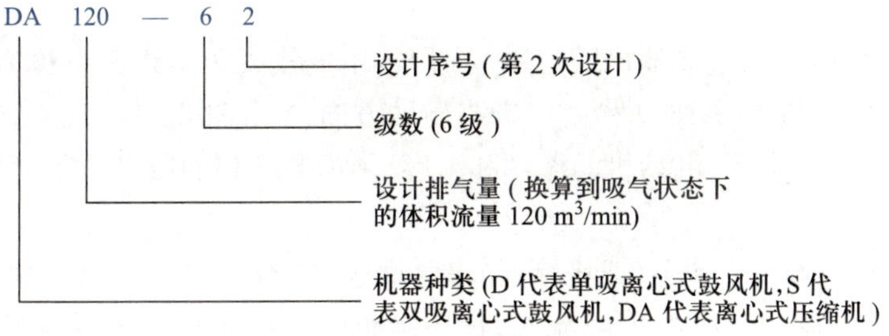

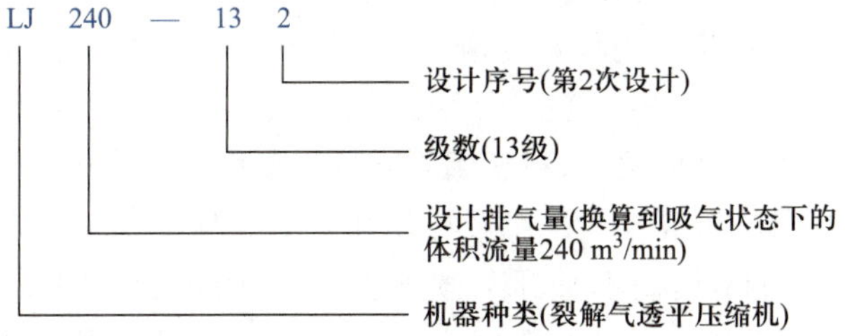

A TL 625 — 10 1

- 1：设计序号(第1次设计)
- 10：级数(10级)
- 625：设计制冷量(625万kW/h)
- TL：机器种类(透平制冷机)
- A：制冷剂名称 (A 代表氨,F 代表氟利昂)

(二) 离心式压缩机的操作与维护

1. 启动前的准备

(1) 检查管路系统内是否有异物和残存的液体,并用气体吹扫干净　检查管路架设是否处于正常支承状态,膨胀节的锁口是否已打开。防止管路的热膨胀、振动和重力影响到压缩机的缸体。

(2) 检查润滑油和密封系统　要求油系统清洗调整合格,油箱内的油量适中且经化验质量合乎要求。冷却系统畅通,蓄压器按规定压力充氮,主油泵和辅助油泵正常输油,密封油保持液封等。

(3) 检查电气线路和仪表系统是否完好　要求各种仪表、调节阀门经检验合格,动作灵活准确,自控保安系统应动作灵敏可靠。

(4) 检查机器本身　大型机组一般都配有电动机驱动的盘车装置,小型机组配置盘车杠,通过盘车检查转子转动是否顺利,有无异常现象。检查管道和缸体内的积液是否排尽,中间冷却器的冷却水是否畅通。

2. 启动

以电动机驱动的压缩机为例说明启动过程。

(1) 启动油系统,调整油温、油压,检查过滤器的油压降、高位油箱的油位,通过窥镜检查支持轴承和止推轴承的回油情况,检查调节动力油和密封油系统,启动辅助油泵并与主油泵交替开停。

(2) 电动机与齿轮变速器(或压缩机)脱开,由电气人员负责进行检查和单体运行。一般是先启动电动机 10～15 s,检查声音与旋转方向,有无冲击碰撞现象,然后连续运行 8 h 以上,检查电流、电压、电动机的振动和温度、轴承温度和油压是否都达到了电动机试车时的要求。

(3) 电动机与齿轮变速器(或压缩机)串联试运转。为了防止启动过程中电动机的负荷过大,关闭进气阀的同时打开回流阀,使压缩机空负荷启动且不受排气管路的影响。一般是先启动 10～15 s,检查变速箱和压缩机内部的声音、有无振动,检查推力轴承的窜动,然后再次启动,当压缩机达到额定转速后连续运转 5 min,检查运转有无杂音、轴承温度和油温。运转30 min 后再一次检查压缩机的振动幅度、运转声音、油温、油压和轴承温度。连续运转 8 h 后进行全面检查,待机组无异常现象后才允许逐渐增加负荷。

(4) 压缩机加负荷的重要步骤是慢慢打开进气管路上的节流阀,使其增加吸气量,同时逐渐关闭手动放空阀和回流阀,使压力逐渐上升,按规定的时间将负荷加满。加压时要注意压力表,当达到设计压力时立即停止关闭放空阀或回流阀,不允许压力超过设计值。压缩机满负荷后在设计压力下必须连续运转 24 h 才算试运转合格。

(5) 当工艺气体不允许与空气混合时，在油系统正常运行后即可用氮气置换压缩机中的空气，要求压缩机内气体氧的含量小于0.5%，然后再用工艺气体置换氮气到符合要求，并将工艺气体加压到规定的入口压力。加压要缓慢，并使密封油压与气体压力相适应。

以上只是离心式压缩机启动的大致过程，不同的压缩机其启动程序也不一样，所以在生产过程中必须严格按操作规程执行。

3. 运行和维护

离心式压缩机的运行和日常维护应注意以下几个方面。

(1) 认真做好操作记录　包括压缩机轴承温度，各级的振动情况，各级进出口的气体温度和压力，润滑油、密封油的油温和油压，油箱的油位高度，中间冷却器、油冷却器和后冷却器进出口冷却水的温度，电动机的电流读数等。必要时测试、记录冷凝液的pH。

(2) 运行中进行监视　包括异常喘振和振动监视，气体泄漏检测，密封压力差，密封油的喷淋量和工艺过程的压力、温度变化的监视；轴承温度，润滑油、密封油的压力、温度和油的质量等项目的监视。

(3) 大型压缩机的保护装置和调节系统与压缩机本身同样重要　因此在压缩机的启动和运转中也要对保护装置和调节系统的工作情况进行监视。对汽轮机驱动的压缩机，在运行中随着出口压力的调高，汽轮机的转速可能有些下降，这时也要进行调整，使机组在额定转速下运行。

4. 停车

离心式压缩机的正常停车与启动顺序相反。首先是打开放空阀或回流阀，关闭工艺管路上的送气阀，使压缩机与工艺系统脱开，进行自循环。关闭进口阀，启动辅助油泵，在压缩机流量减小快要达到喘振流量前切断电动机的电源。停机后油系统还要继续运行一段时间，一般每隔15 min盘车一次。当润滑油的回油温度降到40℃左右时再停止辅助油泵，关闭油冷却器中的冷却水以保护转子、轴承和密封系统。最后关闭压缩机中间冷却器的冷却水。

如果工艺气体是易燃易爆或对人身有害的，需在停车后继续向密封系统注油，以确保易燃易爆或有害气体不漏到机外。如果停车时间较长，在将进出口阀都关闭后应使机内泄压，并用氮气置换，再用空气进一步置换后，才能停止油系统的工作。

思考与练习

1. 活塞式压缩机由哪些主要零件组成？
2. 活塞式压缩机的主要性能参数有哪些？
3. 活塞式压缩机排气量的调节方法有哪些？
4. 为什么要对压缩机进行润滑和冷却？
5. 活塞式压缩机的润滑和冷却方式有哪些？
6. 离心式压缩机由哪些主要零件组成？
7. 简述离心式压缩机的“级”“段”“缸”“列”及“机组”的含义。
8. 什么是离心式压缩机的喘振？如何防止喘振的发生？
9. 离心式压缩机排气量的调节方法有哪些？

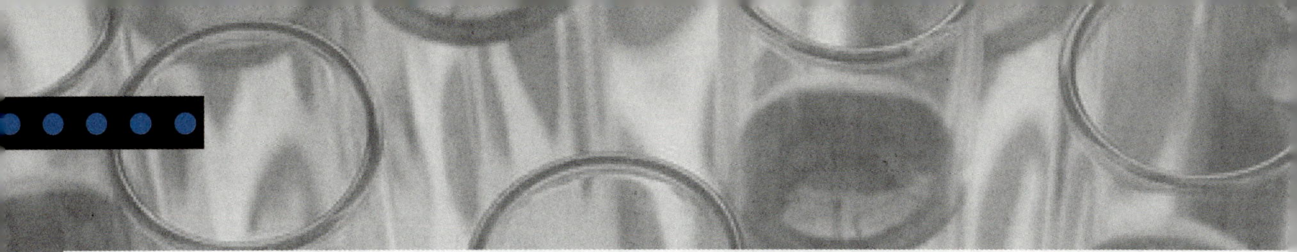

第十一章　其他化工设备介绍

知识目标

- 了解过滤机、离心机、风机及工业汽轮机的工作过程。
- 了解过滤机、离心机、风机及工业汽轮机的类型与使用范围。

能力目标

- 能根据常用的过滤机、离心机、风机及工业汽轮机的结构合理选择和使用设备。

化工生产的复杂性决定了所用设备的多样性，除了前面已介绍的几大类型之外，还有一些设备在化工生产中也有着广泛的应用，如过滤机、离心机、风机与工业汽轮机等。本章主要介绍这些设备的类型、适用范围、代表性结构及选用等内容。

知 识 框 图

- 其他化工设备介绍
  - 过滤机
    - 类型
      - 按滤饼：深层过滤、表面过滤
      - 按压力差：重力、离心、加压及真空过滤机
      - 按工作方式：间歇、连续过滤机
      - 不同类型过滤机的适用范围见表 11-1
    - 板框式压滤机
      - 板框式压滤机属于间歇工作的压滤机械，由固定头、滤板、滤框、滤布和压紧装置等部件组成，工作循环包括加料、过滤、洗涤、卸渣、清洗滤布 5 个阶段，优点是结构紧凑、过滤面积大、面积可调等，但也存在间歇操作效率低、滤布易破的缺点
    - 转鼓式真空过滤机
      - 转鼓式真空过滤机属于连续工作的真空过滤机械，由转鼓、分配头、滤浆槽、搅拌器及刮刀等部件组成，优点是自动连续生产、节省人力、生产能力大，但存在过滤面积小、滤饼洗涤不充分、不宜处理高温物料等缺点
  - 离心机
    - 类型
      - 按分离原理：过滤离心机、沉降离心机
      - 不同类型离心机的适用范围见表 11-2
    - 三足式离心机
      - 三足式离心机是以离心力为推动力来分离液-固两相的过滤机械，其对液-固两相没有密度差的要求，具有物料浓度宽、适应性强、滤饼易洗涤等优点，但存在工人劳动强度大、生产效率低的缺点
    - 螺旋卸料沉降离心机
      - 沉降离心机的作用原理与过滤离心机相同，只是要求液-固两相要有一定的密度差，由转鼓、螺旋输送器、差速器等部件组成，且有结构紧凑、生产能力大、适应性强等特点
  - 风机
    - 离心式风机
      - 工作原理和结构与离心泵相似，由产生风压大小可分为离心式通风机和离心式鼓风机两类，结构主要由机壳、叶轮及转轴等部件组成，通风机又分为压气式和排气式两种
    - 罗茨鼓风机
      - 工作原理与齿轮泵相似，属于容积式鼓风机，风量与转速成正比，且风量基本不受出口压力变化的影响，其流量调节采用部分气体放空或旁路回流调节。另外，操作温度不宜过高，以防转子卡死
  - 工业汽轮机
    - 原理特点
      - 将蒸汽的热能转化为机械能的旋转式原动机。具有单机功率大、效率高、使用寿命长、转速易控、运转安全可靠等优点
    - 结构组成
      - 由转子（主轴、叶轮、轮鼓、动叶片、危急保安器等），静子（主汽阀、调节阀、汽缸、轴承座、机座、滑销系统等），调节系统和安全保护系统等组成

第一节　过　滤　机

一、过滤机的分类及适用范围

过滤机是利用多孔性过滤介质，依靠重力或人为造成的压力差使悬浮液中的液体穿过过滤介质流出，而将固体颗粒截留在过滤介质上，从而实现固、液两相产品分离的机械设备。根据过滤完成后是否在过滤介质表面形成滤饼层，可以将过滤过程分为深层过滤和表面过滤两类，如图 11－1 和图 11－2 所示。

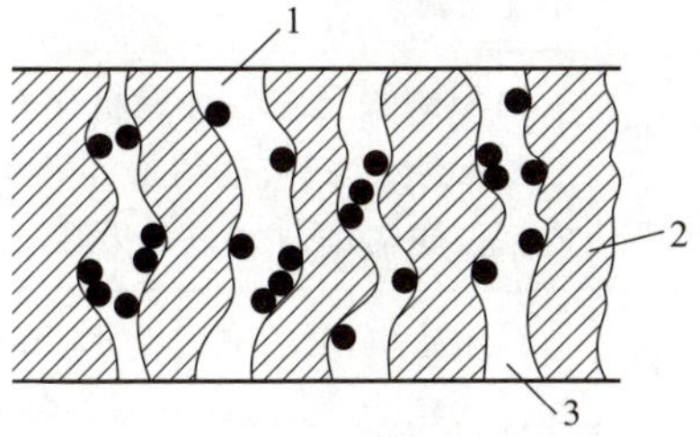

图 11－1　深层过滤示意图

1—悬浮液；2—过滤介质；3—滤液出口

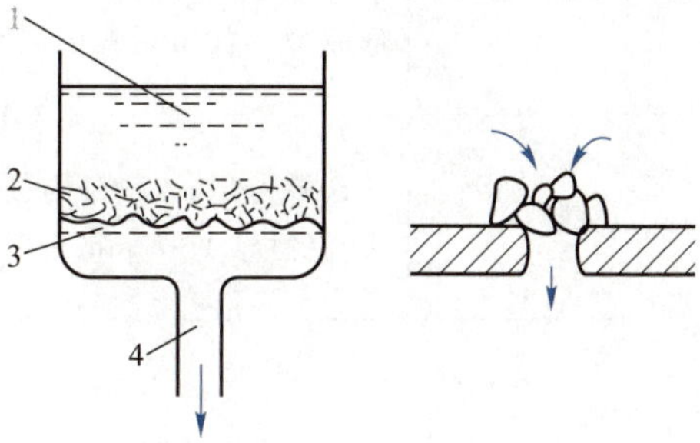

图 11－2　表面过滤示意图

1—悬浮液；2—滤饼；3—过滤介质；4—滤液出口

动画

深层过滤

根据过滤机中推动滤液流动的压力差，可将过滤机划分为重力过滤机、离心过滤机、加压过滤机及真空过滤机等几种类型。

重力过滤机结构简单，操作可靠，依靠自然重力造成的压力差推动滤液流动，基本上不消耗动力。但由于重力造成的压力差十分有限，因此，过滤速度慢，一般只用于过滤所含颗粒直径较大、液体黏度较低的易过滤液体。离心过滤机利用旋转产生的离心力实现固－液分离。加压过滤机也称为压滤机，它依靠压榨机构或利用泵对物料进行加压来实现过滤，操作压力差较高，过滤速度快，处理量大，但对设备及滤网和滤布的强度要求也较高，可广泛用于各种悬浮液的过滤。真空过滤机大多数采用转鼓作为工作部件，转鼓外表面作用有大气压，转鼓内部与真空源连通，转鼓外表面为过滤面，滤液从外向里流，操作压力差不大。但由于能够自动连续生产，适于处理量较大，而所需压力差不高的悬浮液过滤。

根据过滤机的工作方式，还可将过滤机划分为间歇过滤机和连续过滤机两种类型。间歇过滤机的工作特点是在过滤机上加料、过滤、洗涤、卸渣、清理等工序依次进行，在每一个工作周期中过滤机只有部分时间在进行过滤，其余时间进行的都是辅助工作和准备工作。连续过滤机的工作特点是在过滤机上加料、过滤、洗涤、卸渣等各工序同时连续进行，过滤机在整个工作过程中都在进行过滤，并同时完成其余各项工作。

除了以上分类方法以外，还可以根据结构型式对过滤机进行分类，过滤机的类型及其适用范围如表 11－1 所示。

表 11-1 过滤机的类型及其适用范围

类型	适用的滤浆	适用范围
转鼓式真空过滤机	含量为2%～65%的中、低过滤速度的滤浆，并且必须在5 min内在转鼓上形成超过3 mm厚的均匀滤饼 有外滤面和内滤面两种基本形式，外滤面不宜用于固相浓度太大、沉降速度大于12 mm/s的悬浮液	是用途最广的机型，适用于化学工业、冶金、矿山等部门的废水和下水处理；对于固体颗粒在滤浆槽内几乎不能悬浮的滤浆、滤饼通气性太好且滤饼在自重下易从转鼓上脱落的滤浆不适宜
真空、加压圆盘过滤机	过滤速度快的滤浆，1 min内至少要形成15～20 mm厚的滤饼	用于矿山、微煤粉、水泥原料等，过滤时因为过滤面垂直，所以滤饼不能洗涤
带式过滤机	含量为5%～70%的过滤速度快的滤浆，滤饼厚4～5 mm	用于磷酸、铝、各种无机化学工业及石膏纸浆等；适用于沉降性好的粗粒滤浆，滤饼洗涤效果好
叶滤机	可用于广泛的滤浆	与压滤机相比，具有节水、节电、操作人员少、过滤效率高的特点；适用于中小型食品饮料厂，用于酒类、食品饮料的液体过滤
压滤机	可用于广泛的滤浆	压滤机的优点是结构简单，制造容易，所需辅助设备少，过滤面积大，过滤压力高，适用于难过滤的或液相黏度很高的悬浮液及腐蚀性物料的过滤 缺点是生产效率低，洗涤不够均匀，滤液消耗量大，手工操作劳动强度大。但自动操作的压滤机可大大减轻劳动强度和提高过滤效率

二、过滤机的结构、工作过程及选用

过滤机的类型很多，在此只介绍用途广泛、具有代表性的板框式压滤机和转鼓式真空过滤机的结构、工作过程及选用。

（一）板框式压滤机

1. 板框式压滤机的结构

板框式压滤机如图11-3所示，由多块带凹凸纹路的滤板和滤框交替排列组装于机架而成。滤板和滤框是压滤机的工作部件，形状一般为正方形，如图11-4所示。在滤板和滤框的四角开有圆孔，左上角圆孔为洗涤液入口通道，右上角圆孔为悬浮液入口通道，左下角圆孔为滤液出口通道，右下角圆孔为洗涤液出口通道。在滤框的两侧盖有四角开孔的滤布，滤框与滤布构成容纳悬浮液及滤饼的空间。滤框右上角圆孔内开有与框内相通的侧孔，悬浮液可由此孔进入框内空间。滤板有过滤板与洗涤板两种，两板左下角圆孔内均开有与板面两侧相通的侧孔，供滤液流出。洗涤板左上角圆孔内开有与板面两侧相通的侧孔，供洗涤液流入滤框。过滤板右下角圆孔内开有与板面两侧相通的侧孔，供洗涤液流出。过滤板、滤框及洗涤板在机架上的排列顺序依次是：过滤板、滤框、洗涤板、滤框、过滤板……

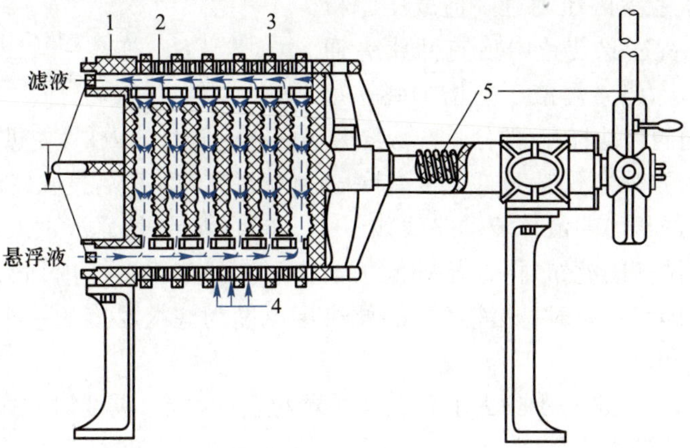

图 11－3　板框式压滤机

1—固定头；2—滤板；3—滤框；4—滤布；5—螺杆压紧装置

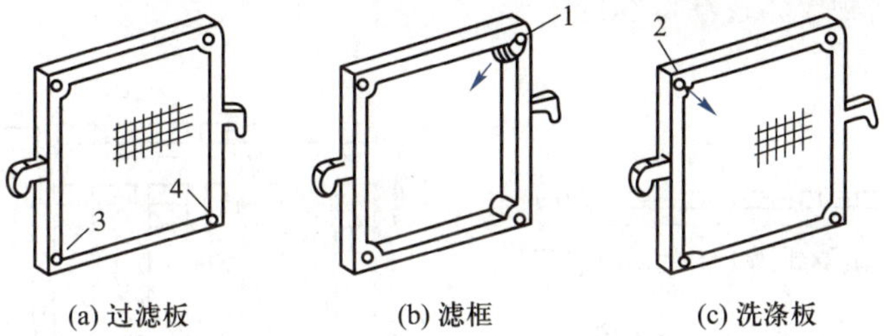

图 11－4　滤板和滤框

1—悬浮液入口通道；2—洗涤液入口通道；3—滤液出口通道；4—洗涤液出口通道

动画

板框式压滤机

在过滤机的一端设有固定头，另一端设有压紧装置，装在机架上的滤板和滤框由压紧装置压紧在固定头上，防止悬浮液从板与框的贴合面向机外泄漏。由于在压滤机工作时，压紧装置提供给板与框贴合面的密封力等于装置压紧力与悬浮液压力之差，因此，当悬浮液压力增大时，相应的压紧力也应随之增大，才能保证密封力不变，压滤机不产生泄漏。

板框式压滤机的压紧装置有手动式、电动式和液压式 3 种类型。手动式采用螺杆压紧，压紧力一般只有 0.25～0.5 kN，只用于尺寸较小的板框压紧。电动式采用电动机代替手动，当压紧至一定程度后因电流增大，继电器切断电源使电动机停止压紧，松开时，使电动机反转即可。液压式采用油缸压紧，操作灵敏，新型的全自动板框式压滤机都采用这种装置。

2. 板框式压滤机的工作过程

板框式压滤机属于间歇工作的压滤机械，其工作循环包括加料、过滤、洗涤、卸渣、清洗滤布 5 个阶段。过滤装置如图 11－5 所示，操作一般采用先恒速后恒压的方式。压滤机工作时，首先用容积式泵将悬浮液打入滤框内，待悬浮液充满滤框空间后，过滤过程开始。由于容积式泵的流量不随压力变化，因此，打入滤框的悬浮液体积等于流出滤框的滤液体积，过滤初期阶段压滤机的过滤速度保持不变。但是随着过滤过程中滤框内的滤饼增厚，过滤阻力增加，使滤框内的悬浮液压力随时间直线增加，为了避免因压力过高造成压滤机泄漏、滤布破损，在过滤装置中设有回路旁通阀。在过滤过程中，当悬浮液压力增加到一定的值时，回路旁通阀自动打开，部分悬浮液经旁通回路返回泵的入口，使进入压滤机的流量减小，滤框内的压力保持不变，过滤速度减慢，直到滤饼充满滤框后过滤停止。

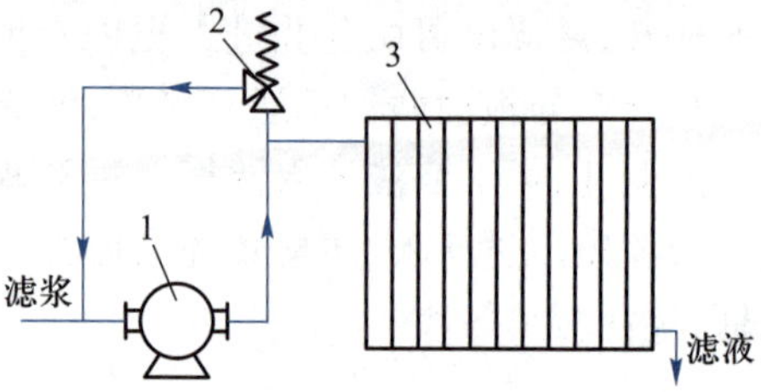

图 11-5 先恒速后恒压的过滤装置

1—容积式泵；2—回路旁通阀；3—压滤机

过滤阶段压滤机内的液体流动路线如图 11-6(a)所示，悬浮液进入滤框后其中所含的滤液穿过滤框两侧的滤布，再经相邻滤板汇集后从滤液出口流出，固体颗粒则截留在滤框内。在过滤即将结束时，滤液通过的滤饼层厚度为滤框厚度的一半，过滤面积则为两侧滤布面积之和。

动画

板框式压滤机的过滤和洗涤

过滤结束后，为了进一步除去附着在滤饼颗粒上的黏液，需要对滤饼进行洗涤，洗涤液在压滤机内的流动路线如图 11-6(b)所示，洗涤液在泵提供的压力作用下，进入洗涤板板面与滤框一侧滤布之间后，再穿过滤布和整个滤饼层及另一侧滤布，最后从过滤板下部的洗涤液出口流出。由于洗涤液是单向穿过滤框的，因此，穿过滤饼厚度为整个滤框厚度，但洗涤面积仅为过滤面积的一半。

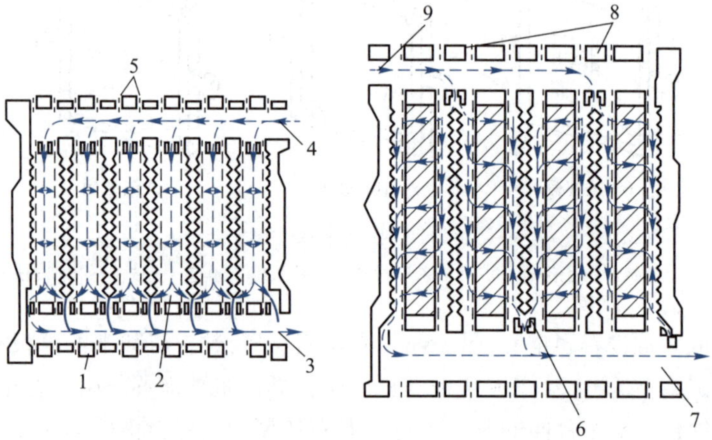

(a) 过滤阶段　(b) 洗涤阶段

图 11-6 板框式压滤机内的流体流动路线

1—滤框；2—滤饼；3—滤液出口；4—悬浮液入口；5—滤布；
6—过滤液；7—洗涤液出口；8—洗涤板；9—洗涤液入口

洗涤结束后，松开压紧装置并将板框拉开，卸出滤饼，清洗滤布，然后重新用压紧装置将板框压紧，压滤机又进入下一个工作循环。

3. 板框式压滤机的特点及应用

板框式压滤机的优点是结构紧凑，过滤面积大，操作压力一般在 0.3～0.8 MPa 的范围内。滤板和滤框的数目,可根据生产任务自行调节,一般为 10～60 块,过滤面积为 2～80 m^2,生产中可广泛用于各种悬浮液的过滤,如石油添加剂产品的过滤等。它的主要缺点是间歇操作,生产效率低,且滤布易破损。

(二)转鼓式真空过滤机

1. 转鼓式真空过滤机的结构

转鼓式真空过滤机如图 11-7 所示,其结构主要由转鼓、分配头、滤浆槽、搅拌器及刮刀等部件组成。转鼓用铸铁铸造或用钢板焊制,转鼓内部沿径向分隔成若干个扇形滤室,每个滤室内都有单独的输液管通向分配头。转鼓两侧盖板上装有铸铁制的轴颈,转鼓外表面为开孔的筛板,上面覆盖有金属筛网和滤布。为了防止过滤机工作时滤布鼓起,需用金属丝将滤布在转鼓上缠紧。

分配头由一个安装在转鼓端盖上随转鼓转动的阀盘和一个安装在滤浆槽上固定不动的阀座组成。滤室内的输液管一端插在阀盘上所开的圆孔内。阀盘和阀座借助弹簧力紧密贴合,在阀座的贴合面上开有几个弧长不等的凹槽,分别与真空吸滤液管、真空吸洗液管及压缩空气管相通。转鼓转动时,滤室内的输液管可通过阀盘上的圆孔与连接阀座的真空管及压缩空气管依次接通。

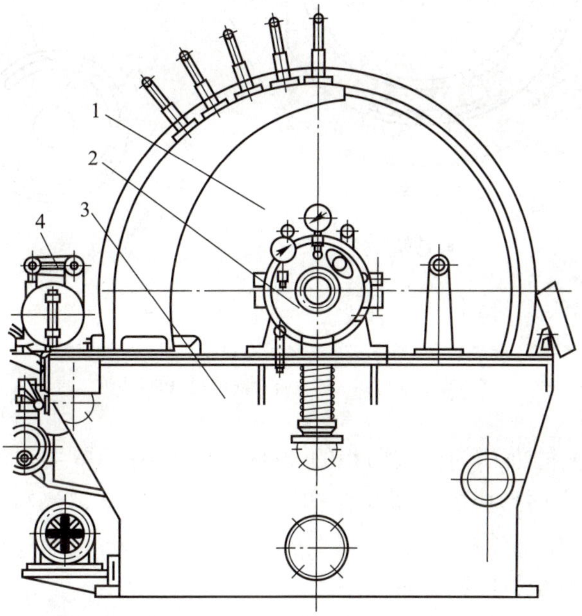

图 11-7 转鼓式真空过滤机

1—转鼓;2—分配头;3—滤浆槽;4—搅拌器

动画

转鼓式真空过滤机

转鼓的轴承装设在滤浆槽两端的轴承座内,在滤浆槽底部所装的摆动式搅拌器,可起到防止悬浮液沉淀的作用。此外,在滤浆槽一侧,还装设有刮刀,供操作中卸下滤饼用。

2. 转鼓式真空过滤机的工作过程

转鼓式真空过滤机是一种连续工作的过滤机械,过滤机工作时,转鼓下部浸没在盛有悬浮液的滤浆槽中并以 0.1～3 r/min 的转速转动,转鼓内各扇形滤室凭借分配头的作用依次进行过滤、洗涤、吸干、吹松、卸饼等各项工作。如图 11-8 所示,滤浆槽液面以下为过滤区，当转鼓上的某扇形滤室浸入液面时，滤室内的输液管通过阀盘上的圆孔与阀座上的真空吸滤液槽接通，进入滤室的滤液被真空吸滤液管抽走，固体颗粒附着在转鼓外表面的滤布上形成滤饼。滤室转出液面以后，抽吸还会继续一段时间，以抽干附着在滤饼上的滤液。转鼓继续转动，滤室就进入洗涤区。从喷嘴喷出的洗涤液从转鼓外面向滤饼喷洒，这时滤室内的输液管也正好转动到与阀座上的真空吸洗液槽相对，流入滤室的洗液被真空吸洗液管抽走，转鼓再往前转动，滤室就进入卸渣区。滤室内的输液管与分配头阀座上的压缩空气孔接通，压缩空气将滤饼吹松，帮助刮刀铲下转鼓表面的滤饼，滤饼卸除后，在滤室内继续通入压缩空气，可再生和清理滤布。

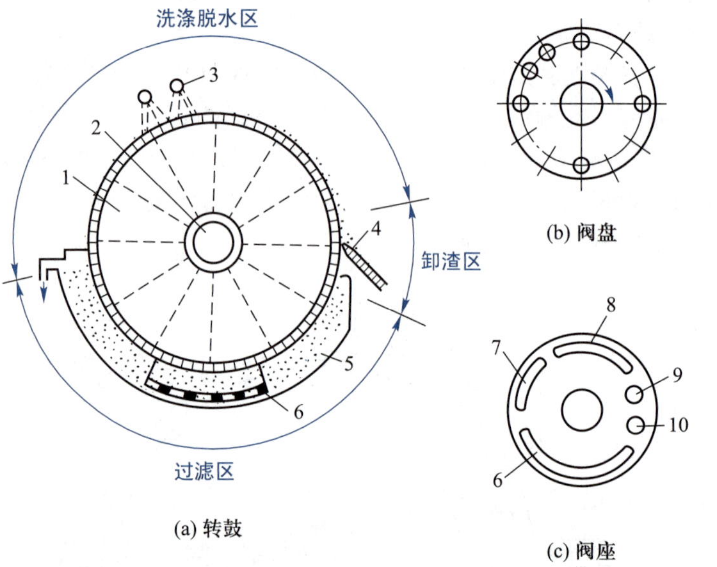

图 11－8　转鼓式真空过滤机的工作过程

1—转鼓；2—分配头；3—洗液喷嘴；4—刮刀；5—滤浆槽；
6、7—真空吸滤液槽；8—真空吸洗液槽；9、10—压缩空气孔

转鼓浸入悬浮液的面积为全鼓面积的 30%～40%，在不需要洗涤滤饼时，浸入面积可增至 60%。转鼓表面形成的滤饼厚度一般在 40 mm 以下，转鼓式真空过滤机所得的滤饼含湿量较高，常为 30%左右。

3. 转鼓式真空过滤机的特点及应用

由于转鼓式真空过滤机能够自动连续生产，节省人力，生产能力高，因此适宜处理量大而又易过滤的悬浮液。其缺点是过滤面积小，滤饼的洗涤不够充分，并且在真空条件下温度高的液体易挥发，所以，不宜过滤温度高的悬浮液。如石油加工工业中的溶剂脱蜡工艺就采用转鼓式真空过滤机。

(三) 过滤机的选用

选择过滤机时要综合考虑悬浮液的过滤特性、生产规模的大小、操作条件及过滤目的等诸因素，并根据生产过程的主要特点进行选择。

(1) 对于过滤性良好的悬浮液，宜采用转鼓式真空过滤机。过滤性中等的悬浮液，宜采用垂直回转圆盘过滤机或板框式加压过滤机。过滤性差的悬浮液，宜采用真空叶滤机等。

(2) 生产规模大时，宜采用连续式过滤机。生产规模小时，宜采用间歇式过滤机。过滤机的处理能力还应与工艺系统的生产能力相平衡。

(3) 过滤易汽化的悬浮液时，宜采用压滤机。处理有毒有害的悬浮液时，宜采用全密闭式过滤机。

(4) 当过滤操作的目的为取得固体颗粒时，宜采用滤饼洗涤充分、湿含量低的过滤机。当过滤操作的目的为得到滤液时，宜采用滤液澄清度高、滤液和洗液易分离的过滤机。

第二节 离 心 机

一、离心机的分类和适用范围

离心机可用于液-固系统的脱水、澄清、浓缩及分级过程，也可用于液－液、液－液－固系统。离心机的类型很多，按分离原理可分为过滤离心机和沉降离心机。

过滤离心机是利用过滤原理，以离心力为推动力来分离液、固两相的机械。过滤离心机对液、固两相没有密度差的要求，其分离原理是使悬浮液中的固相颗粒截留在过滤介质上，并不断地堆积成滤饼，与此同时，液体由于离心力作用透过过滤介质成为滤液。常用的过滤离心机有三足式离心机、上悬式离心机、卧式刮刀卸料离心机、卧式活塞推料离心机及离心力卸料离心机等。

沉降离心机的作用原理与过滤离心机相同，只是要求液、固两相要有一定的密度差，而离心过滤则无此要求。常用的沉降离心机有螺旋卸料沉降离心机和碟式分离机等。

离心机的类型、性能特点和适用范围如表 11－2 所示。

二、离心机的结构、工作过程及选用

(一) 三足式离心机

1. 三足式离心机的工作原理

如图 11－9 所示为人工卸料三足式离心机的结构示意图。高速回转的转鼓悬挂在机座的三根支柱上，由主轴带动，主轴为刚性轴。主轴及其支承、驱动装置等安装在机器的底盘上，整个机组处于挠性支承。

转鼓内，悬浮液中的固体颗粒在离心力的作用下向鼓壁运动，受过滤介质的拦截在转鼓内壁堆积形成滤饼。而液体在离心力的作用下通过滤饼，经转鼓的小孔离开转鼓，实现了液、固两相的分离。当滤饼达到一定的厚度时停止加料，脱料液，加入洗涤液对滤饼进行洗涤，然后甩干，停机。由人工从上部将滤饼卸出。

2. 三足式离心机的类型和操作方式

根据卸料方式的不同，三足式离心机可分为人工卸料和机械卸料两大类。人工卸料三足式离心机属于间歇操作，工人劳动强度大，设备生产效率低，但对物料的适应性好，易于保持产品晶粒不被破坏。机械卸料主要适用于滤饼比较疏松的晶粒状固体颗粒，对晶粒有一定的破坏作用，但工人劳动强度低，易实现程序或自动控制。三足式离心机的卸料和操作方式如表 11－3 所示。

表 11－2 离心机的类型、性能特点和适用范围

机型		过滤离心机						沉降离心机						
		间歇式		活塞式		连续式		螺旋卸料		管式	室式	碟式分离机		
		三足式、上悬式	刮刀式、虹吸式	单级	双级	离心力卸料	螺旋卸料	圆锥	柱锥			人工排渣	喷嘴排渣	活塞排渣
分离因数 F_r		500～1 000	1 000～2 000	200～500	200～500	1 000～2 000	1 000～2 000	≤2 500	≤2 500	>1 000	5 000～8 000	5 000～10 000	5 000～8 000	5 000～10 000
进料特性	固相质量分数/%	≤60	≤60	30～60	30～60	≥30	≥30	3～40	3～40	≤1	≤1	<1	≤10	≤5
	颗粒直径/μm	>10	>10	≥250	≥250	≥200	≥100	≥5	≥5	0.5～1	0.5～1	0.5～1	≥1	≥1
	固、液相密度差/(g·cm⁻³)	—	—	—	—	—	—	≥0.1	≥0.1	>0.02	>0.02	>0.02	>0.02	>0.02
用途	液相澄清	—	—	—	—	—	—	可	良	优	优	优	良	优
	液一液分离	—	—	—	—	—	—	可	可	优	优	优	—	优
	沉降浓缩	—	—	—	—	—	—	良	良	优	优	优	优	优
	固相脱水	优	优	优	优	优	优	良	良	—	—	—	—	—
	洗涤效果	优	优	良	优	可	可	可	可					
	晶体破碎	低	高	中	中	中	中	中	中					
	固相分级	—	—	—	—	—	—	可	可	可	可	可	可	可
出料情况	固相含湿量/%	3～40	3～40	3～40	3～40	≤50	≤50	10～80	10～80	10～45	10～45	10～45	70～90	40～70
	液相含固量/%	<0.5	<0.5	<5	<5	<5	<5	≤1	≤1	<0.01	<0.01	<0.01	<0.01	<0.01

注：用途栏中，澄清是指去掉液相中的固相；浓缩是指提高液、固两相中固相在溶液中的含量；脱水是指去掉固相中的液相；分级是指使悬浮液中不同粒径的颗粒，以某一粒径 d_k 为基准，分成大于 d_k 和小于 d_k 的两组颗粒组分。

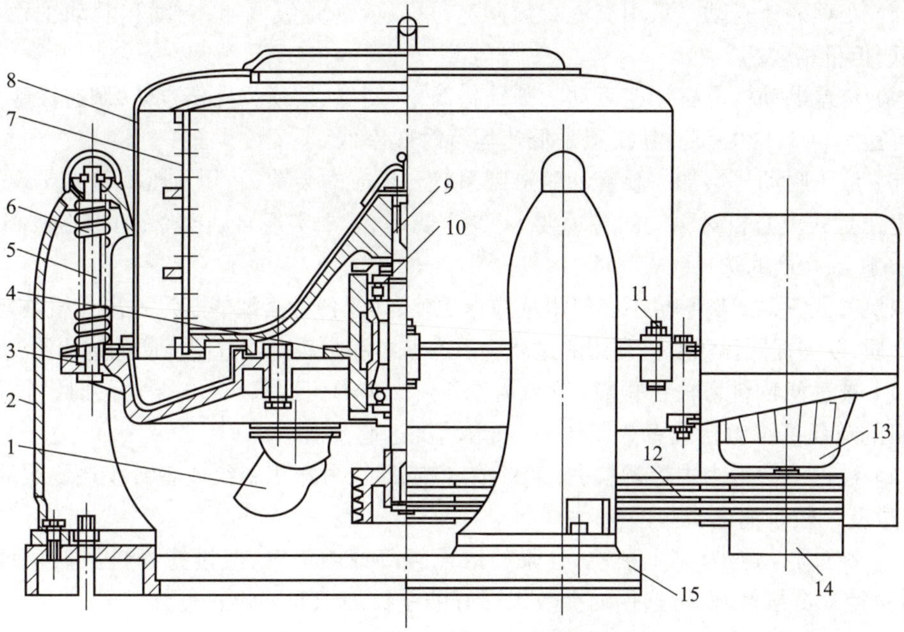

图 11－9　人工卸料三足式离心机的结构示意图

1—出液管；2—支柱；3—底盘；4—轴承座；5—摆杆；6—弹簧；7—转鼓；8—外壳；9—主轴；
10—轴承；11—外壳压紧螺栓；12—V 带；13—电动机；14—离心离合器；15—机座

表 11－3　三足式离心机的卸料和操作方式

类型	卸料方式			分离操作方式	主轴运转方式
	机构	方位	转速		
人工卸料	人工	上部	停机	间歇	恒速、间断
	起吊滤袋	上部	停机	间歇	恒速、间断
	手动刮刀	下部	低速	间歇	调速、连续
机械卸料	旋转刮刀	下部	低速	周期循环	调速、连续
	升降刮刀	下部	低速	周期循环	调速、连续
	气流机械	上部	低速	周期循环	调速、连续
	刮刀-螺旋	上部	低速	周期循环	调速、连续

3. 三足式离心机的驱动装置

三足式离心机各个操作阶段的转速不相同，一般在 200～800 r/min 转速下加料，在 1 000～1 600 r/min 转速下分离，在 20～100 r/min 转速下进行刮刀卸料（人工卸料三足式离心机需停车卸料）。所以要求驱动装置能实现宽范围的变速，目前三足式离心机的变速方法有如下几种。

（1）多速电动机驱动　其结构简单，运行可靠，操作方便，但由于绕组的磁极对数只能成对改变，所以相应的调速也只能是有级的，调速范围也很小。

（2）主-副电动机驱动　主电动机常采用双速电动机，以中速和高速驱动主轴转动。副电动机为低速电动机，其功率和转速与过滤离心机卸料阶段的转速相适应。这种驱动方式的优点是使用普通电动机即可实现变速，能满足一般机械刮刀卸料离心机对转鼓转速的要求。

(3) 变频调速驱动　采用交流变频调速，可以实现无级调速，启动和制动平稳可靠，噪声低，但价格较高。

(4) 转差电动机电磁调速驱动　其结构简单，制造、维修和操作方便，调速性能可靠，范围可达 10∶1～30∶1。其缺点是低速运行时效率低。

(5) 液压驱动　增加一整套油路控制系统和相应的装置，利用液压驱动来实现变速，能满足三足式离心机对驱动的各项要求，安全防爆，易于实现自动操作，但价格较高。

4. 过滤介质的选择

除沉降式三足式离心机不必使用过滤介质外，其他各种类型的三足式离心机均需使用过滤介质，以捕捉固体颗粒。常用的过滤介质有滤布和金属网。过滤介质的选用原则如下。

(1) 被过滤物料为较粗颗粒(粒径为 0.5～1 mm)，且晶粒分布很均匀时，可选用孔径较粗的单丝纤维织物或者金属丝网、条形网类过滤介质。

(2) 被过滤物料为中等颗粒，且浆料浓度较高时，可选用斜纹或者缎纹法编织的工业滤布，或孔径较小的金属丝网。

(3) 被过滤物料为细小颗粒，且浆料浓度较高或中等时，或过滤物料虽然颗粒不太细，但粒径分布很宽时，可选用捕捉效果很好的平纹编织的工业滤布。

5. 三足式离心机的特点及应用

三足式离心机是过滤离心机中应用最广泛、适应性最强的一种，可用于分离固体 10 μm至数毫米粒径的颗粒，以及纤维状或块状的物料，悬浮液的含固量在 5%～60%的范围内都能很好地工作。

三足式离心机对物料浓度的变化、物料过滤性能的变化适应性好，而且滤饼易于洗涤，洗涤时间和洗涤水用量可随意调整。三足式离心机的缺点是工人劳动强度大，设备生产效率低，一般仅适于中小规模的生产。三足式离心机的分离因数(离心力加速度与重力加速度的比值)为 500～1 000，转鼓直径为 300～2 000 mm。

6. 三足式离心机机型的选用

三足式离心机的选型一般应遵循以下原则。

(1) 当生产规模较大、滤饼含湿量有严格要求或对滤饼的洗涤有一定的要求时，一般可选用下部卸料或自动刮刀下部卸料的三足式离心机，转鼓直径为 250～1 000 mm。因为其滤饼容量适中，分离因数一般为 500～800。

(2) 在小规模生产或中间试验的情况下，可选用较小转鼓直径的下部卸料三足式离心机。如果产量较小，还可选用上部人工卸料的三足式离心机。其结构最简单，价格也最低，对物料过滤性能变化的适应性好。

(3) 当固相浓度低、固相颗粒细、处理量不大时，而且对沉渣含湿量没有严格要求的场合，可以考虑选用带有撇液装置的三足式沉降离心机。这种机型与其他沉降离心机相比，设备投资费用低，维修、操作方便。

(4) 对于颗粒较细(颗粒直径为 10 μm 左右)、固相浓度较高(固相质量分数为 30%～40%)，而且对滤饼的含湿率有较高要求时，可以选用带有撇液装置的下部卸料或刮刀下部卸料的三足式离心机。

(5) 用于纺织品或纤维脱水时，应当选用上部人工卸料的三足式离心机。

(6) 选用的机器转鼓直径应尽可能大而分离因数可低一些，其原因是大直径的转鼓可增加每批物料的量，以提高产量。而对于易脱水的纺织品类物料也不必使用高分离因数的设备，以节省投资和操作费用。当用于小零件洗涤脱水时一般选用下部卸料的三足式离心机，分离因数也可以取低一些。

(7) 当规模不大的间歇生产，或产品的品种经常变化，或用于分离的产品对固相粒子外形有很高的要求时，亦可采用上部人工卸料的三足式离心机。

(8) 用来分离滤饼比较疏松、使用气流输送管道不易发生阻塞、生产规模大又不希望物料与外界接触时，可考虑选用上部抽吸的气流机械卸料。

(9) 黏度大的物料不能选用重力卸料，应选用人工或机械卸料离心机。黏度小的物料应选用重力自动卸料离心机，这样既能减轻操作工人的劳动强度，又能提高生产量，降低设备造价。

(10) 当选用刮刀卸料机械时，应根据滤饼的黏性和坚硬程度，正确选择刮刀的宽度与进入形式。

(二) 螺旋卸料沉降离心机

螺旋卸料沉降离心机主要由高转速的转鼓、与转鼓转向相同且转速比转鼓略高或略低的螺旋和差速器等部件组成。

螺旋卸料沉降离心机单机生产能力大，结构紧凑，可连续运行，对物料的适应性大，能分离的固相粒度范围较广(0.005～2 mm)，在固相粒度大小不均时也能照常进行分离，能广泛地用于化工、石油、食品、制药、环保等领域。

1. 螺旋卸料沉降离心机的工作原理

螺旋卸料沉降离心机按其结构划分，有卧式和立式两种。如图 11－10 所示为卧式螺旋卸料沉降离心机的结构，悬浮液经进料管连续输入离心机，经螺旋输送器的内筒出料口进入转鼓，在离心力的作用下，悬浮液在转鼓内形成环形液流，固体粒子在离心力的作用下沉降到转鼓内壁，由于差速器的差动作用使螺旋输送器与转鼓之间形成相对转速差，把沉渣推送到转鼓小端的干燥区进一步脱水，然后经出渣口排出。液相形成一个内环，环形液层深度由转鼓大端的溢流挡板进行调节。分离后的液体经溢流孔排出，沉渣和分离液分别被收集在机壳内的沉渣和分离液隔仓内，最后由重力卸出机外。

2. 螺旋卸料沉降离心机的主要零部件

(1) 转鼓　由于柱锥形转鼓有利于沉渣脱水，提高机器的处理能力和澄清效果，也有利于增大离心机的长径比，扩大其应用范围，所以，螺旋卸料沉降离心机目前大都采用柱/锥形结构，由一个带有法兰的圆柱形筒体和一个圆锥形筒体加上左、右轴颈(见图 11－10)形成转鼓部件。

(2) 螺旋输送器　它是螺旋卸料沉降离心机的重要部件。其推料叶片的形式有连续式整体螺旋叶片、连续式带状螺旋叶片和间断式螺旋叶片等。最常用的是连续式整体螺旋叶片，这种螺旋叶片制造比较容易，同时亦适用多种物料的分离。螺旋叶片的头数，根据使用要求可以是单头螺旋、双头螺旋，也可以是多头螺旋。同样条件下，双头螺旋较单头螺旋的输渣能力高一倍，缺点是对机内流体搅动较大，不适宜分离细黏的低浓度物料。

(3) 差速器　在螺旋卸料沉降离心机中，沉渣在转鼓内表面的轴向移动是靠螺旋与转鼓之间的相对运动，即转速差来实现的，转速差由差速器实现。差速器的好坏对螺旋卸料沉降离心机起决定性的作用。差速器的结构型式有机械式、液压式、电磁式等，最常用的是机械

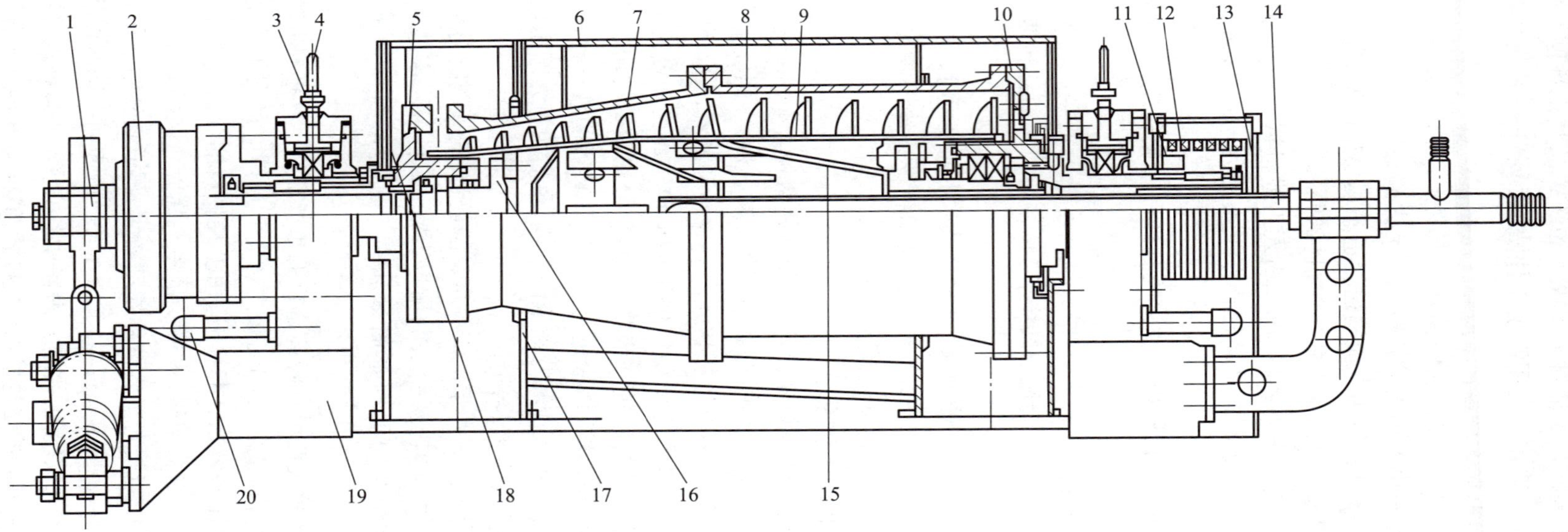

图 11-10　卧式螺旋卸料沉降离心机的结构示意图

1—安全装置；2—差速器；3—进油接头；4—进油管；5—左轴颈；6—出液上罩；7—转鼓锥段；
8—转鼓直段；9—螺旋输送器；10—右轴颈；11—带轮；12—V 带；13—带罩；14—进料管；
15—布料器；16—花键轴；17—下机壳；18—出料上罩；19—机座；20—回油管

行星齿轮差速器。机械行星齿轮差速器又分为圆弧摆线针轮差速器、渐开线圆柱齿轮差速器、谐波齿轮差速器等。渐开线圆柱齿轮差速器不但结构紧凑、体积小、承载能力高，且传递效率高达 99.8%，所以凡传递扭矩大于 2 000 N·m 的差速器，大多采用渐开线圆柱齿轮差速器。

3. 螺旋卸料沉降离心机的选用

(1) 对于固相浓度低，固相粒子细，固、液两相密度差较小的物料，且要求液相澄清度高时，一般选用柱/锥形转鼓、转鼓长径比 $L/D \geqslant 3$ 的并流型螺旋卸料沉降离心机。

(2) 对于固相浓度较高，固、液两相密度差较大的悬浮液的分离，当要求沉渣的产率高，且分离所得的沉渣含湿率低时(如 PVC 的分离等)，一般可选用 $L/D \geqslant 2$ 的柱/锥形转鼓的逆流型螺旋卸料沉降离心机。

(3) 对于粗颗粒物料的脱水(如尾煤回收等)，不但要求离心机有较高的沉渣生产能力，而且要求沉渣的含湿率越低越好，可选用带有过滤直段的沉降、过滤复合型螺旋卸料沉降离心机。这种离心机在普通柱/锥形卧式螺旋卸料沉降离心机的基础上，在转鼓圆锥段末尾设有一个带有滤孔和过滤介质的过滤段，以获得含湿率很低的干渣。

第三节　风　　机

一、离心式风机

离心式风机产生的风压不高，气体经过风机时的温升不大，可以近似作为不可压缩流体处理。它在结构和工作原理方面与离心泵有很多相似之处。根据其产生的风压大小可分为离心式通风机和离心式鼓风机两大类。

(一) 离心式通风机

离心式通风机的最大出口风压低于 14.7 kPa，按照其用途又分为压气式和排气式两种。压气式风机从大气中吸气，如锅炉的送风机就是这种压气式风机。排气式风机从稍低于大气压的空间吸气，如锅炉的引风机就是排气式风机。由于锅炉内燃烧后的气体温度很高，因此锅炉引风机需用耐高温材料制造，轴承还需冷却。

离心式通风机的基本构造如图 11-11所示，其结构主要由机壳、叶轮及转轴等部件组成。机壳一般采用流通截面为矩形的蜗壳，蜗壳的轮廓曲线为对数螺线，排风口沿螺线的展开方向布置在机壳上，进风口与转轴平行布置在机壳前盖板上，进风口的几何形状有筒形、圆锥形及锥弧形几种形式。整个机壳用钢板焊接而成。叶轮由轮盖、轮盘及叶片组成，轮盖的形状有平盖、锥形盖和弧形盖 3 种，采用锥弧形的进风口，并配以具有弧形盖的叶轮时，气体在风机

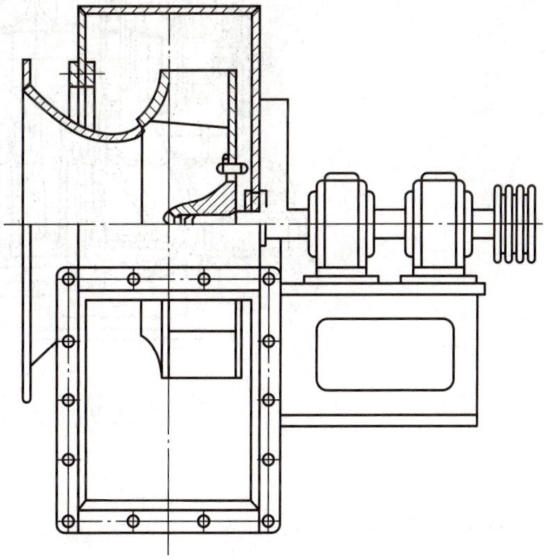

图 11-11　离心式通风机的结构示意图

内的流动损失较小,效率较高。叶轮的轮盘为平盘,焊接在轮毂上。叶片的形状有平板形、圆弧形和机翼形3种,如图11-12所示。大型通风机多采用机翼形叶片,中小型通风机以采用圆弧形和平板形叶片为宜。叶片可焊接,也可铆接在轮盖及轮盘上。对于单吸式叶轮可用螺母固定在转轴上,采用悬臂式支承,轴承座设在机座上。大型风机多采用联轴器传动,小型风机则可以直接将叶轮安装在电动机轴上。

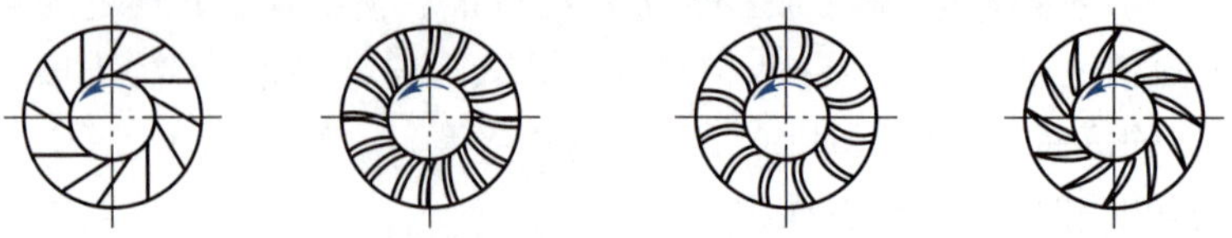

图 11-12　离心式通风机的叶片形状

离心式通风机的主要性能参数有风量、风压、轴功率和效率等。在选择风机时,首先根据气体的种类和性质及分压的大小确定所选风机的类型,然后根据风量和风压,查阅风机样本或产品目录中的性能表及性能曲线,选择合适的机型。

(二) 离心式鼓风机

离心式鼓风机的最大出口风压低于294 kPa,工作原理与离心式通风机相同,结构与离心式压缩机相似。如图11-13所示为三级离心式鼓风机,用于化工生产中输送发生炉煤气、空气及其他无腐蚀性气体。该机为单吸式双支承结构,机壳水平剖分为上下两半,蜗壳流通截面为圆形,进风口和排风口均垂直向下布置,级间及轴端密封均为梳齿形迷宫密封,各级叶轮直径相等。由于鼓风机中气体的压缩比不高,所以,不设中间冷却器,叶轮产生的轴向力由止推轴承承受。

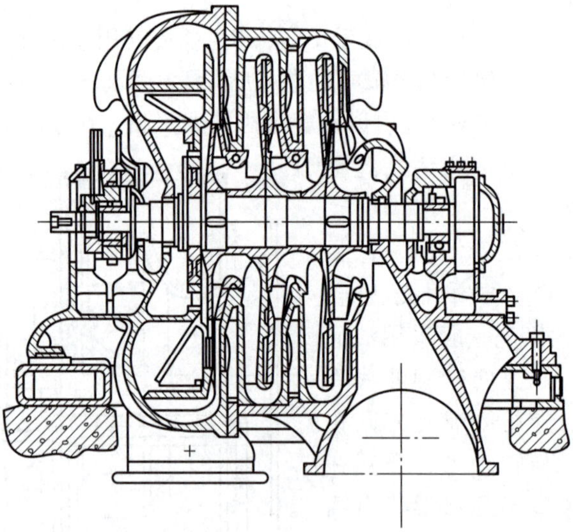

图 11-13　三级离心式鼓风机

二、罗茨鼓风机

罗茨鼓风机的工作原理与齿轮泵相似,出口压力低于80 kPa,其效率在出口压力为

40 kPa 左右时最高，输气量范围为 2～500 m^3/min。其构造如图 11－14 所示，在断面为“8”字形的机壳内装有两个形状相同的转子，转子轴端装有一对相互啮合的传动齿轮，两齿轮的齿数及模数均相同。在主动齿轮的带动下两转子做同步反向旋转，气体从进气口进入吸气腔后在转子的推动下被送到压气腔，在压气腔内受到从吸气腔送来气体的挤压最后从排气口排出。对于采用实心转子的鼓风机，由于气体压力可以抵消部分转子质量，因此，将进气口设在机壳上方，排气口设在下方，可以改善轴承的受力状况。

鼓风机的转子一般用铸铁或铸铝制造，压送有腐蚀性的气体时，可用不锈钢制造。小型鼓风机的转子可采用实心结构。为了减轻质量，大中型鼓风机的转子一般采用空心结构，转子的形状有两齿形、三齿形及星形几种形式。三齿形较两齿形运转平稳，排气压力脉动小。但转子齿数增多时，要占去部分工作容积，使鼓风机的排风量减小，因此，大多数小型鼓风机多采用两齿形转子，大中型鼓风机可采用三齿形或星形转子。如图 11－15所示为三齿形罗茨鼓风机，该机的排风量为 30.9 m^3/min，风压为 500 Pa，转速为 1 310 r/min，配用 30 kW 电动机驱动。

动画
罗茨鼓风机

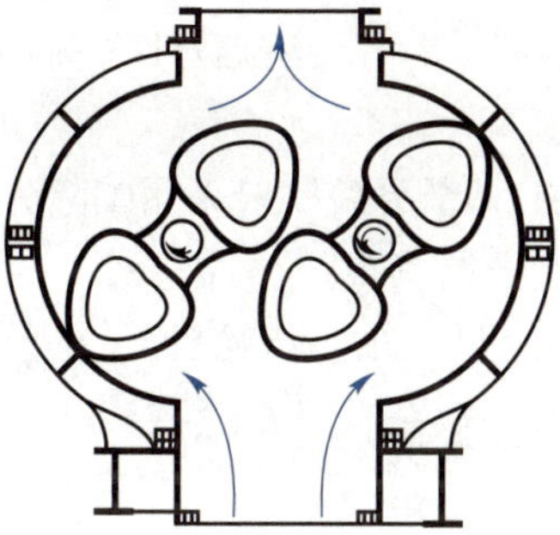

图 11－14　罗茨鼓风机

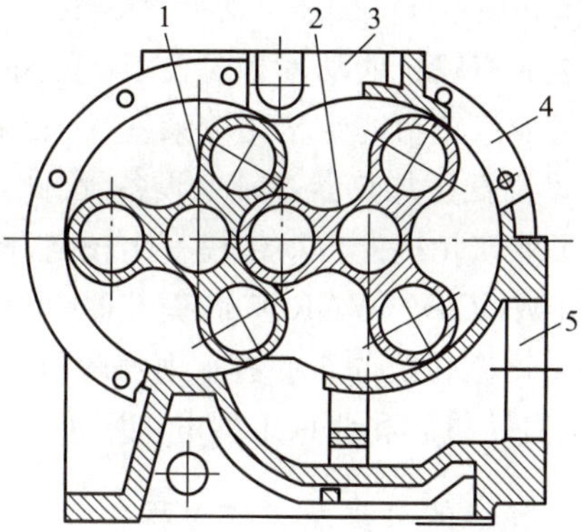

图 11－15　三齿形罗茨鼓风机

1—从动转子；2—主动转子；3—排气口；4—机壳；5—吸气口

动画
三足罗茨鼓风机

鼓风机的机壳用铸铁制造，机壳结构由壳体和盖两部分或机壳与前后盖三部分组成。为了避免机壳和转子的摩擦碰撞，要求机壳与转子之间、转子与转子之间应留有间隙。但为了减少泄漏，规定机壳与转子之间的间隙为 0.2～0.3 mm。转子相互之间的间隙为 0.23～0.3 mm。机壳与转子之间的间隙可通过调整前后盖径向位置进行调整，转子相互之间的间隙可通过传动齿轮调整。转子由设在前后盖上的滚动轴承支承，在主动转子轴伸出后盖的位置设有轴封，轴封的结构型式一般为梳齿形迷宫式。

罗茨鼓风机属于容积式鼓风机，其风量与转速成正比，在一定的转速下，出口压力增高时，风量略有降低，这是由于压力增高时通过转子与机壳间隙产生的泄漏增大的缘故。由于鼓风机的风量基本不受出口压力变化的影响，因此，在鼓风机的排气口应连接储气罐，并在罐上安装安全阀，以备放空时用，流量调节可采用部分气体放空或旁路回流调节。此外，鼓风机的操作温度不能高于 85℃，否则，转子受热膨胀会引起摩擦甚至出现卡死现象。

第四节　工业汽轮机

汽轮机是将蒸汽的热能转换成机械功的一种旋转式原动机。与其他型式的原动机(如汽油机、柴油机等)相比,汽轮机具有单机功率大、热经济性高、效率高、使用寿命长、转速易控制、运转安全可靠等优点,因此被广泛地应用在发电、石油化工、冶金、交通运输、轻工业等行业。

除中心电站用汽轮机、舰船用汽轮机外,在工业生产中直接用作原动机来驱动一些大型机械设备(如大型风机、给水泵、压缩机等)的汽轮机称为工业汽轮机。在石油化工装置中应用的工业汽轮机,所需的蒸汽主要来自生产装置中的废热锅炉,不足部分由辅助锅炉补给,充分利用了石油化工生产中工艺反应的余热。

工业汽轮机与中心电站用汽轮机的不同之处如下。

(1) 中心电站用汽轮机的工作转速比较低,并且固定不变,一般为 3 000 r/min,而工业汽轮机的工作转速都比较高,而且不断变化,一般为 6 000～10 000 r/min,有的达到 12 000 r/min。

(2) 工业汽轮机的功率相对较小,最小的只有几十千瓦,大的为几兆瓦。

(3) 工业汽轮机的结构比较紧凑,一般采用积木块结构,热力系统相对比较简单,而且通常不设高低压加热器等辅助设备,因此热效率较低。

(4) 工业汽轮机的自动化程度比较高,操作比较简单,调节系统一般采用国际先进的调节器,如 WOOD－WARD505 调节器,也有的使用全液压调节器。

我国生产汽轮机的企业有上海汽轮机厂、哈尔滨汽轮机厂、东方汽轮机厂、杭州汽轮机厂、南京汽轮机厂和北京重型电机厂等。

一、汽轮机的分类及工作过程

(一) 汽轮机的分类

汽轮机的类别和形式很多,可按热力特性、工作原理、蒸汽初压、结构型式等进行分类,如表 11－4 所示。

表 11－4　汽轮机的分类

分类	形式	说明
按热力特性划分	凝汽式汽轮机	排汽在低于大气压力的真空状态下进入凝汽器凝结成水
	抽汽凝汽式汽轮机	排汽压力低于大气压力,从汽轮机中间级中抽出一定压力的蒸汽作为他用
	背压式汽轮机	排汽压力高于大气压力
	抽汽背压式汽轮机	排汽压力高于大气压力,中间抽出蒸汽供其他部门使用
	多压式汽轮机	充分利用工业生产工艺流程中的副产蒸汽,将部分蒸汽注入汽轮机某级做功,热能综合利用好

续表

<table>
<tr><th>分类</th><th colspan="2">形式</th><th>说明</th></tr>
<tr><td rowspan="3">按工作原理划分</td><td colspan="2">冲击式汽轮机</td><td>蒸汽主要在喷嘴叶栅内膨胀</td></tr>
<tr><td colspan="2">反动式汽轮机</td><td>蒸汽在静叶栅和动叶栅内膨胀</td></tr>
<tr><td colspan="2">冲击和反动组合式汽轮机</td><td>转子各级叶片既有冲动级又有反动级</td></tr>
<tr><td rowspan="2">按结构划分</td><td colspan="2">单级汽轮机</td><td>通流部分只有一级</td></tr>
<tr><td colspan="2">多级汽轮机</td><td>通流部分具有两个以上的级</td></tr>
<tr><td rowspan="6">按蒸汽初压划分</td><td colspan="2">低压汽轮机</td><td>蒸汽初压为 1.18～1.47 MPa</td></tr>
<tr><td colspan="2">中压汽轮机</td><td>蒸汽初压为 1.96～3.92 MPa</td></tr>
<tr><td colspan="2">高压汽轮机</td><td>蒸汽初压为 5.88～9.8 MPa</td></tr>
<tr><td colspan="2">超高压汽轮机</td><td>蒸汽初压为 11.77～13.73 MPa</td></tr>
<tr><td colspan="2">亚临界汽轮机</td><td>蒸汽初压为 15.69～17.65 MPa</td></tr>
<tr><td colspan="2">超临界汽轮机</td><td>蒸汽初压大于 22.16 MPa</td></tr>
<tr><td rowspan="3">按气流方向划分</td><td colspan="2">轴流式汽轮机</td><td>蒸汽在汽轮机内流动的总体方向大致与轴平行</td></tr>
<tr><td colspan="2">辐流式汽轮机</td><td>蒸汽在汽轮机内流动的总体方向大致与轴垂直</td></tr>
<tr><td colspan="2">周流式(回流)汽轮机</td><td>蒸汽在汽轮机内大致沿轮周方向流动,功率较小</td></tr>
<tr><td rowspan="6">按用途划分</td><td colspan="2">中心电站用汽轮机</td><td>绝大部分用抽汽冷凝式、抽汽背压式汽轮机</td></tr>
<tr><td colspan="2">舰船用汽轮机</td><td>用于舰船推进动力装置,驱动螺旋桨</td></tr>
<tr><td rowspan="4">工业汽轮机</td><td>单纯驱动</td><td>仅驱动各种工业机械,不向外供热,为凝汽式汽轮机,可以变转速运行。用于化工、炼油、冶炼和电站等行业</td></tr>
<tr><td>驱动并供热</td><td>驱动各种工业机械,并向外供热。为抽汽冷凝式、抽汽背压式、背压式汽轮机,可以变转速运行。用于化工、炼油、冶炼等行业</td></tr>
<tr><td>单纯发电</td><td>工业企业自备电站中用于驱动发电机的汽轮机,定转速运行</td></tr>
<tr><td>发电并供热</td><td>汽轮机为抽汽冷凝式、抽汽背压式,定转速运行</td></tr>
</table>

(二) 汽轮机的工作过程

最简单的单级冲动式汽轮机的结构如图 11－16 所示,具有一定的压力和温度的蒸汽流经固定不动的喷嘴,并在其中膨胀,蒸汽的压力、温度不断地降低,速度不断地增加,使蒸汽的热能转化为动能。然后,喷嘴出口的高速气流以一定的方向进入装在叶轮上的动叶通道中。由于气流速度的大小和方向改变,气流给动叶片一个作用力,推动叶轮旋转做功。

由一列固定的喷嘴和与它相配合的动叶片构成了汽轮机的基本做功单元,称为汽轮机的级。在级中可以通过冲动和反动两种不同的作用原理使蒸汽的热能转化为机械能做功,采用冲动原理工作的级称为冲动级,采用反动原理工作的级称为反动级,其相应的汽轮机也称为冲动式汽轮机和反动式汽轮机。

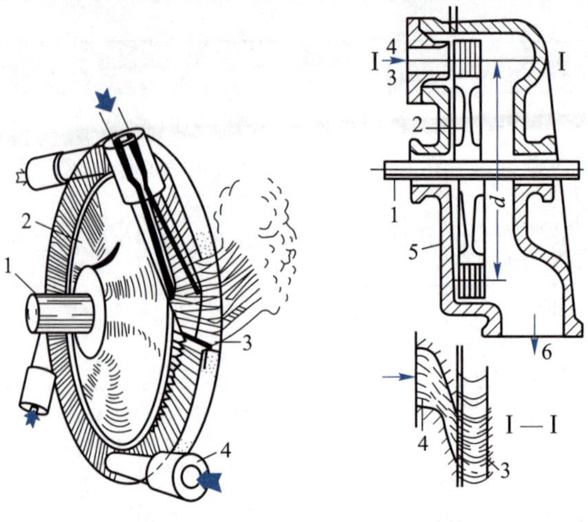

图 11-16　单级冲动式汽轮机的结构示意图

1—主轴；2—叶轮；3—动叶；4—喷嘴；5—汽缸；6—排气口

冲动作用原理的特点是蒸汽仅把从喷嘴中获得的动能转变为机械能做功，蒸汽在动叶通道中不膨胀，动叶通道不收缩。反动作用原理的基本特点是蒸汽在动叶流道中不仅要改变方向，而且还要膨胀加速，从结构上看动叶通道是逐渐收缩的。

(1) 冲动级和反动级的区别在于蒸汽的热能转变为动能的部位不同，冲动级中只在喷嘴内进行，而反动级中一部分在喷嘴内进行，另一部分在动叶片内进行。蒸汽在动叶片中的膨胀程度占级中总的膨胀程度的比例数，或蒸汽在动叶片中的理想焓降与级中总的焓降之比称为级的反动度(Ω)，纯冲动级反动度为零，反动级的反动度为 0.5，带反动度的冲动级反动度介于 0 和 0.5 之间。近代带反动度不大的冲动级使用最广泛，它可以提高冲动式汽轮机的效率。

(2) 只有一个级组成的汽轮机叫做单级汽轮机。由一个冲动级组成的汽轮机称为单级冲动式汽轮机。由一个反动级组成的汽轮机称为单级反动式汽轮机。实际应用中大多采用单级冲动式汽轮机。单级汽轮机功率小，通常用来驱动功率不大的设备，如润滑油泵、水泵等。

(3) 在单级汽轮机中，有时在叶轮上装两列动叶片，在位于两列动叶片间的汽缸上还安装有引导蒸汽流向的导向叶片。蒸汽在喷嘴中膨胀加速后，首先流经第一列动叶片做功，后又由导向叶片引入第二列动叶片继续做功，然后再排出机外，这样就减少了蒸汽的能量损失，提高了汽轮机的效率。这种级称为双列速度级，有时还有三列速度级，但常用的还是双列速度级，这种级也可作为多级汽轮机的首级。

(4) 随着机组功率的增大，单级汽轮机满足不了大功率的要求，因此出现了多级汽轮机。由多个冲动级组成的汽轮机叫做冲动式多级汽轮机。由多个反动级组成的汽轮机叫做反动式多级汽轮机。也有些汽轮机中既有冲动级，又有反动级，称为冲动和反动组合式汽轮机。

在多级汽轮机中，蒸汽依次通过各级膨胀做功，汽轮机的功率等于各级功率的总和，因此多级汽轮机的功率可以很大。

二、国产汽轮机的型号

用来表示汽轮机基本特性的符号称为汽轮机的型号。国产汽轮机的型号分为3组,即:

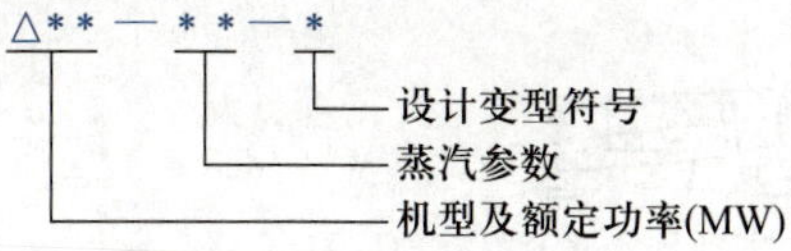

目前我国制造的汽轮机类型用汉语拼音表示,其意义如表11-5所示。汽轮机额定功率用阿拉伯数字表示,单位为MW。蒸汽参数一般分为几段,中间用斜线分开。设计变型序号用数字表示,若为按原型制造的汽轮机,型号中没有此部分。汽轮机型号中蒸汽参数的表示方法如表11-6所示。

表11-5 国产汽轮机类型的代号

代号	类型	代号	类型
N	凝汽式	CB	抽汽背压式
B	背压式	G	工业汽轮机
C	一次调节抽汽式	Y	移动式
CC	两次调节抽汽式	D	地热式

表11-6 汽轮机型号中蒸汽参数的表示方法

汽轮机类型	蒸汽参数的表示方法	示例
凝汽式	主蒸汽压力/主蒸汽温度	N50—8.82/535
中间再热式	主蒸汽压力/主蒸汽温度/中间再热温度	N300—16.7/537/537
一次调节抽汽式	主蒸汽压力/调节抽汽压力	C50—8.82/0.118
两次调节抽汽式	主蒸汽压力/高压抽汽压力/低压抽汽压力	CC25—8.82/0.98/0.118
背压式	主蒸汽压力/背压	B50—8.82/0.98
抽汽背压式	主蒸汽压力/抽汽压力/背压	CB25—8.82/0.98/0.118

例如,N300—16.7/537/537型汽轮机,表示凝汽式汽轮机,额定功率300 MW,主蒸汽压力为16.7 MPa,主蒸汽温度为537℃,再热蒸汽温度为537℃的中间再热式汽轮机。

三、工业汽轮机的本体结构

(一) 总体结构

在炼油化工装置中,应用的工业汽轮机数量多、品种杂,但常用的有凝汽式汽轮机、抽汽凝汽式汽轮机、背压式汽轮机、多压汽轮机等。如图11-17所示为背压式汽轮机的结构。主要由静止部分和转动部分组成。其中静止部分包括主汽阀、调节阀、汽缸、前后轴承座、机座、滑销系统等，称为静子。转动部分主要指转子组件，包括汽轮机的主轴、叶轮、转鼓、动叶片、危急保安器等。此外还有调节系统和安全保护系统等组成。工业汽轮机的转速比较高，转速范围变化相对较大，要适应所驱动工艺设备输送量、工艺系统所需流量、压力变化而适时进行转速功率的调节。

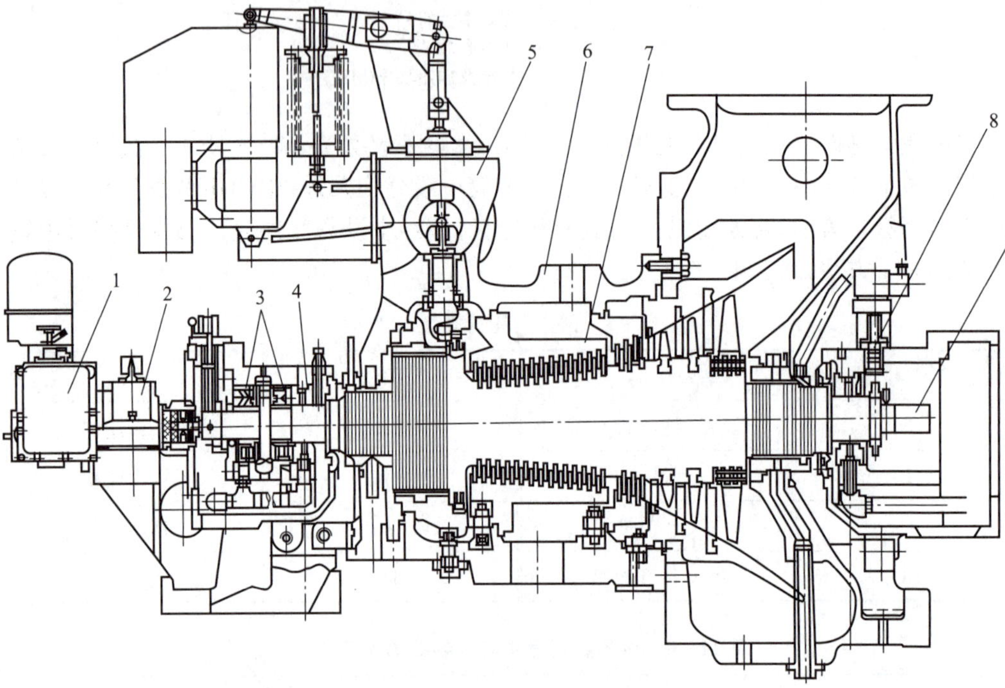

图 11-17　背压式汽轮机的结构图

1—调速器；2—减速器；3—止推轴承；4，8—径向轴承；
5—油动机及速关阀；6—汽轮机缸体；7—静叶持环；9—汽轮机转子

1．主汽阀

主汽阀又称为紧急停机阀，在紧急停机时，主汽阀能够实现快速关闭，切断汽源，使机组安全停车。目前，汽轮机常用液压油动缸控制主汽阀的开启及关闭。

2．调节阀

调节阀通常分为5个阀头，在机组正常运行过程中，通过控制调节阀的开度来调节进入汽轮机的蒸汽量，从而实现对汽轮机转速高低或输出功率大小的调节控制。

3．轴承座

轴承座主要用来安装径向轴承及推力轴承。

4．汽缸

汽缸是汽轮机工作件的安装壳体，用于安装汽轮机喷嘴、调节阀汽室、各级静叶持环等，汽轮机进排气口也在汽缸上。

5．机座

机座主要用来安装轴承座和汽缸，应具有牢固、不变形、支承刚度高等特点。

6. 转子

转子是汽轮机的主要做功原件。

汽轮机是工作于高温、高压和高转速下的大型原动机，为了确保其安全运行，需要对其主要零部件进行强度校核，包括静强度校核及动强度校核。稳定工况下不随时间变化的应力统称为静应力，属于静强度范畴。周期性激振力引起的振动应力称为动应力，其大小和方向随时间发生变化，属于动强度范畴。一般来说，对汽轮机转子上的主要零件，应从静强度和动强度两方面进行校核。对汽轮机静子零件，只需进行静强度校核。对大型汽轮机的某些零件，如转子、汽缸等，还应考虑热应力和热疲劳问题。

(二) 汽轮机转子

汽轮机转子的作用是将蒸汽的动能转变为机械能，传递作用在叶片上的蒸汽圆周分力所产生的扭矩，向外输出机械功，以驱动压缩机、泵等。转子是汽轮机最重要的部件之一，它包括主轴、叶轮(或转鼓)、动叶片、止推盘、危急保安器、联轴器及其他装在轴上的零部件。

按结构型式转子可分为轮式转子和鼓式转子两种基本类型。轮式转子是在主轴上直接锻造成或以过盈方式安装有若干级叶轮，动叶片安装在叶轮外缘上，这种转子主要应用在冲动式汽轮机上。鼓式转子主轴中间部位较粗，外形像鼓筒一样，转鼓外缘加工有周向沟槽，转子的各级动叶片就直接安装在周向沟槽中，这种转子通常应用在动叶片前后有一定压差的反动式汽轮机上。如图 11－18 所示为常用的整锻轮式汽轮机转子示意图。

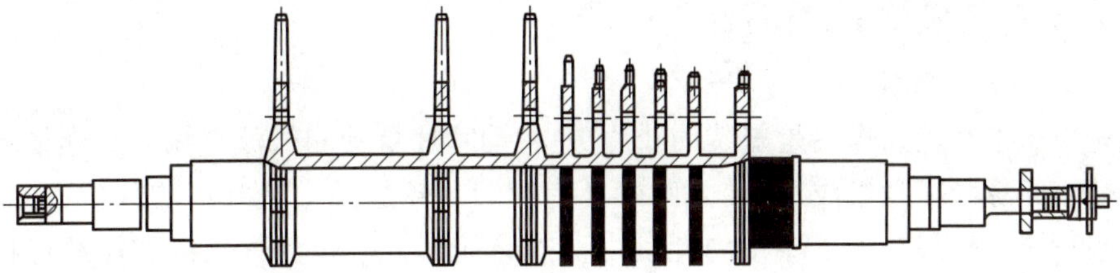

图 11－18　整锻轮式汽轮机转子示意图

按制造工艺转子还可分为套装式、整锻式、焊接式、组合式等形式，一台机组采用何种类型的转子，由转子工作的温度条件和锻冶技术来确定。

(1) 套装式转子的叶轮、轴封套、联轴节等部件是分别加工后，热套在阶梯形的主轴上的。各部件与主轴之间采用过盈配合。套装转子在高温条件下，叶轮内孔直径将因材料的蠕变而逐渐增大，使叶轮和主轴产生松动，因此套装转子不宜用于高温高压汽轮机高压转子，只适用于中压汽轮机或高压汽轮机的低压转子。套装式汽轮机转子的构造如图 11－19 所示。

(2) 整锻式转子的叶轮、轴套和联轴节等部件与主轴是由一个整锻件车削而成的，无热套部件，解决了高温下的叶轮与主轴连接松动问题，并且结构简单，装配零件少，可以缩短汽轮机轴向尺寸，转子刚性好，因此整锻转子常在高温条件下运行。如大型汽轮机高、中压转子。国内石化行业应用的汽轮机转子多采用整锻式转子。

(3) 汽轮机的低压转子通常直径大，特别是大功率的汽轮机低压转子质量很大，叶轮

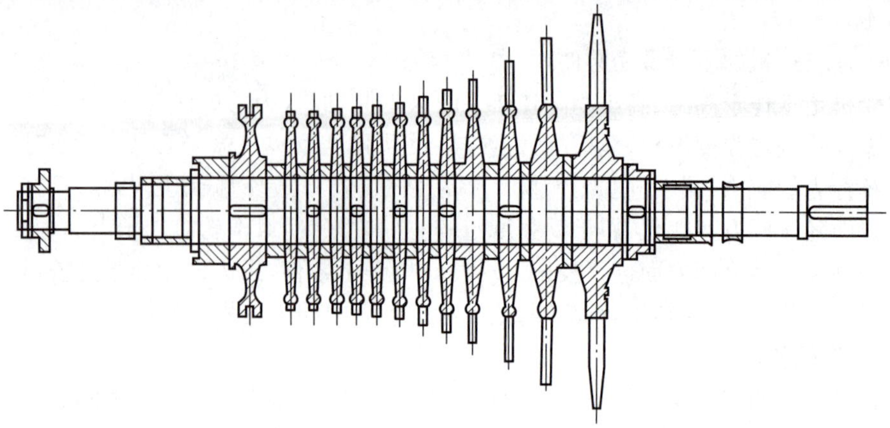

图 11-19　套装式汽轮机转子的构造

承受很大的离心力。当采用套装结构时，叶轮内孔在运行过程中会产生较大的弹性变形，因而需要设计很大的装配过盈量，这又引起很大的装配应力。若采用整锻式转子，因锻件尺寸太大，质量难以保证。为此通常采用分段锻造、焊接组合的焊接式转子。它由若干个叶轮与轴端拼合焊接而成，或由几个强度很高的实心叶轮在外缘部分焊接连成鼓筒结构。焊接式转子锻件尺寸小，结构紧凑，质量轻，承载能力高。由于焊接式转子的工作可靠性取决于焊接质量，故要求焊接工艺高，材料焊接性好。

(4) 组合式转子是由套装式转子和整锻式转子组合而成的，兼有二者的优点，国产大容量高参数汽轮机转子多采用这种结构。

1. 汽轮机转子叶轮

汽轮机转子叶轮的作用是安装动叶片，并将动叶片所受的气流作用力传递给转子主轴。叶轮由轮缘和轮盘组成，套装式叶轮还有轮毂。轮缘是安装叶片的部位，其结构取决于叶根形式。轮毂是为了减小内孔应力而加厚的部分。轮盘将轮缘和轮毂连接成一体。根据轮盘的行线，汽轮机转子叶轮可以分为等厚度叶轮、锥形叶轮、等强度叶轮和双曲线叶轮等。

(1) 等厚度叶轮的结构如图 11-20(a)、(b)、(c)所示，叶轮的厚度沿半径不变。这种叶轮的优点是加工方便，轴向尺寸小，但叶轮的强度差，只能用于平均直径不大、叶片较短的级中，一般圆周速度为 120～130 m/s。对于直径较大的叶轮，常采用将内径适当加厚的方法来提高承载能力。

(2) 锥形叶轮的结构如图 11-20(d)、(e)所示，叶轮厚度沿半径由内向外减薄成锥形。这种叶轮不但加工方便，而且强度高，可用在圆周速度达 300 m/s 的级中，应用最为广泛。套装式转子几乎全采用这种结构。

(3) 双曲线叶轮的结构如图 11-20(f)所示，与锥形叶轮相比质量更轻。但强度并不一定比锥形叶轮高，而且加工复杂，故仅用于某些汽轮机的调节级中。

(4) 等强度叶轮的结构如图 11-20(g)所示，叶轮厚度沿半径由内向外减薄成曲面。这种叶轮的特点是沿半径方向各处的应力都相等，这种叶轮强度最高，圆周速度可达 400 m/s 以上，但加工要求较高，应用相对较少，多用于轮式焊接转子。

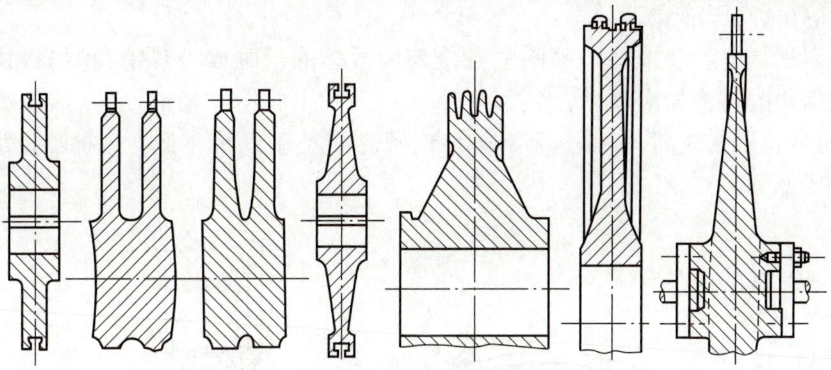

图 11-20　叶轮的结构

(a),(b),(c)—等厚度叶轮;(d),(e)—锥形叶轮;(f)—双曲线叶轮;(g)—等强度叶轮

2. 汽轮机转子叶片

汽轮机转子叶片是汽轮机中重要的零部件之一,又称为工作叶片,装满了叶轮一周,作用是将蒸汽的动能转变为叶轮转动的机械能。即由喷嘴流出的高速气流流经动叶片时推动动叶片进而带动叶轮和轴产生旋转运动,驱动风机等机械对外做功。其主要由叶根、叶型和叶顶三部分组成。

(1) 叶根用来将叶片固定在叶轮或轮毂上。对叶根的要求是将叶片牢固地固定在轮缘中,在任何工作条件下保证叶片在转子中的位置不变。常用的叶根形式有 T 形、叉形、枞树形等。

(2) 叶型也称叶身,是叶片最主要的工作部分。气流流经叶型时,蒸汽的动能转变为机械能,因此叶型是实现能量转换的部位。常用的有等截面叶型和变截面叶型(扭曲叶型)。

(3) 叶顶是指叶片顶部的围带和拉筋。汽轮机高压段的动叶片一般都装有围带,围带在叶片顶部形成一个盖板,可以防止叶片顶部漏气。另外,围带还可以提高动叶片的抗弯曲能力,增强刚性。常用的围带形式有两种。一种是自带围带结构,围带与叶片的叶根部分、叶型部分在同一块材料上加工出来。另一种是外加围带,围带靠叶片顶端的铆钉铆接在叶片上。

(三) 汽轮机静子

1. 隔板

多级汽轮机调节级以后的级叫做压力级,各级间都用隔板隔开。隔板是汽轮机各级间的间壁,阻止级间蒸汽泄漏,每级隔板上的喷嘴与转子上的叶轮工作叶栅共同构成汽轮机的一个级,使每个叶轮都在一个相对独立的蒸汽室内工作。隔板上安装有喷嘴。隔板由隔板体、喷嘴、外缘及隔板内缘汽封等组成。按喷嘴在隔板上的固定方法不同,可分为焊接隔板与铸造隔板。

焊接隔板的结构如图 11-21 所示,先将经切削、精密铸造或模锻的喷嘴 1 焊在内环 2 与外环 3 上,然后再与隔板体 5、隔板轮缘 4 经找平后焊在一起。这种结构的优点是强度和刚度好,喷嘴流道表面光滑,形状较精确,气流在流道中流动损失小。这种隔板常用在汽轮机的中、高压部分。

铸造隔板是将已经成型的喷嘴片在浇铸隔板体的同时放入其中，和隔板体一块铸出。这种结构的隔板强度较差，喷嘴尺寸不够精确，表面不够光滑，所以蒸汽流动损失大，使用温度也不能太高，一般小于 300℃，但制造工艺简单，成本低。这种隔板常用在汽轮机的低压部分。

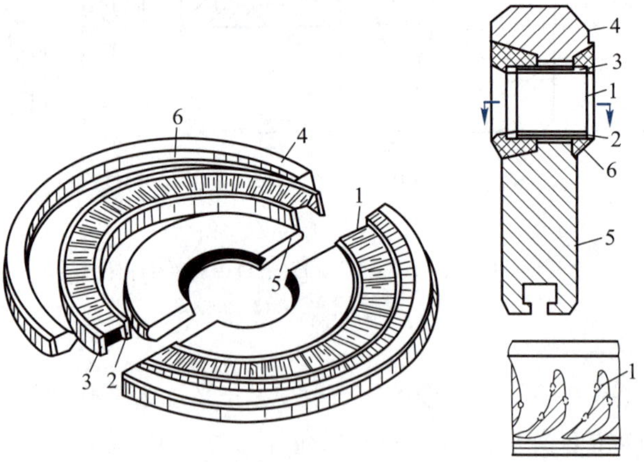

图 11-21　焊接隔板的结构

1—喷嘴(静叶片)；2—内环；3—外环；4—隔板轮缘；5—隔板体；6—焊缝

2. 静叶片

汽轮机静叶片又称为喷嘴，其作用是蒸汽在喷嘴中流动时降压、升速，将热能转换为动能，并使高速气流按一定的方向喷向工作叶片。调节级喷嘴是直接安装在高压蒸汽喷嘴室中的，调节级的喷嘴按需要分成几个喷嘴组，每一个喷嘴组由一个调节汽阀控制。冲动式汽轮机调节级以后的各级喷嘴均安装在相应各级的隔板上，在整周均匀分布。

在反动式汽轮机中通常不使用隔板，各反动级静叶片直接安装在汽轮机缸体或静叶持环上，静叶持环再安装在汽轮机缸体上。高压段的静叶片一般都带有围带，它可提高静叶片的强度和密封效果，围带也分为自带和铆接两种。采用静叶持环结构，把反动式汽轮机的几级甚至几十级的静叶片分成几段安装在相应的数个静叶持环上，简化了汽轮机缸体的结构，也方便了检修。

3. 汽轮机缸体

(1) 本体结构　汽缸是汽轮机的外壳，主要作用是把进入汽轮机内的蒸汽与外界隔绝，形成一个蒸汽做功的封闭空间。另外，汽缸内部安装着隔板、喷嘴和汽封等部件，外部连接着进汽、抽汽和排汽等管道，因此它起着支承定位的作用。在汽轮机运行中，汽缸除了承受内外压差及本身和装在其中的各零部件的质量等静载荷外，还要承受由于沿汽缸轴向、径向温度分布不均而产生的热应力，特别是高参数大容量汽轮机，这个问题更为突出。为了减小热应力，要求设计汽缸时在结构满足强度、刚度的条件下，尽量减薄汽缸壁和连接法兰的厚度。为了安装和检修方便，一般把汽缸分为沿水平对分的上半缸和下半缸，简称为上缸、下缸。水平结合面用法兰螺栓连接，且上、下汽缸水平中分面都经过精加工，以防止结合面漏气。

对于中低压汽轮机，一般采用单层汽缸结构，即静叶片或静叶持环、隔板直接安装在汽缸中。但当蒸汽压力较高时，为了保证安全和水平中分面的密封性，中分面连接螺栓尺寸要很大，相应的水平法兰和汽缸壁也很厚、很笨重。在开停车和变负荷运行时，在汽缸和法兰壁上温度分布很不均匀，会引起很大的热应力，甚至汽缸变形，中分面螺栓拉断。因此对高压汽轮机(如大于 12.7MPa、535℃)大都采用双层缸结构，把喷嘴蒸汽室和高压段做在内缸里，由内缸和外缸分担蒸汽的压力、温度，这样内缸和外缸均可做得薄一些，在汽轮机启动、停车和变负荷运行时，缸体内不会产生较大的应力。内缸主要承受高温及部分蒸汽压力作用，其尺寸小，可以做得较薄，节省贵重耐热金属。外缸的内外压差比单层缸降低许多，保证了汽缸结合面的严密性。但是双层缸增加了安装和检修的工作量。

(2) 汽缸支承　汽轮机汽缸要求支承平稳，同时要保证汽缸受热后能够自由膨胀，其动、静部分同心状态不变或变化要很小。因此汽轮机设计支承及滑销系统来保证以上要求。汽缸通过其水平法兰延伸的猫爪(搭爪)作为承力面，支承在轴承(机)座上，故称猫爪支承，如图 11－22所示。机座又用地脚螺栓固定在基础上。猫爪支承又分为上缸猫爪支承和下缸猫爪支承两种。

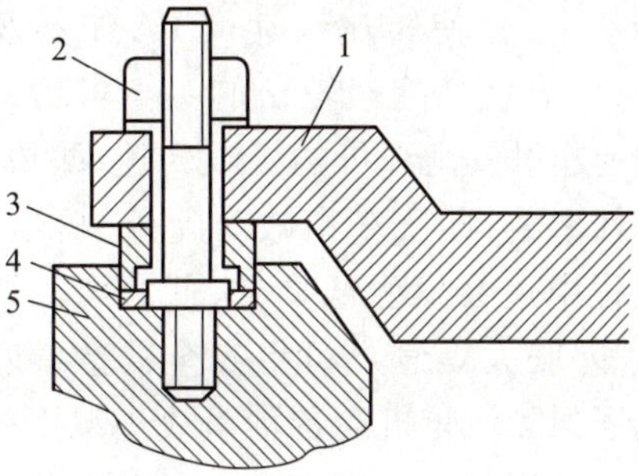

图 11－22　下缸猫爪中分面支承方式

1—下缸猫爪；2—螺栓；3—平面键；4—垫圈；5—轴承座

下缸猫爪支承时，利用下缸体水平法兰前端延伸猫爪，作为承力面，支承在前机座上，上缸压在下半缸上。这种支承结构简单，安装和检修方便，但因支承面低于汽缸中心线，当汽缸和猫爪受热膨胀后，汽缸中心线向上抬起，而此时支承在轴承上的转子中心未变，结果会使汽缸中心与转子中心不同心。上缸猫爪支承时，利用上半缸体前端伸出的猫爪作为承力面，支承在前机座上，下半缸通过中分面螺栓吊在上半缸上。这种支承方法因支承面与汽缸中分面在同一平面内，当缸体受热膨胀后，汽缸中心仍与转子中心保持一致。由于排汽端外形尺寸较大，通常利用下缸两侧伸出的搭脚直接支承在机座上，这样支承面比汽缸中分面低，但因排汽端温度低，正常运行时缸体膨胀不明显，所以影响较小。但对一些排气温度较高的背压式汽轮机，其排汽端也采用上半缸猫爪支承法。

(3) 滑销系统　汽轮机在启动、停机和运行时，汽缸的温度变化较大。与静态时相比，动、静部件因温度变化而发生膨胀，将沿长、宽、高几个方向膨胀或收缩，但是基础台板的温升要低于汽缸。如果汽缸和基础台板间采用固定式连接，必然使汽缸不能自由膨胀，因此为了保证受热后汽缸自由膨胀，动静部分中心不变，在任何条件下各部件自由膨胀和动、静部件间保持合适的径向和轴向间隙，避免发生动静件间的摩擦，以及由于膨胀不均匀造成不应有的应力，汽轮机缸体都设有一套滑销系统。机组在膨胀过程中有一点相对于支座是不动的，称为死点，运行时缸体以该点为中心，按规定方向向前、后、左、右、上、下各方向自由膨胀。一般采用在前轴承座或前机座下面设纵销，在排汽端两侧搭板下设横销的办法给缸体定位，保证运行时缸体按规定的方向膨胀。也有一些汽轮机外缸体采用挠性支承板支承，利用支承板的弹性变形保证机组均匀合理地膨胀。一般汽轮机缸体的膨胀死点设在排汽端，进汽端缸体上的猫爪搭在前支座上，使整个缸体可以自由地向前膨胀，转子以推力轴承为死点相对于汽缸发生膨胀。

(四) 汽轮机调节系统和安全保护系统

1. 调节系统和安全保护系统的任务

汽轮机在运行过程中，外界负荷经常改变，为了保证机组出力与用户所需的功率相适应，汽轮机设有调节机构，改变汽轮机组的出力，使其与外界负荷相适应。可以调节进入汽轮机的蒸汽量或改变蒸汽在汽轮中的做功能力，或同时采用这两种措施来实现做功能力的调节。常用的调节方式有节流调节和喷嘴调节。现代汽轮机还有根据功率、加速度等信号进行调节的。

汽轮机是大功率高速旋转机械，转子的惯性相对于汽轮机的驱动力矩很小，机组在运行过程中一旦发生被驱动机突然甩去全部负荷的情况，巨大的驱动力矩作用在汽轮机转子上，会使转速快速飞升，如不及时、快速、可靠地切除汽轮机的蒸汽供给，就会使转速超过安全许可的极限转速，酿成毁机的恶性事故，即飞车事故。此外，机组在运行过程中还会发生低真空、低润滑油压、振动大、差胀大等危及机组安全的故障。因此，为了保障汽轮机在各种事故工况下的安全，除要求调节系统快速响应和动作外，还设置安全保护系统。而且在调节汽门前设置主汽门，在事故危急工况下，保护系统快速动作，使主汽门和调节汽门同时快速关闭，可靠地切断汽轮机的蒸汽供给，使机组快速停机。汽轮机调节保护系统的原理性结构如图 11－23 所示。

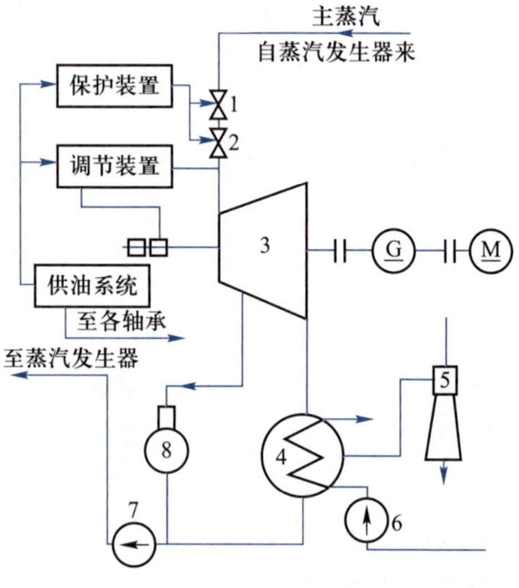

图 11－23　凝汽式汽轮机的设备组成图

1—主汽阀；2—调节阀；3—汽轮机；4—凝汽器；5—抽汽器；6—循环水泵；7—凝结水泵；8—汽封漏气冷凝器

综上所述，汽轮机调节系统和安全保护系统的任务是，正常运行时，通过改变汽轮机的进汽量，使汽轮机的功率输出满足外界的负荷要求，且使调节后的转速偏差在允许的范围内。在危急事故工况下，快速关闭调节汽门或主汽门，使机组维持空转或快速停机。

2. 调节系统

汽轮机的调节系统原理构成如图 11－24 所示。转速感受机构将转子的转速信号转变为一次控制信号。中间放大器对一次信号做功率放大，并按照调节目标做控制运算，产生油动机的控制信号。油动机是一种液压伺服马达，按照中间放大器发出的控制信号产生带动配汽机构动作的驱动力，并达到预定的控制开度。配汽机构将油动机的行程转变为调节汽门的开度，通过配汽机构的非线性传递特性，汽轮机的进汽量与油动机行程间校正到近似线性关系。同步器作用于中间放大器，产生控制油动机行程的控制信号，以改变汽轮机的转速或随被驱动机所需功率调节机组输出功率。启动装置在机组启动时用于冲转并提升转速至同步器动作转速。

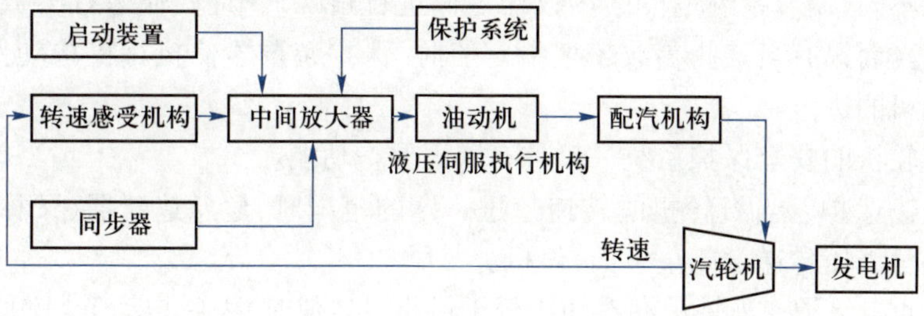

图 11-24　汽轮机的调节系统原理构成

由于汽轮机所用的蒸汽压力通常很高,开启主汽门和调节汽门需要很大的驱动力,并且为了机组负荷调节及转速稳定控制,必须要求调节汽门的驱动机构有较好的响应灵敏性和快速的响应速度。因此,汽轮机调节汽门和主汽门的驱动机构要求具备惯性小、驱动功率大的特点,故汽轮机的调节系统总是以油动机作为调节执行机构。

汽轮机的调节系统根据其转速感受机构及中间放大器的结构不同,可分为机械液调节、模拟电液调节、数字电液调节 3 种形式。特别是近年来由于电子技术的发展,测速及电液转化技术的发展,数字电液调节得到了广泛应用,具有结构简单、调节迅速、信号可靠等特点。近年来生产和投用的汽轮机,基本都已采用数字电液调节机构。对其调节原理在此不做详细介绍。

工业汽轮机运行时需要调节的主要参数如下。

(1) 转速　当被驱动机负荷不变时,汽轮机转速稳定在某一固定值。当被驱动机有负荷扰动而引起机组转速波动时,汽轮机能够自动调节,维持转速基本不变。当汽轮机转速控制信号发生变化时,汽轮机要能够迅速响应调整。

(2) 输出功率　适应工艺过程的需要,汽轮机能在不同的负荷下工作,即汽轮机所发出功率的大小,在设计许可的范围内要随着被驱动机的需要随时调整。

(3) 蒸汽压力调节　如背压式汽轮机的背压、抽汽式汽轮机的抽汽压力调节,使之维持基本不变。

工业汽轮机的调节系统的主要作用有两个方面。一方面调节汽轮机与被驱动机所组成机组的机械参数,如转速、功率;另一方面调节既与汽轮机本身有关又与整个工艺系统有关的热力参数和启动参数,如背压压力、抽汽压力、离心压缩机的入口或出口压力。

3. 安全保护系统

为了确保汽轮机的运行安全,防止设备损坏事故的发生,除了要求调节系统动作可靠以外,还应具备必要的安全保护系统。安全保护系统的作用是对主要运行参数(如转速、轴向位移、真空、油压、振动等)进行监视,当这些参数值超过一定的范围时,安全保护系统动作,使汽轮机减少负荷或者停止运行。安全保护系统对某些被监视量还有指示作用,对维护汽轮机的正常运行有着重要意义。大功率汽轮机的保护不但要求齐全、可靠,而且还具备逻辑判断及自动巡测、自动记录等功能。随着汽轮机自动控制水平的不断提高,保护已不再是一个独立的系统,而是和调节系统紧密结合在一起,成了保证汽轮机安全、经济运行的一个整体。

安全保护系统和调节系统一样，也由感应、传动放大及执行机构组成。所不同的只是调节方式不同，调节系统是根据参数给定值进行跟踪调节的，使运行参数始终维持在给定值附近。而只有当某些参数超过给定值时，保护装置才使执行机构动作，发出信号或切断汽轮机的进汽。

现代汽轮机的安全保护系统一般具有以下保护功能。

(1) 超速保护　当汽轮机的转速超过一定的范围时，危急遮断器(又称为超速保安器)动作，通过液压传递关闭主汽门，停机。

(2) 低油压保护　当轴承润滑油压低于最小设定值时，先后启动备用润滑油泵、事故油泵，直到停机。

(3) 轴向位移和胀差保护　当汽轮机的轴向位移和胀差达到一定的数值时，发出警报信号。增大到更大的数值时，发出信号使汽轮机停止运转。

(4) 低真空保护　当凝汽器的真空低于某一数值时，发出警报信号。当真空继续降低到另一数值时，停止汽轮机运转。

(5) 振动保护　当汽轮机的振动超过安全范围时，使汽轮机停止运转。

(6) 热应力保护　当汽轮机转子或汽缸的热应力超过安全范围时，限制汽轮机的功率或转速的变化速度。

(7) 低汽压保护　当主蒸汽压力低于某一限值时，开始减少汽轮机的功率。当主蒸汽压力进一步下降到某一限值时，停止汽轮机运转。

(8) 防火保护　当发生火灾被迫停机时，安全油失压，防火保护动作，切断去油动机的压力油，并将排油放回油箱，防止火灾事故的扩大。

4. 安全保护系统的主要装置

安全保护系统主要由自动主汽阀、超速保护装置、轴向位移保护和低油压保护等组成。

(1) 自动主汽阀装在调节汽阀之前，正常运行时保持全开状态，不参加蒸汽流量的调节。主汽阀是安全保护系统的执行元件，当任何一个遮断保护装置动作时，主汽阀便迅速关闭，隔绝蒸汽来源，紧急停机。对自动主汽阀的要求是动作迅速、关闭严密，对于高压汽轮机来说，自汽轮机安全保护系统动作到主汽阀完全关闭的时间，要求不大于0.8 s。自动主汽阀的动作是靠压力油来控制的，此压力油称为安全油。安全油压建立后，自动主汽阀的开启才具备条件，安全油压消失，自动主汽阀关闭。一般汽轮机安全保护系统中设有3套遮断装置，即超速保护遮断装置、磁力遮断装置和手动遮断装置。其中任一遮断装置动作均卸去安全油，关闭自动主汽阀，迫使机组紧急停机。

(2) 为了防止机组飞车，汽轮机都配备了超速保护装置(属于遮断保护)。一旦汽轮机转速上升到转速设定值的110%～112%，超速保护装置动作，使机组紧急停机。危急保安器是超速保护装置的转速感受机构，其作用是当汽轮机转速超过最大连续运行转速设定值后，危急保安器动作，通过快速跳闸系统使汽轮机停机。危急保安器安装在汽轮机轴上，主要由离心飞锤、调节螺钉、导向环、压缩弹簧等组成。离心飞锤在随主轴旋转时，产生离心力，汽轮机转速升高，离心力增大，转速高到一定的值时，离心力超过弹簧对其的约束力，离心飞锤飞出，打到快速跳闸装置(危急遮断油门)上，使汽轮机控制油泄压，自动主汽阀快速关闭，汽轮机停车。随着电子测速技术的发展及测量准确性、可靠性的提高，近年来生产的汽轮机不再利用危急保安器结构，而是直接电子测速，转速超过设定值后，发出超速保护信号，关闭主汽阀。

(3) 汽轮机主轴的轴向位移，是由推力轴承严格定位的。但在运行过程中往往由于某些事故(如水冲击、振动、润滑油断油等)会使巴氏合金熔化，转子发生轴向窜动，导致动静间隙消失而发生摩擦，引起严重的事故。因此，必须对汽轮机主轴的轴向位移进行监视和保护。轴向位移保护装置的作用，是当汽轮机主轴的轴向位移达到危险值时发出信号，并使汽轮机紧急停机。目前常用电磁式轴向位移探头，当轴向位移的监测值大于设定值时，轴向位移探头给控制系统发送关闭主汽阀的信号，从而实现停机保护功能。

(4) 当系统断油或油压过低时，低油压保护机构动作使机组迅速停车。

四、常见故障及处理

工业汽轮机的常见故障及处理措施如表 11－7 所示。

表 11－7　常见故障及处理措施

故障现象	故障原因	处理措施
调节系统故障(转速波动，调速器不能控制)	① 仪表压力变送器故障，风压控制信号波动	① 汽轮机转速控制改为手动，检修仪表压力变送器
	② 错油门、油动机卡涩	② 清洗、检修错油门、油动机
	③ 汽轮机排汽压力低或油压波动	③ 检查控制油系统
	④ 油质太脏	④ 清洗油循环系统，检查更换油过滤器
	⑤ 传动执行机构卡涩	⑤ 清洗传动机构，在转轴处加润滑剂
	⑥ 调节汽阀卡涩，阀座松动，阀头脱落或调节提杆断裂	⑥ 检修调节阀
	⑦ 调节汽阀和油动机连接尺寸不正确或二次油压与调节汽阀开度的关系不正确	⑦ 检查调节汽阀和油动机连接尺寸，调校二次油压与调节汽阀开度的关系
汽轮机异常振动	① 暖机不彻底，汽缸或转子热变形，产生摩擦	① 严格按操作程序规定暖机和升速
	② 汽缸热膨胀受限	② 检查并消除滑销系统卡涩，监测汽缸的热膨胀值
	③ 转子不平衡	③ 检查转子弯曲度，消除结垢、叶片或拉筋损坏等，转子做动平衡
	④ 轴颈或轴承故障	④ 修理轴颈，消除由于轴颈偏磨引起的形位公差超差。检查轴承间隙是否太大，瓦壳是否松动，轴承巴氏合金层是否磨损或脱层，检修或更换轴承

续表

故障现象	故障原因	处理措施
汽轮机异常振动	⑤ 蒸汽带水或水冲击	⑤ 降低负荷，提高蒸汽参数，如无明显效果则立即停机
	⑥ 汽轮机进汽量波动	⑥ 检查调速系统工作情况
	⑦ 基础不均匀下沉或机座变形	⑦ 停机消除机座变形，修复后应达到机组台板滑动面冷态和热态均无间隙
	⑧ 轴承座松动或下沉	⑧ 检查轴承支承系统消除松动。轴承座下沉时，重新调整轴承座支承，恢复原位
	⑨ 转子热弯曲	⑨ 停机后应立即盘车，禁止在不盘车的情况下通入轴封汽；检查与缸体连通的各蒸汽阀
冷凝器真空下降	① 抽汽器喷嘴阻塞	① 投入辅助抽汽器，清洗原用抽汽器喷嘴
	② 真空系统不严密、漏气	② 检查泄漏部位并修理
	③ 冷却水温度高或量小	③ 降低冷却水温度或增加冷却水量
	④ 凝汽器水侧堵塞、结垢	④ 清洗凝汽器
	⑤ 凝汽器液面高，淹没了列管	⑤ 及时启动两台冷凝液泵，运行或打开冷凝水总管排放阀
	⑥ 工作蒸汽压力波动或压力低，抽汽器达不到工作能力	⑥ 提高蒸汽工作压力并保持稳定
	⑦ 轴封间隙大或轴封汽压力调整不合适，沿轴封漏入空气	⑦ 更换汽轮机轴封或调整轴封汽压力
	⑧ 凝汽器至抽汽器的管线阀门未全开	⑧ 全开该阀门
	⑨ 汽轮机排汽量太大	⑨ 调整机组负荷
	⑩ 汽轮机排汽安全阀未建立水封	⑩ 送密封水建立水封

思考与练习

1. 简述过滤机的工作原理及类别。
2. 对比分析板框式压滤机和转鼓式真空过滤机的特点。
3. 试分析过滤离心机和沉降离心机的异同点。
4. 简述三足式离心机和螺旋卸料沉降离心机的特点。
5. 简述离心式风机和罗茨鼓风机的工作原理及特点。
6. 简述工业汽轮机的工作过程及结构组成。

第十二章　化工设备的运行管理

知识目标

- 了解压力容器超压和泄漏的原因及预防措施。
- 明确压力容器安全防护装置的作用。
- 熟悉压力容器使用登记和技术档案的内容。
- 掌握压力容器安全操作和紧急停运的方法。

能力目标

- 能够在技术人员的指导下，实现化工设备的安全平稳操作。

石油化工行业物料的易燃易爆性、毒性、腐蚀性，生产的高温高压和连续性等特点，决定了作为化工设备主体的压力容器容易发生恶性事故，压力容器运行状况的好坏，将直接影响到化工生产的连续性、稳定性和安全性。因此加强设备的管理、确保压力容器的安全运行是化工生产中必不可少的一项重要工作。本章主要介绍压力容器超压及泄漏的原因和预防措施、压力容器主要安全防护装置的作用、压力容器的使用登记和技术档案的内容、压力容器安全操作的要求及紧急停运的方法等内容。

知 识 框 图

- 化工设备的运行管理
  - 压力容器的安全附件
    - 容器超压及泄漏：压力来自器外的容器严防误操作，来自容器内化学反应的严格控制投料量和原料的纯度，液化气容器严禁过量充装，聚合反应容器在原料中加阻聚剂等办法防止容器超压。容器由于自身结构、运转控制及使用等原因会发生泄漏，预防措施见表 12-1
    - 容器的安全防护装置：安全阀、爆破片、压力表、温度计、液面计
  - 压力容器的安全使用
    - 使用登记技术档案：使用单位向当地机关申请登记，填写压力容器登记卡，登记机关审核注册编号，发使用证和注册铭牌。技术档案包括设计、制造、安装、安全附件、检验检测、使用维护等相关内容
    - 容器的安全操作：使用单位应培训操作人员，持证上岗，操作人员应具备压力容器方面的基本知识，了解设备的技术特性和结构特点，熟悉本岗位工艺流程和参数，熟悉并严格执行操作规程。能针对可能发生的事故采取防范措施，在设备出现异常情况时，能及时、正确地进行紧急处理
  - 化工设备的常见事故
    - 锅炉、容器、管道：压力容器和管道事故主要是泄漏、破裂、爆炸及燃烧；锅炉事故主要是炉膛、炉体爆炸，炉管爆裂、变形和失效，锅炉严重缺水和烧干
    - 塔、槽、釜类设备：此类设备常因违章作业或误操作，维护不周，设计、制造缺陷，严重腐蚀等原因引起泄漏、设备变形、破裂、燃烧及爆炸等恶性事故
    - 换热设备：换热设备常因设计、制造缺陷，频繁开停车，腐蚀、结垢、振动等原因引起燃烧爆炸、严重泄漏、管束失效等事故
    - 转动设备：泵轴烧坏或断裂，轴承、轴瓦烧坏，轴封严重泄漏，燃烧爆炸；活塞式压缩机活塞杆、曲轴、连杆断裂，汽缸及缸盖破裂；离心式压缩机叶轮损坏、叶片断裂，机组振动等事故
    - 设备运行管理制度：对设备使用人员的要求，设备岗位操作制度，设备维护保养制度，设备点检的概念及设备点检管理制度

第一节 压力容器的安全附件

一、压力容器的超压及泄漏

压力容器是一种承压设备，其承压能力即最大允许工作压力与容器的材质、壁厚、直径等因素有关，在使用过程中如果由于某些物理或化学反应过程等因素使容器内的实际工作压力超过了容器的最大允许工作压力，即出现超压现象，使容器壁的应力增大，产生过度的塑性变形而引起破坏。另外，由于材质不良、制造缺陷、密封不严等原因，在使用过程中，压力容器内的易燃、易爆或高温、高压介质泄漏出来，也是很危险的。所以无论是超压还是泄漏，都是压力容器安全操作所不允许的。

（一）压力容器产生超压的原因

压力容器超压的原因是多方面的，可以是物理因素引起的，如液化气体的热膨胀、气体的机械压缩等；也可以是化学因素引起的，如容器内气体的燃烧反应、物料的放热或分解反应、反应失控等。综合国内外压力容器超压爆破事故的实例，压力容器的超压主要有以下几方面的原因。

1. 操作失误或零件破损引起压力容器超压

在实际的操作过程中，工艺要求压力容器的进气压力是一定的，而且压力容器能够承受的压力也是一定的，但有时为了利用现有的高压气体，则在压力容器气体进口管上安置减压阀，使高压气体经过减压阀降压后进入压力容器内。但如果减压阀损坏或误操作打开了旁通阀，使高压气体直接进入压力容器就会造成容器超压。有些压力容器因化学反应或液体蒸发而产生了气体，这时如果压力容器的出口阀损坏或操作失误而被关闭，压力容器内的压力就会不断增加而引起超压。

2. 压力容器内的化学反应失控引起容器超压

在化工生产中许多反应是放热反应，如聚合反应、氧化反应、氯化反应、中和反应等，进行这些反应的压力容器一般都装有搅拌装置及夹套或蛇管等冷却装置，以排除反应热，防止压力容器内的温度和压力过分升高。但如果由于投料过快过多，原料不纯，催化剂使用不当，停电、停水使搅拌装置停止搅拌或冷却水停止循环等原因，都会使压力容器在短时间内温度、压力骤增，导致反应失控而引起压力容器超压。

3. 液化气容器充装过量或意外受热引起压力容器超压

液化气容器设计时为了防止物料受热膨胀设定了“充装系数”，也就是不允许装满，而是要留有一定的气相空间。若过量充装致使容器在较低的温度下被液体充满，当容器内的液体受环境影响温度（在设计允许的范围内）升高时，压力就会急剧增大引起压力容器超压。即使是在允许的装料范围内，如果由于操作失误或自动调节阀失灵、容器内高分子单体聚合放热、容器周围发生火灾等，也会使容器内的温度和压力增高引起压力容器超压。

4. 容器内燃烧爆炸引起压力容器超压

可燃性介质，无论是气态、液态还是固态，在适宜的条件下都可以在容器内发生燃烧、爆炸等激烈的氧化反应，使容器内的压力升高引起压力容器超压。这一般有两种情况。一是盛装可燃性气体的容器混入了助燃性气体，当混合气体中可燃气体的浓度在一定的爆炸范围内时，若遇静电火花、冲击、摩擦及绝热压缩，也可能是自燃等因素引起燃烧爆炸。二是如果容器内同时存在固体或液体的可燃性介质和助燃性气体（空气或氧气），则在一定的条件下会迅速进行氧化反应，产生大量的燃烧热使容器内的气体受热膨胀，压力急剧升高。

（二）防止压力容器超压的方法

为了防止压力容器超压，在有超压可能的压力容器上应装设安全泄压装置，但这毕竟也是一种设备，也有失灵和出现故障的时候。所以即使安装了安全泄压装置的压力容器，在使用过程中也要根据不同的超压可能采取相应的预防措施。

（1）对压力来自气体压缩机、蒸汽锅炉等外部压力源的压力容器，超压大多数是由于操作失误引起的，所以应实行安全操作挂牌制度，牌上注明阀门的开闭方向、开闭状态、注意事项等。

（2）对由于化学反应而产生压力的容器，必须严格控制每次的投料量及原料的纯度，并有防止超量投料的严密措施。

（3）对盛装液化气的容器，应严格按规定的充装量进行充装，并严防容器意外受热。

（4）对装有易于发生聚合反应的碳氢化合物的容器，应在物料中加入阻聚剂，并防止混入能促进聚合的杂质；容器内物料储存的时间也不宜过长。

（三）压力容器发生泄漏的原因及预防措施

压力容器发生泄漏的原因是多方面的，综合起来有以下几个方面。

1. 设备本身的原因

设备由于腐蚀、裂痕、变形、疲劳、脱碳和渗碳引起材质的变化，设备和配管的伸缩与热膨胀、低温脆性等产生了泄漏点。

2. 运转和控制方面的原因

设备在运行过程中温度和压力异常升降，流速和流量异常，堵塞、结水垢、冻堵、水锤作用，热平衡或原料平衡被破坏，停电、停水、停气等引起泄漏。

3. 使用和维修方面的原因

设备在试验和检查时观察、判断失误，保养和维修方法不当，安装和调配不良引起受力不均匀等导致泄漏。

防止压力容器泄漏要根据泄漏的类型、泄漏物的状态、泄漏压力及时间等综合考虑选择适当的方法，采取相应的对策。常用的泄漏预防措施如表 12－1 所示。

表 12－1　设备、配管的泄漏形式、原因及预防措施

设备配管	泄漏部位	泄漏原因	预防措施
塔、槽、换热器的配管、阀等	接头	法兰 ① 垫片材质选择不当 ② 固定不良 ③ 松动 ④ 腐蚀	① 减少接头（采用焊接） ② 防止振动 ③ 消除热应力（使用膨胀结构） ④ 选用耐腐蚀材料 ⑤ 修正配合表面的平行度 ⑥ 加强紧固（冷锁紧和热锁紧）

续表

设备配管	泄漏部位	泄漏原因	预防措施
阀门	滑动部分	阀的密封压盖 ① 磨损 ② 使用条件变化 ③ 垫片选择不良	① 修正不均匀紧固 ② 更换密封形式 ③ 改变垫片等级 ④ 清除异物并防止其进入
安全装置	排放部位	泄漏部位 ① 型号选择不当 ② 设计方法不好 ③ 操作不良 ④ 使用条件变化	① 选择合适的型号 ② 正确设置、消除背压 ③ 除去杂物、即时修理 ④ 改造成凸凹面结构 ⑤ 回收(冷却、加压凝缩、吸收等)

二、压力容器的安全防护装置

压力容器的安全防护装置是指为了保证压力容器安全运行而装设在设备上的附属构件。如安全阀、爆破片、压力表、液面计、温度计、紧急放空阀、紧急切断装置、消除静电装置、防雷击装置等。下面简要介绍其中几种安全防护装置。

(一) 安全阀

1. 安全阀的构造及工作原理

安全阀是一种超压泄放装置,其作用是当压力容器在正常的工作压力下运行时,能保持严密不漏,而当压力容器内的压力超过规定值时,它便能自动开启使压力容器内的介质部分或全部迅速排出,并能发出较大的气流响声而起到自动报警的作用。安全阀按其加载方式划分,有重锤式、杠杆式和弹簧式 3 种,其中以弹簧式安全阀最为常用,具体结构如图 12-1 所示。弹簧式安全阀的加载机构是压紧在阀瓣上的弹簧,通过调整阀杆上的锁紧螺母来改变弹簧的压缩量,达到调整安全阀开启压力的目的。

由图 12-1 可见,阀体与设备是连通的,压力容器正常工作时介质作用于阀瓣上的力小于弹簧对阀瓣的压力,所以阀瓣紧靠在阀体上,设备内的介质不能排出。当压力容器内的压力超过规定的工作压力并达到安全阀的开启压力时,介质作用于阀瓣上的力大于弹簧对阀瓣的压力,于是阀瓣离开阀体,安全阀开启,设备内的介质排出。当排出一部分介质后压力容器内的压力很快降低至正常的工作压力,此时介质作用于阀瓣上的力小于弹簧对阀瓣的压力,阀瓣又紧靠在阀体上使安全阀关闭,设备继续工作。

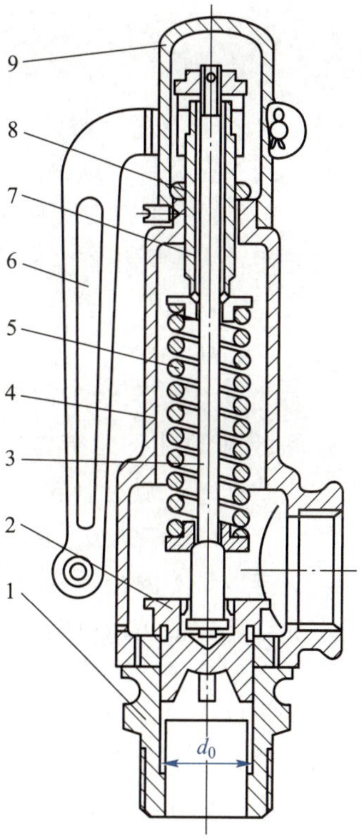

图 12-1 弹簧式安全阀

1—阀体;2—阀瓣;3—阀杆;4—阀盖;5—弹簧;6—提升手柄;7—调整螺杆;8—锁紧螺母;9—阀帽

动画

弹簧式安全阀

安全阀的优点是只排放压力容器内高于规定部分的压力，当压力降至正常工作压力时阀就可自动关闭，不影响设备的继续工作，且安全阀调整也比较容易。它的缺点是密封性较差，即使是符合规定的安全阀也难免有微量的泄漏。由于弹簧的惯性作用使阀的开启和关闭都有滞后现象，难以适应急剧的化学反应迅速升压所需要的快速泄放要求，对黏性较大或有结晶体的液体介质，阀瓣有时可能会被粘住而影响开启精度。所以安全阀适用于介质比较清洁的气体（空气、水蒸气等）的设备上，不宜用于介质具有剧毒性的设备，更不能用于容器内有可能产生剧烈的化学反应而使压力急剧升高的设备。

2. 安全阀的选用

选用安全阀应从以下几方面考虑。

(1) 结构型式　选用什么型式的安全阀主要取决于设备的工艺条件和工作介质的特性，一般情况下大多选用弹簧式安全阀。若容器的工作介质有毒、易燃、易爆，则选用封闭式（介质全部通过阀的泄放口排出）的安全阀。对高压容器及安全泄放量较大的中、低压容器可选用全启式（阀瓣的开启高度较大）的安全阀。

(2) 泄放量　安全阀的额定泄放量必须大于等于容器的安全泄放量。安全阀的额定泄放量可由其铭牌查取，容器的安全泄放量按 GB 150—2011 的有关规定计算。

(3) 压力范围　安全阀是按公称压力标准系列设计制造的，每一种安全阀都有一定的工作压力范围。选用时应使安全阀在容器设计温度下的许可压力大于等于容器的设计压力。

3. 安全阀的安装与调试

安全阀的安装与调试应注意以下几个方面。

(1) 安全阀应垂直安装在压力容器液面以上的气相空间，或安装在连接压力容器气相空间的接管上。无论安全阀安装在何处，从压力容器到安全阀之间的连接管和管件的通孔的截面积均不得小于安全阀的进口面积。

(2) 在压力容器和安全阀之间一般禁止装设中间截止阀，但对盛装易燃、有毒或黏性较大介质的压力容器，为了便于对安全阀进行更换、清洗，可在压力容器和安全阀之间装设截止阀，但此截止阀的结构和通径尺寸不得阻碍安全阀的正常泄放。在压力容器正常工作时此截止阀必须处于全开状态并加铅封，凡动用此截止阀都应有操作记录。

(3) 安全阀后的排放管如有出现冷凝液体的可能，则应考虑安装自动排出设施，封闭式安全阀排放管的内径不得小于安全阀出口管的公称直径。排放管原则上应一阀一根，并禁止在排放管上装任何阀门。两个以上安全阀共用一根排放管时，排放管的截面积应不小于所有安全阀出口管截面积的总和，氧气及可燃性气体或混合后能发生化学反应的其他气体不能共用一根排放管。

(4) 安全阀在安装前应进行压力试验和气密性试验，合格后再进行调整和校验。校验合格的安全阀在安装有关附件后应进行铅封。

4. 安全阀的使用与维护

选择得当、安装正确的安全阀还应通过合理的使用和维护才能发挥其作用。在日常使用过程中，为了确保安全阀的良好工作状态，应保持阀体清洁，防止被油垢和异物堵塞，防止阀体和弹簧锈蚀。要经常检查阀的铅封是否完好，杠杆式安全阀的重锤是否松动或被移动，弹簧式安全阀的调节螺母是否被任意拧动。发现有泄漏时应及时更换或检修，禁止用加大载荷的方法来消除泄漏。为了防止阀瓣被粘住，对用于空气、水蒸气或虽带有黏性脏物但排放后不会造成危害的其他气体的安全阀，应定期做手提排气以冲刷污物。安全阀的常见故障、产生原因及排除方法如表12-2所示。

表12-2　安全阀的常见故障、产生原因及排除方法

故障类型	产生原因	排除方法
安全阀长期漏气	① 阀瓣和阀座密封面有水垢、污垢或沙子	① 吹洗安全阀，并当场用扳手轻轻地转动研磨，使其吻合或拆开取走外来物
	② 阀瓣与阀座磨损	② 更换阀瓣和阀座，或车光后研磨
	③ 弹簧收得不够紧或弹力减弱	③ 收紧弹簧
	④ 弹簧已疲劳失效	④ 更换弹簧
	⑤ 阀瓣在阀座上的支承面歪斜	⑤ 重新调整水平
	⑥ 排气管质量不合理地压在阀体上	⑥ 将排气管装设正确
安全阀超过开启压力不泄放	① 弹簧收得过紧	① 将弹簧放松一点儿
	② 阀瓣与阀座被粘住或生锈	② 用扳手轻轻转动阀瓣研磨或调换
	③ 安全阀安装不正确，阀芯被卡住	③ 拆下安全阀，正确安装
	④ 过小、受热后卡住	④ 放大阀杆与外壳间的间隙
	⑤ 有阻挡物挡住了气体通道	⑤ 去除阻挡物
	⑥ 调节失当	⑥ 重新调节调节圈
	⑦ 盲板未去除，气体通道不通	⑦ 拆除盲板
阀门振荡，即阀瓣频繁开闭	① 弹簧刚度过大	① 改用刚度较小的弹簧
	② 进气管口径过小	② 使进口管内径不小于阀门进口通径
	③ 排放管口径太小或弯头多，阻力过大，造成排气时背压过大	③ 加大排放管道的口径或减少弯头
	④ 调节圈调整不当，使回座压力过大	④ 重新调节调节圈
	⑤ 安全阀排放能力过大	⑤ 应使选用的安全阀排放能力尽可能接近于设备的需要排放量

（二）爆破片

1. 爆破片装置的构造及工作原理

爆破片装置由爆破片、夹持器及接管法兰组成。爆破片是由金属或非金属制成的薄片，是爆破元件，起控制爆破压力的作用。夹持器的作用是以一定的方式将爆破片固定，然后装在压力容器的接口法兰上，也可以不设夹持器而直接用接管法兰夹紧爆破片。爆破片装置的结构如图12-2所示。爆破片装置是一种断裂型的安全泄放装置，当压力容器内的压力达到爆破片的爆破压力（不超过容器的最大允许工作压力）时，爆破片破裂，压力容器内的介质迅速泄放，压力很快下降，从而使压力容器得到保护。

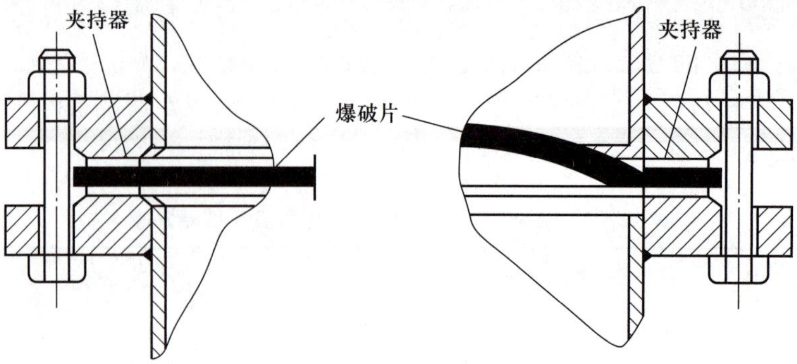

图 12-2 爆破片装置的结构

2. 爆破片的适用范围

爆破片装置与安全阀相比,优点是结构简单,动作迅速,在正常工作时能保证压力容器完全密封,超压爆破后泄压时动作滞后的惯性小,排放能力不受限制等。但由于它是靠爆破片的破裂来泄压的,爆破片破裂后不能继续工作,容器也被迫停止运行。所以爆破片一般适用于以下不宜安装安全阀的压力容器上。

(1) 由于物料的化学反应或其他原因使内压力在瞬间急剧上升的场合,这时如果使用安全阀,受惯性的影响就不能及时开启和泄放压力。

(2) 工作介质为剧毒气体或极为昂贵气体的场合,使用任何形式的安全阀在正常工作时总会有微量的泄漏。

(3) 工作介质易于结晶、聚合,或黏性较大,容易堵塞安全阀或使阀瓣被粘住的场合。

3. 爆破片的安装和使用要求

(1) 由库房取出的爆破片,应仔细核对铭牌上的各项指标:爆破片的型号、泄放口径、材质、爆破时的温度及相对的爆破压力(标定爆破压力)、泄放量等,应与被保护的压力容器的要求一致。

(2) 安装前应将爆破片和夹持器的密封面擦拭干净,但不要伤及密封面,无固体微粒时才可将爆破片固定好。

(3) 爆破片装置与容器的连接管线应为直管,其通道截面积不得小于爆破片的泄放面积。泄放管线应尽可能垂直安装,且应避开邻近的设备和一般操作人员能接近的空间。对易燃、易爆或剧毒气体应引至安全地点并妥善处理。

(4) 爆破片装置泄放管的内径应不小于爆破片的泄放口径,当爆破片破裂有碎片产生时,应装设拦网或采取其他不使碎片堵塞管道的措施。

(5) 在爆破片装置与压力容器之间一般不允许装任何阀门,如果由于特殊原因装了截止阀或其他截断阀时,应采取相应的措施确保在运行中该阀处于全开状态。

(三) 压力表

1. 压力表的类型及构造

压力表是用来测量容器内部压力的仪表。在容器上装设压力表后,可直接测出容器内部介质的压力值,以便一旦发生异常情况可及时发现和作出处理。压力表的类型很多，按其结构原理划分，有液柱式、弹性元件式、活塞式和电量式四大类，其中使用最多的是弹性元件式压力表。根据弹性元件的结构特点，有单圈弹簧管式、螺旋形弹簧管式、薄膜式、波纹管式等多种形式。目前在石油化工装置中广泛采用的是单圈弹簧管式压力表，其构造如图 12-3 所示。这种压力表是利用弹性元件的弹力与被测介质压力相平衡的原理，根据弹性元件的变形程度来确定被测的压力值。它的特点是结构牢固，密封性好，具有较高的准确度，对使用条件要求也不高。但在使用期间需进行检修、校验，且不宜用于测定频率较高的脉动压力和有强烈震动的场合。

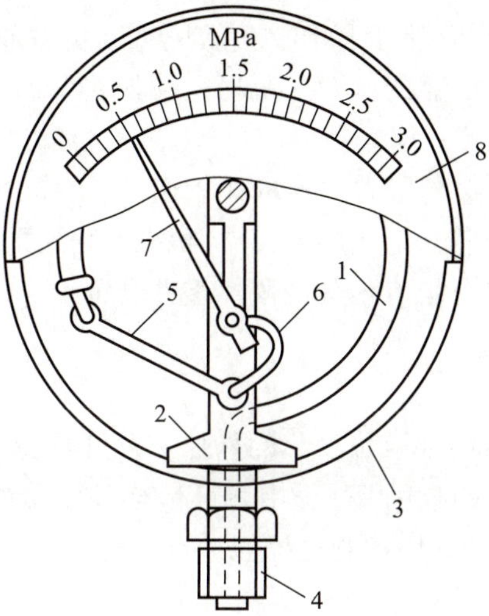

图 12-3　单圈弹簧管式压力表

1—弹簧弯管；2—支座；3—表壳；4—接头；
5—拉杆；6—弯曲杠杆；7—指针；8—刻度盘

2. 压力表的选择及使用

根据工艺过程对压力测量的要求、被测介质的性质、现场环境条件等因素来考虑压力表的种类、型号、量程和精度。

(1) 压力表的最大量程应与压力容器的工作压力相适应。一般为压力容器最高工作压力的 1.5～3 倍，最好取 2 倍。若量程过大，则读数准确性差；若量程过小，则使弹性元件长期处于较大的变形状态下，易产生永久性变形，引起误差增大和使用寿命降低。

(2) 压力表必须有足够的精度。低压容器上使用的压力表精度不低于 2.5 级(指允许误差为表盘刻度极限值的 2.5%)，中压及高压容器上使用的压力表精度不低于 1.5 级。压力表的表盘大小应保证操作人员能清楚地看到压力指示值，因此表盘直径一般不小于 100 mm。

(3) 压力表在使用过程中有下列情况之一时，应停止使用。

① 指针失灵。

② 表面玻璃破碎或表盘刻度模糊不清。

③ 铅封损坏或超过校验有效期限。

④ 表内弹簧管泄漏或指针松动。

⑤ 指针断裂或外壳腐蚀严重。

⑥ 影响压力表正常使用的其他缺陷。

3. 压力表的安装及维护

(1) 压力表的校验和维护应符合国家计量部门的有关规定。在安装前应进行校验，并在刻度盘上用红线明确指出压力容器的最高工作压力(禁止把红线划在表盘的玻璃上，以免由于表盘玻璃发生转动，使操作人员产生错觉)，注明下次校验的日期，经校验合格的压力表应有铅封和合格证。

(2) 压力表的安装位置应便于操作人员观察，刻度盘面应与操作人员的视线垂直或向前倾斜 30°，并应有足够的光线，应避免使压力表受到辐射热、低温及震动的影响。

(3) 压力表的接管应直接与压力容器本体相连，当工作介质为水蒸气时应在压力容器与压力表之间设置存水弯管。对于盛装高温强腐蚀性介质的压力容器，应在压力容器和压力表之间的管路上装设充填有液体的隔离缓冲装置。

(四) 液面计和温度计

1. 液面计的类型

液面计是用来观察设备内部液位变化的构件。通过观测液位的高低，一方面可确定压力容器内物料的数量，以保证生产过程中各环节必须定量的物料；另一方面可反映连续生产过程是否正常，以便可靠地控制过程的进行。化工生产中常用的液面计按结构型式划分，有玻璃管液面计、玻璃板液面计、浮子液面计和浮标液面计，其中以玻璃管液面计和玻璃板液面计最为常用。

2. 液面计的选用

(1) 设备高度在 3 m 以下、介质流动性较好、不结晶、不会有堵塞通道的固体颗粒物料，一般可选用玻璃管或玻璃板液面计。玻璃管液面计适用于介质压力在 1.6 MPa 以下的场合，玻璃板液面计适用于介质压力在 1.6 MPa 以上或要求使用安全性较高的场合。

(2) 设备高度在 3 m 以上、物料易堵塞、液面测量要求不严格的常压设备，应采用浮标液面计。浮子液面计不易堵塞，容易制造成防腐蚀的结构，使用可靠，尤其适用于地下槽式压力容器和卧式储槽。

(3) 在安装使用前，对中、低压容器用的液面计，应在 1.5 倍液面计公称压力下进行水压试验；高压容器用的液面计，应在 1.25 倍液面计公称压力下进行水压试验。

3. 温度计

石油化工生产中对温度的控制一般都比压力控制严格。为了适应生产需要，在容器上常安装温度计。常用的温度计有膨胀式、电阻式、热电式和辐射式等。有时温度计常和超温报警器连在一起，当温度发生异常时即自动报警。如图 12-4 所示为化工容器中常用的膨胀式温度计在设备上的安装形式。

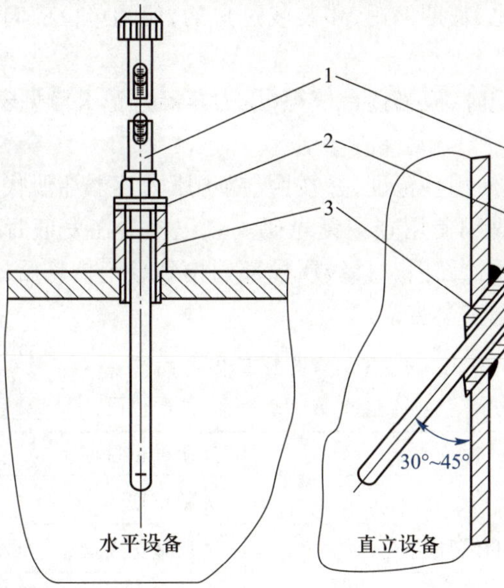

图 12-4　膨胀式温度计的安装形式

1—温度计;2—垫片;3—连接头

第二节　压力容器的安全使用

一、压力容器的使用登记与技术档案

压力容器的使用登记是在容器检验和核实安全状况等级的基础上,对压力容器进行注册和发放使用证。其目的是限制无安全保障的压力容器的使用,建立容器的技术档案,为正确合理使用压力容器提供依据。通过压力容器的技术档案可以使容器的管理部门和操作人员全面掌握容器的技术状况,了解和掌握运行规律,提高容器的安全管理水平。所以每台压力容器都应进行登记和建立技术档案。

(一) 压力容器的使用登记

1. 使用登记的依据

根据《特种设备安全监察条例》和《特种设备行政许可实施办法(试行)》的规定,压力容器的使用单位应向当地市级质量技术监督部门办理使用登记。国家质量监督检验检疫总局锅炉压力容器安全监察局根据《特种设备安全监察条例》的规定,制定了《锅炉压力容器使用登记管理办法》,据此,每台锅炉压力容器在投入使用前或投入使用后 30 日内,使用单位应当向所在地的登记机关申请办理使用登记,领取使用登记证。

2. 使用登记的要求

使用单位申请办理使用登记时,需逐台向登记机关提交压力容器及其安全阀、爆破片及紧急切断阀等安全附件的文件,如安全技术规范要求的设计文件、产品质量合格证明、安装及使用维修说明,制造和安装过程监督检验证明、压力容器安全性能监督检验报告、压力容器安装质量证明书、压力容器使用安全管理的有关规章制度等。

压力容器安全状况发生变化、长期停用、移装或过户的，使用单位应向登记机关申请变更登记。

使用单位申请办理使用登记时，应当逐台填写《压力容器登记卡》(见表 12－3)。

3. 使用登记的审核

登记机关经审核合格，办理使用登记证，并按照《锅炉压力容器注册代码和使用登记证号码编制规定》，编写注册代码和使用登记证号码。登记机关在发证后 5 个工作日内将登记信息传送给使用地县级质检部门。县级质检部门接到登记信息后，应当及时对新增锅炉压力容器的使用情况实施安全监察。

表 12－3　压力容器登记卡

使用登记证号码：________　　　　注册代码：________

注册登记机构				注册登记日期	
设备注册代码				更新日期	
单位内部编号		使用登记证编号		注册登记人员	
使用单位				使用单位组织机构代码	
使用单位地址	省(市、自治区)	市	区(县)	邮政编码	
安全管理部门		安全管理人员		联系电话	
容器名称		容器类别		容器分类	
设计单位				设计单位组织机构代码	
制造单位				制造单位组织机构代码	
制造国		制造日期		出厂编号	
产品监检单位				监检单位组织机构代码	
安装单位				安装单位组织机构代码	
安装竣工日期		投用日期		所在车间分厂	
容器内径	mm	筒体材料		封头材料	
内衬材料		夹套材料		筒体厚度	mm
封头厚度	mm	内衬壁厚	mm	夹套厚度	mm
容器容积	m^3	容器高(长)	mm	壳体质量	kg
内件质量	kg	充装质量	kg	保温绝热	℃
壳程设计压力	MPa	壳程设计温度	℃	壳程最高压力	MPa
管程设计压力	MPa	管程设计温度	℃	管程最高压力	MPa
夹套设计压力	MPa	夹套设计温度	℃	夹套最高压力	MPa
壳程介质		管程介质		夹套介质	
氧舱照明		氧舱空调电动机		氧舱测氧方法	
罐车牌号		罐车结构型式		罐车底盘号码	
产权单位				产权单位代码	

续表

主要安全附件及附属设备、水处理设备					
名称	型号	规格	数量	制造厂家	
检验单位				检验单位代码	
检验日期		检验类别		主要问题	
检验结论		报告书编号		下次检验日期	
事故类别		事故发生日期		事故处理	
设备变更方式		设备变更项目		设备变更日期	
变更承担单位				变更承担单位组织机构代码	

（二）压力容器的技术档案

压力容器的技术档案是正确、合理使用压力容器的主要依据，建立健全压力容器的技术档案是做好压力容器管理的基础工作。完整的技术档案可以防止人们盲目使用压力容器，从而有效地控制压力容器事故的发生。压力容器的技术档案包括如下主要内容。

(1) 压力容器登记卡。

(2) 压力容器设计技术文件。

(3) 压力容器的制造、安装技术文件和相关资料。

(4) 压力容器定期检验、检测记录及检验的相关技术文件和资料。

(5) 压力容器安全附件的校验、修理及更换记录。

(6) 压力容器修理方案、实际修理情况记录以及相关技术文件和资料。

(7) 压力容器技术改造的方案、图样、材料质量证明书，施工质量检验及技术文件和资料。

(8) 压力容器有关事故的记录和处理报告。

（三）压力容器的安全状况等级

为了掌握每一台投入使用的压力容器的安全状况，在新容器使用前及在用容器定期检验后，都要核定其安全状况等级。新容器安全状况等级的核定工作是在使用单位办理容器使用登记手续时，由登记机关认定。在用容器是在定期检验后，根据《在用压力容器检验规程》所规定的评定标准，由检验单位签发的检验报告认定。压力容器的安全状况共分为 5 个等级，如表 12 - 4 所示。

表 12 - 4　压力容器安全状况等级的划分与含义

安全状况等级	出厂资料是否齐全	设计与制造质量是否符合有关法规和标准的要求	缺陷的具体情况	能否在法定的检验周期内在原设计或规定的条件下安全使用
1	齐全	符合	无超标缺陷	能够
2	齐全(对新容器),基本齐全(对在用容器)	基本符合	存在某些不危及安全可不修复的一般性缺陷	能够

续表

安全状况等级	出厂资料是否齐全	设计与制造质量是否符合有关法规和标准的要求	缺陷的具体情况	能否在法定的检验周期内在原设计或规定的条件下安全使用
3	不够齐全	主体材质、结构、强度基本符合	存在不符合标准要求的缺陷，但该缺陷没有在使用中发展扩大；焊缝中存在超标的体积性缺陷，检验确定不需修复；存在腐蚀磨损、变形等缺陷，但仍能安全使用	能够
4	不全	主体材质不符或材质已老化，主体结构有较严重的不符合标准之处	存在不符合法规和标准的缺陷，但该缺陷没有在使用中发展扩大；焊缝中存在线性缺陷；存在的腐蚀、损伤、变形等缺陷已不能在原条件下安全使用	必须修复有缺陷处，提高安全状况等级，否则只能在限定的条件下监控使用
5			缺陷严重，难以修复；无修复价值；修复后仍难以保证安全使用	不能使用，予以判废

二、压力容器的安全操作

理论研究和实践探索表明，正确合理地操作和使用压力容器，是保证其安全可靠运行的重要条件。设计合理、制造质量优良的压力容器，如果使用不当、违反操作规程及年久失修等，同样会发生爆炸等破坏事故。使用过程中若操作不当也会损伤容器，可能使某些微小的缺陷扩大和产生新的缺陷，最终造成破坏。所以，压力容器的使用单位应根据设计和制造中所确定的使用条件、制定的工艺操作规程控制操作参数，使压力容器在操作规程的规范下运行。

（一）压力容器使用单位的职责

要做好压力容器的安全技术管理工作，首先要从组织上予以保证，企业要有专门的机构，配备专业技术及管理人员，具体负责压力容器的技术管理和安全监察工作。企业装备厂长或总工程师是压力容器安全技术管理的总负责人，并指定具有压力容器专业知识的工程技术人员负责安全技术工作。企业的设备动力部门是企业对压力容器安全技术管理的职能部门，石油化工行业的生产车间由设备主任和设备管理员负责。压力容器使用单位对容器进行技术管理工作主要包括如下几个方面。

(1) 贯彻执行《特种设备安全监察条例》《固定式压力容器安全技术监察规程》等压力容器的技术法规，编制压力容器的安全规章制度。

(2) 参与压力容器安装的验收和试车工作，检查容器的检验、维修和安全附件的校验情况。

(3) 编制压力容器的定期检验计划，并负责实施；对容器的检验、修理、改造和报废等进行技术审查。

(4) 向主管部门报送当年压力容器数量和变动情况的统计表、容器定期检验计划的实施情况及存在的主要问题等。

(5) 负责压力容器的检验、焊接及操作人员安全技术培训的管理，容器使用登记和技术资料的管理。

(6) 负责或协助进行压力容器事故的调查和处理工作。

(二) 压力容器安全操作的基本要求

1. 严格遵守操作规程，认真填写操作记录

压力容器操作人员应了解容器的来源和历史，掌握其基本技术参数和结构特征，熟悉操作工艺条件。严格遵守操作规程，压力容器的操作规程是根据生产工艺要求和容器的技术特性而制定的指令性技术法规，一经制定，操作人员必须严格执行。压力容器的原始操作记录和交接班记录对保障容器的安全生产至关重要，因此操作人员应认真及时、准确真实地记录容器的实际运行情况。

2. 平稳操作，严禁超温超压运行

容器的压力、温度在使用过程中应力求稳定，防止温度、压力经常急剧变化导致容器疲劳破坏和突发事故，因此加载和卸载、升温和降温都应缓慢进行，并在运行期间保持压力和温度的相对稳定。严禁超温超压运行，由于容器允许使用的压力、温度及介质的充装量等都是根据工艺要求和设计条件来确定的，所以只有在设计条件范围内操作才可保证运行安全。如果容器超温超压运行，就会造成容器的承受能力不足，有可能导致爆炸事故的发生。

3. 坚持运行期间巡回检查，防止异常情况发生

压力容器的操作人员在容器运行期间，应经常进行检查。观察压力、温度、液位是否在操作规程规定的范围内，容器各连接部位有无泄漏，容器有无明显的变形，基础和支座是否有松动，安全装置是否完好等。以便及时发现操作中或设备上出现的不正常现象，采取相应的措施进行调整或消除，防止异常情况的扩大和延续，保证容器的安全运行。容器在运行过程中，如果突然发生故障，严重威胁安全时，操作人员应立即采取紧急措施，停止容器运行，并报告有关部门。

4. 压力容器操作人员应具备的知识和技能

压力容器使用单位应对操作人员进行安全教育和技能培训，经考核合格并取得“压力容器操作人员合格证”后，方可上岗工作。操作人员应具备以下知识和技能。

(1) 掌握压力容器的基本知识，了解化工设备的技术特性、结构特点和安全操作知识。

(2) 了解所在工段的工艺流程、工艺参数，熟知岗位操作法，熟悉并严格执行本岗位工艺操作规程。

(3) 能正确使用设备，如容器的开、停车操作和安全注意事项。

(4) 掌握各种安全装置的型号、规格、性能及用途，会检查、判断设备安全附件是否正常。

(5) 针对可能发生的事故采取防范措施，在设备出现异常情况时，能及时、正确地进

行紧急处理。

(三) 压力容器的维护与保养

压力容器的维护保养工作包括防止腐蚀和消除“跑、冒、滴、漏”等方面。压力容器通常会受到来自内部的工作介质,外部的大气、水或土壤等的腐蚀。目前,大多数压力容器都采用防腐层进行防腐,如金属涂层、化学涂层、金属内衬及搪瓷玻璃等。如果压力容器的防腐层脱落或损坏,腐蚀介质与容器本体直接接触使腐蚀速度加快,因此检查和维护防腐层的完好情况是做好防腐工作的关键,在日常巡检时应特别注意,及时发现问题消除影响。同时也应及时清除积附在容器、管道、阀门及安全附件上的灰尘、油污和腐蚀性物质等,经常保持其清洁和干燥。

压力容器的“跑、冒、滴、漏”现象不仅浪费原料和能源、污染环境,而且也会造成设备的腐蚀。因此正确选择连接方式、垫片材料及填料,减轻振动和摩擦,及时消除“跑、冒、滴、漏”现象,也是做好压力容器保养工作的重要内容。

压力容器在停运期间的保养工作也不可忽视,压力容器停运后应将内部的介质排放干净,对腐蚀性介质要经过排放、置换(或中和)清洗等技术处理,有条件的应采用氮气封存。可根据停运时间的长短、设备情况及周围环境,采用在压力容器内外表面涂刷油漆或放置吸潮剂等方法进行保存保养。

三、压力容器的紧急停运

当压力容器在运行中出现超温超压,采取措施仍无效果,而且有继续恶化的趋势,或出现裂纹、变形、严重泄漏及安全装置失效,操作岗位附近发生火灾等直接威胁到容器的安全时,操作人员应立即采取紧急措施,停止容器运行并报告有关部门。

1. 压力容器紧急停止运行的条件

压力容器在运行过程中,出现以下情况时操作人员应采取紧急停运措施。

(1) 压力容器的工作压力、介质温度或壁温超过规定值,采取措施仍不能得到有效控制。

(2) 压力容器的主要受压元件发生裂缝、鼓包、变形、泄漏等危及安全的缺陷。

(3) 压力容器的安全附件失效。

(4) 接管、紧固件损坏,难以保证设备安全运行。

(5) 发生火灾直接威胁到压力容器的安全运行。

(6) 压力容器的液位失控,采取措施仍得不到有效控制。

(7) 压力容器与管道发生严重振动,危及设备的安全运行。

(8) 压力容器充装过量及发生其他异常情况。

2. 压力容器紧急停止运行的操作

压力容器紧急停止运行时,应先切断外来原料,再有效撤除处于危险状态的压力容器内的物料。首先,应迅速切断电源,使向压力容器内输送物料的运转设备(如泵、压缩机等)停止运行,同时联系有关岗位停止向压力容器内输送物料。其次,迅速打开出口阀,泄放压力容器内的气体或其他物料,必要且可行时可打开放空口将气体排入大气中。对于系统性连续生产的设备,紧急停止运行时必须做好与前后有关岗位的联系工作。操作人员在处理紧急情况的同时,应立即与上级主管部门及有关的技术人员、领导取得联系，以便有效地控制险情，避免发生更大的事故。

第三节　典型化工设备常见的事故及案例

一、锅炉、压力容器及压力管道常见的事故及案例

锅炉、压力容器和压力管道由于其本身的结构特点、内部介质、工作条件和环境等因素决定了其属于事故多发设备。据统计，2001 年我国共发生锅炉、压力容器、气瓶及压力管道事故 186 起，死亡 158 人，受伤 342 人，直接经济损失为 1 204.8 万元。另据不完全统计，1979 年至 1988 年上半年全国 28 个省、市、自治区的化肥、化工、炼油企业中，发生重大锅炉事故 61 起，造成直接经济损失 159.29 万元。以上数据表明，此类设备不仅事故率高，而且危害性较大，所以与锅炉、压力容器及压力管道有关的部门，特别是使用单位对此应予以足够的重视。

1. 锅炉发生事故的原因及案例

锅炉是石油化工行业必不可少的热力设备，用它既可生产较高压力的动力蒸汽，也可回收废热。锅炉在运行过程中，由于制造，特别是焊接质量低劣或安装错误；安全阀、压力表、水位监控仪表、自动上水装置等失灵；积垢过多堵塞炉管，排污阀泄漏、关闭不严或忘记关闭；违章操作或误操作，使用、维护、修理及管理不善等是引起事故的主要原因，如炉膛、壳体爆炸，炉管爆裂、变形和失效，锅炉严重缺水、烧干等。锅炉事故案例如表 12－5所示。

表 12－5　锅炉事故案例

序号	发生时间	发生单位	事故简况
1	1979 年 8 月 6 日	四川省綦江区氮肥厂	因操作失误，致使锅炉烧干，发现后又急于向锅炉加冷水，导致废热锅炉爆炸，伤 5 人、死亡 1 人
2	1980 年 9 月 6 日	天津市津南化肥厂	因违章造成煤气发生炉水夹套憋压，致使废热锅炉爆炸，伤 6 人、死亡 2 人
3	1982 年 7 月 14 日	湖南省攸县氮肥厂	因阀门泄漏，变换系统的变换气进入锅炉炉膛，遇火星致使锅炉突然发生爆炸，伤 1 人
4	1985 年 3 月 15 日	贵州省赤水市天然气化工厂	因总控室误操作，管路未打开，使烧嘴背压升高，致使合成车间辅助锅炉爆炸
5	1987 年 10 月 28 日	河南省中牟县化肥厂	因在更换废热锅炉列管时，任意在壳体上开孔和挖补，且本体采用不开坡口的单面焊接，焊透深度只有 2～3 mm，强度严重不足，致使废热锅炉运行时，汽包压力上升至 0.15 MPa 时就发生爆炸

2. 压力容器发生事故的原因及案例

引起压力容器发生事故主要有三个方面的原因。一是材料选择不当，结构设计不合理，制造质量，特别是焊接质量低劣。二是安全附件不全或失灵，违章操作及维护不善等。三是介质易燃、易爆、有毒、有腐蚀性，操作条件高温、高压等。下面举几个压力容器发生事故的案例。

案例 1

焊口断裂，丙烷液体喷出，遇明火爆炸

1984 年 1 月 1 日凌晨 5 时 23 分，某公司催化车间气体分馏装置发生一起重大爆炸火灾伤亡事故，燃烧面积达 5 760 m^2，爆炸冲击波波及 10 km 以外的机械厂、纺织厂，使 721 户居民房屋遭到不同程度的损坏，破坏面积 4 万多平方米，全厂停电，各生产装置被迫停运，许多设备被摧毁，伤亡 85 人，其中 5 人死亡，直接经济损失 252 万元。

事后调查认定主要原因是气分装置脱丙烷塔与其底部重沸器之间连接管线的变径管缩口处的焊接质量低劣，加上开停车及试压中压力、流量的变化导致低周疲劳，产生了焊口断裂，使压力为 1.7 MPa 的丙烷液体喷出，在空间急剧汽化形成爆炸性混合物，并迅速扩散遇明火爆炸。焊口断裂的原因是，只重视生产，检修工期缩短，检修质量不保证留下了隐患(焊接时的夹渣和未焊透等)，在开停车扫线、试压等运行中压力、流量的变化是造成焊口低周疲劳的外部原因。

案例 2

违章操作，液化气泄漏，产生恶性燃烧

1988 年 10 月 22 日 1 时 7 分，某石化公司炼油厂油品车间球罐区发生重大燃烧事故，死亡 26 人，烧伤 15 人。

10 月 21 日 23 时 40 分，当班一名操作工和班长在 3 号区 914 号球罐进行开阀脱水操作。由于未按操作法操作，未关闭球罐脱水包的上游阀就打开脱水包的下游阀，在球罐内有 0.4 MPa 压力的情况下边进料边脱水，致使水和液化气一起排出，通过污水池大量外逸。23 时 50 分，球罐区门卫人员发现跑料后立即通知了操作工。22 日零时 05 分操作工关闭了脱水阀。从开阀到关阀前后约 25 min，跑损液化气约 9.7 t。保安公司职工见液化气不散，又提醒当班注意，但未按操作规程的要求采取紧急排险措施。

逸出的液化气顺风向球罐区围墙外的临时工棚内蔓延并在墙外低洼处积聚。1 时 07 分，扩散并积聚的液化气遇到墙外工棚内的火种引起燃烧。经消防队扑救，大火于 2 时 05 分被全部扑灭。此次着火面积为 62 500 m^2(球罐区 38 300 m^2，罐区外 24 200 m^2)，当时报道事故直接经济损失 9.8 万元。

本次事故的原因是，操作工违章操作，边进料边脱水，使水和液化气同时排出，发现跑气后既未向上级报告，又没有采取任何紧急措施；靠近球罐墙外6 m处的简易仓储用房错误地改做外来施工人员的住房；管理不严，劳动纪律松散，当班7人中有2人睡岗、3人离岗，其余2人是9月份进厂实习的大学生，该罐区虽有巡检制度，但一直没有很好地实施。

案例3

操作失误，引发乙烯灌区爆炸燃烧

1997年6月27日21时5分左右，原北京东方红化工厂储罐区在岗职工嗅到泄漏气体的异味。约21时10分操作室可燃气体报警器发出报警。21时15分油品罐区操作员张某和调度员郑某二人去检查泄漏源，泄漏的易燃油气迅速扩散与空气混合形成可燃性爆炸气体。21时26分遇明火发生燃烧爆炸，其中泵房破坏最大，石脑油A罐区发生燃烧，张某和郑某在爆炸中身亡。

第一次爆炸对周围环境产生冲击和振动破坏，造成新的可燃物泄漏并被引燃，火势迅速扩散使乙烯B罐因被烧烤出现塑性变形开裂，21时42分罐中液态乙烯发生“爆沸”。此次爆炸的破坏强度更大，被爆炸驱动的可燃物在空中形成火球并以“火雨”般向四周抛撒，乙烯B罐被炸成7块向四外飞散。与乙烯B罐相邻的乙烯A罐被爆炸冲击波推倒，罐底部的管线断开，大量液态乙烯从罐口喷出后遇火燃烧。与此同时，乙烯C罐、D罐的出入口管线也相继被烧坏，大量乙烯喷出在地面燃烧，造成更大范围的火灾和破坏。大火在6月30日4时55分熄灭。本次事故造成9人死亡，39人受伤，直接经济损失达1.17亿元。

事故发生后北京市人民政府组织了事故调查组，经调查取证、计算机模拟和鉴定分析，认定发生此次事故的直接原因是，在从铁路罐车经油泵向轻柴油罐卸油时，由于操作工开错了阀门使轻柴油进入了满载的石脑油A罐，导致石脑油从罐顶气窗大量溢出（约为637 m^3），溢出的石脑油及油气在扩散中遇到明火，产生第一次爆炸和燃烧，继而引起罐区内乙烯罐等其他罐的爆炸和燃烧。

3. 压力管道发生事故的原因及案例

在石油化工生产中，管道主要用于介质的输送、分离、混合、排放及控制流体流动等方面。管道和压力容器类似，在许多情况下运行在高温高压、易燃易爆、介质腐蚀性强及有毒害的恶劣工况下，这些都对管道的安全运行带来一定的威胁。

管道的事故主要是破裂和爆炸，引起管道事故的原因是多方面的。其中操作失误、违章作业和使用维护不周是主要的原因。如误操作造成可燃性气体的混合、超标、含氧浓度的激增及超压等，从而引起管道的爆炸事故。由于腐蚀使管壁减薄、强度不足而破裂，气流脉动引起管道的剧烈振动会产生疲劳断裂，安全阀、压力表失灵使管道不能及时得到准确测量和监控，会引起超压事故。其次是设计、制造、安装及检修不合理等方面的原因，如设计不合理使热补偿不到位、管道挠性不足，应力过大引起断裂；选材不当、焊接质量低劣，强度不足引起破裂等。压力管道事故案例如表12-6所示。

表 12-6　压力管道事故案例

序号	发生时间	发生单位	事故简况
1	1979 年 12 月 28 日	江苏省六合化肥厂	因碳化车间水洗塔液位过低，排液管液封破坏而大量漏气，在巨大的反作用力作用下，排液管剧烈振动而断裂并引起爆炸，死亡 1 人
2	1980 年 7 月 30 日	四川省永川化工厂	因管道长期埋入地下腐蚀严重、车辆压轧及管内压力上升，致使 ϕ159 mm×5.5 mm、长 140 mm 管道多处破裂
3	1981 年 2 月 27 日	贵州省剑江化肥厂	因误操作，关闭生产罐进口阀后未及时打开备用罐出口阀，导致超压使输氨总管的连通管爆炸
4	1981 年 9 月 3 日	江西省贵溪市红旗化工厂	安装硫化钠成品输出管道时螺纹口部位未切除，因其强度不够，正常使用期内突然断裂，大量硫化钠喷出灼伤人
5	1982 年 8 月 16 日	辽宁省大连化工厂	因冷凝器入口混合管线材质低劣，结构设计不合理，焊缝未焊透而爆裂着火

二、塔、槽、釜类设备常见的事故及案例

塔、槽、釜类设备通常操作条件比较苛刻，如高温高压且压力和温度是经常变化的，工作介质往往也是易燃易爆、有毒有腐蚀性的，故容易因泄漏而引起爆炸事故。据1979—1988 年上半年全国 28 个省、市、自治区化肥、化工、炼油等行业的不完全统计，发生重大塔、槽、釜类设备爆炸事故 55 起，伤亡 137 人，其中死亡 34 人，造成直接经济损失达 607.62 万元。另据统计，1999—2002 年全国县以上化工系统国有企业发生塔、槽、釜类设备的泄漏、爆炸事故 126 起，其中爆炸事故 103 起，造成 172 人死亡。引起塔、槽、釜类设备事故的主要原因有以下几方面。

1. 违章作业或操作失误

未对设备进行置换或置换不彻底就试车或打开人孔进行焊接检修，空气进入塔内形成爆炸性混合物而引起爆炸；置换清扫时顺序错误；操作中错开阀门或开关阀门顺序错误等引起设备憋压或气体倒流超压，从而引发物理爆炸；盲目追求产量而超压、超负荷运行；用可燃气体试压、试漏；操作人员离岗、脱岗未能及时发现设备工艺参数的变化情况，致使系统过氧爆炸。

2. 维护不周或严重腐蚀

由于设备遭受严重腐蚀，使局部壁厚减薄、穿孔或材质变脆、零部件断裂等引发事故。密封不严引起可燃性气体泄漏，安全装置损坏或失灵，如氢气自动放空装置损坏导致空气进入，不凝性气体没有排出或排尽等引发事故。

3. 设计不合理或制造缺陷

设计参数与实际操作情况不符，结构设计不合理使设备局部应力过大等导致强度不足而发生爆炸事故。自制或改造设备选材不符合要求，或未按有关规定和技术要求进行

加工，制造质量，特别是焊接质量低劣，存在超标缺陷等引发事故。

下面举几个塔、槽、釜类设备事故的案例。

案例 4

氨合成塔泄漏，造成全厂被迫停产

1999 年 6 月 19 日 14 时 10 分，河北省某化工有限责任公司氨合成塔突然发生泄漏，造成全厂被迫停产。本设备是湖南湘东化工机械厂于 1996 年 6 月制造的，设计压力为 31.4 MPa，设计温度为 200℃，内径为 800 mm，高为 16.61 m，壁厚为 90 mm（30 mm×3），壳体材料为 15 MnVR，工作介质为 N_2、H_2、NH_3、CH_4 和 Ar。该塔于同年 7 月 24 日投入使用，1998 年 7 月 1 日至 8 月 22 日进行了年度检修，并更换了新催化剂，此后一直维持正常运行。

事后现场调查发现，合成塔壳体内表面有两条明显的裂纹，一条长 430 mm（弧长），深 10～30 mm 不等；另一条沿筒体内侧长 840 mm（弧长），外侧为 180 mm（弧长），深度贯穿整个筒体壁厚。通过现场调查、取样试验和理论分析最后认定，塔体产生裂纹的主要原因是在运行过程中出现了局部超温现象，引起氢腐蚀（在氨合成塔运行环境的氢分压下，15 MnVR 材料使用温度超过 230℃就会发生氢腐蚀）而造成的。

案例 5

安全阀泄漏，截止阀关闭，反应釜爆炸

1998 年 8 月 23 日，某石油化工厂 F11 号反应釜在聚合反应过程中超温超压，而两个安全阀失去自动泄压作用，釜内压力急剧上升，导致反应釜釜盖法兰严重变形，螺栓弯曲，观察孔视镜炸裂，大量可燃性物料从法兰缝隙处及观察孔喷出，散发在车间空气中与空气形成爆炸性混合气体，遇明火引起二次爆炸燃烧，造成直接经济损失 6.4 万元，被迫停产 8 个多月，间接经济损失数百万元，死亡 3 人。

该反应釜属于聚醚生产工段，是以环氧丙烷、甘油为主要原料，以氢氧化钾作为催化剂，在压力为0.6 MPa、温度为 100℃的条件下，生产消泡剂产品。采用一次性向反应釜投料、机械搅拌的生产工艺。每次反应都有温度和压力的突升过程，以夹套内蒸汽或冷却水调节温度，必要时可用釜内盘管乙二醇冷冻液进行冷却。

本次事故的原因是设备的安全装置残缺不齐。反应釜上没有爆破片装置，也没有采取防止二次爆炸的措施；没有温度或压力报警信号装置及自动紧急泄压排放设施。由于两个安全阀均泄漏，在 8 月 22 日晚上被挂上了泄漏牌，因此关闭了容器与安全阀之间的截止阀（该厂规定在这种情况下允许运行 24 h），致使当反应釜超温超压时无法泄压，这是造成这起事故的直接原因，也是主要原因。

案例 6

操作不当引起氨水槽爆炸

1983 年 4 月 21 日，辽宁鞍山化肥厂工人在焊补碳化岗位氨水槽时擅自将槽内液面下降 217 mm，焊口以上仅有 13 mm 液面（正确的做法是应在焊口以上用 230 mm 氨水封住可燃性气体），致使上部空间进入大量空气与可燃性气体混合达到爆炸极限，遇明火后发生爆炸，死亡 2 人。

三、换热设备常见的事故及案例

石油化工生产中使用的换热设备和其他设备一样，大多也都在高温高压、易燃易爆、有毒有腐蚀的条件下运行，因此发生事故的概率也是比较高的。据有关部门统计，仅 1979—1983 年全国发生换热设备爆炸事故 25 起，伤亡 94 人。据 1999—2000 年的不完全统计显示，全国发生换热设备泄漏爆炸事故 18 起，其中爆炸事故 6 起，伤亡 47 人。换热设备的事故主要有燃烧爆炸、严重泄漏及管束失效 3 类。

换热设备由于设计不合理，制造质量，特别是焊接质量低劣，严重泄漏、腐蚀，违章操作或操作失误等都会引起燃烧爆炸事故。最易发生泄漏的部位是焊接接头处、封头与管板的连接处、管束与管板连接处及法兰的连接处，对管壳式换热器而言，频繁开停车、温度变化过大及振动等也都会引起泄漏。另外，管壳式换热器在运行过程中，管束在管孔中易产生腐蚀，管壁结垢也是常见的，这不仅降低了传热效果，严重时甚至堵塞管道，当壳程流体流速增大时会诱导和引发管束的振动等。这些都会不同程度地导致结构破坏甚至引发事故。换热设备的事故案例如表 12 - 7 所示。

表 12 - 7　换热设备的事故案例

序号	发生时间	发生单位	事故简况
1	1979 年 5 月 6 日	四川省江北氮肥厂	因自制热交换器，擅自修改图纸，制造质量低劣并错将封头焊在底部，运行中热交换器突然爆炸，伤 5 人，死亡 1 人
2	1980 年 10 月 20 日	安徽省砀山县化肥厂	因多年腐蚀，变换冷凝塔的壁厚由 10 mm 减少到 8 mm 仍带病运行，致使该塔在 0.7 MPa 的压力下爆炸
3	1983 年 10 月 8 日	北京市延庆化肥厂	用一台已于 1981 年报废的加热器安装在变换工段中，因该设备焊缝未开坡口，焊层仅 2 mm 深，安装前试压发现有泄漏，补焊后投入运行，因超压而爆炸，伤亡 12 人，其中 1 人死亡

续表

序号	发生时间	发生单位	事故简况
4	1985 年 7 月 24 日	天津硫酸厂	因高压省煤器水管严重腐蚀，漏水与通过其中的 SO_3 反应生成稀硫酸，此酸与换热器壳体金属铁反应生成的氢气达到一定的浓度，遇明火使换热器爆炸
5	1987 年 4 月 20 日	山西省灵丘化肥厂	在对热交换器内件进行强度试验时，采用气压试验并用氧进行补压，致使热交换器爆炸，造成 1 人死亡

四、转动设备常见的事故及案例

石油化工生产中常用的转动设备有各类泵、压缩机、离心机等，这类设备如果使用不当、设计不合理、制造质量低劣等也会引发各类事故。据 1980—1989 年全国 28 个省、市、自治区化肥、化工和炼油企业的不完全统计，共发生重大泵装置事故 68 起，造成直接经济损失达 399.8 万元；发生重大压缩机事故 224 起，所造成的直接经济损失达 2 237.11 万元。

1. 泵类设备发生事故的原因及案例

泵类设备在运行过程中，如果轴、填料、轴套严重磨损，密封破坏可引起轴封的严重泄漏。如制造有缺陷，润滑油变质，供油不足，金属颗粒进入轴颈，冷却水系统结垢，供水中断等可引起泵轴烧坏或断裂，轴承、轴瓦烧坏，如材料选用不当，密封发生破坏，引起易燃易爆液体喷出，电动机的定子绕组进水、绝缘破坏、击穿着火等可引起燃烧爆炸事故。泵类设备的事故案例如表 12－8 所示。

表 12－8　泵类设备的事故案例

序号	发生时间	发生单位	事故简况
1	1982 年	北京燕山石油化工公司炼油厂	酮苯脱蜡车间，在停车检修置换阶段，溶剂泵开关柜合闸按钮两个动合触点短路，造成电动机自动启动，但泵的入口阀是关闭的，致使泵内溶剂汽化，泄漏着火，烧坏电动机、离心泵及仪表
2	1983 年 8 月 12 日	江苏响水化肥厂	因操作失误，水洗泵被抽空未能及时发现和处理，致使变换气从循环水管道和泵出口倒流入高压水泵房，与空气混合达到爆炸浓度，停泵时遇电钮产生的电火花而爆炸，死亡 1 人
3	1985 年 3 月 6 日	广西河池氮肥厂	因润滑油滤网目数过小，调速器轴承损坏、油箱未进行清理，致使磨碎的金属颗粒随油带入轴颈，引起液氨泵轴瓦烧坏
4	1991 年 9 月 25 日	辽宁盘锦化肥厂	合成氨厂低压泵房热水循环泵因泵体材料选择错误导致泵体爆裂，大量过热水喷出并汽化，致使 2 名工人灼伤致死，3 名工人受伤

2. 活塞式压缩机发生事故的原因及案例

活塞式压缩机在运行过程中,由于可燃性气体泄漏、制造缺陷、高温高压下积炭自燃、违章操作或操作失误及管理不善等都会引发事故。如常见的氧气压缩机汽缸内一旦混入可燃性气体、油脂等杂物,而润滑供给不足时将造成汽缸"干磨"导致高温,可燃性气体与氧气发生反应引起自燃,燃烧剧烈时会造成爆炸事故。汽缸润滑油油膜的氧化物与气体中的灰尘、金属微粒等结合形成积炭,在高温过热、机械碰撞、气流冲击、静电火花等外界条件的作用下,易发生自燃甚至爆炸。另外,如果材料选择不当、设计不合理、制造质量低劣、腐蚀、疲劳及误操作等,也会引起压缩机汽缸开裂,活塞杆、曲轴、连杆断裂等机械事故。活塞式压缩机的事故案例如表 12-9 所示。

表 12-9 活塞式压缩机的事故案例

序号	发生时间	发生单位	事故简况
1	1983 年 2 月 21 日	石家庄某化肥厂	氮氢气压缩机二段缸与四段缸之间的连接螺栓根部疲劳断裂,氮氢气逸出引起爆炸着火,高压侧活塞杆、十字头和曲轴报废
2	1984 年 10 月	云南省沾益化肥厂	因操作工违反操作规程,开车前未排放冷却器积水,开车时冷却器内积水被带入汽缸,并侵入曲轴箱使油乳化,烧坏了轴瓦
3	1984 年 10 月 16 日	广州某氮肥厂	某压缩机因二段缸出口阀制造质量差,经探伤分析气阀内部有裂纹、气孔等缺陷,但当时未能发现。气阀破碎后掉入汽缸内,造成严重撞击事故,致使整机报废
4	2002 年 4 月 19 日	安徽省某化工股份有限公司	化工车间 6 号氮氢压缩机三段的活塞体为铸铝件,在机器运行中因其螺塞受气体压力、温度的作用,产生蠕变松弛现象,运行一段时间后发生松动脱落掉入汽缸中,发生撞缸事故

3. 离心式压缩机发生事故的原因及案例

离心式压缩机机组振动是其主要的事故形式。产生机组振动的原因有转子不平衡,运输或安装不当导致转子平衡精度差,机组高速运转中某些部件螺钉松动或脱落,叶轮上堆积沉积物,叶轮被腐蚀或冲刷等。叶轮是离心式压缩机的主要部件,如果设计制造有缺陷、安装和检验不合理、应力腐蚀、疲劳、转子共振并频繁地在喘振区运行等,会导致叶轮损坏、叶片断裂甚至解体破坏事故。离心式压缩机的事故案例如表 12-10 所示。

表 12-10　离心式压缩机的事故案例

序号	发生时间	发生单位	事故简况
1	1982 年 2 月 4 日	甘肃省兰州市石油化工厂	因管理不善，泵联轴器的连接橡胶块被剪断，致使合成气压缩机一段流量突然下降，入口温度超过 65℃，转子损坏
2	1984 年 1 月	辽宁省盘锦市辽河化肥厂	因二段中间冷却器、分离器液面指示失真、报警失灵，致使三段入口气体带酸性造成腐蚀，导致尿素装置 102 J 高压缸三段一级叶轮被打碎，侧端密封片脱落并引起喘振
3	1983 年 8 月 30 日	四川省某化肥厂	因制造缺陷致使透平压缩机机组振动，转子密封大部分损坏，四级叶轮入口处叶片焊缝松脱、叶轮变形
4	1984 年 4 月	黑龙江省大庆市化肥厂	因气动激振、油膜涡动振荡，致使 CO_2 压缩机高压缸发生异常振动和流量波动

第四节　化工设备运行管理制度

一、设备使用要求

1. 使用人员技术培训和安全教育

(1) 对新员工在独立使用设备之前，必须进行有关设备结构性能、安全操作、维护要求等方面的技术理论和实际操作培训。

(2) 企业应有计划地对设备操作人员进行技术培训和安全教育，以提高其对设备的使用维护能力。安全技术教育一般分三级进行，厂(公司)级由企业人事(教育)部门负责，安全技术部门配合进行；车间级由车间主任负责，车间设备技术员配合进行；工段(小组)级由工段长负责，班组设备员配合进行。

(3) 经过技术安全培训的人员，通过理论和实操考试合格后颁发相应设备的操作证。

2. 设备使用前维护保养准备工作

(1) 编制设备维护保养规程。

(2) 编制设备润滑卡片，重点设备还要绘制出润滑图表。

(3) 配备必要的维护保养工具、器具和符合要求的润滑油脂。

(4) 对设备的安装精度、性能、安全装置、控制和报警装置等进行全面检查，对所有附件进行清点核对。一切就绪后方可使用设备。

3. 设备使用与维护的基本要求

(1) 只有持有相应设备操作证者方可独立使用该设备。

(2) 设备操作人员有权制止非本岗位人员操作本岗位设备，有权拒绝执行违反岗位责任制的指令。

(3) 操作人员要做到"四懂、三会"，即懂结构、懂原理、懂性能、懂用途，会操作、会维护、会排除故障。

(4) 保运人员要做到熟知设备的结构、原理、用途和维修技术。

(5) 做好设备的保温、保冷、防冻、防腐、防漏工作，发现异常做好记录，立即报告并及时处理。

(6) 积极开展创建"完好设备"和"无泄漏工厂"活动，杜绝"跑、冒、滴、漏"现象。

二、设备岗位操作制度

1. 凭证操作制度

化工生产的绝大多数岗位都要求必须持证上岗、凭证操作。"操作证"专人专机(同类设备)有效，它是操作人员独立使用该(类)设备的证明文件，有严格的针对性和使用要求。凭证操作是保证正确使用设备的基本要求，也是安全生产的重要前提。操作证需要按要求进行年检。

2. 岗位责任制度

化工企业的各项生产经营活动都有明确具体的岗位责任制度。主要包括基本职能、应知应会、权利义务、考核办法等内容。如"四懂""三会"要求，日常检查记录，设备附件随主机管理，交接班制度和交接班记录等。对具体的某台(套)设备都有对应的"操作规程"和维护保养要求，操作规程规定了设备的正确使用方法和注意事项，对异常情况应采取的行动和报告制度。操作人员必须熟知并严格按照操作规程进行操作，观测和控制各项操作指标，如温度、压力、转速、负载、流量、电压等。

3. 交接班制度

交接班制度是化工生产企业生产班组最基本的管理制度之一。一般规定接班人员必须提前半小时到岗进行预检查。班前预检查必须按照巡检线路和内容进行，严格执行。交接班应按如下程序和内容进行。

第一：工艺交接。当班人员应当对管理范围内的工艺状况负责，交班时保证正确的工艺流程，并向接班人员交代清楚。

第二：设备交接。当班人员应当严格按照工艺操作规程和设备操作规程操作设备，对管辖范围内的设备状况负责，交班时应向接班人员移交"完好"的设备。

第三：卫生交接。当班人员应当做好设备、管线、仪表、机泵仓(房)、办公室的清洁卫生，交班时交接清楚。

第四：工具交接。交接班时，工具应摆放整齐，无遗失、无损坏、无油污。

第五：记录交接。交接班时，设备运行记录、工艺操作记录、巡检记录、维修记录等应真实、准确、整洁。

先口头交接，双方以合适的方式对交接内容进行确认后，分别在交接班日记上签字。交班人员必须在接班人员签字并实际到岗后方可离开。对交接班中的疑问，交接班日记中交班者和接班者都必须写清楚。

4．“三定”制度

按照“人机固定”“谁使用谁维护保养”的原则，实行定机、定人、定岗位责任的“三定”制度，使每台设备都有专人负责、专人操作和维护保养。对主要设备按照精密、大型、稀有、关键设备和一般设备进行划分，实行分级管理。

对多人操作的设备实行机台长制；自动线设备或一人操作多台设备的，可根据具体情况制订相应的执行方案。对精密、大型、稀有、关键设备严格执行定人定机制度。对一般设备若因操作者缺勤需临时调动操作人员的，属同型号的设备需经班组设备员同意后由生产组长调动；对跨班组、跨部门的同型号设备，需经部门机械员同意。绝对不允许临时调动操作人员操作同类型不同型号的设备，甚至不同类型的设备。

三、设备维护保养制度

1．设备维护“三级保养制”

设备维护保养的总体要求是：清洁、整齐、润滑良好、安全。目前绝大多数企业都实行“三级保养制”，即日常保养、一级保养、二级保养。三级保养制是以操作者为主对设备进行以保为主、保修并重的一种强制性维修保养制度。日常保养是由操作人员每天进行的例行保养，包括班前班后检查、设备擦拭及注油、故障排除、做好交接班记录等内容。一级保养以操作人员为主、维修人员协助进行，一般规定设备累计运转达 500 h 可进行 1 次，每次停机 8 h 左右，包括对设备进行局部解体、清洗检查及定期维护等内容。二级保养是以维修人员为主，操作人员参加完成，一般规定设备累计运转达 2 500 h 进行 1 次，每次停机 32 h 左右，包括对设备进行部分解体、检查和局部修理、全面清洗等内容。

2．设备的维护检查

设备的维护检查包括日常巡回检查、定期检查和专项检查。

日常巡回检查是按照预先编制的巡检路线进行的定时、定点的周期性检查。由操作人员采用听、摸、查、看、闻的五字检查法进行，必要时也可使用简单仪器辅助观测。主要包括以下内容。

(1) 设备运行的声音，有无撞击和摩擦声；温度、压力、流量、液面等计量系统及自动调节控制装置的工作情况。

(2) 传动皮带、链条及钢丝绳等的紧固情况和平稳度，各类防护罩、防护栏是否完好。

(3) 安全装置、制动装置、报警装置、停车装置是否完好。

(4) 设备及管路是否有泄漏，保温、保冷是否完好。

(5) 轴承及有关部位的温度、润滑及振动情况。

(6) 冷冻、冷却、蒸汽、物料系统的工作情况。

(7) 设备基础、地脚螺栓及其他连接螺栓有无松动，或因松动产生振动。

日常巡检还应按“五定”(定点、定质、定量、定人、定时)和“三级过滤”(领油、转桶、加油)做好润滑工作。按一平(场地平)、二净(门窗净、桌椅净)、三见(沟见底、轴见光、设备见本色)、四无(无垃圾、无杂草、无污物、无积水)的要求做好卫生工作。

定期检查是一种有计划的预防性检查。以专业维修人员为主，在生产操作人员配合下，以人的五感或借助检查工具和仪器，按设备检查标准的规定逐项进行检查。可以停机检查也可不停机或占用少量生产时间进行检查，其目的是发现和记录设备异常、损坏、磨损、腐蚀及其他隐患，以便及时处理。检查周期根据设备出厂说明书和生产实际综合考量确定。定期检查应制订计划，其内容包括时间、内容、质量要求、检查方法、检查工具及工时和费用预算等。

专项检查是在设备出现异常，或有特殊需要，或发生重大损坏事故需查明原因时所进行的专门检查。其检查项目和时间由设备维修管理部门视情况而定。

3. 特殊设备的使用维护要求

对于精密、大型、稀有及关键设备，除保证达到一般设备的各项要求外，还有以下要求。

(1) 实行“四定”。即定使用人员(按定人定机制度挑选责任心强、技术过硬人员，并相对固定)；定检修人员(组织该设备专业维修队伍)；定操作维护规程(逐台按机型编制操作规程)；定维修方式和备品配件。

(2) 半年检查调整一次安装水平和精度，并做好详细记录，存档备查。

(3) 对环境有特殊要求(如恒温、恒湿、防震、防尘等)的设备，应采取措施确保性能和精度不受影响。

(4) 严格按说明书规定的加工工艺规范操作，严禁做粗加工使用，严禁超负荷使用。

(5) 这类设备日常维护一般不允许拆卸，尤其是光学部件，确实必要时应由专职修理人员进行。

(6) 非工作时间应加防护罩。若长期停歇，则应定期进行擦拭、润滑、空运转。

四、设备点检管理制度

1. 设备点检的概念

点检是一种预防性的检查方法。它是利用人的五感(眼、耳、嘴、鼻、手)和简单的工具仪器，按照预先设定的方法标准，定点定周期地对设备进行检查，找出隐患和潜在缺陷，掌握故障的初期信息，及时采取对策将故障消灭在萌芽之中。点检的目的，就是防患于未然，保持设备性能的高度稳定，延长使用寿命，提高设备使用效率。

2. 设备点检管理制度

设备点检管理制度是一项科学的管理方法。它的基本依据在于再优秀的员工也有疏漏之处，也存在着人的天生的惰性。而生产设备在使用过程中出现的恶性事故大部分都起源于设备的松动、积尘、缺油、短路、断路等简单故障的发生。人的天生的惰性加上简单故障即导致恶性故障或事故的发生。点检管理制度主要的任务就是通过一套科学的管理方法，克服人的天生的惰性，避免低级错误所导致的恶性事故的发生，并为企业全员设备管理打下基础。

设备点检管理实行定人、定点、定量、定标准、定计划、定记录、定流程方法。

设备点检管理制度是以点检为核心的设备维修管理体制。在该体制下，点检、运行、维修三方按照分工协议共同对设备的正常使用负责，但在点检、运行、维修三者之间，点检员处于核心地位，是设备维修的责任者、组织者和管理者。负有设备点检和设备管理职能。点检员应对辖区内的设备负有全权责任。

设备点检管理制度推行操作者日常点检、专业点检员定期点检和专业技术人员的精密点检，三者对同一台设备进行维护、诊断、修理“三位一体”的点检制度。

设备点检管理是在引进日本“全员生产维修制”(total productive maintenance,

TPM)的基础上，按照中国国情建立的以提高设备的全效率为目标，以设备一生为对象的生产维修系统，实行全员参加管理的一套行之有效的设备管理与维修制度。

3. 设备点检的工作内容

机械设备点检的主要项目包括：压力、温度、流量、泄漏、润滑状况、异音、振动、磨损、腐蚀、裂纹或折损、变形或松动等。电气设备点检的主要项目包括：电流、电压、温度、湿度、灰尘、绝缘、异音、异味、氧化、连接松动等。

日常点检包括设备小修；紧固、调整，如弹簧、皮带、螺栓、制动器、限位器等；清扫，如地沟、工作台的非工作面等；补油加油；排水，如集气包、储气罐等；结果记录。定期点检包括非解体或解体检查，劣化倾向检查，精度测试，系统精度检查及调整，油箱油脂定期成分分析及更换、添加，零部件更换，劣化部件的修复等。

4. 设备点检管理的工作环节

设备点检工作按照“PDCA”四个环节实行规范化管理。即制订点检标准和计划(P——plan)；按计划和标准实施点检和维修工程(D——do)；检查实施结果，进行实绩检查分析(C——check)；在实绩检查分析的基础上制订措施，自主改进(A——action)。

思考与练习

1. 压力容器超压的原因是什么？如何防止超压运行？
2. 压力容器的安全附件有哪些？各起什么作用？
3. 压力容器的安全状况等级是如何划分的？
4. 压力容器的技术档案主要包括哪些内容？
5. 压力容器的操作人员应具备哪些知识和技能？
6. 化工工艺设备(锅炉、容器、压力管道、塔、换热器、反应器)常见事故有哪些？发生这些事故的主要原因是什么？
7. 转动设备(泵、活塞式压缩机、离心式压缩机)的常见事故有哪些？发生这些事故的主要原因是什么？
8. 结合化工生产的特点，说明化工设备事故率高的主要原因和事故特点。
9. 化工设备使用与维护的主要管理制度有哪些？
10. 什么是设备点检？点检工作的主要内容有哪些？

附录　化工设备使用与维护课程参考教学大纲

一、课程的性质及任务

化工设备使用与维护是化工技术类专业一门重要的专业课，其任务是学习各类常用化工设备的构造与工作原理、性能参数与调节、规范操作与日常维护、安全运行与管理等方面的知识，为以后在石油化工企业从事生产和技术管理工作奠定必要的理论基础。

二、教学目标

通过对本课程的学习，使学生认识化工设备的类型及作用，基本掌握常用设备的结构特征、工作原理及安全使用的方法，达到在技术人员的指导下对这些设备进行规范操作、日常维护及处理简单故障的目的。

三、知识和能力结构分析

1. 化工设备的概括认识

(1) 从工作原理和生产用途两方面来认识化工设备的种类和应用，掌握化工生产对化工设备的要求。

(2) 材料是构成化工设备的物质基础，了解化工设备的常用材料，特别是常用金属材料的性能特点、牌号及适用范围。

(3) 了解化工生产中介质对设备的腐蚀状况及常用的防腐措施。

2. 压力容器基础知识

化工设备种类繁多、用途各异，但对大多数的设备就其外形而言，都是承受一定压力的容器，所以对这些设备所共有的一些相关知识均在压力容器的名称下学习。

(1) 了解压力容器的相关标准和技术规范、强度计算和校核方法。

(2) 掌握压力容器的主要设计参数，对容器进行压力试验的方法和要求。

(3) 了解化工设备主要零部件的构造和作用。

3. 典型化工工艺设备的使用与维护

(1) 了解换热设备的工作过程和类型，掌握常见换热设备，特别是管壳式换热器的结构特点、主要技术参数、操作规程及日常维护方法。

(2) 了解塔类设备的工作过程和类型，掌握填料塔、常见板式塔的结构特点、主要技术参数、操作规程及日常维护方法。

(3) 了解反应设备的工作过程和类型，掌握搅拌反应器及其他炼油和化工生产常用反应设备的结构特点、主要技术参数、操作规程及日常维护方法。

(4) 了解加热设备的类型和应用，掌握管式加热炉的构造和工作过程、主要技术指标、操作规程及日常维护方法。

(5) 了解储存设备的类型及应用，主要附件的构造及作用，立式储罐的使用与维护。

4. 转动设备的使用与维护

(1) 了解泵类设备的种类和应用、离心泵的构造和工作原理，掌握离心泵的性能参数及流量调节的方法。理解离心泵产生汽蚀的原因，掌握汽蚀对泵的危害及防止发生汽蚀的措施。熟练掌握离心泵的操作规程、日常维护及简单故障的处理方法。

(2) 了解往复泵、齿轮泵、螺杆泵等其他泵类设备的用途和使用方法。

(3) 了解活塞式压缩机的应用、构造和工作原理，掌握其主要性能参数和流量调节的方法，基本掌握操作规程(包括启动、运行和停车)，熟悉日常维护的内容和方法。

(4) 了解离心式压缩机的应用、构造和工作原理，掌握其主要性能参数和流量调节方法，基本掌握操作规程，熟悉日常维护的内容和方法。理解离心式压缩机产生喘振的原因，掌握喘振对压缩机的危害及防止发生喘振的措施。

5. 管线、阀门及其他设备的使用与维护

(1) 了解管线的种类、连接方式，掌握其使用和维护方法。

(2) 掌握化工生产常用阀门的种类、型号及使用和维护方法。

(3) 了解过滤机、离心机、风机、工业汽轮机等其他常用化工设备的用途和使用方法。

6. 化工设备的安全运行与管理

(1) 知道压力容器发生超压和泄漏的原因，掌握其预防措施。

(2) 掌握常用压力容器安全防护装置的工作原理和使用方法。

(3) 熟练掌握压力容器安全操作及紧急停运的方法。

(4) 了解化工设备使用登记和技术档案的内容、设备常见事故及发生的原因。

(5) 了解化工设备运行管理的主要规章制度。

四、教学起点

本课程应在基础化学、化工制图、化工原理等课程及认识实习的基础上进行学习。为以后学习化工生产工艺、化学反应工程、化工装备及化工设计等其他专业课程和从事化工生产操作打下基础。有条件的可实行理实一体化教学。

五、课时分配表

序号	讲授内容	学时分配			
		理论课	实验或实训课	习题课	单项时数合计
1	化工设备概述	4	2		6
2	压力容器基础	4	2	2	8
3	换热设备的使用与维护	4	2		6

续表

序号	讲授内容	学时分配			
		理论课	实验或实训课	习题课	单项时数合计
4	塔设备的使用与维护	4	2		6
5	反应设备的使用与维护	4	2		6
6	管式加热炉的使用与维护	4	1		5
7	管道与阀门的使用与维护	4	1		5
8	储存设备的使用与维护	5	1		6
9	泵的使用与维护	5	2	1	8
10	压缩机的使用与维护	5	1	1	7
11	其他化工设备介绍	3	1		4
12	化工设备的运行管理	5			5
合　计		51	17	4	72

六、考核方式

本课程可采取闭卷笔试和现场实际操作相结合的方式进行考核。对设备的材质、工作原理、相关的理论计算、设备的安全运行及管理等内容采取闭卷笔试的方式进行考核，对设备的构造、使用维护、操作及故障处理等内容可采取现场实际操作的方式进行考核。

参考文献

[1] 马秉骞.炼油设备基础知识.2版.北京:中国石化出版社,2009.

[2] 王绍良.化工设备基础.2版.北京:化学工业出版社,2009.

[3] 邢晓林.化工设备.北京:化学工业出版社,2005.

[4] 潘传九.化工设备机械基础.2版.北京:化学工业出版社,2007.

[5] 马秉骞.化工设备.北京:化学工业出版社,2009.

[6] 曾宗福.工程材料及其成型.北京:化学工业出版社,2004.

[7] 吴玉亮.工程力学.2版.北京:化学工业出版社,2011.

[8] 兰州石油机械研究所.换热器.北京:烃加工出版社,1988.

[9] 秦叙经,叶文邦.化工设备设计全书:换热器.北京:化学工业出版社,2003.

[10] 《化学工程手册》编辑委员会.化学工程手册.北京:化学工业出版社,1989.

[11] 中国石化集团上海工程有限公司.化工工艺设计手册.4版.北京:化学工业出版社,2009.

[12] 路秀林,王者相.化工设备设计全书:塔设备.北京:化学工业出版社,2004.

[13] 王树楹.现代填料塔技术指南.北京:中国石化出版社,1998.

[14] 吴俊生,邵惠鹤.精馏设计、操作和控制.北京:中国石化出版社,1997.

[15] 韩文光.化工装置实用操作技术指南.北京:化学工业出版社,2001.

[16] 王凯,虞军.化工设备设计全书:搅拌设备.北京:化学工业出版社,2004.

[17] 赵杰民.基本有机化工工厂装备.北京:化学工业出版社,1993.

[18] 黄璐,王保国.化工设计.北京:化学工业出版社,2001.

[19] 林世雄.石油炼制工程.北京:石油工业出版社,1988.

[20] 蔡尔辅.石油化工管道设计.北京:化学工业出版社,2002.

[21] 张金和.图解管道安装操作技术.北京:中国电力出版社,2005.

[22] 陈凤棉.压力容器安全技术.北京:化学工业出版社,2004.

[23] 王灵果.过程装备管理.2版.北京:化学工业出版社,2009.

[24] 张涵.化工机器.2版.北京:化学工业出版社,2009.

[25] 钱家麟,于遵宏.管式加热炉.北京:烃加工出版社,1987.

教师使用教材意见反馈表

高等教育出版社 高等职业教育出版事业部 综合分社以"铸传世精品、育天下英才"为目标。为不断锤炼精品，我们期待您使用教材的宝贵意见和建议。您可以填写本教材使用意见反馈表，并发送至本书责任编辑邮箱(dongshj@hep.com.cn)。

一、您的基本情况

您现正使用的教材：____________________/____________________(书名/作者)

姓名：_____，职称：_____，授课年限：_____年，班级：_____个，学生数：_____人

您的电话(手机)：____________________ E－mail：________________

地址：______________________________ 邮编：______________

二、问题反馈(请举例说明，如不够可以另附页)

1. 教材中是否有格式、文字、科学等方面的错误？(□是/□否____________________)

2. 教材的编排设计是否科学合理？(□是/□否____________________)

3. 教材的内容与课程的理念及要求是否相符合？(□是/□否____________________)

4. 教材内容是否体现产教融合，贴近最新的应用实际？(□是/□否____________________)

5. 教材配套的教学和学习资源制作水平和质量如何？是否够用？(□是/□否____________________)

6. 教材的表达方式和呈现方式等是否有不合适的地方？(□是/□否____________________)

7. 您在使用教材时遇到的最大问题是什么？您是怎样解决的？

____

8. 与同类教材相比，您有何建议与意见？您觉得在哪些方面还可以有所创新？

____

____

读者意见反馈

为收集对教材的意见建议，进一步完善教材编写并做好服务工作，读者可将对本教材的意见建议通过如下渠道反馈至我社。

咨询电话 400-810-0598

反馈邮箱 gjdzfwb@pub.hep.cn

通信地址 北京市朝阳区惠新东街 4 号富盛大厦 1 座
高等教育出版社总编辑办公室

邮政编码 100029